Eigentum:
Dr. Bernd Stange

Kühn · Digitale Fabrik – Fabriksimulation für Produktionsplaner

Bleiben Sie einfach auf dem Laufenden:
www.hanser.de/newsletter
Sofort anmelden und Monat für Monat
die neuesten Infos und Updates erhalten.

Wolfgang Kühn

Digitale Fabrik

Fabriksimulation für Produktionsplaner

HANSER

Der Herausgeber:
Prof. Dr.-Ing. Wolfgang Kühn leitet den Lehrstuhl für Produktionsplanung und -steuerung an der Bergischen Universität Wuppertal, Fachbereich Elektrotechnik, Informationstechnik, Medientechnik. Außerdem ist er Mitgründer der SIPOC Simulation based Planning, Optimization and Control GmbH.

Bibliografische Information Der Deutschen Bibliothek

Die Deutsche Bibliothek verzeichnet diese Publikation in der Deutschen Nationalbibliografie; detaillierte bibliografische Daten sind im Internet über http://dnb.ddb.de abrufbar.

Dieses Werk ist urheberrechtlich geschützt.

Alle Rechte, auch die der Übersetzung, des Nachdrucks und der Vervielfältigung des Buches oder Teilen daraus, sind vorbehalten. Kein Teil des Werkes darf ohne schriftliche Genehmigung des Verlages in irgendeiner Form (Fotokopie, Mikrofilm oder ein anderes Verfahren), auch nicht für Zwecke der Unterrichtsgestaltung, reproduziert oder unter Verwendung elektronischer Systeme verarbeitet, vervielfältigt oder verbreitet werden.

ISBN-10: 3-446-40619-0
ISBN-13: 978-3-446-40619-3

© 2006 Carl Hanser Verlag München Wien
Internet: http://www.hanser.de
Gesamtlektorat: Dipl.-Ing. Volker Herzberg
Coverkonzept: Marc Müller-Bremer. Rebranding, München, Germany
Titelillustration: Atelier Frank Wohlgemuth, Bremen
Umschlaggestaltung: MCP · Susanne Kraus GbR, Holzkirchen
Herstellung: Der Buch*macher*, Arthur Lenner, München
Gesamtherstellung: Druckhaus „Thomas Müntzer" GmbH, Bad Langensalza
Printed in Germany

Vorwort

Zunehmender Wettbewerbsdruck, globalisierte Märkte sowie verkürzte Produktzyklen und individualisierte Produkte zwingen Unternehmen in einer veränderten Marktsituation zu mehr Flexibilität und Reaktionsgeschwindigkeit von Produktionssystemen sowie zur ständigen Produktivitätssteigerung. Die Kunden erwarten zunehmend kundenspezifische Varianten und innovative Produkte zu günstigen Preisen, verkürzten Lieferzeiten und erhöhter Termintreue. Die Fabrikstrukturen, Planungsprozesse und Produktionsabläufe müssen flexibler als bisher gestaltet werden, um sich den ständig wandelnden Bedingungen anpassen zu können. In diesem Zusammenhang ist es erforderlich Planungsdauer und Planungsaufwand zu reduzieren und gleichzeitig Planungsqualität und Planungssicherheit zu erhöhen. Die Methoden und Werkzeuge der Digitalen Fabrik bieten hierfür eine flexible und dennoch systematische Vorgehensweisen.

Die Digitale Fabrik und damit die Methoden und Werkzeuge zur Simulation in der Digitalen Fabrik werden zukünftig nicht nur für große Unternehmen der Automobil- und Luftfahrtindustrie sondern auch in vielen anderen Bereichen und Unternehmensgrößen ein wesentlicher Innovationsfaktor sein. Beim Einsatz von Simulation ist zu unterscheiden in:

- Simulationsstudien zum Testen und Optimieren von Produktionsplanung
- Simulation als integriertes Tool des Digitalen Fabrikbetriebes

Je nach Einsatzbereich unterscheiden sich die Anforderungen an Methoden und Werkzeuge ganz erheblich, deshalb wird gesondert auf beide Anwendungsbereiche eingegangen.

Dieses Buch wendet sich in erster Linie an Produktionsplaner und Mitarbeiter aus dem technischen Management, zu deren Aufgabe es gehört Systementscheidungen zu treffen und in diesem Rahmen Simulationsstudien zu beauftragen und zu betreuen oder Simulation für die operative Planung in der Digitalen Fabrik einzusetzen. Das vorliegende Buch bezieht sich nicht auf eine bestimmte Simulationssoftware oder einen Anbieter von Werkzeugen der Digitalen Fabrik. Die beschriebenen Abläufe und Anforderungen gelten übergreifend und werden teilweise exemplarisch anhand eines Tools beschrieben.

Mit zahlreichen praktischen Hinweisen und Checklisten soll dieses Buch eine praktische Hilfe bieten, typische Fehler zu vermeiden oder zumindest weitgehend einzuschränken und damit die Effizienz und Akzeptanz des Einsatzes von Simulation ganz erheblich zu verbessern.

Im ersten Teil des Buches wird das Konzept der Digitalen Fabrik in Anlehnung an die VDI-Richtlinie 4499 sowie die Rolle von Simulation in diesem Zusammenhang erläutert. Es folgt eine Einführung in die Grundlagen der Simulationstechnik mit einer allgemeinen Einführung sowie der Beschreibung der prinzipiellen Vorgehensweise und einer Erläuterung unterschiedlicher Simulationsarten.

In dem Kapitel Simulationsanwendungen in der Digitalen Fabrik werden die typischen Anwendungen von Simulation im Zusammenhang der Digitalen Fabrik beschrieben. Dies reicht vom Einsatz der Simulation in der Layout- und Fabrikplanung über die Offline-Programmierung und den Test unterschiedlicher Steuerungsprogramme mit Hilfe von Simulation bis hin zum Einsatz von Simulation im operativen Fabrikbetrieb.

Die Ausschreibung und qualifizierte Betreuung von Simulationsprojekten erfordert eine systematische Vorgehensweise. Diese und insbesondere die Thematik von Lasten- und Pflichtenheft werden ausführlich erläutert. Zahlreiche Hilfen werden in Form von Vorlagen und Checklisten zur Verfügung gestellt, die auch auf der beiliegenden CD verfügbar sind.

Ein in der Praxis extrem wichtiger Schritt ist die Datenauswahl und Datenbeschaffung sowie die Versuchsplanung für die Simulation. Auf diese Thematik wird ausführlich eingegangen. Im zweiten Teil des Buches sind für diejenigen, die sich tiefer mit dieser Materie beschäftigen wollen, die Grundlagen der statistischen Auswertung näher erläutert.

Das Kapitel Simulation und Optimierung gibt eine kurze Einführung und einen Überblick über die Kombination diese beiden Techniken. In der heutigen industriellen Praxis wird Simulation kombiniert mit Optimierung bisher zwar noch selten eingesetzt. Mit zunehmender Leistungsfähigkeit der Rechner ist allerdings zu erwarten, dass diese leistungsfähige Kombination in Zukunft ganz erheblich an Bedeutung gewinnen wird.

Die Einführung von Simulation als integriertem Tool des Digitalen Fabrikbetriebes unterschiedet sich ganz erheblich von der Thematik einzelner Simulationsstudien. In dem Kapitel ‚Simulation als Integriertes Werkzeug der Digitalen Fabrik' werden nicht nur die technischen Grundlagen und Erfordernisse, sonder auch organisatorische Aspekte angesprochen.

Den Softwarewerkzeugen zur Simulation in der Digitalen Fabrik ist ein Kapitel gewidmet. Die Auswahl der richtigen Werkzeuge ist eine komplexe, schwierige Thematik. Grundsätzlich gibt es nicht das beste Simulationstools, sondern die verschiedenen Werkzeuge haben zum Teil unterschiedliche Zielrichtungen sowie Schwerpunkte für verschiedene Anwendergruppen. Diesem Buch liegen umfangreiche Checklisten bei, um eine Auswahl möglichst systematisch und qualifiziert durchführen zu können.

Im Zusammenhang der Digitalen Fabrik gibt es zahlreiche spezifische Begriffe und Abkürzungen. Diese sind in einem ausführlicher Glossar sowie einem Abkürzungsverzeichnis erläutert.

Insgesamt ist das Buch so aufgebaut, dass der Leser dieses nicht komplett sequentiell durcharbeiten muss. Informationen zu speziellen Themen können in einzelnen Kapitel nachgeschlagen und vertieft werden. Der zweiten Teil des Buches enthält zahlreiche Materialien für die Praxis, wie Anleitungen zu Lasten- und Pflichtenheft, ein Leitfaden für Simulationsprojekte und diverse Checklisten. Die meisten dieser Materialen sind auf der beigelegten CD für die eigene Verwendung verfügbar und können entsprechend den jeweiligen Anforderungen angepasst werden.

Inhaltsverzeichnis

	Vorwort	V
1	Was ist eine Digitale Fabrik	1
1.1	Ziele der Digitalen Fabrik	5
1.1.1	Verbesserung der Wirtschaftlichkeit	6
1.1.2	Verbesserung der Planungsqualität	8
1.1.3	Transparente Kommunikation	8
1.1.4	Standardisierung von Planungsprozessen	9
1.1.5	Verbesserung der Wissensbasis	9
1.2	Aufgaben der Digitalen Fabrik	10
1.2.1	Produktentwicklung	11
1.2.2	Fabrik- und Produktionsplanung	12
1.2.3	Inbetriebnahme und Anlauf der Produktion	13
1.2.4	Produktionsbetrieb und Auftragsmanagement	13
1.3	Modelle der Digitalen Fabrik	13
1.3.1	Synergie durch Vernetzung der Modelle	15
1.3.2	Anforderungen an die Systemarchitektur der Digitalen Fabrik	17
1.4	Visualisierung der Digitalen Fabrik	17
1.5	Simulation der Digitalen Fabrik	19
1.6	Nutzen und Aufwand von Simulation	23
2	Technische Grundlagen der Simulationstechnik	27
2.1	Allgemeine Modelltheorie	27
2.1.1	Modellbegriff	28
2.1.2	Grundsätzliches zum Modellieren von Systemen	30
2.1.3	Qualitatives Modellieren von Systemen	32
2.1.4	Quantitative Modellkonzepte für dynamische Systeme	35
2.1.4.1	Zustandsgrößen, Veränderungsgrößen und Flussgrößen	36
2.1.4.2	Modellannahmen	37
2.2	Vorgehensweise der Systemabgrenzung und Systemanalyse	39
2.2.1	Systemabgrenzung	41
2.2.2	Analyse des Systemzwecks und der globalen Systemeigenschaften	41
2.2.3	Analyse der Systemstruktur	42
2.2.4	Analyse der einzelnen Systemelemente	43
2.2.5	Wirkungsanalyse und Analyse der Ablaufstruktur	43

2.2.6	Darstellung der Analyse und Modellierung	44
2.3	Discrete-Event-Simulation	46
2.4	3D-Kinematik-Simulation	47
2.5	Mehrkörpersimulation	48
2.6	Prozesssimulation	49
3	**Simulationsanwendungen der Digitalen Fabrik**	**53**
3.1	Dezentrale Anwendungen mit zentraler Datenhaltung	54
3.2	Hierarchisches Modellierungskonzept	55
3.3	Layoutplanung und Simulation zur Layoutbewertung	57
3.4	Statische Untersuchung von Logistik- und Produktionsflüssen	59
3.5	Dynamische Simulation von Logistik- und Produktionsflüssen	60
3.6	Simulation zur Ermittlung der Systemverfügbarkeit	62
3.7	Planung und Simulation der Montageprozesse	63
3.7.1	Integrierte Datenplattform zur Montageplanung	63
3.7.2	Montagevisualisierung und -simulation	64
3.8	Robotik und komplexe Bewegungen	65
3.8.1	Robotermodellierung	66
3.8.2	Planung automatisierter Roboterzellen	70
3.8.3	Offline-Programmierung	72
3.9	Simulation in der Teilefertigung	74
3.10	Simulation von Personal	76
3.10.1	Simulation der Personallogistik	77
3.10.2	Personalorientierte Simulation	80
3.10.3	Ergonomie-Simulation	82
3.11	Simulation von Betriebsmittelbau und -logistik	83
3.12	Simulation in der Automatisierungstechnik	85
3.13	Simulation im operativen Betrieb	89
3.13.1	Überprüfung des aktuellen Produktionsprogramms und der Produktionsplanung	91
3.13.2	Verbesserung der Feinplanung und Produktionssteuerung	92
3.13.3	Operative Simulation zum kontinuierlichen Redesign der Fabrik	93
3.13.4	Anspruch an Modelle für den operativen Betrieb	94
3.13.5	Daten und Schnittstellen für die operative Simulation	95
3.13.6	Nutzer operativer Simulation	96
3.14	Referenzmodelle	97
4	**Simulationsstudien**	**99**
4.1	Prinzipieller Ablauf von Simulationsstudien	99

4.1.1	Systemdefinition, Zielfestlegung und Lastenheft	101
4.1.2	Modellentwurf	102
4.1.3	Implementierung des Modells	103
4.1.4	Modellverifikation	104
4.1.5	Datenbeschaffung	105
4.1.6	Validierung	107
4.1.6.1	Validierung der Modellannahmen/Eingangsdaten	108
4.1.6.2	Validierung der Modellergebnisse	108
4.1.7	Simulationsversuchsplanung	111
4.1.7.1	Szenario-Definition	112
4.1.7.2	Definition von Simulationsläufen	114
4.1.8	Durchführung Simulationsläufe	116
4.1.9	Laufbetrachtung und Ergebnisauswertung	116
4.1.10	Systemvariation und Optimierung	119
4.1.11	Praktische Umsetzung der Simulationsergebnisse	120
4.2	Typische Fehler vermeiden	120
5	**Lastenheft, Pflichtenheft und Spezifikation**	**125**
5.1	Lastenheft	126
5.1.1	Spezifikation der Anforderungen	127
5.1.2	Voraussetzungen und Rahmenbedingungen für die Leistungserstellung	128
5.1.3	Anforderungen an den Auftragnehmer	129
5.1.4	Anforderungen an das Projektmanagement	129
5.1.5	Vertragliche Konditionen	129
5.1.6	Unternehmen, Zuständigkeiten und Ansprechpartner	130
5.2	Pflichtenheft	130
5.2.1	Aufgabenstellung und Zielsetzung	132
5.2.2	Eingangsdaten und Eingangsvoraussetzungen	132
5.2.3	Leistungsbeschreibung des Simulationsmodells	134
5.2.3.1	Systemgrenze und Modellumfang	134
5.2.3.2	Modelleigenschaften, Modellabstraktion und Modellstrukturierung	135
5.2.3.3	Verifizierung und Validierung des Modells	135
5.2.4	Spezifikation der Simulationsszenarien und Simulationsexperimente	136
5.2.5	Ergebnisdarstellung und Auswertung	137
5.2.6	Lieferumfang	137
5.2.7	Abnahmekriterien	139
5.2.8	Projektterminplan und Projektcontrolling	139
5.2.9	Projektumfeld	139

6	Datenmanagement für Simulationsanwendungen	141
6.1	Merkmale zur Beurteilung von Information	142
6.2	Aufgaben des Datenmanagements	142
6.3	Datenerhebung und Messen	143
6.4	Simulationsdatenbasis	143
6.5	Eingangsdaten für die Simulation	144
6.5.1	Technische Daten der Produktions- und Logistiksysteme	146
6.5.1.1	Fabrikstrukturdaten	146
6.5.1.2	Betriebsmitteldaten	147
6.5.1.3	Ausfälle, Fehler und Störungen von Ressourcen	148
6.5.2	Daten der Produktionsplanung und -steuerung	149
6.5.2.1	Produktbezogene Daten	150
6.5.2.2	Arbeitspläne	150
6.5.2.3	Systemlasten	151
6.5.3	Organisationsdaten	151
6.5.4	Kostendaten (optional)	152
6.6	Datenaufbereitung stochastischer Daten	152
6.6.1	Logiken von Anlagen- und Maschinensteuerungen	153
6.7	Ergebnisdaten	154
7	Versuchsplanung, Simulationsdurchführung und Auswertung der Simulationsergebnisse	155
7.1	Statistische Experimentplanung	156
7.2	Experimentplan	157
7.3	Durchführung der Simulationsläufe	158
7.4	Auswertung der Simulationsergebnisse	159
7.4.1	Datenaufbereitung	159
7.4.2	Statistische Auswertung	160
7.4.3	Interpretation der Ergebnisdaten	161
7.4.4	Bewertung von Varianten	162
7.5	Grafische Darstellung von Simulationsergebnissen	163
8	Optimierung mit Hilfe von Simulation	171
8.1	Grundsätzliche Vorgehensweise	173
8.1.1	Parameteroptimierung	174
8.1.2	Kombinatorische Optimierung und Reihenfolgenoptimierung	175
8.2	Gütefunktion zur Systembewertung	175
8.3	Optimierungsverfahren	176
8.3.1	Technik der iterativen Verbesserung	176

8.3.2	Rastersuche	177
8.3.3	Gradienten- und stochastische Verfahren	177
8.3.4	Genetische und evolutionäre Algorithmen	179
8.4	Auswahl eines geeigneten Optimierungsverfahrens	181
8.5	Kopplung von Simulation und Optimierung	182
9	**Simulation als integriertes Werkzeug der Digitalen Fabrik**	185
9.1	Planungsaspekte beim Einsatz von Simulation in der Digitalen Fabrik	187
9.1.1	Organisatorische Aspekte	188
9.1.2	Zeitliche Aspekte	188
9.1.3	Betriebswirtschaftliche Aspekte	189
9.1.4	Technische Voraussetzungen	189
9.1.5	Qualität der Ergebnisse	190
9.1.6	Psychologische Aspekte	190
9.2	Vorbereitungsphase	191
9.2.1	Analyse der Einsatzfelder	191
9.2.2	Istanalyse	192
9.2.3	Verfügbare Planungs- und Simulationswerkzeuge	192
9.3	Konzepterstellung	193
9.3.1	Definition der Planungsprozesse	193
9.3.2	Projektorganisation	193
9.3.3	Systemarchitektur	195
9.3.4	Personalqualifikation	196
9.3.5	Pilotanwendung	196
9.3.6	Konzeptbewertung	197
9.4	Umsetzung der Digitalen Fabrik	197
9.5	Systemisches Denken und Handeln	198
9.5.1	Vernetztes Denken	198
9.5.2	Denken in Modellen	199
9.5.3	Dynamisches Denken	200
9.5.4	Systemgerechtes Handeln	201
10	**Softwarewerkzeuge**	203
10.1	Klassifikation von Simulationswerkzeugen	203
10.1.1	Simulatoren auf Sprachkonzeptebene	203
10.1.2	Bausteinsimulatoren	204
10.1.3	Multi-Level-Simulatoren	205
10.1.4	Softwaretechnologie	206

10.2	Historische Entwicklung der Fabriksimulatoren	207
10.3	Digital Factory Solution von DELMIA	209
10.3.1	Produkt- und Prozessstrukturierung, Fertigungsgestaltung, Logistik und Optimierung	213
10.3.1.1	DELMIA Process Engineer	213
10.3.1.2	DELMIA Layout Planner	216
10.3.1.3	DELMIA QUEST	217
10.3.2	Dynamische Ergonomieuntersuchungen	220
10.3.2.1	DELMIA Human Builder	221
10.3.2.2	DELMIA Human Measurements Editor	222
10.3.2.3	DELMIA Human Posture Analysis	223
10.3.2.4	DELMIA Human Task Simulation	223
10.3.2.5	DELMIA Human Activity Analysis	224
10.3.3	Teilefertigung	225
10.3.3.1	DELMIA Virtual NC	225
10.3.4	DELMIA DPM V5 Machining	226
10.3.5	Robotik	226
10.3.5.1	DELMIA PLM V5 Robotics Simulation	226
10.3.5.2	DELMIA UltraArc	229
10.3.5.3	DELMIA UltraSpot	230
10.3.5.4	DELMIA UltraPaint	230
10.3.5.5	DELMIA UltraGrip	230
10.3.6	Automatisierungstechnik	231
10.3.6.1	DELMIA V5 Automation	231
10.3.6.2	DELMIA V5 Automation LCM Studio	231
10.3.6.3	DELMIA V5 Automation Smart Device Builder	231
10.3.6.4	DELMIA V5 Automation Controlled System Simulator	231
10.3.7	Geometrieorientierte Montageplanung	232
10.3.7.1	DELMIA V5 DPM Assembly	232
10.3.8	Operative Produktionsplanung	234
10.3.8.1	DELMIA V5 DPM Shop	234
10.3.9	Integration und Managementinformationssystem	236
10.3.9.1	PPR Hub	236
10.4	Digital Factory Solution von UGS	237
10.4.1	Fabriklayout Logistik und Optimierung	240
10.4.1.1	FactoryCAD	241
10.4.1.2	FactoryFLOW	242
10.4.1.3	FactoryMockup	244
10.4.1.4	Plant Simulation	245

10.4.1.5	eMPower for Logistics	247
10.4.1.6	Process Designer	248
10.4.2	Ergonomieuntersuchungen	250
10.4.2.1	Jack Human Simulation	251
10.4.2.2	Jack/Jill	252
10.4.3	Teilefertigung	252
10.4.3.1	Machining Line Planner	252
10.4.3.2	RealNC	254
10.4.3.3	Die Verification	256
10.4.4	Robotik und Steuerungsprogrammierung	257
10.4.4.1	Robcad PC	257
10.4.4.2	Spot	259
10.4.4.3	Process Simulate Commissioning	260
10.4.5	Montageplanung	262
10.4.5.1	Assembly Process Planner	262
10.4.5.2	Process Simulate	262
10.4.5.3	eMPower Box Build Planning	264
10.4.6	Operative Produktionsplanung	265
10.4.6.1	Sequencer	265
10.4.6.2	Work Instructions	266
10.4.7	Produktionsmanagement	267
10.4.7.1	FactoryLink	268
10.4.7.2	Xfactory	269
10.4.8	Integration und Managementinformationssystem	271
10.4.8.1	Teamcenter Community	272
10.4.8.2	Teamcenter Engineering	272
10.4.8.3	Teamcenter Enterprise	272
10.4.8.4	Teamcenter In-Service	273
10.4.8.5	Teamcenter Manufacturing	273
10.4.8.6	Teamcenter Project	273
10.4.8.7	Teamcenter Requirements	273
10.4.8.8	Teamcenter Sourcing	273
10.4.8.9	Teamcenter Visualization	273
10.5	Weitere Fabriksimulationswerkzeuge	274
10.5.1	Arena	275
10.5.2	AutoMod	276
10.5.3	AutoSched/AutoSched AP	277
10.5.4	Enterprise Dynamics	277
10.5.5	Flexsim	278

10.5.6	ProModel	278
10.5.7	WITNESS	279
11	**Wahrscheinlichkeitstheorie und Statistik**	281
11.1	Wahrscheinlichkeit	281
11.2	Zufallsvariable	282
11.2.1	Diskrete Zufallsvariablen	282
11.2.2	Kontinuierliche Zufallsvariablen	282
11.3	Wahrscheinlichkeitsverteilung	283
11.4	Kennzahlen	283
11.5	Stochastische Verteilungen für Simulationsanwendungen	286
11.6	Gleichverteilung (diskret)	287
11.6.1	Beispiel Würfeln	288
11.7	Gleichverteilung (kontinuierlich)	289
11.8	Normalverteilung	290
11.9	Logarithmische Normalverteilung	292
11.10	Exponentialverteilung	295
11.11	Weibull-Verteilung	296
11.12	Pearson Type V	298
11.13	Dreiecksverteilung	300
11.13.1	Anwendung von Verteilungen	301
11.14	Methoden der statistischen Datenanalyse	302
11.14.1	Parameterabschätzung	302
11.14.2	Goodness-of-Fit-Tests	303
11.14.3	Chi-Square-Test	304
11.14.4	Kolmogorov-Smirnov-Test	304
11.15	Statistische Absicherung von Simulationsergebnissen	306
11.15.1	Analyse zur Ermittlung des eingeschwungenen Zustandes	306
11.15.2	Analyse der Ergebnisse eines einzelnen Systems	308
11.15.3	Vergleich alternativer Systemkonfigurationen	308
11.16	Tabelle t-Verteilung	310
11.17	Verwendete Formelzeichen	312

Materialien für die Praxis ... 313

12	**Lastenheft und Ausschreibungsunterlage**	315
12.1	Spezifikation der Anforderungen	317
12.1.1	Aufgabenstellung und Zielsetzung der Simulation	317
12.1.2	Layout und Systemgrenzen	317

12.1.3	Technische Daten der Produktions- und Logistikmodule............. 318
12.1.4	Materialfluss 319
12.1.4.1	Blockschaltbild 320
12.1.4.2	Transportmatrix 321
12.1.5	Anforderungen an das Modell 322
12.1.5.1	Systemgrenzen/Modellierungsebenen/Abstraktionsgrad............. 322
12.1.5.2	Parametrisierung/Modellmodifikationen 323
12.1.5.3	Auswertemöglichkeiten 324
12.1.5.4	Verifizierung des Modells 325
12.1.5.5	Validierung des Modells.. 325
12.1.6	Zu untersuchende Szenarien und Simulationsexperimente........... 325
12.1.6.1	Experimentplanung... 327
12.1.6.2	Experimente und Versuchsdurchführung........................... 327
12.1.7	Anforderungen an die Auswertung und Ergebnisdarstellung 328
12.1.8	Anforderung an den Lieferumfang.................................. 329
12.1.8.1	Simulationsuntersuchung 329
12.1.8.2	Dokumentation 331
12.1.8.3	Schulung zur Nutzung der erstellten Simulation 334
12.1.9	Modellintegration.. 334
12.1.10	Projektterminplan 335
12.2	Voraussetzungen und Rahmenbedingungen für die Leistungserstellung 336
12.2.1	Eingangsdaten für die Simulation.................................. 336
12.2.1.1	Fabrikstruktur/Layoutdaten/Materialfluss........................... 337
12.2.1.2	Technische Daten der Anlagenkomponenten......................... 337
12.2.1.3	Transportmitteldaten/Fördertechnik 338
12.2.1.4	Steuerungslogiken 338
12.2.1.5	Produktdaten... 339
12.2.1.6	Prozessbeschreibungen, Arbeitspläne............................... 339
12.2.1.7	Systemlastdaten/Mengen und Termine............................. 339
12.2.1.8	Organisationsdaten 340
12.2.1.9	Zu untersuchende Szenarien 343
12.2.1.10	Schnittstellen... 343
12.2.2	Vorhandene Planungsergebnisse 344
12.2.3	Simulationswerkzeuge und Bausteinbibliotheken 344
12.2.4	Entwicklungs- und Qualitätsvorgaben............................... 344
12.3	Anforderungen an den Simulationsdienstleister 345
12.4	Anforderungen an das Projektmanagement 346
12.5	Vertragliche Konditionen... 346

12.5.1	Abnahmekriterien	346
12.5.2	Rechte am Modell	346
12.5.3	Vertraulichkeit, Rückgabe, Copyright	347
12.6	Zuständigkeiten, Ansprechpartner und Planungsumfeld	347
12.6.1	Organisationsstruktur des Auftraggebers	347
12.6.2	Rückfragen zu den Ausschreibungsunterlagen	349
12.6.3	Angebotsabgabe	349
12.6.4	Geschäftsbedingungen	349
13	**Leitfaden für Simulationsprojekte**	**351**
13.1	Spezifikation und Dokumentation	351
13.2	Vorgehensmodell für den Projektablauf	352
13.3	Modellierungsrichtlinie	356
13.3.1	Allgemeines zur Modellierung	356
13.3.2	Modell- und Ordnernamen	357
13.3.3	Dateibezeichnung	357
13.3.4	Modellstruktur	357
13.3.5	Aufbau der Klassenbibliothek	357
13.3.6	Aufbau der Modellnetzwerke	359
13.3.7	Datenverwaltung	362
13.4	Programmierrichtlinie	363
13.4.1	Allgemeines zur Programmierung	363
13.4.2	Methodendokumentation	363
13.4.3	Variablenbenennung	364
13.5	Richtlinie Simulationsdurchführung	365
13.5.1	Experimentplan	365
13.5.2	Verwendung von stochastischen Verteilungen (Seed-Werten)	365
13.6	Voraussetzungen	366
13.6.1	Einzusetzende Softwarewerkzeuge	366
13.6.2	Organisation, Zuständigkeiten und Ansprechpartner	366
13.6.3	Gültigkeit dieser Richtlinie	367
14	**Checklisten**	**369**
14.1	Checkliste Simulationsstudien	369
14.2	Checkliste zur Leistungsbeschreibung des Lastenheftes	374
14.3	Checkliste zur Leistungsbeschreibung des Pflichtenheftes	375
14.4	Checkliste Eingangsdaten für die Simulation	377
14.5	Checkliste Simulationsdokumentation	380
14.6	Checkliste zur Abnahme von Simulationsstudien	383

14.7	Checkliste Simulatorauswahl	385
14.7.1	Simulationsprinzip	387
14.7.2	Größe und Struktur der Modelle	387
14.7.3	Modellierung	388
14.7.4	Modellelemente	388
14.7.5	Bausteinbibliotheken und Applikationsmodule	389
14.7.6	Steuerungen und Informationsverarbeitung	390
14.7.7	Modellparameter – stochastische Verteilung	391
14.7.8	Funktionalitäten zur Bewegungssimulation	392
14.7.9	Einschränkungen bei der Modellierung	393
14.7.10	Modelldokumentation	394
14.7.11	Unterstützung bei Verifikation und Validierung	394
14.7.12	Organisation von Simulationsexperimenten und Optimierung	395
14.7.13	Durchführung von Simulationsläufen	396
14.7.14	Laufbetrachtung und Visualisierung	397
14.7.15	Ergebnisauswertung und Ergebnisdarstellung	398
14.7.16	Systemintegration und Schnittstellen	399
14.7.17	Benutzerschnittstelle	400
14.7.18	Systemanforderungen	400
14.7.19	Schulung und Service	401
14.7.20	Kosten	402
14.7.21	Softwareanbieter	403
15	**Weiterführende Informationen**	405
15.1	Glossar	405
15.2	Abkürzungsverzeichnis	421
15.3	Schnittstellen und Datenaustauschformate	427
15.4	Anbieter von Simulationssoftware	431
15.5	Organisationen	435
15.6	Regelmäßige Konferenzen	437
15.7	Technische Regeln, Literatur und Links	438
15.7.1	Technische Regeln	438
15.8	Literatur	440
	Stichwortverzeichnis	467

1 Was ist eine Digitale Fabrik

Die Digitale Fabrik fokussiert auf einer frühzeitigen und voll integrierten Produktentwicklung und Produktionsplanung, Gestaltung und Inbetriebnahme der Fabrik, die auf alle Unternehmensprozesse sorgfältig abgestimmt ist. Die Digitale Fabrik verkürzt damit die Zeiten:

- Time-to-Market
- Time-to-Volume
- Time-to-Customer

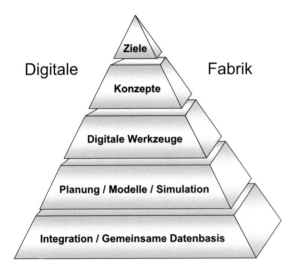

Abb. 1.1: Ebenen der Digitalen Fabrik

Die Digitale Fabrik stellt Konzepte, digitale Werkzeuge zur Planung, Modellierung und Simulation zur Verfügung (Abb. 1.1). Der wesentliche Kern der Digitalen Fabrik ist eine gemeinsame Datenbasis aller Anwendungen sowie die Integration mit der realen Fabrik. Durch diese beiden Komponenten ist die Digitale Fabrik weit mehr als die Summe der einzelnen Planungswerkzeuge.

Der Begriff „Digitale Fabrik" wird laut VDI-Richtlinie 4499 folgendermaßen definiert:

> *„Die Digitale Fabrik ist der Oberbegriff für ein umfassendes Netzwerk von digitalen Modellen, Methoden und Werkzeugen – u. a. der Simulation und 3D-Visualisierung – die durch ein durchgängiges Datenmanagement integriert werden.*

Ihr Ziel ist die ganzheitliche Planung, Evaluierung und laufende Verbesserung aller wesentlichen Strukturen, Prozesse und Ressourcen der realen Fabrik in Verbindung mit dem Produkt." [VDI 4499]

Mit der Technologie der Digitalen Fabrik ist es möglich, in einer virtuellen Fabrik die Produkte, Prozesse und Anlagen in Modellen abzubilden und basierend auf den virtuellen Produkten und Prozessen die geplante Produktion virtuell am Rechner so zu verbessern, dass ein ausgereifter Prozess weitgehend fehlerfrei für die reale Fabrik zur Verfügung steht. Die Digitale Fabrik ist dabei ein übergreifender Begriff, der die virtuelle Fabrik und die Integration in die reale Fabrik beinhaltet (Abb. 1.2).

Die Freigabe zur Produktherstellung und zum Start der Produktion erfolgt auf Basis eines digital abgesicherten Concurrent Engineerings. Damit kann die Anlaufzeit der Produktion (Time-to-Volume) erheblich reduziert und die Wettbewerbssituation von Unternehmen deutlich verbessert werden.

Übergeordnete Ziele der Digitalen Fabrik sind die Verbesserung der Wirtschaftlichkeit und die Reduktion der Entwicklungs-, Planungs- und Inbetriebnahmezeiten durch eine integrierte Verbesserung von Produktentwicklung, Produktionsplanung und Produktionsgestaltung. Unter Produktionsplanung wird in diesem Zusammenhang sowohl die Planung der Produktionssysteme wie auch die Planung der Produktions- und Logistikprozesse verstanden. Ziel ist es, die Produktentwicklung und Produktionsplanung mit digitalen Modellen und Werkzeugen zu begleiten und zu beschleunigen sowie Produkte, Fertigungsverfahren und Produktionsabläufe in einer frühen Entwicklungsphase abzu-

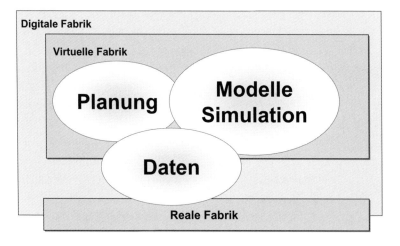

Abb. 1.2: Die Digitale Fabrik integriert die virtuelle und die reale Fabrik

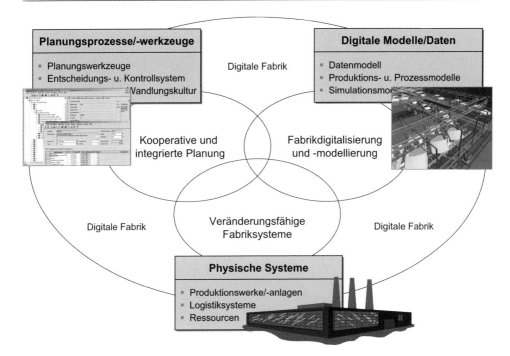

Abb. 1.3: Die Digitale Fabrik verbindet physische Systeme, Planungswerkzeuge und Modelle zu wandlungsfähigen Fabriksystemen

sichern. Weiter soll die reale Produktion mit Simulationsmodellen laufend überprüft und verbessert werden.

Fabrikplanung wird in der Digitalen Fabrik zu einem kontinuierlichen Prozess, der die physischen Produktionssysteme mit den Planungswerkzeugen und digitalen Modellen zu wandlungsfähigen Fabriksystemen verbindet (Abb. 1.3). Die frühzeitige Vernetzung sowie Integration von Produktentwicklung und Produktionsplanung steigern die Planungssicherheit und eröffnen ganz erhebliche Einsparungspotenziale, da ein Großteil der Produktkosten bereits in frühen Phasen der Produktentwicklung festgelegt wird. Die Digitale Fabrik ist mehr als die Summe einzelner Planungswerkzeuge und zielt auf:

- Integration von Produktentwicklung und Produktionsplanung
- Absicherung und Optimierung der Planung bezüglich Wirtschaftlichkeit, Flexibilität und Reduktion der Planungszeiten (Time-to-Market)
- Reduzierung von Planungskosten durch aktuelle Planungsgrundlagen, Fehlervermeidung etc.
- Schnelle und abgesicherte Produktionsanläufe (Time-to-Volume)

- Reduktion von Produktions- und Änderungskosten durch Standardisierung von Teillösungen und Erhöhung der Produktivität
- Ganzheitliche Absicherung der Produktion und Optimierung der Lieferkette (Time-to-Customer)

Die Methoden und Instrumente der Digitalen Fabrik realisieren eine möglichst komplette digitale Bearbeitung von Produktentwicklung und Produktionsplanung bis hin zum virtuellen Anlauf und Betrieb bei ganzheitlich integriertem Datenmanagement (Abb. 1.4). Eine frühzeitige Parallelisierung der Prozesse kann dabei die Entwicklungs- und Inbetriebnahmezeiten ganz erheblich verkürzen. Die digitale Produktentwicklung wird in vielen Unternehmen schon seit einiger Zeit praktiziert. Heute liegt der Fokus der Digitalen Fabrik im Wesentlichen auf der Produktionsplanung und der Integration der Prozesse, die zur Entstehung von Produkt und Produktion erforderlich sind.

Ein besonderer Fokus bei der Einführung von Methoden der Digitalen Fabrik liegt auf dem Datenmanagement und den begleitenden organisatorischen Maßnahmen. Anwender von Methoden und Instrumenten der Digitalen Fabrik sind u. a. Konstrukteure, Verfahrensentwickler, Anlagen- und Fabrikplaner, Produktionsplaner sowie die Betreiber der Systeme. In der Automobil- und Flugzeugindustrie sowie in weiteren fortschrittlichen

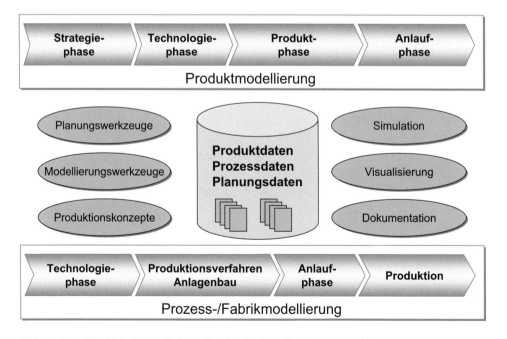

Abb. 1.4: Die Digitale Fabrik integriert Methoden, Werkzeugen und Daten

und globalisierten Branchen wird die Digitale Fabrik ein zentrales Innovationsthema der nächsten Jahre sein.

Eine Untersuchung des IPA zeigt, dass es nicht nur für große Unternehmen, sondern auch für kleine und mittlere Unternehmen einen erheblichen Bedarf für flexible Fabrikplanung gibt. Die meisten der befragten klein- und mittelständischen Unternehmen (36 %) haben ihren Materialfluss in den letzten zwei Jahren ein- bis zweimal gezielt und strukturiert verändert, 26 % passten ihren Materialfluss öfter als einmal im Jahr an, und weitere 10 % haben diesen sogar öfter als zehnmal in den vergangenen zwei Jahren verändert [Bierschenk et al. 2005].

Im Bereich der Fabrikplanung ist die Errichtung neuer Produktionsstätten auf der grünen Wiese eher die Ausnahme. In den meisten Fällen stehen Unternehmen vor der Aufgabe, bestehende Anlagen und Prozesse zu reorganisieren und zu verbessern. Dies kann mit erheblichem Aufwand verbunden sein, insbesondere wenn langfristig gewachsene Strukturen aufgebrochen werden müssen. In vielen Fällen ist es sinnvoll, eine Überprüfung der Planung mit Hilfe von Fabriksimulation durchzuführen, bevor die geplanten Konzepte wirtschaftlich umgesetzt werden.

Häufig sind in Produktion und Logistik Aufgaben zu lösen, die von zahlreichen Parametern abhängen und viele unterschiedliche Lösungsmöglichkeiten zulassen, so dass ein gutes Ergebnis nur mit großem Aufwand erarbeitet werden kann. Viele Aufgaben in diesen Bereichen haben ein erhebliches Optimierungspotenzial und werden schon jetzt mit Hilfe von Fabriksimulation bearbeitet.

1.1 Ziele der Digitalen Fabrik

Mit der Digitalen Fabrik sollen organisatorische, technische und betriebswirtschaftliche Ziele erreicht werden (Abb. 1.5). Diese Ziele:

- Verbesserung der Wirtschaftlichkeit
- Verbesserung der Planungsqualität
- Verkürzung der Produkteinführungszeit
- Transparente Kommunikation
- Standardisierung von Planungsprozessen
- Kompetentes Wissensmanagement

werden im Weiteren kurz erläutert.

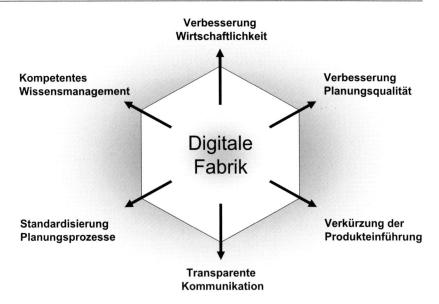

Abb. 1.5: Ziele der Digitalen Fabrik

1.1.1 Verbesserung der Wirtschaftlichkeit

Ein erhebliches Nutzenpotenzial der Digitalen Fabrik liegt in der Integration von Produktentwicklung und Produktionsplanung sowie in der Beschleunigung der Planungs- und Inbetriebnahmeprozesse. Damit lässt sich die Zeit Time-to-Market ganz erheblich verkürzen (Abb. 1.6). Darüber hinaus kann eine Qualitätssteigerung und Prozessabsicherung bewirkt werden. Dies wird erreicht durch:

- Weitgehende Parallelisierung der Einzelprozesse durch gemeinsame Nutzung digitaler Modelle
- Nutzung gemeinsamer aktueller und konsistenter Daten
- Transparente Zusammenarbeit von Vertrieb, Entwicklung, Produktion und Lieferanten

Planungskosten lassen sich erheblich reduzieren, wenn die Planungsgrundlagen aktuell sind, die darauf aufbauende Planung korrekt ist und nicht aufgrund falscher Ausgangsvoraussetzungen immer wieder korrigiert oder wiederholt geplant werden muss. Mit der Anwendung der Digitalen Fabrik lässt sich der Aufwand für die Beschaffung und Übermittlung von Planungsinformationen erheblich reduzieren. Die strukturierte Datenverfügbarkeit und die Kommunikationsunterstützung durch die Visualisierung

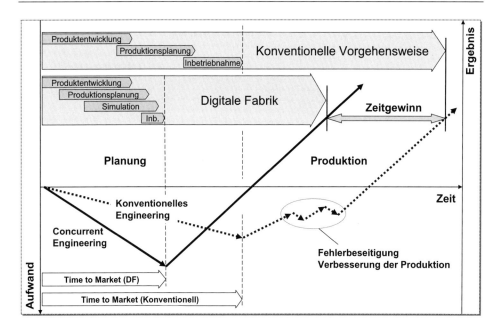

Abb. 1.6: Verkürzung von Time-to-Market durch Parallelisieren der Zeiten für Produktentwicklung und Produktionsplanung mittels Concurrent Engineering

tragen zur Transparenz über verschiedene Ebenen bei. Zusätzlich kann mit Hilfe von Simulationswerkzeugen die Analyse und Bewertung von Varianten und Alternativen unterstützt werden.

In der Praxis ist die Planung ein iterativer Prozess. Entsprechend müssen Änderungsvorgänge sowie Produkt- und Produktionsverbesserung als ein Standardverfahren der Planung integriert sein. Kernpunkt des Ansatzes der Digitalen Fabrik ist deshalb die Nutzung von Methoden und Werkzeugen, mit denen eine Modellierung auf Basis erster Planungsdaten sowie eine einfache Wiederholung und Detaillierung dieser Modelle mit verbesserten Planungsdaten schnell, transparent und effizient möglich ist.

Potenziale zur Verbesserung der Wirtschaftlichkeit liegen im Bereich der Investitionsplanung wie auch der operativen Fabrikplanung. Mit Hilfe von Methoden und Modellen der Digitalen Fabrik lässt sich weiter eine verbesserte operative Planung des Ressourceneinsatzes und der Liefertreue sowie eine Reduzierung der Durchlaufzeiten und des Bestandes im Betrieb erreichen. Hierzu sind die Methoden und Modelle nicht nur in der Fabrikplanungsphase, sondern auch begleitend zum Betrieb einzusetzen. Eine Studie von Roland Berger [Hübner 2002] zum Thema Digitale Fabrik im Automobil - und Zulieferbereich zeigt drei Nutzenpotenziale auf.

- Zeitersparnis bei Produktionsplanung und Anlauf (30 %)
- Kostenersparnis in der Produktion selbst (15 %)
- höhere Qualität der Produkte und Produktionsanlagen (5–10 %)

Nach einem Erfahrungsbericht von Daimler Chrysler [Schiller 2002] ermöglicht die Digitale Fabrik eine Steigerung des Planungsreifegrades sowie eine erhebliche Reduzierung der Planungsdauer. Moderne Methoden der Digitalen Fabrik erlauben es Unternehmen, Informationen bezüglich Produkt- und Produktionsstruktur innerhalb deren Organisation effizient auszutauschen, zu überwachen, zu simulieren und zu managen. Unternehmen, die leistungsfähige und flexible Produktionsprozesse in kürzester Zeit einführen können, sichern sich in den jeweiligen Branchen einen erheblichen Wettbewerbsvorteil.

1.1.2 Verbesserung der Planungsqualität

Ein weiteres Ziel der Digitalen Fabrik ist es, den Prozess der Produktionsplanung zu integrieren, um dadurch die generelle Planungsqualität zu verbessern. Die Methoden und Werkzeuge der Digitalen Fabrik unterstützen die Aktualität und Transparenz der Planungsgrundlagen sowie einen durchgängigen Planungsprozess in Bezug auf Daten, Informationsmanagement und Ressourcen. Die durchgängige Integration der Ablauforganisation von Produktentwicklung und Produktionsplanung trägt zu einer erhöhten Planungssicherheit und -qualität bei. Weitere Vorteile ergeben sich durch eine verbesserte Prozessstabilität bezüglich Planungs- und Produktionsprozessen.

1.1.3 Transparente Kommunikation

Im Bereich der Produktentwicklung und Produktionsplanung ist transparente Kommunikation ein wichtiges Ziel, da die meisten Prozesse stark ineinander greifen und zahlreiche Anwendergruppen beteiligt sind.

Die Methoden und Werkzeuge der Digitalen Fabrik unterstützen eine transparente Kommunikation durch:

- Nutzung einheitlicher und durchgängiger Planungsdaten
- Überwindung räumlicher Grenzen mittels verteilter, paralleler und standortübergreifender Planung
- Unterstützung bei der Entscheidungsfindung mittels aktueller und verständlicher Planungsinformationen
- Kommunikationsunterstützung komplexer Sachverhalte mittels anschaulicher Visualisierung

Zur Transparenz gehört u. a. auch die Abstimmung von Spezifikationen für Anlagen mit den Lieferanten sowie der Vergleich der Spezifikation mit der erbrachten und gelieferten Leistung.

Die Daten, Modelle und Werkzeuge der Digitalen Fabrik bieten über alle Phasen eine leistungsfähige Plattform für eine transparente Kommunikation. Für eine durchgängige IT-Unterstützung ist es unabdingbar, die Schnittstellen der Softwarewerkzeuge der Digitalen Fabrik auf allen Ebenen unternehmensweit und auch darüber hinaus zu standardisieren, um damit Daten möglichst einfach zwischen den Planungssystemen und den operativen Systemen austauschen zu können.

1.1.4 Standardisierung von Planungsprozessen

Die Digitale Fabrik hat weiter zum Ziel, die Planungsprozesse zu standardisieren, zu digitalisieren und damit die Wiederverwendbarkeit von Planungsergebnissen zu verbessern. Dazu sind Schritte erforderlich wie:

- Umsetzung von Best-Practice-Lösungen in Referenzmodellen
- Verwendung von Referenzmodellen als verbindlicher Standard für zukünftige Planungen
- Modulare Wiederverwendung von Modellkomponenten
- Erstellung universeller und spezieller Bausteinbibliotheken

Eine Standardisierung von Planungsprozessen erleichtert die elektronische Dokumentation und Archivierung der zum Planungsprozess gehörenden Daten, Planungsfortschritte und Planungsstände.

1.1.5 Verbesserung der Wissensbasis

Der Wissenserwerb, die Wissensvermittlung und die Wissensspeicherung in Form von Daten und Planungs-Know-how sowie Methoden und Modellen sind wesentliche Elemente der Digitalen Fabrik. Wichtige Aspekte dabei sind:

- Standardisierung von Planungs- und Geschäftsprozessen
- Dokumentation von Wissen in einer elektronischen Wissensbasis
- Reduktion des Planungsaufwandes durch Einsatz von Referenzmodellen und Wiederverwendung bewährter Module
- Umfassende und schnelle Analysen durch Einsatz integrierter Werkzeuge
- Bewertung verschiedener Alternativen durch Simulation

Ziel ist es, mit einer guten Systematik und ausgereifter Kommunikation sowohl Entwickler wie Planer in allen Phasen der Produktentwicklung und der Produktionsplanung durch effiziente und kompetente Wissensvermittlung zu unterstützen und die Wiederverwendung von vorhandenem Wissen zu fördern. Dies hilft, Meilensteine und Planungsergebnisse pünktlich und sicher zu erreichen sowie Fehler bereits im Ansatz zu vermeiden. Auch die Einarbeitung neuer Mitarbeiter in die Planung kann mit Hilfe dieser Basis schnell und effizient erfolgen.

1.2 Aufgaben der Digitalen Fabrik

Die Prozesse der Digitalen Fabrik gliedern sich zum einen in die Produktentwicklungs- und Produktionsprozesse sowie in die Auftragsprozesse (Abb. 1.7). Für diese Prozesse werden Planungsinformationen und Planungsergebnisse in unterschiedlichen Phasen und von verschiedenen Zielgruppen, sowohl unternehmensintern wie extern, benötigt.

Die Digitale Fabrik ermöglicht die gemeinsame Nutzung dieser technischen und wirtschaftlichen Daten und Modelle für alle Planungsbeteiligten. Unternehmensintern sind dies die planenden Abteilungen, betroffene Mitarbeiter aus der Produktion sowie die Entscheider im Management des Unternehmens. Extern ist es sinnvoll, Zulieferer sowie

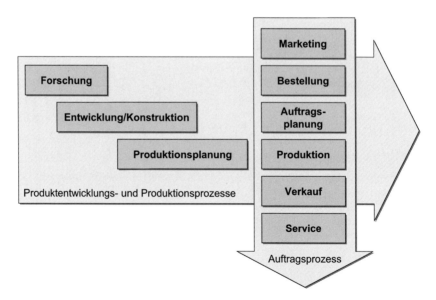

Abb. 1.7: Die technischen und wirtschaftlichen Prozesse der Digitalen Fabrik schneiden sich im Bereich der Produktion.

1.2 Aufgaben der Digitalen Fabrik **11**

Anlagenlieferanten und Planungsdienstleister in die jeweiligen Prozesse einzubinden. Die wesentlichen Integrationsbereiche der Digitalen Fabrik umfassen die vier Bereiche:

- Produktentwicklung
- Fabrik- und Produktionsplanung
- Inbetriebnahme und Anlauf der Produktion
- Produktionsbetrieb und Auftragsmanagement

Diese Bereiche sowie deren Rolle in der Digitalen Fabrik sind im Weiteren kurz erläutert.

1.2.1   Produktentwicklung

Die Produktentwicklung liefert wichtige Eingangsdaten für alle anderen Bereiche. Dies sind Daten wie die Produktstruktur, das 3D-Modell des Produktes sowie Produktions- und Montageanforderungen, der Struktur und Funktion. Zur Produktentwicklung werden heute in den meisten Fällen die typischen Methoden und Werkzeuge mit CAD und CAE Technologie eingesetzt (Abb. 1.8). Im Bereich der Produktentwicklung stehen

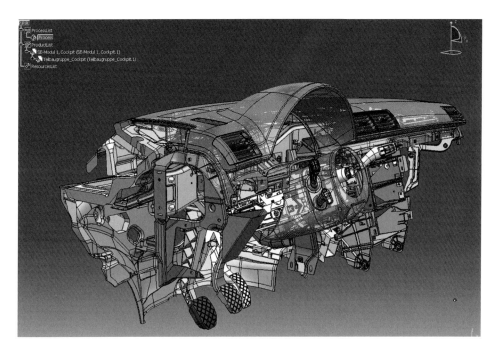

Abb. 1.8:   Das Produktdesign komplexer Strukturen wird mit CA-Techniken und 3D-Modellen erheblich erleichtern (Quelle Delmia).

seit einigen Jahren umfangreiche und in der Praxis bewährte digitale Methoden und Software-Tools zur Verfügung.

In der Digitalen Fabrik geht die Produktentwicklung nicht mehr weitgehend der Produktionsplanung voraus. Produktentwicklung und Fabrik- bzw. Produktionsplanung werden vielmehr zunehmend parallel durchgeführt, um Synergieeffekte zu erreichen, Produkte möglichst produktionsgerecht auszulegen sowie um Planungs- und Einführungszeiten zu verkürzen. Die Produktentwicklung hat naturgemäß erheblichen Einfluss auf die Produktionsplanung. Bei Anwendung der Digitalen Fabrik stehen Produktentwicklung und Produktionsplanung in direkter Wechselwirkung, um ein Produkt möglichst effizient und wirtschaftlich fertigen zu können sowie die Produkteinführungszeit (Time to Market) erheblich zu reduzieren. Die Arbeitspläne zur Erstellung eines Produktes müssen in enger Kooperation zwischen den beteiligten Bereichen abgestimmt werden.

1.2.2 Fabrik- und Produktionsplanung

Aufgabe der Fabrikplanung ist die Auslegung der Produktionsstätten, die Planung von Produktionssystemen und die Überwachung der Realisierung der Produktionsanlagen bis zum Hochlauf der Produktion. Die Fabrik- und Produktionsplanung ist damit ein wesentliches Anwendungsgebiet der Digitalen Fabrik und umfasst u. a. die folgenden Teilgebiete:

- Werkstrukturplanung
- Technologieplanung
- Prozessplanung
- Layoutplanung
- Materialfluss- und Logistikplanung
- Betriebsmittelplanung
- Arbeitsplatzgestaltung

Der Planungsumfang der Fabrik- und Produktionsplanung kann dabei von der Umplanung einer einzelnen Maschine bis hin zur kompletten Planung einer neu zu errichtenden Produktionsstätte reichen. Neben den technischen und wirtschaftlichen Aspekten sind selbstverständlich auch Mitarbeiterbelange sowie ökologische Überlegungen einzubeziehen. Mit Hilfe digitaler Modelle können auf unterschiedlichen Ebenen verschiedene Planungsalternativen bewertet und dynamisch durch Simulation überprüft und optimiert werden.

1.2.3 Inbetriebnahme und Anlauf der Produktion

Eine reibungslose Inbetriebnahme und ein zügiger Anlauf eines neuen oder umgebauten Produktionssystems hängt erheblich von der Qualität der vorausgegangenen Planung sowie der zeitlichen Koordination der erforderlichen Ressourcen ab. Im Vorfeld können mit Hilfe digitaler Modelle bereits Simulationen durchgeführt werden. Damit lassen sich Engpässe erkennen, Steuerungsprobleme beheben und ein reibungsloser Anlauf sowie ein schnelleres Erreichen der geplanten Leistung absichern.

1.2.4 Produktionsbetrieb und Auftragsmanagement

Der Produktionsbetrieb als betrieblicher Leistungserstellungsprozess umfasst zahlreiche technische und kaufmännische Prozesse, wobei insbesondere das Auftragsmanagement für die Digitale Fabrik von erheblicher Bedeutung ist. Dieses führt die auftragsspezifische Steuerung und Überwachung der Produktion mit Produktionsaufträgen durch. Dazu greift das Auftragsmanagement auf auftragsneutrale Produktionsunterlagen zurück, wie Daten aus der Konstruktion, Stücklisten, Arbeitspläne etc. Zusammen mit der Vorgabe von Mengen und Terminen werden aus den auftragsneutralen Produktionsunterlagen konkrete Produktionsaufträge.

1.3 Modelle der Digitalen Fabrik

In der Digitalen Fabrik kann eine Vielfalt von Modellen eingesetzt werden, die je nach Anforderung unterschiedliche Aspekte, Umfänge und Detaillierungsgrade haben können. Diese digitalen Modelle lassen sich klassifizieren in statische und dynamische Modelle (Abb. 1.9). Zur Beschreibung komplexer Produktionssysteme werden häufig mehrere dieser Aspekte gleichzeitig verwendet.

Auch bei gleichem Betrachtungsgegenstand können sich Modelle in der Digitalen Fabrik durch ihren Blickwinkel oder durch die gewählte Detaillierungsstufe ganz erheblich unterscheiden. Modelle sind geprägt durch den Einsatzbereich, den Modellzweck und die Aufgabenstellung sowie durch die beteiligten Partner und den Zeitraum der Nutzung. Einige dieser Aspekte sind, ohne Anspruch auf Vollständigkeit, in der folgenden Tabelle dargestellt.

Die in der Liste aufgeführten Kriterien zeigen deutlich, dass für den gleichen Betrachtungsgegenstand je nach Blickwinkel und Fragestellung sowie geplanter Modellnutzung ganz unterschiedliche Modelle sinnvoll sein können.

Modellaspekt	Abbildungseigenschaft des Modells
Raumbezug	Abbildung räumlich geometrischer Zusammenhänge über Parameterwerte • 2D-Geometrien • 3D-Geometrien
Zeitbezug	Abbildung des zeitlichen Systemverhaltens • statisch • dynamisch
Vorhersagbarkeit	Berücksichtigung systematisch beschreibbarer und zufälliger Aspekte • deterministisch (vorhersagbar) • stochastisch (zufallsabhängig)

Physikalische Komplexität	Abbildung physikalischer Sachzusammenhänge
	
	• einfache Parameter
	  (z. B. Geschwindigkeit und Beschleunigung von Fahrzeugen)
	• komplexe Algorithmen
	  (z. B. inverse Kinematik/Kinetik zur Robotersimulation)

Personaldetaillierung	Detaillierungsgrad der Modellierung von Personal • personalintegriert, Personal wird als klassische Ressource (ggf. mit zusätzlichen Fähigkeitsprofilen) modelliert • personalorientiert, Ergonomieuntersuchungen unter Berücksichtigung von Belastungs- und Beanspruchungsprofilen
Organisationssicht	Sichtweise des Modells auf die Organisationsstruktur • Aufbauorganisation, Sichtweise stellt die Topologie der Systemkomponenten in den Vordergrund • Ablauforganisation, Sichtweise stellt die Prozesse in den Vordergrund
Ergebnisart	Art der zu erzielenden Ergebnisse • qualitative Aussagen • quantitative Ergebnisse

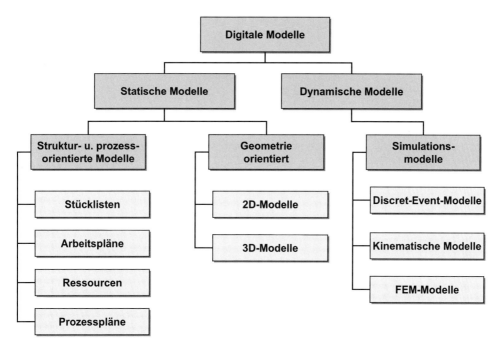

Abb. 1.9: Klassifikation digitaler Modelle in statische und dynamische Modelle

1.3.1 Synergie durch Vernetzung der Modelle

Der Einsatz von Modellen und die damit verbundenen digitalen Methoden und Werkzeuge sind wesentliche Voraussetzung für eine durchgängige digitale Planung. Um die Komplexität bei der Modellbildung in überschaubaren Grenzen zu halten, erfolgt die Betrachtung in einem Modell jeweils aus einer singulären Blickrichtung heraus. Zur Abbildung der gegebenen bzw. geplanten Realität müssen entsprechend den Anforderungen ggf. mehrere Modelle genutzt werden, die jeweils spezifische Eigenschaften eines Systems beleuchten und entsprechend der Planungsphase und der geforderten Detaillierung dann unterschiedliche Zielrichtungen haben.

Die Synergie der Digitalen Fabrik basiert auf einer Vernetzung der unterschiedlichen Daten und Modelle für die jeweiligen Einsatzbereiche (Abb. 1.10). In jeder Planungs- und Betriebsphase soll auf die Ergebnisse vorangegangener Phasen in Form von Daten und Strukturen zugegriffen werden können. Dasselbe gilt für Modelle anderer Aspekte. Für die integrative Vernetzung sind geeignete Systemarchitekturen und Datenmanagementsysteme erforderlich, um allen beteiligten Personen aktuelle und konsistente Informationen aus unterschiedlichen Modellen zur Verfügung zu stellen.

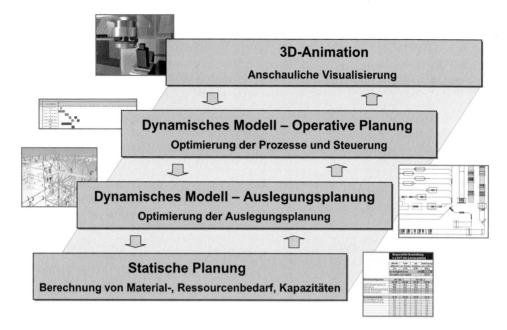

Abb. 1.10: Vernetzung von Modellen auf unterschiedlichen Ebenen (Quelle SIPOC)

Damit Modelle über verschiedene Planungswerkzeuge hinweg nutzbar sind, müssen diese interoperabel sein und einen geeigneten Datenaustausch ermöglichen. Der Austausch von Produktionsplanungsdaten ist heute noch keineswegs Standard und stellt in der Praxis vielfach noch ein erhebliches Problem dar. Die diversen Kommunikationsprobleme zwischen unterschiedlichen Systemen lassen sich oft nur durch eine aufwändige projektspezifische Schnittstellenprogrammierung lösen. Hier sind industrielle Standards erforderlich, die einen einfachen Austausch zwischen Anwendungen, Modellen und Systemen unterschiedlicher Softwareanbieter erlauben.

Sinnvoll ist eine Integration der Modelle über Datenmanagementsysteme. Die Werkzeuge der Digitalen Fabrik greifen dann gemeinsam auf eine Integrationsplattform zu. Die Integrationsplattform konvertiert Daten und kommuniziert mit den verschiedenen im Unternehmen verteilten Datenbanksystemen. Mit solchen Datenmanagement- bzw. PLM-Systemen[1] lässt sich die Redundanz von Daten reduzieren und somit die Gefahr von Inkonsistenzen der Modelle verringern. Langfristig kann der Aufwand für Datenerfassung und -verwaltung ganz erheblich reduziert werden, da Planungsdaten nur einmalig erfasst werden müssen und diese allen Beteiligten dann stets aktuell zur Verfügung stehen.

---

[1] Product Lifecycle Management

1.3.2 Anforderungen an die Systemarchitektur der Digitalen Fabrik

Die Umsetzung der Digitalen Fabrik erfordert zahlreiche Softwarekomponenten wie Konstruktions- und Planungssysteme oder Simulatoren, die miteinander arbeiten müssen. Die Abdeckung der gesamten Funktion mit einer einzigen Software ist weder anstrebenswert noch praktikabel. Besser ist der Einsatz jeweils spezialisierter Systeme, für die sich folgende Anforderungen ergeben [Walter 2004]:

- Vernetzte System- und Datenarchitektur mit einer Anbindung der Prozesse an den Produktentstehungsprozess
- Offene Systemarchitektur (Standardschnittstellen)
- Modularer Aufbau (Erweiterbarkeit)
- Effizientes Datenmanagement
- Einheitliche 3D-Visualisierungsplattform
- Konsequentes Dokumentations-/Änderungsmanagement

Sinnvoll ist eine offene Integration der unterschiedlichen Softwarekomponenten in einer gemeinsamen Systemarchitektur, die es ermöglicht weitere zukünftige Komponenten unterschiedlicher Anbieter einzubinden.

1.4 Visualisierung der Digitalen Fabrik

Die Visualisierung ist ein wesentlicher Baustein der Digitalen Fabrik. Produkte, Produktionsanlagen und Werkstücke sowie die Prozesse können mit einer 3D-Animation anschaulich visualisiert werden (Abb. 1.11). Dies kann ganz erheblich helfen, eventuell auftretende Probleme zu erkennen, zu verstehen und frühzeitig zu vermeiden. Eine leistungsfähige Animation stellt eine gute Kommunikationsplattform dar, um in Entscheidungen die Personen unterschiedlicher Bereiche sinnvoll einbinden zu können. Zu den Einsatzmöglichkeiten von VR[1]-Systemen gehören:

- Positionierung von Körpern im Raum
- Formgebung im Raum
- räumliche Modellierungsaufgaben mit Positionier- und Ausrichtungsaspekten
- Montagereihenfolgenplanung
- Beurteilung räumlicher Situationen

---
[1] Virtuelle Realität

- Kreativitätsunterstützung
- Kooperationsunterstützung

Der VR-Einsatzes bietet Wettbewerbsvorteile durch Unterstützung von Erfolgsfaktoren, schnellere und effizientere Prozesse, höhere Planungsqualität und Planungssicherheit, Kosteneinsparungen durch Fehlerreduzierung und damit Vermeidung von Fehlerfolgekosten [Westkämper 2006]

Die virtuelle Realität erlaubt es, Nichtspezialisten qualifiziert in Prozesse einzubinden, was insbesondere bei häufig wechselnder Teamzusammensetzung und Outsourcing immer wichtiger wird. In der virtuellen Realität werden zum Beispiel Dimensionierungsfehler sofort sichtbar. Ein frühes Erkennen und Eliminieren von Fehlern führt zur Vermeidung von hohen Fehlerfolgekosten sowie zu einem höheren Reifegrad in frühen Phasen der Planung und Entwicklung sowie zur Verkürzung von Entwicklungszeiten und darüber hinaus zu effizienteren Prozessen durch eine bessere Kommunikation [Dangelmaier 2005].

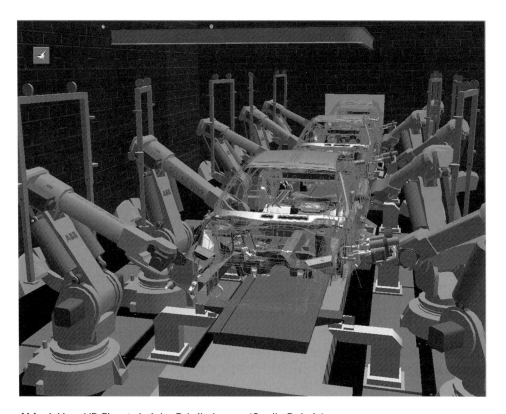

Abb. 1.11: VR-Einsatz bei der Fabrikplanung (Quelle Delmia)

Andererseits besteht gerade im Bereich des Managements die Gefahr, dass eine eindrucksvolle Visualisierung überbewertet wird. Wichtig ist, dass die zugrunde liegenden Datenstrukturen, die Modelle und die Prozesse optimiert sind. In der Praxis wird manchmal Animation mit Simulation verwechselt und damit häufig unterschätzt, welcher Aufwand für korrekte Modelle im Hintergrund erforderlich ist, um nicht nur eine eindrucksvolle Animation zu erzeugen, sondern auch ein realistisches Systemverhalten abzubilden.

Augmented-Reality-Technologie

Eine spezielle Methode der Visualisierung ist die Augmented-Reality-Technologie (AR), bei der geplante Anlagen als virtuelles Modell in die reale Produktionsumgebung eingeblendet werden. Augmented Reality zeichnet sich aus durch:

- Kombination von realer und virtueller Welt
- Interaktion in Echtzeit
- dreidimensionale Registrierung

Anwendungen von AR sind in der visuellen Unterstützung manueller Tätigkeiten, z. B. in der Montage, Kommissionierung, Qualitätssicherung oder Service und Wartung zu finden [Reinhart 2003].

In der Produktionsplanung ermöglicht diese Technologie, die beteiligten Mitarbeiter frühzeitig durch Visualisierung und Präsentation in die Layoutplanung sowie Arbeitsplatzgestaltung einzubinden und die Integration und Anpassung an die Produktionsumgebung zu analysieren.

1.5 Simulation der Digitalen Fabrik

> **Test drive several systems before you choose one!**
> **Operate your system ahead of time!**

Simulation ist eine Kerntechnologie der Digitalen Fabrik. Die Simulation von Produktionseinrichtungen und -prozessen kann die Projektierung, Auslegung, Planung und Programmierung von Produktionseinrichtungen wirkungsvoll unterstützen. Simulation bietet insbesondere die Möglichkeit zur:

- Untersuchung real (noch) nicht existierender Systeme
- Optimierung existierender Systeme, ohne deren Betrieb zu stören oder zu gefährden
- Vergleichende Analyse mehrerer alternativer Varianten
- Simulation des Systemverhaltens über lange Zeiträume im Zeitraffer
- Test von Anlaufvorgängen und Übergängen zwischen unterschiedlichen Betriebszuständen

Definition von Simulation

Der Begriff „Simulation" leitet sich aus dem lateinischen „simulare" (nachbilden, nachahmen, etwas vortäuschen) ab und wird in der VDI-Richtlinie 3633 definiert:

> *„Simulation ist das Nachbilden eines dynamischen Prozesses in einem System mit Hilfe eines experimentierfähigen Modells, um zu Erkenntnissen zu gelangen, die auf die Wirklichkeit übertragbar sind. Im weiteren Sinne wird unter Simulation das Vorbereiten, Durchführen und Auswerten gezielter Experimente mit einem Simulationsmodell verstanden."* [VDI 3633 Blatt 1]

Simulation bedeutet grundsätzlich, ein real existierendes oder noch nicht existierendes System in einem Modell zu abstrahieren und mit Hilfe dieses Modells Untersuchungen bezüglich des Systemverhaltens durchzuführen, die Ergebnisse zu interpretieren und Schlussfolgerungen für das reale System zu ziehen.

Das Prinzip von Simulationsuntersuchungen lässt sich vereinfacht in dem in Abb. 1.12 gezeigten Simulationskreislauf darstellen. Eine Simulationsuntersuchung kann vorab und/oder parallel zum realen System durchgeführt werden. Dazu wird entweder ausgehend vom realen System oder von dem geplanten Entwurf durch Abstraktion und Modellierung ein Simulationsmodell generiert und im Simulator implementiert. Mit diesem Modell können die Experimente durchgeführt werden. Die Ergebnisse werden ausgewertet und interpretiert und Erkenntnisse daraus genutzt, um das reale System bzw. die Planung ggf. zu modifizieren. Dieser Kreislauf wird so lange wiederholt, bis ein zufrieden stellendes Ergebnis erzielt wurde.

Das eingesetzte Modell kann dabei sehr unterschiedlicher Natur sein, wie z. B. ein materielles Flugzeugmodell im Windkanal, ein elektrisches Ersatzmodell oder ein virtuelles Modell einer Produktionslinie im Rechner. Solch ein Simulationsmodell besteht aus Objekten, Beziehungen zwischen Objekten, logischen oder räumlichen Zuordnungen und Attributen wie Geometrie, Leistungsdaten, steuerungstechnischen Daten etc. Bei

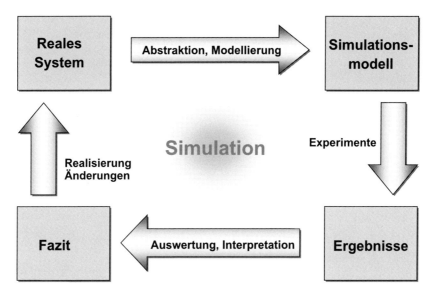

Abb. 1.12: Der Simulationsprozess bildet einen Kreislauf, der iterativ mehrfach durchlaufen werden kann.

den Simulationsanwendungen hat inzwischen die digitale Simulation die analoge Simulation (mechanisch, elektrisch, hydraulisch) fast vollständig aus folgenden Gründen abgelöst:

- Die Kosten der Modellerstellung und Simulation sind wesentlich geringer als bei ähnlich umfassenden Untersuchungen mit realen oder analogen physikalischen Modellen.
- Der zeitliche Ablauf des dynamischen Verhaltens kann je nach Anforderung erheblich gekürzt (Zeitraffer) oder gedehnt (Zeitlupe) werden.
- Mit digitaler Rechnersimulation sind umfangreiche Untersuchungen auch gefährlicher Systemzustände möglich, ohne die Zerstörung eines Prüflings zu riskieren.
- Es kann unabhängig vom konkret zu betrachteten System mit einer weitgehend einheitlichen Methodik und vielseitig verwendbaren Softwareprodukten gearbeitet werden.

Mit heutiger Rechnerleistung und Softwaretechnik dominiert zunehmend die Simulation mit grafisch-mathematischen Modellen.

Simulation hilft, Fragen zu beantworten. Simulation wirft jedoch auch Fragen auf. Die Modellierung komplexer Systeme führt zu einem intensiven Beschäftigen mit den

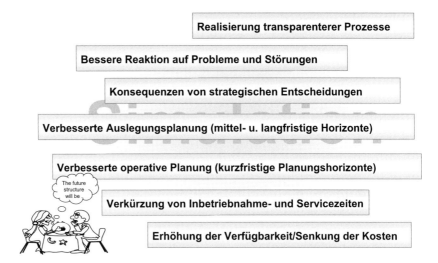

Abb. 1.13: Vorteile der simulationsbasierten Planung von strategischen Entscheidungen bis zum operativen Einsatz

technischen Systemen. Simulation kann durch die Berücksichtigung des dynamischen Systemverhaltens zur richtigen Dimensionierung von Produktionssystemen beitragen. Bei der Um- und Erweiterungsplanung bietet die Simulation gute Möglichkeiten, relativ schnell die Auswirkungen von Änderungen zu testen. Dies ist besonders effizient, wenn bereits Simulationsmodelle des Systems aus der letzten Planungsphase bestehen und nur noch hinsichtlich eines aktuellen Erscheinungsbildes modifiziert werden müssen. Weiter kann die Simulation von produktionstechnischen Anlagen und Prozessen helfen, Ziele zu erreichen wie:

- Absicherung der Planung
- Reduktion der Investitionskosten
- Erhöhung von Maschinenauslastung
- Verbesserung der Termintreue
- Minimierung von Durchlaufzeiten
- Optimierung des Einsatzes von Ressourcen

Fabriksimulation ist in der Digitalen Fabrik ein zentrales Instrument zur Entscheidungsunterstützung. Simulationsbasierte Planung hat erhebliche Vorteile und kann dabei von der strategischen bis zur operativen Ebene sinnvoll eingesetzt werden (Abb. 1.13). Objektorientierung und automatische Modellgenerierung tragen heute dazu bei, die Effizienz des Simulationseinsatzes erheblich zu verbessern.

1.6 Nutzen und Aufwand von Simulation

Moderne Simulationstechnik bietet Möglichkeiten zur Untersuchung:

- real nicht existierender Systeme
- real existierender Systeme ohne direkten Eingriff in den Betrieb
- unterschiedlicher Varianten und Szenarien mit relativ geringem Zusatzaufwand
- des Systemverhaltens über lange Zeiträume in kurzen Simulationszeiten
- spezieller Betriebszustände wie Systemanläufe, Fehlerstrategien etc.

Eine konventionelle betriebswirtschaftliche Wirtschaftlichkeitsrechnung ist vorab für viele Simulationsanwendungen extrem schwierig oder nicht möglich, da die Nutzenaspekte vor Beginn eines Projektes sehr schwer quantifizierbar sind. Um dennoch ein Gefühl für Nutzen und Aufwand von Simulation zu geben (Abb. 1.14), sind die jeweiligen Aspekte im Folgenden aufgelistet.

Gemäß [VDI 3633 Blatt 1] ergeben sich durch Simulation folgende Nutzenaspekte:

Sicherheitsgewinn:

- Bestätigung der Planungsvorhaben (im positiven Fall)
- Minimierung des unternehmerischen Risikos
- Funktionalität des geplanten Systems

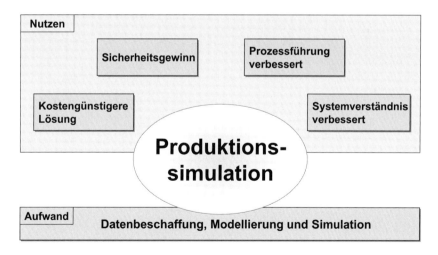

Abb. 1.14: Aufwand- und Nutzenaspekte von Simulation

- Funktionalität der Steuerung
- Qualität des Pflichtenheftes

Kostengünstigere Lösungen:

- Einsparung oder Vereinfachung von Systemelementen
- Einsparung oder Vereinfachung von Steuerungselementen
- Optimierung von Puffergrößen und Lagerbeständen
- Optimierung von Arbeitsabläufen(-inhalten)

Besseres Systemverständnis:

- Parametersensitivitäten
- Begründbarkeit und Überprüfung der gewählten Lösung
- Vermeidung oder Eliminierung von Engpässen
- Schulung des Betriebspersonals
- Dynamische Analyse und Darstellung des gesamten Ablaufs (Animation)

Günstigere Prozessführung:

- Entscheidungsunterstützung bei Betriebsproblemen
- Prozessoptimierung nach beliebigen Zielfunktionen (z. B. Durchlaufzeit, Auslastung, Ausbringung)
- Produktivitätssteigerung
- Optimierung der Anlagensteuerung
- Minimierung der im Störfall entstehenden Ausfallkosten
- Verkürzung der Anlaufphase

Diesen Nutzenaspekten steht der Aufwand gegenüber, der notwendig ist, um die folgenden Schritte einer Simulationsstudie durchzuführenden:

- Systemdefinition/Zielfestlegung/Lastenheft
- Datenbeschaffung
- Modellentwurf
- Implementierung des Modells
- Modellverifikation
- Validierung
- Simulationsversuchsplan
- Simulationsläufe

- Laufbetrachtung/Ergebnisauswertung
- Systemvariation/Optimierung
- Praktische Umsetzung der Simulationsergebnisse

Eine allgemein gültige Quantifizierung der genannten Nutzenaspekte ist nicht möglich. Auch die in der [VDI 3633 Blatt 1] vorgeschlagene Methode, anhand bereits durchgeführter Simulationsprojekte Rückschlüsse zu ziehen, diese zu verallgemeinern und auf zukünftige Simulationsprojekte zu übertragen, ist wenig hilfreich, wenn die Ausgangsvoraussetzungen der jeweiligen Planungen kaum vergleichbar sind. Das Einsparungspotenzial von Simulation hängt ganz erheblich von der zugrunde liegenden Planung ab. Weiter ist der Wert des Nutzenaspektes von Planungssicherheit an sich schwer zu quantifizieren.

2 Technische Grundlagen der Simulationstechnik

In diesem Kapitel werden zum besseren Verständnis die Grundlagen der Simulationstechnik näher erläutert. Dabei wird schwerpunktmäßig auf Discrete-Event-Simulation (ereignisgesteuerte Simulation) sowie auf Robotersimulation eingegangen, da diese beiden Arten von Simulation im Bereich der Digitalen Fabrik die im Wesentlichen eingesetzten Methoden sind. Simulation setzt immer eine Modellierung und eine Systemanalyse voraus. Da diese für die Simulation extrem wichtig sind, wird im Folgenden eine ausführliche Einführung in diese Themen angeboten.

2.1 Allgemeine Modelltheorie

In diesem Abschnitt werden einige Grundlagen zu Modellen und zur Modellbildung allgemein angesprochen, um eine grundlegende Sichtweise zu entwickeln, die für die Bearbeitung konkreter Fragestellungen hilfreich ist.

> *Ein Modell ist ein System, das als Repräsentant eines komplizierten Originals aufgrund mit diesem gemeinsamer, für eine bestimmte Aufgabe wesentlicher Eigenschaften von einem dritten System benutzt, ausgewählt oder geschaffen wird, um Letzterem die Erfassung oder Beherrschung des Originals zu ermöglichen oder zu erleichtern beziehungsweise um es zu ersetzen.* [1]

Modelle können technische oder organische Gebilde wie auch semantische, in Text gefasste oder mathematische Beschreibungen sein. Entscheidend ist, dass das Modell in einer bestimmten Beziehung (Abb. 2.1), zu dem abzubildenden System steht.

- Jedes Modell ist nur eine beschränkt gültige Abbildung des Originals.
- Der Abbildungszweck bestimmt Art und Detaillierung des Modells.
- Systemmodelle bilden die Wirkungsstruktur so ab, dass das Verhalten eines Systems erklärt werden kann.
- Statistische Modelle bilden das Verhalten eines Systems als Black Box nach.
- Simulationsmodelle bilden das Verhalten eines Systems so ab, dass dieses simuliert werden kann.

---

[1] Philosoph Klaus Dieter Wüsteneck

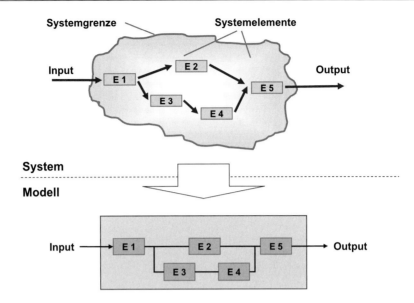

Abb. 2.1: Ein Modell ist eine abstrahierte Abbildung eines Systems

2.1.1 Modellbegriff

Der in der allgemeinen Modelltheorie entwickelte Modellbegriff ist nicht auf eine Fachdisziplin festgelegt und kann durch drei Merkmale gekennzeichnet werden:

- **Modellzweck**
  Ein Modell wird vom Modellierer innerhalb einer bestimmten Zeitspanne und zu einem bestimmten Zweck eingesetzt. Das Modell orientiert sich am Zweck der zu beantwortenden Fragestellung.

- **Abbildung**
  Ein Modell ist ein Abbild eines Systems, eine Repräsentation natürlicher oder künstlicher Objekte, die selbst wieder Modelle sein können.

- **Abstraktion**
  Ein Modell erfasst nicht alle Attribute des Originals, sondern nur diejenigen, die dem Modellierer für den jeweiligen Modellnutzen relevant erscheinen.

Modelle helfen durch Abstraktion und Idealisierung (Abb. 2.2), reale Eigenschaften, Beziehungen und Zusammenhänge fassbar und praktisch nutzbar zu machen, um mit diesen Modellen umfassende Erkenntnisse der Wirklichkeit zu erzielen.

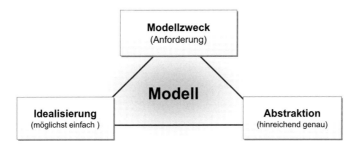

Abb. 2.2: Abbildungstreue und Abstraktion müssen auf den Modellzweck abgestimmt sein.

Modellen kommt in technischen und wissenschaftlichen Erkenntnisprozessen eine große Bedeutung zu. Bei der Untersuchung realer Gegenstände und Prozesse in unterschiedlichen Wirklichkeitsbereichen und beim Aufbau wissenschaftlicher Theorien besitzen Modelle eine wichtige Erkenntnisfunktion. Entsprechend wird der Modellbegriff in zahlreichen Wissenschaftsbereichen eingesetzt.

Physikalische Versuchsmodelle in den Ingenieurwissenschaften

In den Ingenieurwissenschaften werden physikalische Modelle als Nachbildung eines technischen Erzeugnisses in verkleinertem Maßstab eingesetzt. Diese Modelle haben meist nicht dieselben geometrischen Details wie die Großausführung, verfügen jedoch über die gleichen Kennzahlen und bilden das spezifische Verhalten ab. Diese Versuchsmodelle dienen dem Zweck, daran Messungen durchzuführen und die Ergebnisse in die Großausführung umzurechnen. Das Aussehen der Modelle ist meist irrelevant. Zum Einsatz kommen beispielsweise verkleinerte Kunststoffmodelle von Flugzeugen oder Fahrzeugen in Windkanälen und Schiffen in Strömungskanälen. Mit Hilfe von Vergleichszahlen (z. B. Reynold-Zahlen in der Strömungsmechanik) werden zwischen Original und Modell vergleichbare Verhältnisse hergestellt.

Technische Computersimulationsmodelle

Technische Computersimulationsmodelle bilden technische Systeme, wie z. B. Produktionssysteme, mit mathematischen Modellen ab, um diese mit Hilfe von Computern zu simulieren. Dies erfolgt meist mit speziellen Softwareprodukten, die dem Nutzer leistungsfähige Funktionen zur Modellierung, Simulation und Auswertung zur Verfügung stellen. Zunehmend steht auch eine grafische Visualisierung der Simulation zur Verfügung. Die Möglichkeiten dieser Technik reichen von der Strömungssimulation an kleinen Einzelteilen bis hin zur Modellierung ganzer Fabriken. Die oben beschriebenen physikalischen Modelle werden heute allerdings zunehmend durch Computersimulation abgelöst.

Naturwissenschaftliche Modelle

In den Naturwissenschaften gibt es zahlreiche Anwendungen, um mit Hilfe von Modellen naturwissenschaftliche Systeme zu beschreiben. Dies reicht von chemischen oder physikalischen Modellen, wie z. B. dem Modell eines Schwingkreises, über Modelle ökologischer Zusammenhänge bis hin zu komplexen Klima- und Wettermodellen.

Modelle in der Informatik

In der Informatik werden Sichten auf Realsysteme in einem Datenmodell abgebildet. Eine typische Anwendung hierfür ist der Entwurf von Datenbanken. Diese konzeptionellen Datenmodelle sind frei von spezifischer Technik und daher für die Kommunikation zwischen Entwicklern und Anwendern gut geeignet. Der datenbankspezifische Entwurf kann abstrakt durch logische Datenmodelle beschrieben werden. Hierzu können z. B. Entity-Relationship-Diagramme eingesetzt werden. Die tatsächliche Implementierung in einer speziellen Datenbank wird durch ein physisches Datenmodell dargestellt.

Weitere Beispiele für Modelle der Informatik sind Schichtenmodelle wie zum Beispiel das OSI-Schichtenmodell in der Kommunikationstechnik.

Modelle in der Wirtschaftsinformatik

In der Wirtschaftsinformatik werden Unternehmensstrukturen, Netzwerke und Prozesse modelliert. Als Beschreibungsmittel dienen z. B. Prozessmodelle, die Abläufe wirtschaftlicher Prozesse mit ihren einzelnen Schritten, Abhängigkeiten und Randbedingungen beschreiben. In der Wirtschaftsinformatik werden häufig Simulationsmodelle genutzt, um verschiedene Szenarien zu testen und zu bewerten.

2.1.2 Grundsätzliches zum Modellieren von Systemen

Schon die menschliche Wahrnehmung einer Realität ist nicht objektiv, sondern lediglich ein mentales Modell, also ein vereinfachtes Bild eines realen Systems, das als Konstruktion des Gehirns auf Basis unterschiedlicher Wahrnehmung (Sehen, Hören, Fühlen ...) entsteht. Die wahrgenommene Welt ist also ein Modell, das für jeden Betrachter unterschiedlich sein kann. Optische Täuschungen verdeutlichen eindrucksvoll diesen Sachverhalt. Ebenso können von einem technischen System je nach Einsatzzweck und Blickwinkel sehr unterschiedliche Modelle erstellt werden (Abb. 2.3).

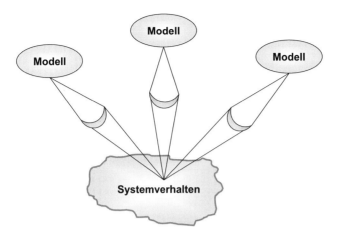

Abb. 2.3: Verschiedene Modelle bieten unterschiedliche Modellsichten auf das gleiche System

Für das Verständnis von Systemen ist es entscheidend, sich des Modellcharakters der Wahrnehmung bewusst zu sein. Denken in Modellen ist eine der Kerndimensionen von systemischem Denken, es impliziert insbesondere, dass die Modellannahmen und die damit zusammenhängenden Grenzen von Modellbildungen bewusst reflektiert werden.

Für Modelle gilt generell:

- Modelle heben bestimmte Aspekte hervor und vernachlässigen andere. Ein Modell kann nie das Modellierte vollständig erfassen.
- Modelle brauchen sinnvolle Darstellungsmittel. Die Möglichkeit zur Modellbildung hängt entscheidend von den verfügbaren Darstellungsmitteln ab.
- Modelle erschaffen eine neue Realität. Im Modell sind bestimmte Operationen möglich, die im realen System nicht möglich sind.
- Modelle sind nicht eindeutig. Derselbe Sachverhalt kann je nach Sichtweise und Fragestellung unterschiedlich modelliert werden.
- Modelle sind nicht grundsätzlich richtig oder falsch, sondern für bestimmte Zwecke mehr oder weniger gut geeignet.

Modellierung kann je nach Anforderung sowohl qualitativ, zur Ermittlung der Art und Richtung von Wirkzusammenhängen sowie quantitativ, zur Ermittlung zahlenmäßiger Zusammenhänge, erfolgen.

Zum Modellieren gehört eine Reihe von Tätigkeiten, die je nach Anwendungsfall unterschiedlich ausgeprägt sein können. Im Einzelnen sind dies:

Tätigkeit	Beschreibung
Spezifizieren	Benennen, Symbolisieren, Beschreiben von Systemelementen und Beziehungen
Idealisieren	Objekte werden auf „ideale" Eigenschaften reduziert
Abstrahieren	Zusammenfassen von Objekten mit gleichen Eigenschaften zu einem neuen (abstrakten) Objekt
Konstruieren	Zusammensetzen von Zeichen (Notationen) entsprechend einer Syntax
Verifizieren	Prüfung der Übereinstimmung von Konzept und Modell
Validieren	Prüfung der Eignung eines Modells bezogen auf den Einsatzzweck

Die Modellierung ist für die Simulation in der Digitalen Fabrik eine grundlegender Basis, auf der alle weiteren Schritte aufbauen. Entsprechend ist großer Wert auf die ordnungsgemäße Modellierung zu legen und diese unter den folgenden Grundsätze [Schütte 2001] durchzuführen:

- Grundsatz der Richtigkeit
- Grundsatz der Relevanz
- Grundsatz der Wirtschaftlichkeit
- Grundsatz der Klarheit
- Grundsatz der Vergleichbarkeit
- Grundsatz des systematischen Aufbaus

Im Bereich der Digitalen Fabrik wird in der Regel eine quantitative Modellierung eingesetzt. Es kann jedoch sinnvoll sein, in einer Voruntersuchung über eine qualitative Modellierung zu ermitteln, welche Wirkzusammenhänge von Bedeutung sind, also quantitativ modelliert werden sollen, und welche Wirkzusammenhänge vernachlässigt werden können.

2.1.3 Qualitatives Modellieren von Systemen

Die qualitative Modellierung von Systemen hat das Ziel, Wirkungsbeziehungen zu erfassen und zu beschreiben. Hierzu sind die in Abb. 2.4 dargestellten Schritte der Systemmodellierung erforderlich:

- Abgrenzung der Systemumgebung
- Identifikation der wichtigsten Modellelemente
- Wirkungsbeziehungen ermitteln
- Ermitteln von Rückkoppelungen
- Analyse des Modellverhaltens

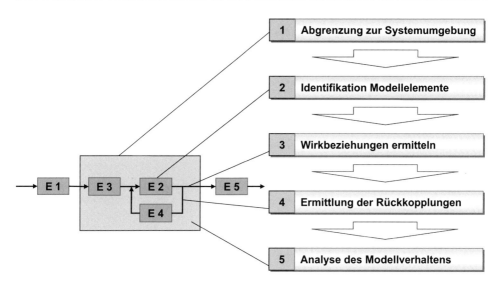

Abb. 2.4: Schritte der Systemmodellierung

Identifikation der wichtigsten Modellelemente

Die wichtigste Qualifikation des Modellbildens ist die Fähigkeit der Konzentration auf die wesentlichen Komponenten und Funktionen und Beziehungen. Sowohl bei qualitativen als auch bei quantitativen Systemmodellen ist es angeraten, zunächst mit einem ganz einfachen Grundmodell, das nur wenige Elemente enthält, zu beginnen. Dazu muss die Entscheidung getroffen werden, welche die wichtigsten Systemelemente sind, die bereits in einem Minimalmodell enthalten sein sollen. Diese Auswahl ist keineswegs trivial und legt bereits den Fokus des Modells fest. Implizit kommt durch die Auswahl der Modellelemente zum Ausdruck, was das zentrale Anliegen ist, das modelliert werden soll.

Wirkungsbeziehungen ermitteln

Wenn die wesentlichen Modellelemente erfasst sind, können die kausalen Wirkungsbeziehungen zwischen diesen Elementen identifiziert werden. Dabei wird sinnvollerweise zwischen proportionalen, quadratischen oder anderen Zusammenhängen (Typ: je mehr Ursache, desto mehr Wirkung) sowie umgekehrt proportionalen, umgekehrt quadratischen oder anderen Zusammenhängen (Typ: je mehr Ursache desto weniger Wirkung) und indifferenten Wirkungen (Typ: keine klare Richtung) unterschieden. Eine weitere, oft sehr wichtige Unterscheidung kann das Zeitverhalten sein. Wirkungen können kurzfristigen, mittelfristigen bzw. langfristigen Charakter haben. Diese Wirkungsbeziehungen lassen sich z. B. grafisch in einem Ursache-Wirkungsdiagramm umsetzen.

Ermitteln von Rückkoppelungen

Nachdem die Wirkungsbeziehungen ermittelt worden sind, können die Rückkoppelungskreise identifiziert werden. Diese sind für die Dynamik des Systems von großer Bedeutung. Rückkoppelungskreise können eskalierend, stabilisierend oder indifferent sein. In Abb. 2.5 ist exemplarisch die Dynamik von Rückkoppelungskreisen für eine Anbieter-Umsatz-Beziehung dargestellt, in welcher der Umsatz eines Produktes mit dessen Bekanntheitsgrad steigt. Mit steigendem Absatz werden mehrere Konkurrenten versuchen, einen Marktanteil zu erlangen, womit der Umsatz für das eigene Unternehmen wieder zurückgeht. Weiter ist das Zeitverhalten dieser Rückkopplung ein wichtiger Faktor, da diese das Systemverhalten ganz erheblich bestimmen.

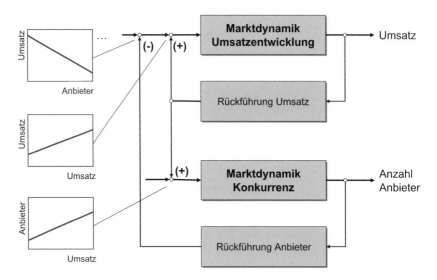

Abb. 2.5: Rückführungen in einer Anbieter-Umsatz-Beziehung

Analyse des Modellverhaltens

Abschließend wird versucht, aus der Art der Vernetzungen (positiv, negativ, mit oder ohne Verzögerung) im Wirkungsdiagramm Aufschlüsse über das mögliche Modellverhalten zu zeigen. Die bloße Analyse abstrakter Modellstrukturen bietet dabei allerdings nur eine eingeschränkte Sichtweise. Dies muss dem Betrachter klar sein. Für eine ausführliche Analyse des Systems ist in vielen Fällen eine quantitative Modellierung mit anschließender Simulation erforderlich.

2.1.4 Quantitative Modellkonzepte für dynamische Systeme

Für die quantitative (zahlenmäßige) Modellierung bietet die Mathematik für die verschiedensten Problemstellungen ein Angebot von Modellierwerkzeugen oder Modellbildungsmethoden. Zur Modellierung dynamischer Systeme werden unterschiedliche Modelle eingesetzt (Abb. 2.6), die im Wesentlichen auf drei verschiedenen mathematischen Konzepten beruhen:

  Differentialgleichungen für kontinuierliche Systeme
  Differenzengleichungen für diskrete Systeme
- Diskrete Simulationsmodelle für regelbasierte diskrete Systeme

Diese Art von Methoden gehen von einer Kenntnis über die internen Systemzusammenhänge aus, ermitteln die Wirkungsstruktur und formalisieren dann diese je nach Fragestellung mathematisch. Insbesondere diskrete Simulationsmodelle und Differentialgleichungen werden außerordentlich erfolgreich in vielen verschiedenen Disziplinen eingesetzt.

Einen grundsätzlich anderen Ansatz zur Modellierung dynamischer Systeme verfolgen die datenbasierten Methoden. Diese gehen nicht von dem Wissen über interne System-

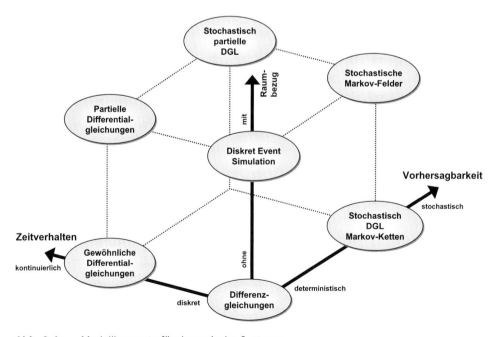

Abb. 2.6: Modellkonzepte für dynamische Systeme

zusammenhänge auf der Mikroebene aus, sondern werten externe Daten oder Beobachtungen auf der Makroebene aus und versuchen, daraus Zusammenhänge zu erkennen. Diese Verfahren werden bevorzugt dann eingesetzt, wenn sich Wirkungszusammenhänge nicht a priori formulieren lassen.

Zu den datenbasierten Methoden gehören schließende Statistik oder Inferenzstatistik sowie neuronale Netze, die mittels Training an zahlreichen Szenarien Zusammenhänge erkennen, einlernen und auf neue Datensätze anwenden können.

Räumlich variable, dynamische Systeme können mittels partieller Differentialgleichungen modelliert werden. Weiter kann die Wahrscheinlichkeit von Übergängen zwischen Zustandsgrößen mittels stochastischer Differentialgleichungen beschrieben werden.

Die verschiedenen Modellkonzepte lassen sich bezüglich des dynamischen und räumlichen Bezugs sowie deterministischer oder stochastischer Formulierung einordnen. Alle Modellkonzepte haben ihre Stärken und Schwächen und sind jeweils für bestimmte Einsatzgebiete geeignet. Eine vergleichende Bewertung im Sinne eines Rankings ist nicht sinnvoll, vielmehr hängt es von der Fragestellung ab, welches Modellkonzept jeweils am besten geeignet ist.

An der Schnittstelle zwischen qualitativem und quantitativem Ansatz steht das Quantifizieren bzw. Messen. Dies beinhaltet Regeln und Verfahren, wie aus qualitativen Zuständen Zahlen generiert werden können.

2.1.4.1 Zustandsgrößen, Veränderungsgrößen und Flussgrößen

Bei quantitativen Modellen ist generell zwischen Zustandsgrößen, Zustandsänderungen und Flussgrößen zu unterscheiden (Abb. 2.7). Bezüglich der zeitlichen Abgrenzung ist eine Unterscheidung zu treffen zwischen zeitpunktbezogenen und zeitintervallbezogenen Größen.

Beispielsweise sind die Liquiditätsbestände oder der Lagerbestand eines Unternehmens zeitpunktbezogene Größen und die Umsatz- und Gewinnzahlen einer Gewinn- und Verlustrechnung sowie Lagerzu- und Lagerabgänge zeitintervallbezogene Größen.

Zustandsgrößen bilden das Grundgerüst jedes systemdynamischen Modells und können nur durch zeitintervallbezogene Größen verändert werden. Zeitintervallbezogene Größen werden oft in Form einer abgeleiteten Messung durch die Differenzbildung zwischen zwei Zustandsgrößen als Zustandsänderung ermittelt.

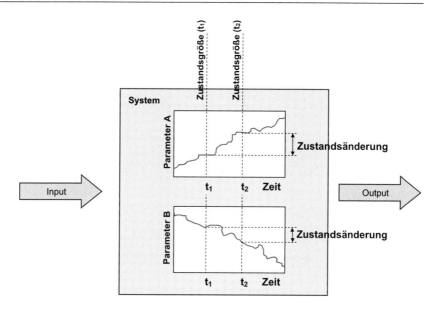

Abb. 2.7: Zusammenhang zwischen Zustandsgrößen und Zustandsänderungen

Bei den zeitintervallbezogenen Größen muss genau differenziert werden zwischen:

- Veränderungsgrößen: absolute Veränderungen von Zuständen in einem bestimmten Zeitintervall
- Flussgrößen, relative Veränderungen pro Zeiteinheit

In systemdynamischen Modellen werden zeitintervallbezogene Größen grundsätzlich als Flussgrößen modelliert. Flussgrößen sind im Vergleich zu Veränderungsgrößen aussagekräftiger, da die Flussgrößen unabhängig von der Wahl der Simulationsschrittweite sind, während die Veränderungsgrößen sich proportional zur Schrittweite ändern.

2.1.4.2 Modellannahmen

Die Vereinfachungen in Modellen basieren immer auf bestimmten Modellannahmen oder Voraussetzungen. Zu den häufigsten Modellannahmen gehören:

- Stabilitätsannahmen
- Gleichverteilungsannahmen
- Linearitätsannahmen
- Gleichgewichtsannahmen

Inwieweit ein Modell für den jeweiligen Einsatzfall geeignet ist, hängt neben der Ausführung der Modellierung im Wesentlichen damit zusammen, wie gut die Modellannahmen zu der zu beantwortenden Fragestellung passen.

Stabilitätsannahmen

Bei der Modellierung wird vereinfachend davon ausgegangen, dass statt eines dynamischen Systemverhaltens ein statisches Verhalten angenommen werden kann. Dies erleichtert die Modellierung ganz erheblich. Mit dieser Annahme wird implizit vorausgesetzt, dass es im Laufe der Zeit keine nennenswerten Schwankungen geben wird (z. B. bei einem wirtschaftlichen Modell keine unregelmäßige Verteilung des Bedarfs im Laufe der Zeit, gleichmäßige Zusammensetzung der Aufträge nach Produktgruppen im Laufe der Zeit etc.).

Reproduzierbarkeitsannahme

Mit dieser Annahme wird davon ausgegangen, dass das Systemverhalten reproduzierbar ist und nicht von zufälligen Faktoren abhängt. Für Parameter, die in der Realität durchaus variieren können, wird bei der Modellierung angenommen, dass diese Parameter mit deterministischen Werten modelliert werden können. Dies erleichtert die Modellierung und Auswertung komplexer Systeme erheblich. Es ist jedoch zu prüfen, ob die Dynamik eines Systems damit hinreichend gut abgebildet ist.

Linearitätsannahmen

Linearitätsannahmen gehen vereinfachend davon aus, dass eine Variable sich linear zur Eingangsgröße verhält. Beispiele für solche Linearitätsannahmen sind:

- Doppelt so viel verkaufte Produkte liefern doppelten Umsatz
- Die Verdopplung des Personals bewirkt eine Halbierung der Produktionszeit
- Die Verdoppelung der Nahrungsaufnahme eines Organismus liefert doppelt so viele Nährstoffe

Für eine doppelt so hohe Produktmenge wird ein Unternehmen meist nicht den doppelten Erlös erzielen, sondern bei größeren Mengen müssen Rabatte gewährt werden. Die Reduktion der Produktionszeit durch zusätzliches Personal funktioniert ebenfalls nur bis einem gewissen Punkt, solange Arbeiten parallelisierbar sind. Ab einem gewissen Grad fällt der Zeitgewinn geringer aus oder ist gar nicht mehr realisierbar. Bei doppelter Nahrungsaufnahme kann es durchaus vorkommen, dass ein Organismus keine größere

Menge aufnimmt, sondern dass diejenigen Stoffe, für die kein weiterer Bedarf besteht, ungenutzt wieder ausgeschieden werden.

Gleichgewichtsannahmen

Bei dieser Annahme wird davon ausgegangen, dass ein System sich grundsätzlich im Gleichgewicht befindet bzw. einem Gleichgewicht zustrebt. Diese Annahme wird für wirtschaftliche und ökologische Modelle gern verwendet, da Gleichgewichtsmodelle einfacher zu handhaben und in den meisten Fällen mit dieser Annahme vereinfachend aussagekräftige Ergebnisse zu erzielen sind. Es ist jedoch im Einzelfall zu prüfen, inwieweit diese Annahmen jeweils realistisch sind, da Ungleichgewichte als Kräfte in der Ökonomie oder Ökologie auch eine erhebliche Bedeutung haben können.

Gleichförmigkeitsannahmen

Es wird angenommen, dass bestimmte Eigenschaften gleichförmig verteilt sind. So hängt z. B. in einem einfachen Unternehmensmodell die Produktionskapazität von der Gesamtbelegschaft ab, obwohl für die Produktion nur bestimmte Mitarbeitergruppen maßgeblich sind.

2.2 Vorgehensweise der Systemabgrenzung und Systemanalyse

Die Systemanalyse dient der Ermittlung der externen und internen Systemfunktionalitäten und -zusammenhänge. Die Vorgehensweise der Systemanalyse kann je nach vorliegender Problematik sehr unterschiedlich sein und einen Top-down- oder Bottom-up-Ansatz verfolgen (Abb. 2.8). Der Top-down-Ansatz geht von einer Grobplanung aus und bildet mit zunehmendem Fortschritt der Planung das Gesamtsystem mit wachsendem Detaillierungsgrad ab. Beim Bottom-up-Ansatz werden einzelne Teilbereiche des Systems detailliert modelliert und erst später im Verlauf der Entwicklung zu größeren Modellgruppen zusammengefasst, bis schließlich eine Abbildung des Gesamtsystems erreicht wird. Die Top-down-Methode ist ein integraler Ansatz, während die Bottom-up-Methode ein Ansatz zur Lösung von Teilproblemen ist.

Die Vorteile der Top-down-Methode sind das gute Systemverständnis des Gesamtsystems und die Übersichtlichkeit beim Aufbau komplexer Systeme. Weiter unterstützt diese Vorgehensweise das Auffinden möglicher Systemalternativen. Die Nachteile sind der hohe Planungsaufwand, der geringe Nutzen zu Planungsbeginn sowie der große

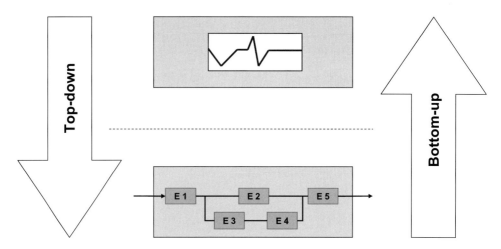

Abb. 2.8: Zwei mögliche Wege der Systemanalyse

Modellumfang. Die Vorteile der Bottom-up-Methode sind die Möglichkeit der Benutzung vorgefertigter Strukturen, die systemnahe Darstellung von Beginn an sowie dass eine Verifikation und Validierung von Teilsystemen wie auch detaillierte Analysen frühzeitig möglich sind. Nachteile sind das mangelnde Verständnis für das Gesamtsystem sowie die Probleme bei der Zusammenfassung von existierenden Teilstrukturen.

In der Praxis wird vielfach eine iterative Herangehensweise gewählt. Da Top-down- und Bottom-up-Methode jeweils ihre spezifischen Vor- und Nachteile haben, ist es sinnvoll, in der Digitalen Fabrik dem Planer gleichzeitig beide Wege zu eröffnen.

Prinzipiell empfiehlt sich zur Systemanalyse und Strukturierung eine methodische Vorgehensweise, die grundsätzlich folgende Punkte umfasst und hier in der Richtung einer Top-down-Analyse dargestellt ist:

- Freischneiden der Systemgrenzen zur Abgrenzung von System und Umwelt
- Ermittlung der Beziehungen des Systems zur Umwelt bzw. zu anderen Systemen
- Analyse der Systemeigenschaften auf der Makroebene
- Erfassen derjenigen Systemelemente, die für die zu modellierende Fragestellung als relevant angesehen werden
- Ermittlung derjenigen Beziehungen zwischen den Systemelementen, die für die Fragestellung als relevant angesehen werden
- Darstellung der Analyseergebnisse

Im Weiteren sind diese Arbeitsschritte einer Systemanalyse kurz beschrieben.

2.2.1 Systemabgrenzung

Die Systemabgrenzung dient dazu, das System klar von der Umwelt freizuschneiden und zu definieren, was zu dem zu untersuchenden System gehört und was der Umwelt zuzuordnen ist (Abb. 2.9). Dieser Schritt ist sorgfältig zu überlegen, da dieser für alle nachfolgenden Schritte den Umfang der Untersuchung definiert.

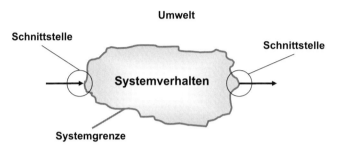

Abb. 2.9: Abgrenzung des Systems von der Umwelt und Definition der Schnittstellen an der Systemgrenze

Im Einzelnen gehören zur Systemabgrenzung die folgenden Schritte:

- Definition der jeweiligen Systemgrenzen
- Freischneiden des Systems
- Untersuchung der Schnittstellen für den Material-, Energie- und Informationsfluss zwischen dem System und der Umwelt
- Definition der materiellen, energetischen und informationstechnischen Ein- und Ausgangsgrößen des Systems

Mit diesem Schritt steht fest, was zu modellieren ist und welche Schnittstellen nach außen zu berücksichtigen sind.

2.2.2 Analyse des Systemzwecks und der globalen Systemeigenschaften

Im zweiten Analyseschritt werden der Systemzweck sowie die globalen Systemeigenschaften auf der Makroebene, d. h. des Systems als Ganzem, untersucht (Abb. 2.10). Verhalten und Struktur auf der Mikroebene, d. h. Details innerhalb des Systems, werden dabei noch nicht berücksichtigt.

In der Phase der Analyse der Systemeigenschaft und des Systemzwecks wird das System als Black Box betrachtet und umfasst:

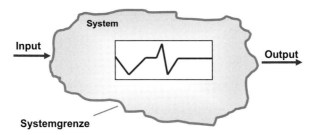

Abb. 2.10: Analyse der Systemeigenschaft und des Systemzwecks (Makroebene)

- Analyse des Systemzwecks
- Analyse des Input-/Output-Verhaltens

Mit der Analyse des Input-/Output-Verhaltens können sowohl die Analyse des tatsächlichen Verhaltens eines existierenden Systems wie auch die Definition der Anforderungen an das Verhalten eines zukünftigen Systems gemeint sein.

2.2.3 Analyse der Systemstruktur

Diese Analyse betrifft die Struktur auf der Mikroebene innerhalb des Systems (Abb. 2.11). Ziel dieses Schrittes ist es, festzustellen, welche Elemente und Verbindungen eines Systems wesentlich sind, und eine klare ggf. hierarchische Struktur des Systems herauszuarbeiten.

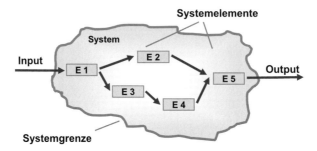

Abb. 2.11: Analyse der Systemstruktur (Mikroebene)

Zur Analyse der Systemstruktur gehören:

- Hierarchische Untergliederung des Systems (vertikal)
- Strukturierung der einzelnen Ebenen (horizontal)

- Definition der einzelnen Komponenten auf den verschiedenen Ebenen
- Definition der Verbindungen zwischen den einzelnen Komponenten

Ergebnis dieses Schritts ist eine klare Struktur sämtlicher Systemelemente.

2.2.4 Analyse der einzelnen Systemelemente

Auf Basis der im vorherigen Schritt definierten Systemstruktur sind die einzelnen Systemelemente dieser Struktur genauer zu untersuchen und zu spezifizieren (Abb. 2.12).

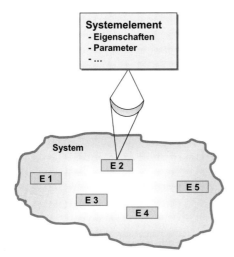

Abb. 2.12: Analyse der einzelnen Systemelemente bezüglich Eigenschaften, Parametrisierung etc.

Die Schritte zur Analyse der einzelnen Systemelemente sind:

- Definition der Eigenschaften der Komponenten
- Ermittlung der Systemparameter

Ergebnis dieses Schritts ist eine klare Definition der einzelnen Systemelemente.

2.2.5 Wirkungsanalyse und Analyse der Ablaufstruktur

Die Wirkungsanalyse hat zum Ziel, die Vernetzungen in einem System in Beziehungen der Systemelemente untereinander aufzulösen. Die Beeinflussung eines Systemelements durch ein anderes Systemelement wird als Wirkung bezeichnet.

Ein komplexes Beziehungsgeflecht lässt sich in einzelne Wirkungen zerlegen, die jeweils ein Systemelement mit einem anderen verknüpfen. Einzelne Wirkungen können sich zu langen Ketten mit einem definierten Anfang und Ende oder zu einem Kreis zusammenschließen. Diese können sich wiederum überlagern und so die Dynamik des Systems bestimmen. Die Gesamtheit der Wirkungen stellt das dynamische System dar. Jede einzelne Wirkung ist damit nicht isoliert, sondern Teil des Ganzen.

Auf Basis der definierten Systemstruktur und Systemelemente sind die internen Prozesse auf der Mikroebene des Systems zu untersuchen und zu spezifizieren.

Die Analyse der Ablaufstruktur erfolgt in den Schritten:

- Analyse der im System ablaufenden Prozesse
- Strukturierung der Prozesse
- Ermittlung der Transformationsfunktionen der Eingangs- und Ausgangsgrößen
- Definition der Ablauflogik

Ergebnis dieses Schritts ist eine klare Definition der Prozesse und Logik (Abb. 2.13).

2.2.6 Darstellung der Analyse und Modellierung

Die Modellierung als Grundlage jeder Simulation bedeutet, in einem ersten Schritt ein Abbild von einem realen System zu erstellen, an dem dann in einem zweiten Schritt die geplanten Untersuchungen durchgeführt werden können (Abb. 2.13). Die Modellierung umfasst dabei die eng miteinander verknüpften Aktivitäten der Analyse und der Abstraktion, mit denen eine gute Strukturierung und Verallgemeinerung des Problems erreicht werden sollen. Im Anschluss an die vorherigen Schritte der Systemanalyse werden in

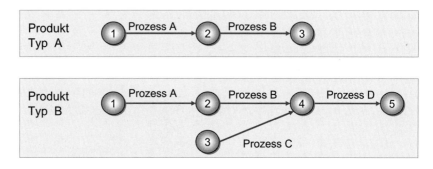

Abb. 2.13: Analyse des Systems bezüglich der Ablaufstruktur von Prozessen und Logistik

der Abstraktion die spezifischen Systemkennzeichen so weit vermindert, dass ein auf das Wesentliche beschränktes Modell entsteht. Dies geschieht durch die zwei Schritte:

- Reduktion (Verzicht auf unwichtige Einzelheiten)
- Idealisierung (Vereinfachung unverzichtbarer Elemente)

Die daraus resultierende, möglichst weit abstrahierte und idealisierte Modellstruktur kann anschließend in einem Simulationsmodell implementiert werden, mit dem dann weitergehende Untersuchungen durchgeführt werden können. Das Modell stellt immer eine Abstraktion des realen Systems dar (Abb. 2.14), und kann deshalb nie identisch mit dem Ursprungssystem sein.

Wichtig ist, dass sich das Modell in den zu untersuchenden Eigenschaften möglichst so wie das reale System verhält. In anderen Eigenschaften kann das Verhalten durchaus sehr stark vom Verhalten des realen Systems abweichen. Welcher Abstraktionsgrad bei der Modellbildung sinnvoll ist, hängt von der Zielsetzung der Simulation ab. Grundsätzlich gilt jedoch die Aussage:

> Modelle sollen so einfach wie möglich und nur so detailliert wie nötig sein.

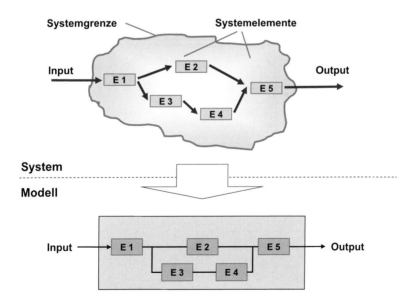

Abb. 2.14: Ein Modell stellt eine sinnvolle Abstraktion des Systems dar

2.3 Discrete-Event-Simulation

Heutige Fabriksimulatoren arbeiten in den meisten Fällen mit einer ereignisorientierten Simulationssteuerung (Abb. 2.15). Zum besseren Verständnis wird dieses Prinzip im Folgenden kurz erläutert. Diskrete Simulation kann zeit- oder ereignisorientiert erfolgen. Bei der zeitorientierten Simulation werden Zustandsänderungen in einer Folge von konstanten Zeitschritten, wie bei der Betrachtung eines Vorganges mit einer Stroboskoplampe, berücksichtigt. Zustandsänderungen, die zwischen zwei Zeitschritten stattfinden, werden auf den nächsten definierten Zeitpunkt bezogen. Das Zeitintervall muss gut auf den Prozess abgestimmt sein, um eine hinreichende Genauigkeit (kurzes Intervall) und akzeptable Rechenzeiten (langes Intervall) zu erreichen. Im Gegensatz dazu werden bei der ereignisorientierten Simulation nur diejenigen Zeitpunkte in der Simulation berücksichtigt, an denen eine Systemveränderung stattfindet. Die ereignisorientierte Simulation ist insbesondere dann von Vorteil, wenn Ereignisse in unregelmäßigen Zeitabständen eintreten, also über lange Zeit im System nichts passiert, und dann wieder innerhalb sehr kurzer Zeit viele Systemänderungen auftreten.

Bei der ereignisorientierten Systemsteuerung bestimmen die einzelnen Ereignisse den Ablauf. Diese Steuerungen bilden bei modernen Discrete-Event-Simulatoren den Kern des Simulators (Abb. 2.15). Mit Beginn der Simulation werden durch die Initialisierungsroutine und die Steuerlogik die ersten Ereignisse in die Ereignisliste eingetragen. Diese

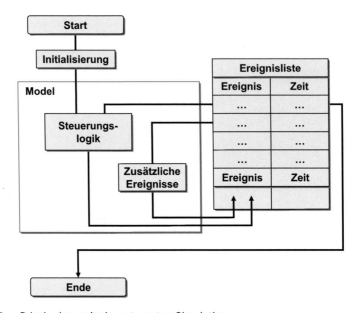

Abb. 2.15: Prinzip der ereignisgesteuerten Simulation

Ereignisse aus der Ereignisliste werden in der Reihenfolge ihres Zeiteintrages ausgeführt und bewirken über die Steuerlogik des Systems indirekt wieder neue Ereignisse, die in die Ereignisliste eingetragen werden. Die Bearbeitung der Ereignisse erfolgt nicht nach dem FIFO[1]-Prinzip, sondern jeweils bezogen auf die Zeit, zu der das Ereignis ausgeführt werden soll.

Für zyklische Vorgänge gibt es einen zusätzlichen Zeitgeber. Dieser erhält von dem letzten ausgeführten Ereignis jeweils die Systemzeit und kann nun seinerseits Ereignisse in die Ereignisliste einordnen. Damit ist es möglich, auch zeitstochastische Vorgänge sowie quasikontinuierliche Vorgänge in den ereignisgesteuerten Ansatz zu integrieren.

2.4 3D-Kinematik-Simulation

Neben der Discrete-Event-Simulation wird in der Digitalen Fabrik vielfach 3D-Kinematik-Simulation eingesetzt. Diese ermöglicht eine Analyse der Bewegungen kinematischer Ketten auf der Grundlage eines geometrischen und eines kinematischen Modells.

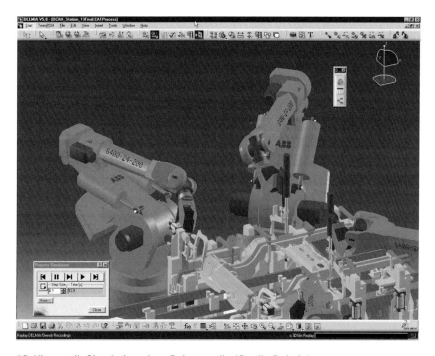

Abb. 2.16:   3D-Kinematik-Simulation einer Roboterzelle (Quelle Delmia)

---
[1] FIFO – First In First Out

Eine grafische 3D-Darstellung der Geometrie und Effektoren sowie der beweglichen und festen Peripherie gibt dem Planer einen transparenten Überblick (Abb. 2.16).

Die 3D-Kinematik-Simulation findet Anwendung bei der Layoutplanung und -optimierung von Roboterzellen sowie bei der Offline-Programmierung von Industrierobotern. Eine Bewegungsanalyse ermöglicht dabei Erreichbarkeits- und Kollisionskontrollen von Montage- und Handhabungsprozessen. Offline generierte Bewegungsprogramme können überprüft und analysiert werden. Die Ausführungsdauer der Bewegungsprogramme lässt sich basierend auf der mathematischen Nachbildung der Robotersteuerung berechnen und optimieren.

2.5 Mehrkörpersimulation

Eine Erweiterung der 3D-Kinematik-Simulation ist die Mehrkörpersimulation. Diese hat zum Ziel, das dynamische Verhalten von Mehrkörperbewegungen unter Berücksichtigung des Schwingungsverhalten zu analysieren. Typische Aspekte der Mehrkörpersimulation sind:

- Analyse der kinematischen Bewegung
- Analyse und Optimierung von Starrkörperbewegungen
- Analyse von Wegen, Geschwindigkeiten und Beschleunigungen
- Ermittlung von Kräften und Momenten in Koppelstellen
- Berechnung elastischer Bauteilverformungen infolge der Bewegungsdynamik von Komponenten

Für die Modellierung werden die technischen Systeme zu Massenpunkten, Massenpunktsystemen, Körpern und Körpersystemen abstrahiert. Ziel der Simulation ist es, die Folgen der wirkenden Kräfte und Momente unter Berücksichtigung der Gesetze der Dynamik zu beurteilen. Mehrkörpersimulation beruht auf einem physikalischen und einem mathematischen Modell.

Mehrkörpersimulation wird zur Analyse des dynamischen Verhaltens komplexer, mechatronischer Systeme eingesetzt, unter anderem in den Bereichen Robotik, Werkzeug-, Druck- und Verpackungsmaschinenbau, Fahrzeugbau sowie Biomechanik, Luft- und Raumfahrttechnik.

Im physikalischen Starrkörpermodell werden die einzelnen Komponenten des realen Systems vereinfachend als Starrkörper abgebildet und elastische Bauteileigenschaften vernachlässigt. Der Starrkörper enthält die Geometrieinformationen der Komponente sowie Masse und Trägheitseigenschaften.

Die Starrkörper werden durch Gelenke miteinander verbunden (Drehgelenk, Schubgelenk, Drehschubgelenk, Schraubengelenk, Kardangelenk, Kugelgelenk). Zwischen den Körpern können masselose Koppelelemente (passiv: Federn, Dämpfer, aktiv: Kraftsteller) mit vordefinierten Kraftgesetzen definiert werden, die eine Kraft oder ein Moment in Abhängigkeit von der Zeit oder von anderen Zusammenhängen erzeugen.

Basierend auf dem physikalischen Ersatzmodell können die mathematischen Zusammenhänge anhand der dynamischen Bewegungsgleichungen nach Newton-Euler mit Hilfe von Impuls- und Drallsatz und dem d'Alembert'schen Prinzip oder nach Lagrange ausgehend von Energieausdrücken aufgestellt werden. Im Simulationssystem kann die Auswertung des mathematische Ersatzmodells mit Differentialgleichungen sowie algebraischen Gleichungen dann numerisch oder anhand von symbolischem Code erfolgen.

2.6 Prozesssimulation

Eine weitere Art von Simulation ist die Prozesssimulation. Diese erlaubt die Abbildung von fertigungstechnischen Prozessen in einem Rechnermodell und die anschließende Durchführung von Untersuchungen auf der Basis dieses Modells. Modelliert und simuliert werden der Fertigungsprozess selbst sowie relevante Elemente der Fertigungseinrichtungen (Maschinen, Anlagen, Steuerungen), die von Bedeutung für das angestrebte Simulationsergebnis sind.

Beispiele für Prozesssimulation sind z. B. Umformsimulation, die mit Hilfe der FEM durchgeführt wird, oder die Simulation von spanender Bearbeitung, die auf geometrischen, technologischen, empirischen oder analytischen Modellen basieren kann. Weitere Fertigungsverfahren wie Gießen, fügende Verfahren und chemische Prozesse können ebenfalls mit Hilfe von Prozesssimulation abgebildet werden. Von grundlegender Bedeutung ist es dabei, dass der zugrunde liegende Prozess mit den für die Fragestellung relevanten Eigenschaften in ein Simulationsmodell überführt werden kann.

Der Nutzen von Prozesssimulation liegt in der qualitativen und quantitativen Verbesserung von Prozessen bezüglich:

- Verbesserung der Prozesssicherheit
- Materialersparnis

- Verschleißminimierung
- Qualitätsverbesserung
- Effektivitäts- und Produktivitätsverbesserungen
- Untersuchung der Durchführbarkeit bzw. Handhabbarkeit eines Prozesses
- Technologieoptimierung

Für die Prozesssimulation sind in der Regel Werkstoffkennwerte und Materialdaten zur Beschreibung des Fertigungsprozesses erforderlich. Die Prozesssimulation unterstützt Unternehmen bei der Planung von innovativen Produkten bzw. Produktionsprozessen sowie bei der Optimierung bestehender Prozesse. Die Zielrichtung des Simulationseinsatzes ist:

- Verbesserung des Prozessverständnisses
- Reduktion von Experimenten und Prototypen bei der Produkt- und Verfahrensentwicklung (Zeit- und Kostenersparnis)
- Technologieentwicklung und Technologieoptimierung
- Zeitersparnis im Planungsprozess
- Erkenntnisgewinn in der Vernetzung von Design, Konstruktion, Produktionsplanung und Produktion

Die zur Prozesssimulation verwendeten Systeme beinhalten in der Regel sehr spezifische Methoden und Verfahren. Abhängig vom Prozess und von der Fragestellung können verschiedene Simulationsmethoden eingesetzt werden.

- Analytische Modellierung
- Finite-Elemente-Methode (FEM)
- Randelementemethode (Boundary Element Method, BEM)
- Physikalische Modellierung (Molecular Dynamics, MD)
- Geometrische Prozessmodellierung
- Hybride Simulationsverfahren, bei denen mehrere Methoden in Kombination eingesetzt werden

Für die analytische Modellierung wird ein mathematisches Modell aufgestellt und dieses durch Lösen der beschreibenden mathematischen Gleichungen (meist Differentialgleichungen) abgebildet.

Die Finite-Elemente-Methoden (FEM) sind numerische Näherungsverfahren [Deger 2001, Knothe et al. 1992], die das Berechnungsgebiet in eine große Zahl kleiner, aber endlich vieler Elemente aufteilen. Auf diesen Elementen werden Ansatzfunktionen definiert,

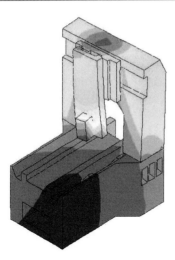

Abb. 2.17: FEM-Simulation einer Maschinenstruktur (Quelle IPA)

aus denen sich über die partielle Differentialgleichung und die Randbedingungen ein großes Gleichungssystem ergibt, das in den meisten Fällen nicht mehr geschlossen lösbar ist und numerisch gelöst werden muss. Heutige FEM-Software (Abb. 2.17), ermöglicht nicht nur die Lösung der entstehenden Gleichungssysteme, sondern erlaubt bereits deren komfortable Aufstellung aus den Modellangaben, so dass die gesamte Berechnung automatisiert durchgeführt werden kann.

Bei der Randelementemethode (BEM) wird im Gegensatz zur FEM nur der Rand des untersuchten Körpers in Elemente unterteilt, was den Modellierungs- und Rechenaufwand im Vergleich zur FEM erheblich reduziert. Die Qualität der Ergebnisse der FEM sind damit allerdings nicht erreichbar.

Die MD-Methoden (Molecular Dynamics) bilden Prozesse auf der molekularen Ebene ab. Dazu werden die Wechselwirkungen zwischen einer hinreichend großen Anzahl an Molekülen unter Einbringung von äußeren Einflüssen wie Kräften oder Temperaturen und unter Berücksichtigung der physikalischen Gesetzmäßigkeiten modelliert.

3 Simulationsanwendungen der Digitalen Fabrik

In der Digitalen Fabrik gibt es zahlreiche Simulationsanwendungen auf unterschiedlichen hierarchischen Ebenen. Diese Modelle haben jeweils einen spezifischen Anwendungsfokus und verfügen über unterschiedliche Abstraktionsgrade. Simulationsstudien, die vorab meist zur Überprüfung und Verbesserung der Planung durchgeführt werden, sind anders strukturiert als die direkte Integration von Simulation zur operativen Verbesserung des Fabrikbetriebs (Abb. 3.1). Je nach Anforderung und Abstraktionsgrad sind die Modelle in der Lage, Fragestellungen auf den unterschiedlichen Ebenen zu simulieren.

Typische Anwendungen im Rahmen der Digitalen Fabrik sind:

- Layoutplanung und Simulation zur Layoutbewertung
- Statische Untersuchung von Logistik- und Produktionsflüssen
- Dynamische Simulation von Logistik- und Produktionsflüssen

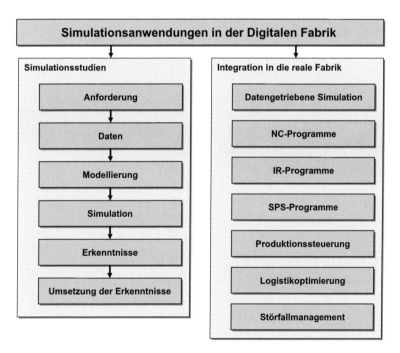

Abb. 3.1: Simulationsanwendungen der Digitalen Fabrik werden unterschieden in einzelne Simulationsstudien und die direkte Integration in den reale Fabrikbetrieb

- Austakten von Montageprozessen
- Simulation komplexer Fördertechnik
- Robotik und komplexe Bewegungen
- Simulation in der Teilefertigung
- Simulation der Personallogistik
- Ergonomie-Simulation
- Simulation der Betriebsmittellogistik
- Simulation zum Test von Steuerungssoftware
- Simulation in der operativen Produktionssteuerung

In der derzeitigen Praxis besteht die Digitale Fabrik bisher noch aus vielen Insellösungen, und die Überbrückung der Schnittstellen kostet erheblichen Aufwand, Zeit und Informationsverlust. Diese Grenzen müssen in Zukunft aufgelöst werden, damit der Anwender in einer kompatiblen Welt seine Daten austauschen kann, um sich primär auf den Prozess und nicht auf die Systemwelt konzentrieren zu müssen [Griesbach et al 2004]. Das Integrationskonzept der Digitalen Fabrik erfordert leistungsfähige Schnittstellen und Datenbanksysteme zur gemeinsamen Nutzung von Daten zwischen den einzelnen Komplexitätsstufen (vertikale Integration) sowie zwischen betrieblichen Funktionsbereichen (horizontale Integration).

3.1 Dezentrale Anwendungen mit zentraler Datenhaltung

Die Digitale Fabrik setzt auf leistungsfähige dezentrale Anwendungen im Zusammenhang mit einer zentralen Datenhaltung. Digitale Produkt- und Produktionsmodelle für die Planung und Steuerung von Produktionsprozessen nutzen einen Daten-Backbone als gemeinsame Datenbasis für die Digitale Fabrik (Abb. 3.2). Diese Datenbasis bildet in einer integrierten Datenbanklösung ein Datenmodell für Produkte, Prozesse und Ressourcen ab und ermöglicht den Benutzern je nach Anforderung definierbare Sichten auf die Daten. Diese zentrale Datenhaltung ermöglicht:

- Verwaltung von Produktstrukturen, Produktvarianten, Planungsdaten
- Vollständige Erfassung sämtlicher Planungsinformationen
- Konsistente Abbildung der Planungsinhalte und logischen Zusammenhänge
- Unternehmensweiter Zugriff auf die Planungsinformationen
- Vollständiger Zugriff auf die relevanten Dokumente
- Unternehmensweite Datenkonsistenz
- Aktualität von Datenänderungen für alle Benutzer

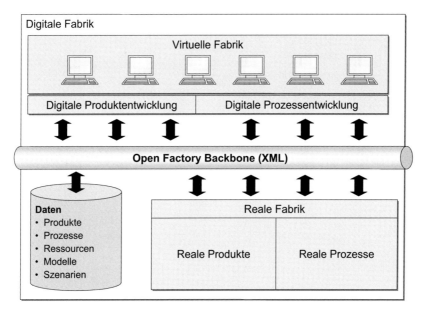

Abb. 3.2: Das Datenmodell der Digitalen Fabrik integriert die verschiedenen Bereiche und Anwendungen über einen offenen Factory Backbone

- Skalierbarkeit für unternehmensweiten Einsatz
- Anbinden von Softwarelösungen über offene programmierbare Schnittstellen (APIs)

Für die Realisierung der Digitalen Fabrik ist die Integration zur gemeinsamen Nutzung von Daten der entscheidende Schritt. Leistungsstarke Simulationstools entwickeln in der Digitalen Fabrik ihren vollen Nutzen erst dann, wenn Daten aus anderen Anwendungen einfach und zeitnah einbezogen werden können.

3.2 Hierarchisches Modellierungskonzept

Bei mehrschichtigen Fragestellungen der Digitalen Fabrik ist es sinnvoll, überschaubare Teilaufgaben zu formulieren und diese separat zu betrachten, anstatt mit einem einzigen Simulationsmodell sämtliche Teilaufgaben erledigen zu wollen. Je nach Zielsetzung der Simulation, wie Untersuchung des Leistungsverhaltens einer Gesamtanlage, Planung eines Transport- und Werkstückträgersystems oder Untersuchung eines detaillierten Montagevorgangs, müssen der Abstraktionsgrad der Systemkomponenten sowie die vom Planer einzusetzenden Werkzeuge sehr unterschiedlich gewählt werden. Entscheidend ist, dass dennoch eine Datenkonsistenz zwischen den auf den verschiedenen Ebenen genutzten Modellen besteht.

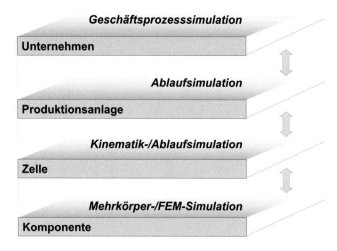

Abb. 3.3: Hierarchische Simulationsmodelle ermöglichen eine differenzierte Modellierung der Fabrik

Tab. 3.1: Simulation in verschiedenen Ebenen produzierender Unternehmen

Ebene	Planungsinhalte	Simulation
Unternehmen	Geschäftsprozesse Informationsflüsse Produktionsstrategien	Geschäftsprozesssimulation
Produktionsanlage	Anlagenlayout Materialflusslogistik Steuerungsstrategien Arbeitsorganisation	Ablaufsimulation
Zelle	Zellenlayout IR-Programmierung NC-Programmierung Taktzeitoptimierung Kollisionsvermeidung	Grafische 3D-Simulation Kinematiksimulation Ablaufsimulation
Komponente	Operationen Prozessparameter Werkzeuge Hilfsmittel	Mehrkörpersimulation FEM-Simulation

Grundsätzlich kann die Simulation in der Digitalen Fabrik in mehrere Ebenen gliedert und mit Hilfe hierarchischer Modelle abgebildet werden (Abb. 3.3). In einigen Anwendungsgebieten, wie z. B. in der Robotik und bei der NC-Bearbeitung, dominiert die Bewegungssimulation mit kinematischen und geometrischen Modellen. In anderen Gebieten, wie z. B. der Produktionsflussplanung und Steuerung, wird fast ausschließlich Discrete-Event-Simulation eingesetzt. Die Montage ist ein Gebiet, in dem vielfach beide Simulationstypen zusammen Anwendung finden.

Weiter wird Simulation auf unterschiedlichen Planungsebenen eingesetzt. Auf der strukturellen Planungsebene ist der Einsatzschwerpunkt die Layoutplanung beginnend mit der Werkstrukturplanung bis hin zur Planung von Produktionsbereichen oder Produktionsinseln. Auf der operativen Ebene liegt der Fokus auf der Steuerung der Anlagen. Im Folgenden werden einige typische Anwendungsfelder der Digitalen Fabrik kurz beschrieben, in denen Simulation sinnvoll eingesetzt werden kann.

3.3 Layoutplanung und Simulation zur Layoutbewertung

Professionell geplante Fabriklayouts mit gut strukturierten Materialflüssen sind Grundlage für effizienten Materialfluss und geringe Materialabwicklungskosten. Ein optimiertes Fabrikdesign verbessert nicht nur die Produktivität, sondern reduziert auch die Produktionsanlaufzeit (Time-to-Volume) und ist eine solide Basis für eine flexible, wandlungsfähige Fabrik. Ist die Grundauslegung des Fabriklayouts und des Materialflusses nicht gut konzeptioniert, so kann die Realisierung erforderlicher Produktionssteigerungen oder zusätzlicher Anforderungen im weiteren Betrieb sehr aufwändig und teuer werden.

Materialflusssimulation kann zur dynamischen Layoutbewertung herangezogen werden. Basierend auf Materialflussdistanzen und Transportfrequenzen kann ein Layout dynamisch überprüft und verbessert werden, um Folgekosten durch physische Nachbearbeitung von ineffizienten Layouts oder nicht abgestimmtem Fabrikbetrieb zu reduzieren. Der Einsatz von Simulation zur Layoutbewertung hat zum Ziel:

- Steigerung der Planungsqualität und Planungssicherheit
- Frühes Erkennen von Problemen im Layout-Design
- Vermeidung kostspieliger Probleme beim Redesign
- Erhöhung der Akzeptanz der gewählten Layoutlösung
- Vermeidung von Interpretationsfehlern

Abb. 3.4: Erstellung eines 3D-Fabriklayouts (Quelle UGS)

Mit moderner CAD-basierter Fabriklayout-Software lassen sich detaillierte Fabrikmodelle modular und effizient erstellen (Abb. 3.4). Funktionalitäten zur Grob- und Feinplanung manueller und teilautomatisierter Arbeitssysteme mit Möglichkeiten der Arbeitssystemplanung, Arbeitsplatzgestaltung, Ergonomie und Zeitwirtschaft können die Planung sinnvoll unterstützen.

In der Fabrikplanung ist der Trend zu beobachten, dass der Hauptanteil zunehmend in den Bereichen Umplanung und Erweiterungsplanung zu finden ist und dass der Anteil der Neuplanung an den gesamten Planungsaktivitäten relativ gering (< 10 %) ist. Im Bereich der Umplanung und Erweiterungsplanung bieten die digitalen Werkzeuge gute Möglichkeiten, relativ schnell die Auswirkungen von Änderungen zu testen, insbesondere wenn Simulationsmodelle des Systems aus der letzten Planungsphase bereits bestehen und nur noch modifiziert werden müssen.

Im Rahmen der Digitalen Fabrik ist es sinnvoll, Arbeitssystemlayouts, Daten der Ausrüstungselemente und zugehörige Planungsdaten in einer zentralen Datenbasis zu verwalten. Daten für die dreidimensionale Gestaltung sowie simulationsspezifische Daten sollten bereits an dieser Stelle in der Datenbank konfiguriert werden. Der Planungsprozess liefert damit neben den wichtigsten Planungsdokumenten wie Layouts und Arbeitsplatzauslegung bereits die Daten für eine dynamische Überprüfung des Layouts durch Simulation.

3.4 Statische Untersuchung von Logistik- und Produktionsflüssen

Mit grafischen Materialabwicklungssystemen lassen sich Layouts auf Grundlage von Materialflussdistanzen, Frequenz und Kosten quasistatisch optimieren. Die Fabriklayouts werden unter Berücksichtigung der Produkte, der Arbeitspläne, der Lageranforderungen des Materials, Spezifikationen über Materialbeförderungseinheiten sowie Informationen über die Verpackung analysiert. Ziel des Einsatzes solcher Systeme ist:

- Optimierung der Layoutproduktivität durch Festlegung der besten Platzierung für Maschinen und Fördertechnik
- Erstellung von Fertigungszellenlayouts
- Reduktion der Materialtransportaufwände und -kosten
- Optimierung der Anforderung an Lagerhaltung
- Optimierung von Layouts auf Grundlage unterschiedlicher Faktoren

Mit dieser quasistatischen Untersuchung der Materialflüsse ist schnell und relativ einfach eine grobe Überprüfung der Materialflüsse bezüglich Menge und Richtung möglich (Abb. 3.5). Die Pfeile beschreiben übersichtlich mit Richtung und Dicke die geplanten Materialflüsse. Für die exakte Auslegung der Materialflusssysteme ist allerdings eine dynamische Überprüfung mittels Discrete-Event-Simulation sinnvoll, die zusätzlich berücksichtigt, zu welchen Zeiten diese Flüsse jeweils auftreten.

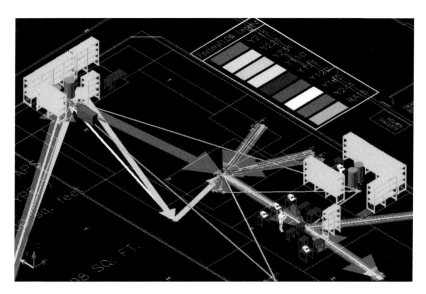

Abb. 3.5: Quasi-statische Untersuchung der Materialflüsse (Quelle UGS)

3.5 Dynamische Simulation von Logistik- und Produktionsflüssen

Fabriksimulatoren mit dynamischer Discrete-Event-Simulation können die Projektierung, Auslegung, Planung und Programmierung von Produktionseinrichtungen in der Digitalen Fabrik wirkungsvoll unterstützen. Wird eine fehlerhafte Planung erst an einem realen System erkannt, so ist eine Nachbesserung meist sehr aufwändig und teuer oder unter Umständen technisch sogar nicht mehr möglich. Dies führt in der Praxis zu unbefriedigenden Systemlösungen und hohen Kosten.

Die Forderung nach kurzen Durchlaufzeiten in der Produktion setzt eine sehr sorgfältige Planung und Steuerung der verschiedenen Materialflüsse in der Produktion voraus. Einerseits soll der jeweilige Produktionsauftrag ohne Verzögerung pünktlich an der erforderlichen Bearbeitungsstelle zur Verfügung stehen, andererseits sollen in einer Produktion möglichst wenige Puffer existieren, um hohe Flexibilität und kurze Durchlaufzeiten bei geringer Kapitalbindung zu gewährleisten. Weiter ist sicherzustellen, dass bei Störungen in Teilbereichen nicht größere Bereiche oder gar die gesamte Produktion betroffen sind.

Durch die Komplexität moderner flexibler Produktionsanlagen mit einer großen Anzahl unterschiedlicher Zielsetzungen und zahlreichen Abhängigkeiten zwischen den verschiedenen Bereichen ist es nicht mehr ausreichend, die Produktionsflüsse quasistatisch zu planen. Weiter sind algorithmische Verfahren nur für relativ begrenzte Aufgabenstellungen praktikabel einsetzbar. Die Discrete-Event-Simulation bietet mit modernen leistungsstarken Werkzeugen gute Möglichkeiten, sowohl die Planung wie den Betrieb der Materialflüsse sinnvoll zu unterstützen.

Ziele des Einsatzes von Discrete-Event-Simulation und Visualisierung komplexer Material- und Informationsflüsse in der Digitalen Fabrik sind:

- Dynamische Analyse und Optimierung von Fabriklayouts
- Optimieren der Leistung geplanter oder existierender Produktionssysteme
- Frühzeitige dynamische Überprüfung des Produktionskonzeptes
- Ermittlung von Engpässen in Produktion und Logistik
- Verringerung von Lager- und Durchsatzzeiten
- Verbesserung von Produktionsliniendesign und Zeitplanung
- Analyse, Validierung und Optimierung von Fertigungsvarianten
- Maximierung des Einsatzes von Fertigungsressourcen
- Dynamische Überprüfung der Pufferauslegung

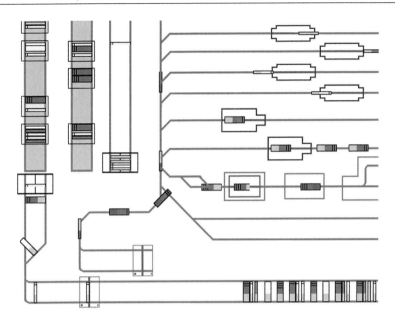

Abb. 3.6: 2D-Modell eines Power and Free-Produktionssystems (Quelle SIPOC). Der Beladungszustand der Fahrzeuge ist durch unterschiedliche Symbole/Farben gekennzeichnet.

Discrete-Event-Simulatoren ermöglichen die Modellierung und Simulation von Produktionssystemen und -prozessen. Mit diesen Tools können Modelle von Logistik- und Produktionssystemen erstellt werden, um Systemeigenschaften zu untersuchen, zu visualisieren und die Leistung zu optimieren. Für die Untersuchung der meisten technischen Fragestellungen ist eine wie in Abb. 3.6 dargestellte 2D-Animation ausreichend. Zunehmend stellen moderne Discrete-Event-Simulatoren eine leistungsfähige 3D-Umgebung zur Visualisierung und digitalen Fabriksimulation zur Verfügung, welche die Analyse komplexer Material- und Informationsflüsse mit umfangreichen Import-/Export-Funktionen ermöglicht. Über den Sinn der 3D-Darstellung gibt es unter den Experten sehr unterschiedliche Meinungen. Für Managementpräsentationen sind allerdings zunehmend 3D-Darstellungen (Abb. 3.7) gefragt. Sinnvoll ist eine Kombination aus 2D-Animation für technische Optimierung und 3D-Animation für die Managementpräsentation.

Mit umfassenden Statistiken und Analysen können die zu untersuchenden Produktionsszenarien von Logistik- und Produktionssystemen getestet, analysiert und bewertet werden, um in einem frühen Stadium der Produktionsplanung schnelle, zuverlässige Entscheidungen zu treffen. Simulation kann helfen, Layout und Produktionskonzept zu verbessern und die Investitionskosten bei der Planung neuer Produktionsanlagen unter gleichzeitiger Absicherung des geforderten Durchsatzes zu minimieren.

Abb. 3.7: 3D-Animation eines EHB-Logistiksystems (Quelle SIPOC)

3.6 Simulation zur Ermittlung der Systemverfügbarkeit

Die Systemverfügbarkeit ist eine für die Kapazitätsberechnung wesentliche Größe. Die Gesamtverfügbarkeit eines Systems hängt von den technischen Verfügbarkeiten der Einzelsysteme ab. Für eine direkt ohne Puffer verkettete Produktionslinie mit kontinuierlichem Betrieb lässt sich die Verfügbarkeit durch Multiplikation der Einzelverfügbarkeiten berechnen, bei sechs direkt verketteten Anlagen mit einer Anlagenverfügbarkeit von jeweils 0,93 ergibt sich die in Abb. 3.8 dargestellte Systemverfügbarkeit der Linie von nur noch 0,65.

In den meisten praktischen Anwendungsfällen gibt es allerdings wechselseitige Abhängigkeiten zwischen den Prozessen, zeitliche Überlagerungen paralleler Prozesse sowie Pufferstrategien. In solchen Systemen lässt sich die Verfügbarkeit eines Gesamtsystems

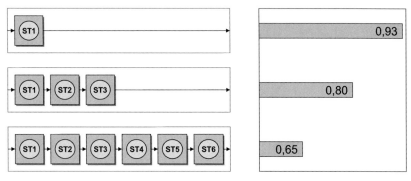

Produktionssystem   Systemverfügbarkeit

Abb. 3.8: Die Systemverfügbarkeiten nehmen mit der Verkettung stark ab.

nicht mehr einfach berechnen, sondern es muss dynamisch bestimmt werden. Dazu kann Discrete-Event-Simulation eingesetzt werden.

Die Simulation zur Bestimmung der Gesamtverfügbarkeit ist bei der Planung von Fertigungszellen, wenn mehrere Maschinen oder Roboter mit unterschiedlichen Einzelverfügbarkeiten eingesetzt werden, von großem Interesse. Die Ergebnisse der Verfügbarkeitssimulation mehrerer gekoppelter Fertigungszellen in einer komplexen Produktionsanlage liefern wichtige Kenngrößen für die Produktionskapazität und ermöglichen weiter eine sinnvolle Dimensionierung der Entkopplungspuffer zwischen den Fertigungszellen.

3.7 Planung und Simulation der Montageprozesse

Die Montage ist ein sehr wesentlicher Produktionsschritt, in dem zahlreiche Ströme von intern oder extern produzierten Komponenten zusammenfließen. Häufig sind die Montagevorgänge und die dazu erforderliche Logistik relativ komplex. Weiter soll die Verweilzeit der Produkte in dieser Phase möglichst gering sein, da die Wertschöpfung zum Zeitpunkt der Montage bereits relativ groß ist. Diese Paarung von hohem Schwierigkeitsgrad und möglichst geringen Verweilzeiten erfordert eine zuverlässige Planung und Steuerung. In der Digitalen Fabrik kann die Planung, Programmierung und Optimierung von Montageanlagen unterstützt werden durch eine leistungsfähige Datenhaltung und Simulation im Sinne eines Simultaneous Engineering.

3.7.1 Integrierte Datenplattform zur Montageplanung

In der Digitalen Fabrik bieten eine oder mehrere Datenplattformen für das Produkt- und Produktionsdatenmanagement eine grundlegende Basis für alle Planungsaktivitäten. Diese Systeme integrieren die Konstruktionssysteme, die beschreiben, was hergestellt wird, mit den Produktionsplanungssystemen, die angeben wie, wann und wo produziert werden soll, und bieten:

- Datenverwaltung der Produkt- und Produktionsdaten
- Interaktive Zusammenarbeit von Produktentwicklern, Planern und Mitarbeitern aus der Produktion
- Nutzung der Daten innerhalb des gesamten Lebenszyklus
- Offene Schnittstellen (APIs)

Die Installation und Pflege einer gut strukturierten, vollständigen und aktuellen Datenbasis ist Voraussetzung für eine effiziente Montageplanung.

3.7.2 Montagevisualisierung und -simulation

Zur Planung und Überprüfung komplexer Montageprozesse bieten integrierte Tools der Digitalen Fabrik leistungsfähige Funktionalitäten, um den Entwurfsprozess von Produkten im Zusammenhang mit den Montageprozessen in der Produktion zu optimieren, bevor der erste Prototyp gebaut wird. Die gleichzeitige Entwicklung von Produktdesign- und Produktionsprozess lässt sich bezüglich der Montagevorgänge und Fertigungsprozesse durch eine 3D-Prozessplanung absichern. Ziele sind dabei:

- Digitale Montageprozessplanung und Prozessüberprüfung
- 3D-Visualisierung und Simulation der Montagesequenz
- Frühzeitige Abstimmung von Produkt, Prozess und Ressourcen
- Planung der Produktmontagesequenz und optimalen Fügefolge
- Planung von Füge- und Entnahmewegen
- Analyse und Optimierung der Kinematik, Überprüfung der Verbaubarkeit
- Schrittweise Animation der Prozessfolgen auf Basis des Prozessablaufplans zur Prozessverifikation
- Statische und dynamische Kollisionskontrolle
- Reduzierung von Taktzeiten und Verkürzung der Inbetriebnahme

Abb. 3.9: Visualisierung und Simulation einer Flügelmontage (Quelle Delmia)

Darüber hinaus bieten diese Tools eine anschauliche 3D-Visualisierung (Abb. 3.9), der Montageprozesse als Kommunikationsgrundlage zwischen den Beteiligten und ermöglichen eine komfortable Erstellung der Montageprozessspezifikationen und Dokumentationen.

3.8 Robotik und komplexe Bewegungen

Die Auslegung von Roboterarbeitszellen sowie deren Programmierung erfordern ein extrem gutes räumliches Vorstellungsvermögen. In der Digitalen Fabrik können mit leistungsfähiger 3D-Bewegungssimulation die Eigenschaften von Robotern und anderen automatisierten Vorrichtungen modelliert und überprüft werden. Moderne Software-Tools ermöglichen die effiziente Planung, Simulation, Optimierung, Analyse und Programmierung von automatisierten Roboterzellen. Der Einsatz von Robotersimulation zielt auf:

- Auslegung und 3D-Simulation von Roboterarbeitszellen zur Detaillierung der Layoutplanung
- Simulation für die Analyse von Roboterarbeitszellen
- Verbesserung der Programmgenauigkeit und Prozessqualität
- Verringerung der Planungs- und der Programmierzeit für die Arbeitsvorbereitung
- Bessere Nutzung der Ressourcen durch Offline-Programmierung
- Beschleunigte Produkteinführung (Time-to-Market)

Realitätsnahe 3D-Robotersimulationslösungen bieten die Möglichkeit zur Gestaltung und Offline-Programmierung komplexer, mit mehreren Anlagen ausgestatteter Roboterarbeitsplätze. Damit lassen sich Anwendungen wie Schweißen, Punktschweißen, Lackieren, Materialabtragen, Kleben, Handhaben etc. simulieren. Unterstützt werden diese Funktionalitäten durch integrierte umfangreiche Roboterbibliotheken, die ein realitätsnahes Verhalten sicherstellen. Moderne Robotersimulation reduziert Arbeitszeiten während der Fertigungsplanung.

Das Erstellen komplexer Simulationsprogramme für mehrere Roboterstationen sowie Montage- und Materialflussvorrichtungen ist heute mit Hilfe grafischer Benutzerschnittstellen komfortabel möglich (Abb. 3.10). Ein wesentlicher Nutzen der Robotersimulation liegt in der Offline-Programmierung von Industrierobotern, da sich damit erhebliche Kosten der sonst erforderlichen Produktionsstillstände für die Online-Programmierung einsparen lassen. Gleichzeitig wird die Genauigkeit und Zuverlässigkeit der Roboterprogrammierung entscheidend verbessert.

66   3 Simulationsanwendungen der Digitalen Fabrik

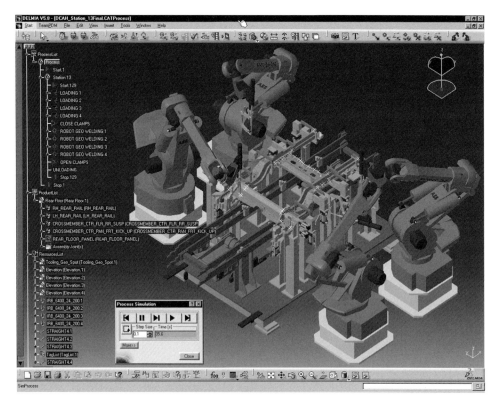

Abb. 3.10:   3D-Robotersimulation (Quelle Delmia)

3.8.1 Robotermodellierung

Heutige Robotersimulationssysteme verfügen über umfangreiche Roboterbibliotheken, die für das jeweilige Gerät ein Geometriemodell, ein Kinematikmodell und ein Steuerungsmodell zur Verfügung stellen. Je nach Anwendungszweck kann das Modell unterschiedliche Modellaspekte berücksichtigen:

Modellaspekt	Abbildung von:
Geometriemodell	CAD-Daten der Bauteilgeometrie z. B. für Kollisionskontrollen
Kinematikmodell	Art und Anordnung der Gelenke, Gelenkkopplungen und Zwangsbedingungen, gegebenenfalls typspezifische analytische Rücktransformation
Steuerungsmodell	Steuerungssprache, zeitliches Verhalten, Bahninterpolationsmethoden etc.

Das Geometriemodell berücksichtigt die 3D-CAD-Daten der Bauteilgeometrie. Diese CAD-Daten müssen im Hinblick auf Kollisionsuntersuchungen hinreichend genau sein, andererseits jedoch nicht zu viele Details enthalten, um bei akzeptabler Modellgröße sinnvolle Simulations- und Animationszeiten zu ermöglichen.

Das Kinematikmodell eines Roboters beschreibt die Art und Anordnung der Gelenke, der Gelenkkopplungen und der Zwangsbedingungen und beinhaltet eine typspezifische analytische Rücktransformation. Das Kinematikmodell gilt jeweils für eine kinematische Klasse mit ähnlicher Anordnung der Achsen, wie z. B. Sechsachs-Gelenk-Roboter mit Zentralhand. Unterschiedliche Roboterbaugrößen lassen sich innerhalb dieser Klassen durch einfache Anpassungen der Achsabstände berücksichtigen.

Das Steuerungsmodell berücksichtigt je nach Detaillierungsgrad die Steuerungssprache, das zeitliches Verhalten, die Bahninterpolationsmethoden etc. und ist damit für die Dynamik der Simulation extrem wichtig. In der Regel ist ein Steuerungsmodell auf alle Geräte einer Typgeneration des jeweiligen Herstellers übertragbar.

Zur Ergänzung nicht vorhandener Geräte können in den meisten Fällen existierende Modelle ähnlicher Kinematik, Geometrie und Steuerungstechnik modifiziert werden.

Besonderheiten bei der Validierung von Robotermodellen

Die modellierten Eigenschaften eines Robotersystems müssen innerhalb der geforderten Toleranz mit den realen Systemeigenschaften übereinstimmen. Neben den allgemeinen Validierungskriterien sind bei der Modellierung von Robotern einige spezifische Aspekte zu berücksichtigen:

- Absolute Positioniergenauigkeit (Werte der TCP-Koordinaten in Relation zu den Achsvariablen), TCP-Koordinaten (bzw. -Orientierung)
- Achskonfiguration (lefty/righty, above/below, flip/noflip) bei vorgegebenen TCP-Koordinaten (Mehrdeutigkeit der Rückwärtstransformation)
- Bahncharakteristik zwischen vorgegebenen Bahnstützpunkten (Interpolationsverhalten, Überschleifverhalten, Überschwingverhalten)

Werden diese Aspekte nicht hinreichend berücksichtigt, kann es sein, dass sich der Roboter im Modell völlig anders verhält als das reale System in der Produktionsanlage.

Ungenauigkeiten und Kalibrierung von Robotersystemen

Im Rahmen der Offline-Programmierung werden verschiedene Kalibrierungsverfahren eingesetzt, um Fertigungstoleranzen auszugleichen und die relative Positionierung des Roboter-Werkzeug-TCP[1] zum Werkstück zu verbessern.

- Vermessung von drei Referenzpunkten am Bauteil zur Kompensation der Lagetoleranzen eines Bauteils. Mit Hilfe dieser Referenzpunkte können die exakte Position und Orientierung des Bauteilkoordinatensystems berechnet und die Bahnkoordinaten entsprechend transformiert werden.
- Eindimensionale Abstandsvermessung bzw. -regelung zum direkten Ausgleich von Formtoleranzen.
- 2D- und 3D-Vermessung der Bauteilgeometrie können zur Kompensation von Formtoleranzen in allen Koordinatenrichtungen sowie bei prozessgekoppelter Vermessung auch zur Berücksichtigung von Veränderungen, die während der Bearbeitung entstehen, genutzt werden.

Bei den vorgestellten Verfahren wird die absolute Positionierungsgenauigkeit des Roboters und bei den prozessgekoppelten zusätzlich auch die relative Wiederholgenauigkeit implizit mit korrigiert. Für die Modellierung und Simulation der Roboter sowie die Offline-Programmierung sind die jeweiligen Korrekturmechanismen entsprechend zu berücksichtigen.

Steuerungsmodell

Das Steuerungsmodell ist für das dynamische Verhalten des Roboters entscheidend. Sind Simulationssprache und Roboterprogrammiersprache identisch, so lässt sich das Bewegungsprogramm nach der Simulation relativ einfach an den Roboter und auch wieder zurück in die Simulation übertragen. Unter Umständen sind noch geringfügige Anpassungen und Ergänzungen im Rahmen des Exportvorgangs erforderlich.

Ist die im Simulationssystem verwendete Steuerungssprache nicht mit der Sprache des Zielroboters identisch, so muss nach erfolgreicher Simulation das Steuerungsprogramm durch einen Postprozessor für die Nutzung in der realen Steuerung übersetzt werden. Dieser Übersetzungsprozess kann fehleranfällig sein, Informationsverluste bewirken und die Rückübertragung von Programmen aus der Robotersteuerung in das Simulationssystem erschweren, da zusätzlich zu dem Postprozessor ein Präprozessor für den umgekehrten Übersetzungsvorgang erforderlich ist.

---

[1] TCP = Tool-Center-Print

Realistische Robotersimulation (RRS)

Zur besseren realistischen Modellierung und Simulation von Robotersteuerungen hinsichtlich der Dynamik und absoluten Positioniergenauigkeit durch Verwendung der Originalalgorithmen zur Bewegungsinterpolation und Koordinatentransformation wurde unter den Bezeichnungen RRS (Realistic Robot Simulation) und VRC (Virtual Robot Controller) eine Spezifikation definiert, die den Einsatz von Originalsoftware aus Robotersteuerungen in Simulationssystemen ermöglicht (Abb. 3.11). RSS I fokussierte nur auf der Bewegungssteuerung, RRS II umfasst zusätzlich Programmiersprache, Technologiesteuerung und Bediensystem und bietet damit erheblich weitergehende Möglichkeiten.

Diese von Automobil-, Roboter- und Simulationssystemherstellern entwickelte Spezifikation hat sich zu einem De-facto-Standard entwickelt [Bernhardt et al. 2000]. Vorteilhaft ist, dass die realen Steuerungsalgorithmen dabei nicht in den Quellcode des Simulationssystems integriert werden müssen, sondern geschützt in einem separaten Prozess laufen können, der mittels TCP/IP mit dem Simulationsrechner kommuniziert. Das Virtual Robot Controller Interface ermöglicht es, die von Industrierobotern benötigte Steuerungssoftware in Simulationsanwendungen zu integrieren. Der Virtual Robot Controller verfügt über sämtliche Ein- und Ausgänge der realen Steuerung und ermöglicht damit, Anwenderprogramme in der Simulation bereits vollständig zu entwickeln und zu testen.

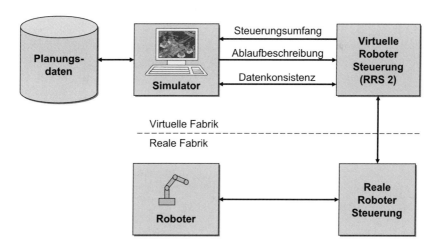

Abb. 3.11: RRS II (Realistic Robot Simulation) ermöglicht die Nutzung der realen Steuerungsalgorithmen in der Simulation.

3.8.2 Planung automatisierter Roboterzellen

Bei der Layoutplanung von Roboterzellen stehen interaktive Erreichbarkeits- und Kollisionskontrollen im Vordergrund. Im ersten Schritt werden Roboterzelle einschließlich Peripherie, Werkzeugen und Bauteil modelliert. Für die Bewegungsanalyse sind dann Testbewegungen zu erzeugen, die eine systematische Untersuchung kritischer Bereiche des Arbeitsraumes erlauben. Im Falle von Kollisions- oder Erreichbarkeitsproblemen werden meist interaktiv Parameter verändert. Zum systematischen Vergleich unterschiedlicher Planungsvarianten müssen häufig folgende Schritte durchgeführt werden:

- Variation der Roboterposition in der Zelle (stehend, fest hängend, verfahrbar hängend oder stehend)
- Überprüfung des grundsätzlich zur Verfügung stehenden Arbeitsraums
- Variation der Roboter (Typ, Hersteller)
- Abfahren von Testbewegungen relativ zum Bauteil unter Berücksichtigung der TCP-Orientierung
- Variation der Roboterpositionierung relativ zum Bauteil
- Variation der Förderstrategie des Bauteils

Die Auswahl eines geeigneten Robotertyps sowie die Positionierung stehen im Zusammenhang mit der Auslegung der geplanten Peripherie. Weiter setzen sich Simulationsmodelle von automatisierten Roboterzellen aus Roboter-, Peripherie- und Bauteilmodellen zusammen (Abb. 3.12).

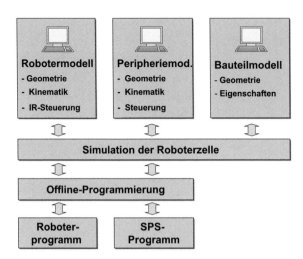

Abb. 3.12: Modellierung von Roboterzellen mit Roboter-, Peripherie- und Bauteilmodell

Bauteilmodell

Für die Robotersimulation muss das zu bearbeitende oder zu handhabende Bauteil als 3D-Modell abgebildet werden. Je nach Anwendung kann dies unterschiedlich aufwändig erfolgen.

- Für Handhabungs- und Montageaufgaben, bei denen die Kollisionsproblematik im Vordergrund steht, ist ein Vollkörper-Volumenmodell (CSG[1]) geeignet.
- Für aufwändige Bearbeitungsaufgaben, wie Schweißen, Schneiden, Laserbearbeitung etc., wird meist ein exaktes Flächen- oder Flächenbegrenzungsmodell des Bauteils zur Simulation der Bahnkoordinaten und Werkzeugorientierungen benötigt.

Modellierung der Peripherie

Modelle von Roboterzellen schließen meist zusätzliche Komponenten ein, die ebenfalls in einem 3D-Modell abgebildet werden müssen, wie:

- Zusatzachsen, roboterführend z. B. Portale
- Zusatzachsen, werkstückführend zur Bauteilpositionierung
- Werkzeuge und andere Effektoren/Werkzeugwechselsysteme
- Vorrichtungen
- Sensorsysteme
- Bearbeitungsmaschinen
- Transporteinrichtungen und Fördertechnik
- Schutzeinrichtungen (Zäune)

Zur Einbindung der Peripherie in ein Simulationsmodell werden die 3D-CAD-Daten dieser Komponenten benötigt. Dabei ist es nicht sinnvoll, alle Komponenten bis ins letzte Detail darzustellen. Durch geeignete Abstraktion kann ohne wesentliche Qualitätseinschränkung die Datenmenge erheblich reduziert sowie die Berechnungs- und Darstellungsgeschwindigkeit bei geringeren Anforderungen an die Simulationshardware deutlich verbessert werden. Grundsätzlich gelten für Kollisionsuntersuchungen am Peripheriemodell die gleichen Anforderungen wie für das Roboter- und das Bauteilmodell.

---

[1] CSG = Constructive Solid Geometry

3.8.3 Offline-Programmierung

Im Anschluss an die Zellenauslegung kann mit dem erstellten Modell die Offline-Programmierung der Roboter auf Basis des 3D-CAD-Modells der Roboterzelle und des Bauteils erfolgen (Abb. 3.13). Im einfachsten Fall erfolgt die Vorgabe der Positionen und Bahnpunkte durch Teach-in grafisch interaktiv im Modell mit Hilfe von CAD-Auswahlfunktionen. Die erforderlichen Roboterbewegungen können am Modell ausgeführt und bezüglich Erreichbarkeit und Kollision überprüft werden. Bei Problemen ist eine manuelle Neupositionierung des Bauteils oder eine Änderung der Anordnung von Roboter und Peripherie erforderlich.

Bei der automatischen Offline-Programmierung (Abb. 3.14), dient das CAD-Bauteilmodell zur automatischen Generierung der Bahnstützpunktkoordinaten und der Programmstruktur für komplette Bearbeitungsprogramme (z. B. für Schweiß- und Schneidaufgaben) auf der Grundlage von Konstruktionsdaten. Die automatisierte Offline-Programmierung erfordert ein aufwändiges, technologiespezifisches Programmiersystem mit integriertem Prozesswissen [Bickendorf 2002]. Ist dieses allerdings einmal installiert und validiert, so kann ein solches System eine ganz erhebliche Verkürzung der Programmierdauer (bis

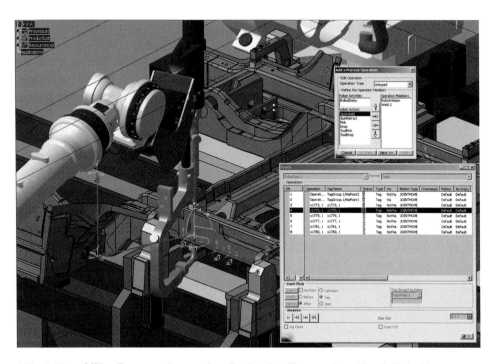

Abb. 3.13: Offline-Programmierung einer Punktschweißanwendung (Quelle Delmia)

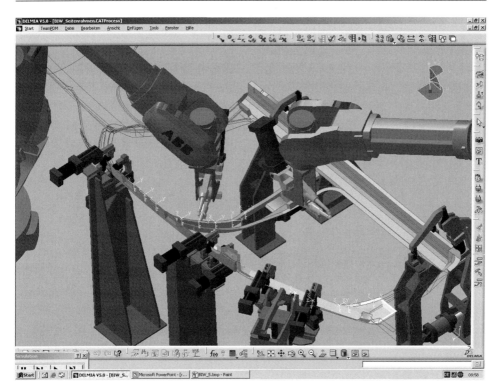

Abb. 3.14: Automatisierte Offline-Programmierung zum Schweißen eines Seitenrahmens (Quelle Delmia)

1 : 100) und die automatisierte Fertigung kleinster Losgrößen mit hoher Wirtschaftlichkeit ermöglichen [Bickendorf 2000]. Unter Berücksichtigung des Zellenmodells werden Bewegungsvorgaben für die Steuerung von externen roboter- oder werkstückführenden Zusatzachsen automatisch berechnet sowie das Steuerungsprogramm für die Bauteilbearbeitung simuliert und auf Erreichbarkeit und Kollision getestet.

Selbst bei hohen Kosten für die Offline-Programmierung ergibt sich schnell ein wirtschaftlicher Nutzen, da die extrem hohen Kosten des Produktionsstillstandes für die Teach-in-Programmierung am Roboter eingespart werden können.

3.9 Simulation in der Teilefertigung

Für die Teilefertigung bietet die Digitale Fabrik leistungsfähige 3D-Bewegungssimulation zur detaillierten Analyse, Simulation und Optimierung von NC-Programmen, die es dem Anwender ermöglicht, die gängigen NC-Steuerungen führender Hersteller abzubilden und Werkzeuggeometrien sowie Kinematikmodelle der Maschine individuell anzupassen. Eine solche digitale Manufacturing-Lösung erlaubt die effiziente Simulation, Validierung und Optimierung von NC-Maschinenprozessen. NC-Programme können offline in einer digitalen Umgebung mit dem Ziel „Make it Right the First Time, Every Time" überprüft werden, während die betroffene NC-Maschine gleichzeitig produzieren kann.

Im Bereich der Teilefertigung werden mit der Forderung nach kurzen Lieferzeiten und großer Variantenvielfalt in kleinen Losgrößen die Rüstzeiten zunehmend zu einem wesentlichen Faktor für die Wirtschaftlichkeit. Insbesondere in der Einzel- und Kleinserienfertigung erfordert das Einfahren neuer NC-Programme für die Fertigung komplexer Werkstücke einen erheblichen Teil der zur Verfügung stehenden Maschinenkapazität. Dieser erhebliche Aufwand für das Einfahren resultiert aus der relativ hohen Fehlerquote der Programme, die je nach Maschinenkinematik und Programmiermethode variieren. Ohne Simulation werden Fehler in NC-Programmen aufgrund unzureichender Testmöglichkeiten häufig spät erkannt. Typische Probleme bei der Erstellung von NC-Programmen sind Geometriefehler oder Fehler bei der Technologieeingabe wie z. B. falsche Zyklen, Drehzahlen oder Vorschübe.

Eine frühzeitige 3D-Bewegungssimulation an virtuellen Maschinen und Werkstücken mit Detaillierung der einzelnen Baugruppen sowie der Erfassung des kinematischen Verhaltens und einer Kollisionskontrolle kann zur Erkennung und Beseitigung der Fehler in den NC-Programmen beitragen und helfen, potenzielle Probleme frühzeitig am Modell zu erkennen, so dass Testläufe mit vollen Rüst-, Maschinen-, Operator- und Programmierzeiten auf teuren NC-Maschinen eingespart werden können. Solche 3D-Simulation (Abb. 3.15), kann sowohl für konventionelle Abtrag- und Umformprozesse, wie auch für Laserbearbeitung und Wasserstrahlschneiden durchgeführt werden.

Frühzeitig lässt sich erkennen, ob ein vorgegebenes Werkstückspektrum mit der geplanten Konzeption bearbeitet werden kann. Weiter kann der für die reale Maschine erforderliche Aufwand abgeschätzt werden. Zur guten Anschaulichkeit für den Planer lässt sich die Maschine mit vollständiger Peripherie, z. B. Systemen zur Werkstück- und Werkzeughandhabung, darstellen. Die Dynamik der Maschine sowie die Einbindung der Maschine in betriebliche Abläufe kann vorab getestet werden. Die sehr zeitintensive Fehlersuche und Behebung von geometrischen Fehlern, wie falsche Verfahrbewegungen,

3.9 Simulation in der Teilefertigung **75**

Abb 3.15: NC-Planung und Simulation (Quelle Delmia)

Kollisionen mit Teilen der Spannvorrichtung etc., können durch Simulation der Verfahrbewegungen erheblich verringert werden. Die durch NC-Simulation erzielbaren Vorteile sind u. a.:

- Reduzierung des Programmieraufwandes
- Vermeidung von Kollisionen, Werkzeug- und Werkstückschäden
- Reduzierung der Einfahrzeiten
- Erhöhung der produktiv nutzbaren Maschinenkapazitäten
- Reduzierung der Maschinenbearbeitungszeiten
- Unterstützung von Vorrichtungskonstruktion und Spannplanung

In der Serienproduktion ist die Reduktion der Einfahrzeiten nur ein Aspekt. Von wirtschaftlich größerem Interesse und damit ständiges Ziel der Optimierung sind in der Serienproduktion mehr die Laufzeiten der NC-Programme, da diese einen direkten Einfluss auf die Produktionskosten haben. Mit Hilfe von Simulationsmodellen können geeignete Maßnahmen wie die Optimierung von Verfahrwegen, die Änderung der Werkzeugstrategie oder der Spannsituation gefahrlos virtuell und ohne Bindung von Maschinenkapazitäten am Modell getestet und optimiert werden.

Neben der Vermeidung von Kosten durch Kollisionen führt die Simulation weiter zu einer deutlichen Erhöhung der produktiv nutzbaren Maschinenkapazität und bringt damit erhebliche wirtschaftliche Vorteile.

Line-Balancing von Bearbeitungslinien

Ein weitere Aspekt der Simulation von Bearbeitungsmaschinen in der Digitalen Fabrik ist das Ausbalancieren von Produktionslinien. Die NC-Simulation ermöglicht über die exakte Ermittlung der Bearbeitungs- und Rüstzeiten, Produktionslinien genau auszubalancieren und dadurch eine optimale Auslastung bei gleichzeitiger Flexibilität zu erreichen. Simulationsmodelle von Fertigungslinien und Maschinen berechnen Fertigungsoperationen, generieren Taktzeiten und geben eine dynamische Sicht auf einzelne Arbeitsgänge. Für den Shop-Floor werden detaillierte Prozessinformationen bezüglich der Spannlagen des Werkstückes, Fertigungsoperationen und der erforderlichen NC-Werkzeuge generiert.

3.10 Simulation von Personal

Das Personal hat einen erheblichen Einfluss auf das Betriebsverhalten vieler Produktionssysteme. Zum einen ist der Einsatz des Personals unter personallogistischen Gesichtspunkten zu planen. Weiter ist in der Produktentwicklung, der Arbeitsplatzplanung und der Planung von Produktionsprozessen die menschliche Leistung von erheblicher Bedeutung und wenn Mitarbeiter in einem sicheren und ergonomisch optimal gestalteten Umfeld agieren, führt dies zu einer erheblichen Verbesserung in der Qualität, den Kosten, der Zufriedenheit der Mitarbeiter und damit auch zur Verbesserung der Produktivität.

In der Digitalen Fabrik wird nach [VDI 3633 Blatt 6] die Simulation von Personal unterschieden in:

- Personalintegrierte Simulation (Simulation, welche die Personallogistik des zu simulierenden Produktionsbereiches mit einschließt)
- Personalorientierte Simulation (erheblich stärkere Personaldetaillierung als bei der personalintegrierten Simulation)
- Ergonomie-Simulation (Spezialgebiet der Simulation arbeitsphysiologischer Aspekte)

Diese drei Kategorien der Personalsimulation (Abb. 3.16), unterscheiden sich ganz erheblich in der Detaillierung der Modelle im Personalbereich und werden im Weiteren kurz erläutert.

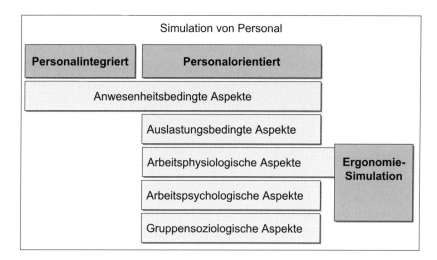

Abb. 3.16: Systematik der Simulation von Personal

3.10.1 Simulation der Personallogistik

Die Simulation im Bereich der Personallogistik wird auch als personalintegrierte Simulation bezeichnet [VDI 3633 Blatt 6] und zielt auf die Ermittlung der notwendigen Mitarbeiterzahl, auf eine sinnvolle Organisation der Mitarbeiter sowie auf die Ermittlung der erforderlichen Personalqualifikation. Simulationsanwendungen im Bereich der Personaleinsatzplanung sind z. B. die Analyse von Arbeitsstrukturen, die Simulation flexibler Arbeitszeitmodelle oder die Planung von Qualifikationsstrukturen mit Hilfe der Simulation. Bei der Simulation der Personallogistik stehen Fragestellungen aus Produktion und Logistik im Vordergrund, und die erstellten Modelle sollen eine Detaillierung erlauben bezüglich:

- Trennung personeller und maschineller Kapazitäten
- Arbeitszeiten des Personals und Betriebszeiten der Betriebsmittel
- Unterschiedlicher Personalqualifikationen
- Logistische Aspekte der Zusammen- und Gruppenarbeit

Die Trennung in maschinelle und personelle Kapazitäten löst starre Personalzuordnungen auf und ermöglicht eine Entkopplung des Personaleinsatzes und der Maschinennutzungszeiten.

Zur Abbildung der Arbeits- und Betriebszeiten sich ständig weiter entwickelnder Arbeitszeitsysteme beinhalten personalintegrierte Simulatoren variable Schicht- und

Pausenzeitmodelle. Eine detaillierte Darstellung unterschiedlicher Schicht- und Pausenzeiten erhöht den Aufwand, ist jedoch gerade bei überlappenden Schichtsystemen zur korrekten Abbildung der Dynamik erforderlich.

Die Abbildung von Personalqualifikation ermöglicht, Personaltypen oder Personen mit unterschiedlichen Qualifikationen zu modellieren. Dabei können die eigentliche Haupttätigkeit wie auch die Nebentätigkeiten bei der Modellierung von unterschiedlichen Personaltypen berücksichtigt werden. Je nach Fragestellung kann es ausreichen, zwischen vorhandenen und nicht vorhandenen Qualifikationen zu differenzieren oder eine detailliertere Darstellung mit entsprechend höherem Datenerfassungsaufwand zu wählen. Maschinenbediener und Einrichter eines flexiblen Produktionssystems können beispielsweise durch zwei unterschiedliche Personaltypen dargestellt werden.

Die Abbildung von Zusammen- und Gruppenarbeit erlangt aufgrund sich verändernder Produktionsstrukturen zunehmend an Bedeutung. Personalintegrierte Simulatoren bieten die Möglichkeit, die eingesetzten Betriebsmittel und das Personal flexibel zu kombinieren, um entsprechende Arbeitssysteme auch mit Betriebsmittel- und Personalpools abbilden zu können und deren Auswirkungen zu ermitteln.

Daten für die personalintegrierte Simulation

Die personalintegrierte Simulation erfordert neben der Erfassung der technischen Daten wie Bearbeitungszeiten, Rüstzeiten, Betriebszeiten der Betriebsmittel, technische Verfügbarkeit etc. weiter die getrennte Ermittlung von personenbezogenen Daten wie:

Betriebsmittel:
- Auftragszeiten, Personalzeit
- Parallele Zeitanteile in Form einer Verknüpfung personeller und maschineller Zeitarten

Anwesenheit bzw. Verfügbarkeit:
- Schichtmodell
- Pausenregelung
- Fehlzeiten

Qualifikationen:
- Qualifikationsanforderungen der Arbeitsaufgaben
- Festlegung von Personaltypen bestimmter Qualifikation
- Zuordnung von Mitarbeitern zu Personaltypen

Zusammen- und Gruppenarbeit:
- Zuordnung von Mitarbeitern zu Personalgruppen
- Zuordnung von Personalgruppen zu Arbeitsbereichen

Diese für die personalintegrierte Simulation zu erfassenden Daten gehen erheblich über die Ermittlung der typischen Anlagendaten für eine technische Logistiksimulation hinaus und erfordern je nach Fragestellung einen ganz erheblichen Aufwand bei der Datenbeschaffung.

Modellierung anwesenheitsbedingter Aspekte für die personalintegrierte Simulation

Modelle zur Personaleinsatzplanung erfordern je nach Detailierungsgrad neben der Einplanung von Schichtmodellen auch die Berücksichtigung von Pausenzeiten sowohl im Tagesablauf wie auch in anderen betrieblichen Zusammenhängen.

Die Anforderungen neuer Produktionskonzepte benötigen zunehmend differenzierte Arbeitszeitmodelle, die zu einer Flexibilisierung der Produktionsprozesse beitragen und das Betriebsergebnis verbessern. Personalintegrierte Simulationsverfahren ermöglichen die detailliertere Betrachtung anwesenheitsbedingter Aspekte, um die Wirkung unterschiedlicher Arbeitszeitmodelle auf das Betriebsergebnis zu analysieren. Von Simulatoren zur Personalplanung wird erwartet, dass diese bezüglich der Arbeitsorganisation moderne Personaleinsatzformen wie Gruppenarbeit einbeziehen können.

Bei der Modellierung des Personals werden grundsätzlich berücksichtigt:

- Personaltypen (Anzahl, Qualifikation usw.)
- Personaleinsatz (Zuordnung von Personen zu den Arbeitsvorgängen, Arbeitsstrukturen)
- Zeitmodell (Arbeits- und Betriebszeiten, Schichtmodelle)

Die Art der Modellierung und der Detailierungsgrad hängen maßgeblich von der zu untersuchenden Fragestellung, dem verwendeten Simulator sowie der Verfügbarkeit von Informationen und Daten über das abzubildende Produktionssystem ab. Für die Simulation der Personaleinsatzplanung werden teilweise spezialisierte Simulatoren angeboten. Alternativ bieten allgemeine Fabriksimulatoren auch weitgehende Möglichkeiten und Bausteinbibliotheken für diesen Bereich an, die relativ einfach in den Gesamtzusammenhang einer umfassenden Simulation der Produktionslogistik eingebunden werden können.

80   3 Simulationsanwendungen der Digitalen Fabrik

3.10.2 Personalorientierte Simulation

Personalorientierte Simulationsmodelle der Digitalen Fabrik sind auf personalbezogene Fragestellungen spezialisiert und verfügen zu deren Lösung über einen entsprechend höheren Detaillierungsgrad als personalintegrierte Modelle. Die personalorientierte Simulation kann zur Ermittlung geeigneter Arbeitsstrukturen sowie zur Bewertung vorhandener Strukturen in einem Produktionssystem genutzt werden. Die detaillierte Analyse personalbezogener Arbeitsformen und -bedingungen erfordert die Abbildung zusätzlicher Eigenschaften des Personals, wie der physischen Belastung und Beanspruchung des Menschen, der Unter- und Überforderung, des Lernens, der menschlichen Zuverlässigkeit und der jeweiligen Rückwirkungen auf das logistische Verhalten der Produktions- oder Logistiksysteme [VDI 3633 Blatt 3]. Aufgrund des höheren Detaillierungsgrades der Modelle ergibt sich entsprechend ein größerer Datenerhebungsaufwand.

Personalorientierte Simulatoren modellieren zusätzlich zu den personalintegrierten Modellen einzelne oder mehrere der nachfolgend dargestellten Aspekte:

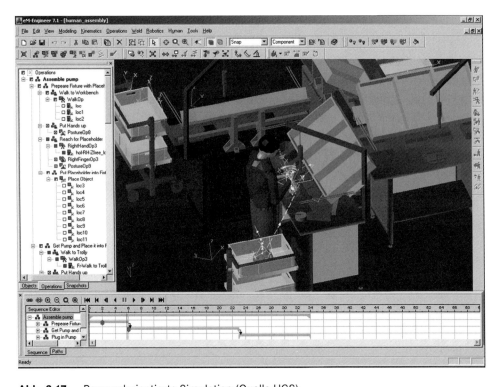

Abb. 3.17:   Personalorientierte Simulation (Quelle UGS)

Modellierung auslastungsbedingter Effekte

Zu den auslastungsbedingten Effekten gehören Übungseffekte (Lernkurve) und Ermüdungserscheinungen. Diese Effekte können einen direkten Einfluss auf den Erfolg der Aufgabendurchführung und damit auf die erreichte Arbeitsleistung und Produktivität haben. Personalorientierte Simulatoren modellieren diese Effekte und können damit z. B. das Anlaufverhalten von komplexen personalintensiven Produktionssystemen realitätsnah simulieren.

Modellierung arbeitsphysiologischer Aspekte

Arbeitsphysiologische Aspekte sind bei Arbeitssystemen, in denen vom Personal körperlich schwere Tätigkeiten zu verrichten sind oder erschwerende Umgebungsbedingungen auftreten, von erheblicher Bedeutung. Mit der Simulation dieser Aspekte werden bereits in der Planungsphase Abschätzungen der zu erwartenden physischen Belastungen und Beanspruchungen der Mitarbeiter möglich.

Arbeitspsychologische Aspekte

Arbeitsaufgaben sollen prinzipiell unter arbeitspsychologischen Gesichtspunkten nach den folgenden Kriterien gestaltet werden

- Schaffung zyklisch vollständiger Arbeitsaufgaben durch Kombination von sensomotorischen und kognitiv routinehaften Tätigkeiten mit Vorbereitungs-, Kontroll- und Organisationsaufgaben
- Vermeidung von Zielkonflikten durch klare zeitliche Vorgaben, Priorisierung und Festlegung der Anforderungen

Simulationsverfahren können prinzipiell eingesetzt werden, um Teilaspekte zu simulieren und zu bewerten, wie:

- Wiederholungsgrad
- Monotonie
- Zeitstress
- Vollständigkeit
- Wahrscheinlichkeit von menschlichen Fehlhandlungen

Die vollständige Simulation unter arbeitspsychologischen Gesichtspunkten ist bisher noch relativ problematisch, da teilweise wissenschaftlich noch abgesicherte Erkenntnisse fehlen, eine Vielzahl möglicher Einflussfaktoren existiert und die Datenerhebung extrem aufwändig ist.

Modellierung gruppensoziologischer Aspekte

In flexiblen Arbeitsstrukturen gewinnt Gruppenarbeit an Bedeutung. Gruppensoziologische Aspekte sind synergetische Effekte, die aus dem Zusammenwirken mehrerer Personen in einer Gruppe entstehen. Im konkreten Einsatzfall ist zu untersuchen, inwieweit Gruppenarbeit die organisatorischen Lerneffekte beschleunigt und zu einer Steigerung der Leistung eines Arbeitssystems führt oder durch gegenseitige Behinderung bei der Zusammenarbeit eine Verminderung derselben bewirkt. Einige Aspekte wie Dispositionsstrategien, Zeitgrade oder auslastungsbedingte Aspekte sind in Modellen abbildbar, eine umfassende Simulation der gruppensoziologischen Aspekte ist derzeit aufgrund mangelnder wissenschaftlicher Erkenntnisse kaum möglich.

3.10.3 Ergonomie-Simulation

Die Ergonomie-Simulation ist ein Spezialgebiet der Simulation arbeitsphysiologischer Aspekte, die aufgrund ihrer großen Bedeutung und der speziellen Methoden und Werkzeuge hier als eigene Kategorie aufgeführt ist. In der Digitalen Fabrik stellen Tools zur Ergonomie-Simulation eine virtuelle 3D-Umgebung für interaktive Gestaltung und Optimierung manueller Aufgaben zur Verfügung und unterstützen damit die Verbesserung der Ergonomie von Prozessabläufen und von Produkten. Für die Erstellung von Menschmodellen zur Ergonomie-Simulation ist erforderlich:

- Definition der Eigenschaften von Menschmodellen
- Kinematisierung von Menschmodellen mittels Vorwärtskinematik und inverser Kinematik
- Definition von Greifräumen und Sichtfeld

Die ergonomische Modellierung menschlicher Arbeitskräfte kann von relativ einfachen Erreichbarkeitsuntersuchungen bis hin zu biomechanisch detaillierten digitalen Modellen reichen. Bibliotheken von Menschmodellen verschiedener Altersstufen und Geschlechter, die auf internationalen Standards basieren, ermöglichen es, die Arbeitsplätze passend für die Physiognomie der Mitarbeiter zu gestalten. Die Menschmodelle bieten inverse Kinematik- und Körperhaltungskalkulationen für den gesamten Körper und ermöglichen eine detaillierte, akkurate und effiziente Modellierung menschlicher Aufgaben. Verschiedenartige Greif- und Bewegungsabläufe stehen für die schnelle und einfache Definition menschlicher Bewegungen zur Verfügung.

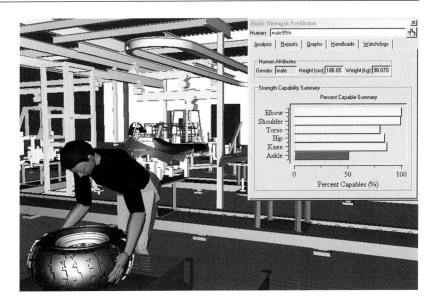

Abb. 3.18: Ergonomie-Simulation zur Ermittlung der physischen Belastungen (Quelle UGS)

Digitale Menschmodelle können für simulationsgestützte Ergonomieuntersuchungen in virtuellen Umgebungen platziert werden (Abb. 3.18), Arbeitsanweisungen ausführen und bezüglich ergonomischer Kriterien exakt analysiert werden. Die Simulation ermöglicht zu untersuchen, was diese digitalen Menschmodelle sehen können, was in deren Reichweite liegt, wie deren Bewegungsbelastung ist etc., um ergonomisch wichtige Informationen über Bearbeitungszyklen zu ermitteln. Damit werden Planer und Konstrukteure unterstützt, Produkte und Arbeitsplätze zu entwickeln, die für Menschen sicher, komfortabel und benutzerfreundlicher sind.

3.11 Simulation von Betriebsmittelbau und -logistik

Der Nutzen der Digitalen Fabrik im Betriebsmittelbau lässt sich mit einer Steigerung der Effizienz im Simultaneous-Engineering-Prozess identifizieren. Dies wird durch die Vernetzung von Entwicklung, Planung, Betriebsmittelbau und Fertigung realisiert. Die digitale Absicherung und Optimierung von Produkten und Prozessen ermöglicht eine deutliche Verkürzung der Produktentstehungszeit unter anderem durch die Beschleunigung der Betriebsmittelerstellung, eine Reduzierung von Änderungen und einen schnelleren und stabileren Produktionsanlauf sowie einen abgesicherten Produktionshochlauf. Diese Ziele werden durch standardisierte Planungs- und Simulationslösungen unterstützt, mit denen auch die Kosten bei der Betriebsmittelerstellung reduziert werden. Wesentliche

84   3 Simulationsanwendungen der Digitalen Fabrik

Basis für die Kostensenkung und Qualitätsverbesserung bei Produkten und Anlagen ist jedoch die frühzeitige Beeinflussung der Produktentwicklung, um fertigungsgerechte Produktkonstruktionen zu erarbeiten. Mit dem konsequenten Einsatz der Digitalen Fabrik im Betriebsmittelbau lassen sich bezüglich Produkt, Betriebsmittel und Zeit folgende Effekte erzielen [Griesbach et al. 2004]:

- Senkung der Investitions- und Änderungskosten bei Betriebsmitteln
- Qualitätsverbesserung von Betriebsmitteln und Produkten
- Beschleunigter Produktionsanlauf und -hochlauf
- Gewährleistung von sicheren und wirtschaftlichen Prozessen

Über den Betriebsmittelbau hinaus sind funktionierende Betriebsmittelflüsse eine wesentliche Voraussetzung für einen möglichst reibungslosen Produktionsfluss in größeren Produktionssystemen. Beim Rüsten von Betriebsmitteln macht der sehr hohe Anteil organisatorischer Probleme gegenüber dem relativ geringen Anteil technischer Störungen deutlich, dass es sinnvoll ist, der Organisation des Betriebsmittelflusses sehr große Aufmerksamkeit zu schenken. So kann die Simulation der Betriebsmittelflüsse, z. B. zur Analyse und zur Verbesserung der Werkzeugversorgung, unterstützend eingesetzt werden. In flexiblen Fertigungssystemen sind die Zielgrößen der Werkzeugversorgung folgende:

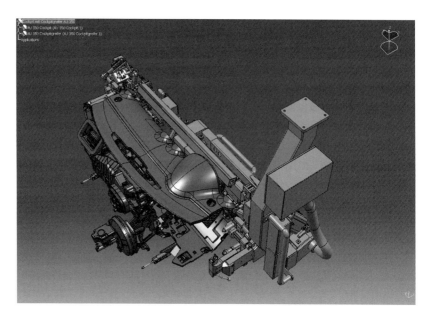

Abb. 3.19: Einsatz von Simulation im Betriebsmittelbau zur Entwicklung eines Greifers für die Copitmontage (Quelle Delmia)

- Maximieren der Auslastung der Bearbeitungszentren
- Optimale Ausnutzung der Standzeit der Werkzeuge
- Minimieren der Anzahl der Werkzeuge

Gerade in größeren Fertigungen ist es aus wirtschaftlichen Gründen nicht sinnvoll, Sonderwerkzeuge in der gleicher Anzahl der Maschinen vorzuhalten, auf denen diese eingesetzt werden. Zur Gewährleistung eines reibungslosen Fertigungsablaufes ist es damit erforderlich, den Werkstückfluss und die Werkzeugbereitstellung ständig vorausblickend zu koordinieren, wobei die Menge konflikhaltiger Ziele und deren Abhängigkeiten es unmöglich machen, auf die Funktionalität statisch geplanter Konfigurationen zu vertrauen. Simulation kann auf der operativen Ebene gute Dienste zur vorausschauenden Planung der Betriebsmittelbereitstellung und -flüsse leisten.

3.12 Simulation in der Automatisierungstechnik

In automatisierten Produktionsumgebungen ist die Erstellung zuverlässiger und effizienter Automatisierungstechnik ein wesentlicher Schritt beim Aufbau flexibler Produktionssysteme. Die Steuerung moderner Produktionssysteme erfolgt zunehmend über hierarchisch verteilte Module, die durch klar definierte Schnittstellen über verschiedenen Ebenen miteinander verbunden sind. Dazu werden im Wesentlichen speicherprogrammierbare Steuerungen eingesetzt, die mit speziellen zum Teil grafischen Programmiersprachen gemäß dem Standard nach [IEC 61 131-3] programmiert werden. In der IEC 61 131-3 sind fünf Sprachen spezifiziert:

- IL (Instruction List)
- LD (Ladder Diagram)
- FBD (Function Block Diagram)
- SFC (Sequential Function Chart)
- ST (Structured Text)

Bei der Entwicklung von Steuerungssoftware sowie beim Test sind im Wesentlichen zwei Gesichtspunkte zu berücksichtigen:

- Funktion der Steuerungslogik
- Dynamisches Verhalten der Steuerungen im System

Im Bereich der Automatisierungstechnik kann Simulation in mehreren Phasen sinnvoll eingesetzt werden. In der Konzeptionierungsphase ermöglicht Simulation verschiedene

Steuerstrategien auszutesten und zu bewerten. Die direkte Umsetzung der ausgewählten Strategien von der Simulation in die Steuerungssoftware ist dabei ein wesentlicher Aspekt. In der Inbetriebnahmephase kann Simulation das reale mechanische System ersetzen. Die zu testende Steuerungssoftware steuert dann nicht das reale System, sondern ein virtuelles Simulationsmodell. Auf diese Weise kann die Inbetriebnahmephase erheblich verkürzt werden, was gerade bei größeren Systemen zu erheblicher Kosteneinsparung führt. In der Anlaufphase kann die Steuerungssoftware mit einem Simulationsmodell zur Ausbildung der Mitarbeiter genutzt werden. Diese Vorgehensweise ermöglicht eine Schulung ohne Gefahr von Betriebsstörungen, sowie die Möglichkeit, Verhalten in Extremsituationen austesten und trainieren zu können. In der Betriebsphase zielt Simulation auf eine kontinuierliche Steuerungsoptimierung hin. Es können alternative Steuerungskonzepte entwickelt und ausführlich getestet werden, bevor diese im Betrieb eingesetzt werden.

Die Erstellung der Steuerungssoftware durchläuft dabei die Phasen der Analyse der Aufgaben, der Konzeptionierung, der Implementierung, des Tests, sowie von Inbetriebnahme und Betrieb. Ein typisches Problem der Automatisierungstechnik ist, dass die Phasen des Tests und der Inbetriebnahme vielfach unter extremem Zeitdruck erfolgen müssen, da die Fertigstellung der Anlagenkomponenten häufig verzögert ist oder durch Änderungen der Anlage der Startzeitpunkt für die Inbetriebnahme nach hinten geschoben wird, andererseits der Fertigstellungstermin beim Kunden gehalten werden soll. Zur Abschwächung dieses Engpasses in der Test- und Inbetriebnahmephase sowie in der Phase der Konzeptionierung kann Simulation sinnvoll unterstützend eingesetzt werden.

In der Digitalen Fabrik kann mit Hilfe von Simulation die Steuerungssoftware der Maschinen und Anlagen getestet werden, ohne die realen Anlagen dafür zu benötigen. Die durch Simulation verbesserten Testmöglichkeiten und das Vorziehen der Steuerungsinbetriebnahme am virtuellen Modell wirken sich positiv auf die Qualität der Steuerungssoftware sowie auf den Auftragsabwicklungsprozess im Sinne eines Simultaneous Engineering aus. Im Wesentlichen lassen sich folgende Nutzeffekte realisieren:

- Verkürzung der Inbetriebnahmezeit an der realen Anlage
- Vermeidung von Beschädigungen an der Anlage
- Geringerer Aufwand für Fehlerbeseitigung, Reparatur etc.
- Beschleunigung des Anfahrens der Anlage für den Produktionsanlauf

Das Engineering von automatisierten Anlagen im Rahmen der Digitalen Fabrik erfordert eine Erweiterung der Datenmodelle der Digitalen Fabrik (Ressourcen, Prozesse) um die relevanten Daten der Automatisierungstechnik (Abb. 3.20). Auf dieser Datenbasis kön-

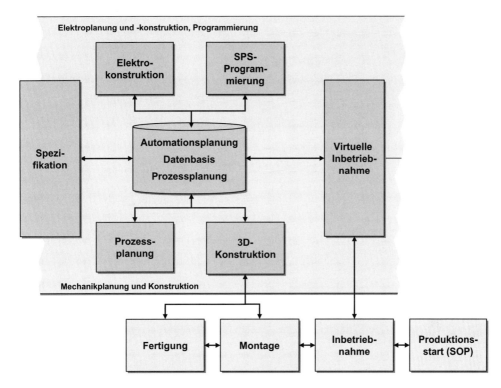

Abb. 3.20: Das Engineering und die virtuelle Inbetriebnahme erfordern ein Datenmodell mit den automatisierungstechnisch relevanten Daten.

nen Schaltpläne, SPS-Software sowie Bedienungs- und Beobachtungssoftware generiert werden.

Vor der realen Inbetriebnahme erfolgt eine Überprüfung der Ergebnisdaten durch eine virtuelle Inbetriebnahme, um eine hohe Qualität zu gewährleisten und die Inbetriebnahmezeiten vor Ort erheblich zu reduzieren. Ziele dieser Vorgehensweise sind:

- Absicherung der Anlage
- Einsparungen im Engineering
- Durchgängige Dokumentation

Ein durchgängiges Engineering in der Digitalen Fabrik erfordert ein vernetztes Arbeiten mit einer zentralen Datenbasis für Mechanik und Elektrik. Dazu ist ein Werkzeug erforderlich, mit dem alle automatisierungsrelevanten Daten einer Anlage ab Projektstart definiert, strukturiert gespeichert und für eine spätere Verwendung von seiten der Leittechnik vorbereitet werden können (Abb. 3.21).

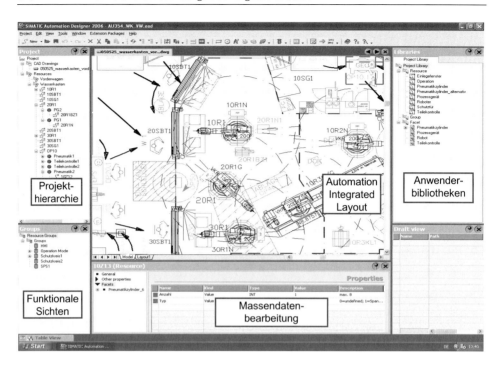

Abb. 3.21: Engineering mit dem Automation Designer als Basis für die virtuelle Fertigung (Quelle Siemens)

Die virtuelle Inbetriebnahme in der Digitalen Fabrik erfordert eine erhebliche Detaillierung der Engineering-Modelle und geht über die bisher vielfach angewandte Methode der Emulation zum Test von Leitsystemen weit hinaus. Ist in einem Engineering-System die Automatisierungstechnik im Realisierungsstand strukturiert hinterlegt, so könnten die relevanten Anlagendaten, wie Materialflussverknüpfungen, reale E/A-Listen, Meldesignale etc., für die Konfiguration des Leitsystems herangezogen werden. Die virtuelle Inbetriebnahme von Anlagen mit mehreren Steuerungen und die Ergänzung der virtuellen Anlage mit Quellen und Senken für die zu bearbeitenden Produktionsaufträge erlaubt es, das Leitsystem direkt an die virtuelle Anlage anzuschließen. Damit lassen sich Fehlerquellen in der Kommunikation zwischen den Steuerungen und im Telegrammverkehr erkennen und beheben. Der Betrieb der virtuellen Anlage kann alternativ mit realen SPS-Steuerungen oder mit einer SPS-Simulation erfolgen.

Das Anlagenmodell in der Digitalen Fabrik dient dann als Planungs- und Umplanungsgrundlage für die die Generierung von Schaltplänen, SPS-Software und Bedienungs-/Beobachtungssoftware. Ein systematisches Engineering der Automatisierungstechnik im Rahmen der Digitalen Fabrik erfordert eine frühzeitige Planung, bei der bereits

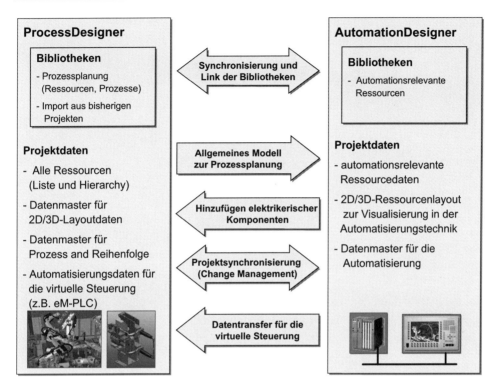

Abb. 3.22: Beispiel für die Kommunikation zwischen Automation Designer und Process Designer mit verteilter Datenhaltung (Quelle Siemens)

in der Strategiephase die Definition des Workflows und der Datenverwendung erfolgt (Abb. 3.22). Weiter muss in einer frühen Planungsphase die verbindliche Festlegungen der verwendeten Datenmodelle, des geplanten Datenaustauschs sowie eines Änderungsmanagements unter Berücksichtigung zeitgemäßer funktionsorientierter Automatisierungsstandards bezüglich Hardware, Software und Visualisierung erfolgen. Dies bietet Potenziale zur Optimierung der Engineering-Prozesse im Rahmen der Digitalen Fabrik sowie weiter zur Nutzung der Modelle auch zur Anlagendokumentation und für Umplanungen, die dann ausschließlich anhand der Digitalen Fabrik erfolgen.

3.13 Simulation im operativen Betrieb

Die Simulationstechnik der Digitalen Fabrik eignet sich nicht nur zur Auslegungsplanung, sondern kann im betrieblichen Alltag zur Planung und Optimierung des laufenden Betriebs effizient angewendet werden. Voraussetzung hierfür ist die systematische datentechnische Integration und die organisatorische Einbindung der Simulationstechnik in die bestehenden betrieblichen Abläufe. Im operativen Betrieb unterscheiden sich die Zielsetzung und die Nutzung von Modellen, Methoden und Werkzeugen der Digitalen Fabrik allerdings ganz erheblich von der Systematik vorgelagerter Simulationsstudien zur Auslegungsplanung.

Der Einsatz von Simulation in der Digitalen Fabrik zur Verbesserung und Optimierung im täglichen Betrieb zielt im Wesentlichen auf:

- Test des aktuellen Produktionsprogramms und der dazugehörigen Produktionsplanung
- Verbesserung der Feinplanung und Produktionssteuerung
- Optimierung der Supply-Chain
- Analysen für ein kontinuierliches Redesign der Fabrik

Die genannten Bereiche unterscheiden sich grundlegend bezüglich Zielsetzung und Vorgehensweise. In allen Fällen kann Simulation zur Untersuchung unterschiedlicher Szenarien auf Basis der aktuellen Produktionssituation eingesetzt werden.

Ein wesentlicher Aspekt des Einsatzes von Simulationsmethoden der Digitalen Fabrik zur Optimierung des laufenden Betriebes ist die Rückkopplung der Istdaten der realen Fabrik in die digitalen Modelle (Abb. 3.23) sowie die Nutzung der Ergebnisse zur Steuerung der realen Fabrik. Entsprechend stehen für den operativen Einsatz von Simulation besonders Schnittstellen zu ERP-, BDE- und MES-Systemen sowie zur Geräteebene im Vordergrund.

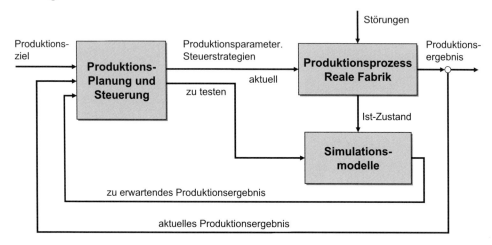

Abb. 3.23: Einsatz von Simulation zur Unterstützung der operativen Produktionsplanung

Im Zusammenhang mit PPS-Systemen wird der Simulationsbegriff auch für quasi statische Rechnungen benutzt. Dies führt leicht zu Missverständnissen, und es muss klar zwischen quasistatischen Anwendungen und dem „dynamischen" Simulationsbegriff der [VDI 3633 Blatt 1] differenziert werden. Herkömmliche analytische PPS-Verfahren bestimmen die Materialbedarfstermine statisch mit festen Vorlaufzeiten und sind daher relativ ungenau. Die Discrete-Event-Simulation ermöglicht, die klassischen Terminierungsverfahren um die dynamischen Zusammenhänge zwischen Durchlaufzeiten, Auftragsmix und zeitliche Belastung der jeweiligen Ressourcen zu analysieren. Dynamische Simulation geht weit über die Berechnungsverfahren der PPS- und ERP-Systeme hinaus und bietet eine umfassende realitätsnahe Überprüfung der Planung.

3.13.1 Überprüfung des aktuellen Produktionsprogramms und der Produktionsplanung

Der Einsatz der Digitalen Fabrik hat zum Ziel, das aktuelle Produktionsprogramm und die dazugehörige Produktionsplanung simulationsgestützt zu überprüfen und zu optimieren. Auf Basis der aktuellen Daten wird für definierte Zeitspannen jeweils ein Masterplan erstellt und diese Planung mit Hilfe von Modellen und Werkzeugen der Digitalen Fabrik dynamisch überprüft, iterativ optimiert und kommuniziert.

Hierzu gehören:
- Erfassung des zu produzierenden Produktionsprogramms (Solldaten)
- Erfassung der aktuellen Produktionssituation (Istdaten)
- Masterplanerstellung
- Dynamische Überprüfung der Planungen mit Hilfe von Simulation
- Iterative Verbesserung der Planung

Das Simulationsmodell kann genutzt werden, um vorab zu simulieren, ob ein zusätzlicher Auftrag in einer vorgegebenen Zeit gefertigt werden kann, wie dazu das Sequenzing, Routing und Scheduling zu gestalten bzw. zu modifizieren sind, um das angestrebte Produktionsziel im Gesamtzusammenhang aller Produktionsaufträge möglichst gut zu erfüllen.

Darüber hinaus können in die simulationsgestützte Planung betriebsübergreifend die Optimierung der Lieferkette (Abb. 3.24) sowie Entscheidungen über unterschiedliche Varianten von Insourcing und Outsourcing einbezogen werden. Weiter ist es möglich, dem Vertrieb Werkzeuge zur Verfügung zu stellen, mit denen die jeweiligen Mitarbeiter aktuell und abgesichert testet können, ob ein angefragtes Produktionsprogramm realisierbar ist und innerhalb welcher Zeiten dieses produzierbar wäre.

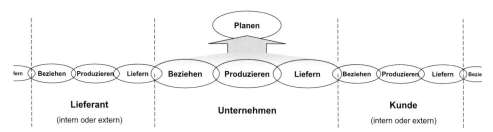

Abb. 3.24: Simulation zur Verbesserung der Lieferkette SCM[1]

3.13.2 Verbesserung der Feinplanung und Produktionssteuerung

Die operative Produktionsplanung und -steuerung umfasst im Wesentlichen die folgenden Aufgaben der aktuellen Feinplanung und Produktionssteuerung:

- **Sequenzing:** Festlegung einer sinnvollen Reihenfolge zur Auftragsbearbeitung
- **Routing:** Festlegung der Maschinenreihenfolge, die ein Produkt durchlaufen soll
- **Scheduling:** Erstellen eines zeitlich und örtlich festgelegten Belegungsplanes

Ziel dieser drei Aufgaben ist es, die Produktion optimal unter Einhaltung zeitlicher und ressourcenbezogener Randbedingungen zu steuern. Dabei sollen verschiedene zum Teil gegenläufige Kriterien wie Termintreue, Durchsatz, Qualität etc. möglichst optimal erfüllt werden. Der Schwierigkeitsgrad dieser Optimierungsaufgabe nimmt mit der Zahl der zu disponierenden Aufträge, der Zahl der Arbeitsfolgen sowie mit der Anzahl und der Flexibilität der zur Verfügung stehenden Ressourcen ganz erheblich zu.

Die Reihenfolge der Auftragsbearbeitung wird im Simulationsmodell auf der Basis von Reihenfolgeregeln festgelegt. Die Funktion des Kapazitätsabgleichs entfällt bei Einsatz eines Simulationsverfahrens, da begrenzte Kapazitäten im Simulationsmodell direkt laufend als limitierende Größe berücksichtigt werden.

Über die grundlegende Planung und Steuerung hinaus ist das Festlegen von Produktionsstrategien für Störungen und Ausnahmesituationen ein wichtiger Aspekt operativer Planung. Der Test möglicher Reaktionen auf unvorhergesehene Produktionszustände und Störungen mit Hilfe von Simulationsmodellen kann helfen, qualifiziert mit solchen Situationen umzugehen und den potenziellen Schaden zu minimieren. Dafür können am virtuellen Modell unterschiedliche Alternativen getestet und bewertet werden. Die für die vorliegende Situation am besten bewertete Produktions- und Steuerungsstrategie kann anschließend im realen System genutzt werden.

---

[1] SCM = Supply Chain Management

3.13 Simulation im operativen Betrieb   **93**

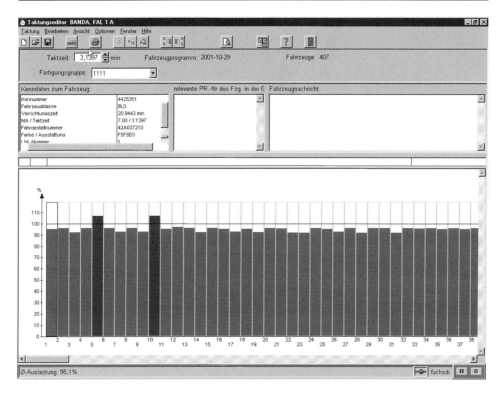

Abb. 3.25: Austaktung (Line-Balancing) einer Fahrzeugproduktion (Delmia)

3.13.3 Operative Simulation zum kontinuierlichen Redesign der Fabrik

Mit zunehmenden Ansprüchen an die Flexibilisierung der Produktion wird erwartet, dass Fabriken selbst zu kontinuierlich wandlungsfähigen Objekten werden, die sich schnell an die erforderlichen Gegebenheiten anpassen lassen. Diese Wandlungsfähigkeit bezieht sich auf die:

- kontinuierliche Verbesserung der Abläufe
- kontinuierliche Verbesserung der Struktur

Zur Erfassung der Istsituation und der Planungssituation im operativen Betrieb ist eine automatisierte Datenermittlung nötig. Weiter ist für ein kontinuierliches Redesign im Sinne einer wandlungsfähigen Fabrik eine konsequente Modularisierung nicht nur bezüglich der Produktions-, sondern auch der IT-Struktur durchzuführen. Modulare Produktionsstrukturen sind die absolute Voraussetzung für eine flexible Wandlungsfähigkeit von Fabriken. Die Modularität und Eigenschaften der IT-Strukturen, sich die modularen Produktionsstrukturen anzupassen, birgt noch erhebliches Verbesserungspotenzial.

3.13.4 Anspruch an Modelle für den operativen Betrieb

Die Anforderung an Modelle für den operativen Einsatz unterscheidet sich grundsätzlich von den Anforderungen der Modelle vorgeschalteter Simulationsstudien zur Auslegungsplanung. Aufgrund der anderen Zielsetzung und der anderen Randbedingungen werden an die Modelle zur operativen Planung sehr spezifische Anforderungen gestellt:

Aspekt	Beschreibung der Anforderung
Parametrisierung der Modelle	Modelle müssen über standardisierte Schnittstellen (Datenbankschnittstellen, XML ...) automatisiert parametrisierbar sein.
Geringe Laufzeit	Simulationsmodelle müssen hinreichend schnell sein, um direkt im operativen Betrieb einsetzbar zu sein.
Modularität	Eine konsequente Hierarchisierung und Modularisierung ermöglicht, vorgestestete Module flexibel zu Modellen zusammenzusetzen.
Automatisierter Modellaufbau	Im operativen Einsatz ist es vielfach sinnvoll, Modelle direkt automatisiert aus aktuellen Daten aufzubauen.
Genauigkeit	Die Genauigkeit eines operativen Modells muss auf den jeweiligen Einsatzfall abgestimmt sein.
WIP	Initialisierung der Modelle mit dem aktuellen WIP (Work in Process) aus der realen Produktion. Direktes Anlaufen der Modelle mit dem initialisierten WIP.
Umschalten	Stoßfreies Umschalten vom operative Betrieb in den Simulationsmodus

Besondere Anforderungen werden an die Aktualität und den Aufbau der Modelle für die operative Produktionsplanung gestellt. Um aktuelle Modelle mit minimalem Aufwand zu erstellen, werden alternativ zwei Ansätze verfolgt:

- Vorgefertigte Modelle, die als getestete und validierte Module gespeichert sind, werden zur operativen Nutzung nur noch mit aktuellen Daten parametrisiert.
- Modelle werden flexibel zur Laufzeit aus aktuellen Daten automatisiert aufgebaut und parametrisiert.

Der Einsatz vorgefertigter Modelle ist relativ einfach, dafür jedoch starr und unflexibel. Im Sinne wandlungsfähiger Fabriken ist ein flexibler Modellaufbau aus den Daten wesentlich zukunftsträchtiger.

3.13.5 Daten und Schnittstellen für die operative Simulation

Für einen effizienten Einsatz der Simulation zur operativen Planung ist eine komplette datentechnische Einbindung zwingend erforderlich, die eine direkte Parametrisierung oder den schnellen automatisierten Aufbau von Simulationsmodellen und eine permanente Aktualität der Daten in den Modellen ermöglicht. Eine gemeinsame Nutzung sowie ein automatisierter Austausch der relevanten Daten bezüglich Strukturen, Produkten, Prozessen, Ressourcen und Szenarien durch unterschiedliche Anwendungen der Digitalen Fabrik sind für den operativen Einsatz Grundvoraussetzung. Die erforderlichen Daten können unterschieden werden in:

- Strukturdaten
- Operative Solldaten
- Operative Istdaten
- Ergebnisdaten der digitalen Modelle

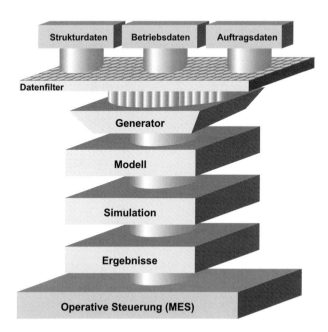

Abb. 3.26: Die automatisierte Modellgenerierung aus aktuellen Daten ist ein wesentliches Element der Simulation zur operativen Produktionssteuerung.

Für der Einsatz der Digitalen Fabrik zur Optimierung des laufenden Betriebes müssen die Istdaten der laufenden Produktion in hinreichender Detaillierung mit guter Datenqualität automatisiert aus den verschiedenen Systemen erfasst und für die Nutzung in unterschiedlichen digitalen Modellen aufbereitet werden (Abb. 3.26).

Diese zu verarbeitenden Daten betreffen:

- Anstehende Aufträge
- WIP (Work in Process)
- Bearbeitete Aufträge
- Status der Ressourcen
- Status der Fördertechnik

Die erzeugten Simulationsergebnisse müssen zur Weiterverarbeitung in den eingesetzten operativen Systemen der Produktionsplanung und -steuerung zur Verfügung gestellt werden, um den operativen Betrieb entsprechend den erzielten Erkenntnissen verbessern zu können.

3.13.6 Nutzer operativer Simulation

Die Anwender und Nutzer von Modellen, Methoden und Werkzeugen der Digitalen Fabrik zur Optimierung des laufenden Betriebes sind in unterschiedlichen Betriebsbereichen und Betriebsebenen zu finden. Die jeweiligen Nutzergruppen haben unterschiedliche Zielsetzungen und Anforderungen.

An die Werkzeuge der Digitalen Fabrik zur Optimierung des laufenden Betriebes werden weitergehende Anforderungen gestellt, als dies für vorgeschaltete Simulationsstudien der Fall ist. Die Modelle und Softwarewerkzeuge müssen von dem operativ arbeitenden Personal im laufenden Betrieb einfach bedienbar sein, ohne dazu Spezialisten mit Spezialkenntnissen zu erfordern. Weiter müssen die Werkzeuge in den bestehenden Produktionsbetrieb nahtlos integrierbar sein. Damit ergeben sich folgende Anforderungen:

- Einfache und intuitive Bedienbarkeit der Werkzeuge
- Integration der Werkzeuge in den operativen Betrieb
- Offene und standardisierte Schnittstellen zur Integration der einzelnen Werkzeuge.

Insbesondere im Bereich der Integration und der Schnittstellen gibt es noch erhebliche Verbesserungspotenziale.

Ebene	Nutzenaspekte der Anwendung operativer Simulation
Vorstandsebene	Monitoring, Transparenzerhöhung, Unterscheidungsunterstützung (MIS)
Produktionsplaner	Abgesicherte Erkenntnisse für die Planung aktueller und neuer Produktionsaufträge
Fabrikplaner	Aktuelle Feed-back, um schnell und abgesichert zu einer veränderten Fabrik mit angepassten Prozessen zu gelangen.
Entwicklung	Rückmeldung bezüglich Produzierbarkeit, Aufwand, Kosten veränderter oder neuer Varianten
Betriebsleitung	Optimierung von Prozessen, Optimierung der Personaleinsatzplanung, Test des Umgangs mit Störfällen, Verbessertes Störfallmanagement ... Auftragsverteilung auf Produktionsnetzwerke?
Disponent	Möglichkeit des Tests von alternativen Szenarien, bessere Planungsqualität
Distribution	Transparenz möglicher Alternativentscheidungen bezüglich verteilter Produktion über unterschiedliche Standorte
...	...

3.14 Referenzmodelle

Referenzmodelle sind wesentliche Elemente der Digitalen Fabrik, die ganz erheblich zur Effizienz von Planung beitragen. Unter Referenzmodellen werden getestete und validierte Modelle verstanden, die als allgemeine Referenz für konkrete Problemlösungen dienen und Common-Practice- oder Best-Practice-Prozesse abbilden. „Im Bereich der Simulation dienen Referenzmodelle als Konstruktionsschemata für den Entwurf von aufgabenbezogenen Simulationsmodellen." [Klinger, Wenzel 2005]

Referenzmodelle sollen Vorlagencharakter besitzen, von der späteren Implementierungsform unabhängig sein, eine leicht verständliche Begrifflichkeit nutzen und bis zu einem gewissem Grad allgemein gültig sein. Weiter sollen diese einen modularen Aufbau haben, offen sein und eine Anpassung an ähnlich gelagerten Problemstellungen ermöglichen. Je nach Einsatzbereich und Anwendung werden unterschiedliche Typen von Unternehmens- und Vorgehensreferenzmodellen unterschieden.

Liegt im Bereich einer konkreten Anwendung ein Referenzmodell vor, so kann dieses für die weitere Modellierung zugrunde gelegt und entsprechend den spezifischen

Referenzmodell	Funktion
Funktionsbezogene Referenzmodelle	Modelle bezogen auf eine Unternehmensfunktion, z. B. für die Angebots- und Rechnungsabwicklung.
Prozessbezogene Referenzmodelle	Modelle eines bestimmten Geschäftsprozesses
Branchenspezifische Referenzmodelle	Modelle für eine spezifische Branche, z. B. Halbleiterfertigung
Softwarespezifische Referenzmodelle	Beschreibung von Softwarefunktionalität mit Hilfe eines Modells
Datenmodelle	Grundlegende Datenmodelle eines bestimmten Anwendungsbereichs
Layoutmodelle	Grundlegende Vorlagen für die Layoutgestaltung von Systemen
Vorgehensmodelle	Leitfäden für das Vorgehen z. B. bei der Durchführung von Simulationsstudien

Bedürfnissen angepasst werden. Mit Referenzmodellen sollen folgende Ziele erreicht werden:

- Identifikation der relevanten Inhalte und Prozesse
- Darstellen von Standards (Common Practice)
- Darstellen von innovativen Lösungen (Best Practice)
- Reduktion von Aufwand und Kosten der Modellierung

Aufgrund der erforderlichen Wiederverwendbarkeit der Modelle durch verschiedene Nutzer werden an Referenzmodelle wesentlich weitergehende Anforderungen gestellt als dies bei Modellen zur einmaligen Verwendung in einer Simulationsstudie erforderlich ist. Die Anforderungen beziehen sich auf:

- Syntaktische Vollständigkeit und Korrektheit
- Semantische Vollständigkeit und Korrektheit
- Adaptierbarkeit
- Anwendbarkeit
- Vollständige und ausführliche Dokumentation

Diese aufgelisteten Anforderungen gelten zwar generell für alle Modelle, bei Referenzmodellen ist jedoch von der Erstellung bis zur Prüfung eine ganz besondere Sorgfalt angebracht.

4 Simulationsstudien

In diesem Kapitel wird die grundsätzliche Vorgehensweise für die Durchführung von Simulationsstudien dargestellt. Die Vorgehensweise von Simulationsstudien unterscheidet sich grundsätzlich von der direkten operativen Einbindung von Simulation in die Prozesse der Digitalen Fabrik. Diese Problematik wird in Kapitel 9 näher erläutert. Zielsetzung des Kapitels „Simulationsstudien" ist es, Planern und weiteren Beteiligten ein prinzipielles Verständnis der durchzuführenden Schritte und Verfahren zu vermitteln, um Simulationsstudien kompetent beauftragen und betreuen zu können.

Simulationsstudien werden von Unternehmen zum Teil extern vergeben, zum Teil intern durchgeführt. Ein Vorteil der externen Vergabe ist, dass spezialisiertes Personal und die erforderliche Simulationssoftware nicht vom Anwender vorgehalten werden müssen, und dass spezialisierte Fachleute mit einem „objektiven" Blick von außen das System analysieren und untersuchen können. Andererseits spricht für die interne Durchführung, dass bereits gute Systemkenntnisse vorhanden sind und spätere Änderungen oder zusätzliche Untersuchungen direkt vor Ort ohne neue Beauftragung nach außen durchführbar sind. Grundsätzlich unterscheidet sich die Vorgehensweise in beiden Fällen relativ wenig. Die meisten Schritte sind gleichermaßen erforderlich, bei internen Studien ist in der Regel die Kommunikation und Datenerfassung etwas einfacher.

Im ersten Teil des Kapitels wird der prinzipielle Ablauf von Simulationsstudien erläutert. Anschließend wird detailliert darauf eingegangen, was in der Praxis bei der Beauftragung und Betreuung von Simulationsstudien zu beachten ist sowie welche typischen Fehler vermieden werden sollten.

4.1 Prinzipieller Ablauf von Simulationsstudien

Die Durchführung von Simulationsstudien bedeutet im Wesentlichen:

- Definition der Ziele
- Beschaffung der erforderlichen Daten
- Erstellen eines Simulationsmodells
- Experimentieren mit dem Modell
- Schlüsse aus den Ergebnissen ziehen
- Erkenntnisse in die Realität umsetzen

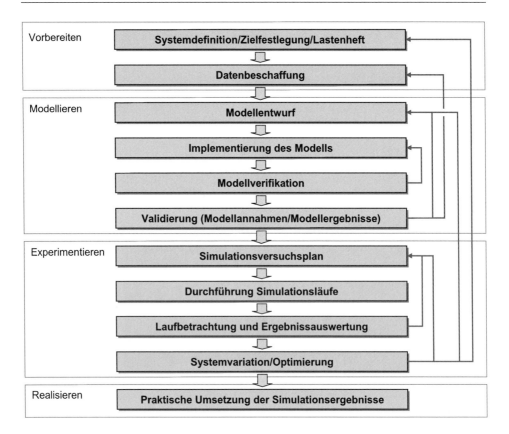

Abb. 4.1: Der Ablauf von Simulationsstudien gliedert sich in die Bereiche Vorbereiten, Modellieren, Experimentieren und Realisieren

Hierzu ist eine Anzahl von Phasen erforderlich (Abb. 4.1), die zum Teil mehrfach (iterativ) abgearbeitet werden müssen. Diese zur Durchführung einer Simulationsstudie erforderlichen Schritte werden in der Literatur zum Teil unterschiedlich strukturiert, detailliert und zugeordnet.

Für die im weiteren folgende Beschreibung von Simulationsexperimenten wird das Vorgehen in zehn Schritte eingeteilt.

Diese einzelnen Phasen einer Simulationsstudie sind eng miteinander verknüpft und nicht immer klar voneinander zu trennen. Ein Teil der Phasen wird iterativ mehrfach durchlaufen, bevor mit der jeweils nächsten Phase fortgesetzt werden kann.

An der Durchführung einer Simulationsstudie sind immer mehrere Parteien beteiligt.

- Planer[1], die das zu simulierende System planen bzw. betreiben
- Simulationsdienstleister[2], die das Know-how bezüglich Systemanalyse, Modellierung und Simulation in das Projekt einbringen.

Im Weiteren werden vereinfachend generell die Begriffe Planer oder Anwender und Simulationsdienstleister verwendet. Die einzelnen Phasen von Simulationsstudien sowie deren spezifische Probleme werden im Folgenden kurz beschrieben.

4.1.1 Systemdefinition, Zielfestlegung und Lastenheft

Zu Beginn jeder Simulationsstudie steht die Formulierung der Zielsetzung. Die zu erreichenden Ziele einer Simulationsstudie müssen in der ersten Phase möglichst klar formuliert werden. Unklare, globale Fragestellungen sind weder für den Planer noch für die Simulationsdienstleister hilfreich.

Bei der Festlegung der Ziele ist der Aufwand zur Zielerreichung bezüglich Datenbeschaffung, Modellierung und Simulation gegenüber dem Nutzen sorgfältig abzuwägen. Dabei ist grundsätzlich zu klären, ob es sinnvoll ist, die Fragestellung zu simulieren und ob zu erwarten ist, dass die Fragestellung mit Hilfe der Simulation hinreichend beantwortet werden kann.

Die Zielsetzung beeinflusst den Umfang und die Detailtiefe von Datenbeschaffung und Modellierung, die Anzahl der entsprechend erforderlichen Experimente und den Aufwand für Ergebnisinterpretation und -darstellung. Das Ziel einer Simulation soll in enger Zusammenarbeit zwischen Planer und Simulationsdienstleister festgelegt werden.

In dieser ersten Phase einer Simulationsstudie muss das zu untersuchende System klar gegenüber der Umwelt eingegrenzt werden. Es ist zu definieren, was simuliert werden soll, was innerhalb und was außerhalb der Simulation liegt, welche Daten als Eingangsvoraussetzung zur Verfügung stehen müssen und welche Daten als Ergebnisdaten erwartet werden (s. Kapitel 6 „Datenmanagement").

Die Planung einer Simulationsstudie sollte einen Projektplan enthaltene (Abb. 4.2), in dem die einzelnen Aktivitäten definiert und zeitlich sowie personell zugeordnet werden. Die Detaillierung des Projektplanes hängt ganz erheblich von der Größe und den Randbedingungen des Simulationsprojekts ab.

---

[1] auch: Kunden, Anwender oder Entscheider
[2] synonym: Simulationsexperte, Simulationsconsultant, Simulationsanalyst

102 4 Simulationsstudien

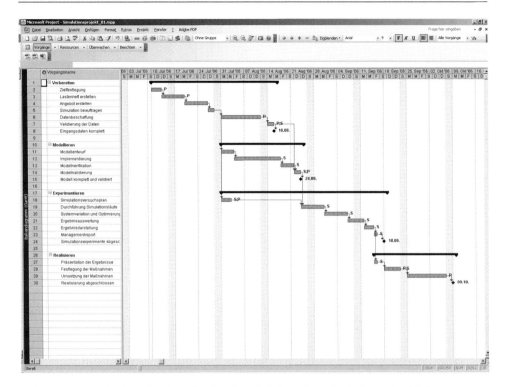

Abb. 4.2: Der Projektplan legt die einzelnen Schritte, deren logische und zeitliche Abhängigkeiten sowie die Ressourcenplanung fest.

4.1.2 Modellentwurf

Für die Konzeptionierung eines Modells ist eine klare Zielsetzung Voraussetzung, damit definiert ist, welcher Umfang abzubilden ist sowie welcher Detaillierungsgrad gewählt werden soll, um detaillierte Ergebnisse bei akzeptablen Rechenzeiten generieren zu können. Basierend auf den Anforderungen wird ein konzeptionelles Modell entworfen (Abb. 4.3). Für den Modellentwurf ist es entscheidend, welche Eingangsdaten zur Verfügung stehen sowie welche Szenarien und Randgrößen berücksichtigt werden müssen.

Abb. 4.3: Ziel des Modellentwurfs ist das konzeptionelle Modell

Die Konzeptionierung eines Modells erfordert:

- gute Systemkenntnisse des zu modellierenden Systems
- analytisches, ingenieurmäßiges Urteilsvermögen
- Kenntnisse des Modellierungs-Tools

Mit dem Modell sind die relevanten Systemzusammenhänge abzubildenden. Dabei ist es weder erstrebenswert noch möglich, das zu untersuchende System mit seiner vollen Komplexität beliebig genau in einem Modell abzubilden. Der Aufwand der Modellbildung wird durch die Komplexität des abzubildenden Systems sowie den erforderlichen Detaillierungsgrad bestimmt. Ein wesentlicher Schritt des Modellentwurfs ist es, einen sinnvollen Abstraktionsgrad zu wählen.

Unabhängige Teilmodelle sind übersichtlich und einfach zu validieren, bieten eine relativ einfache Möglichkeiten zur Modelländerung und ermöglichen kurze Simulationszeiten. Es ist allerdings darauf zu achten, dass durch eventuell fehlende Wechselbeziehungen oder unvollständige Abbildung von globalen Steuerungen die Übertragbarkeit der Ergebnisse auf das Gesamtsystem eingeschränkt sein kann.

Ein geschlossenes Gesamtmodell hingegen bietet eine bessere Abbildungstreue der realen Wechselwirkungen sowie eine realitätsnahe Abbildungen der Systemsteuerung. Nachteilig bei solchen Gesamtmodellen sind die große Komplexität sowie die damit verbundene sehr schwierige Fehlersuche und die langen Rechenzeiten.

Ein häufig gemachter Fehler ist, ohne ein klares konzeptionelles Modell gleich mit der Implementierung zu beginnen. Dies kann schnell zu schlecht strukturierten Modellen führen, die im weiteren Verlauf erhebliche Probleme bereiten können.

4.1.3 Implementierung des Modells

Das konzeptionelle Modell muss in der eingesetzten Simulationssoftware implementiert werden (Abb. 4.4). Voraussetzung für die Implementierung ist, dass der Modellierer das abzubildende System vollständig verstanden hat und in der Lage ist, gut zu strukturieren. Die Art der Implementierung erfolgt je nach Simulator über die Parametrisierung von Bausteinen, über die Eingabe von Netzwerken oder über die Programmierung mit einer Simulationssprache. Mit den heutigen Software-Tools wird die Modellerstellung mit zunehmend geringerem Zeitaufwand möglich. Der Aufwand für die Implementierung kann, abhängig vom Modellkonzept sowie von der Art und Benutzerfreundlichkeit des verwendeten Simulationswerkzeuges, stark variieren. Die Spanne reicht vom einfachen

Abb. 4.4: In der Implementierungsphase wird das konzeptionelle Modell in ein Softwaremodell umgesetzt

Zusammensetzen und Parametrisieren vorhandener Bausteine bis hin zur aufwändigen Programmierung. Strategien und spezifische Steuerungsregeln müssen in den meisten Fällen neu erstellt (meist programmiert) werden. Zur Implementierung sollte selbstverständlich auch die Dokumentation des Modells im Quelltext gehören.

An die Implementierung schließt sich die Kontrolle des erstellten Softwaremodells an. Die syntaktische Überprüfung des Programms erfolgt in der Regel durch das Modellierungssystem selbst. Die logische Überprüfung zur Sicherstellung, dass das erstellte Simulationsmodell ein hinreichend genaues Abbild des Originalsystems ist, erfolgt mit den Schritten der Verifikation und Validierung.

4.1.4 Modellverifikation

In der Phase der Verifikation wird sichergestellt, dass das Simulationsprogramm nicht nur syntaktisch in Ordnung ist, sondern dass auch die logische Funktionalität korrekt implementiert ist und dem zugrunde liegenden konzeptionellen Modell entspricht (Abb. 4.5.) Die konsequente Nutzung strukturierter Programmierung kann erheblich helfen, Logikfehler zu vermeiden. Der Schritt der Verifikation ist nicht simulationsspezifisch, sondern bei jeder Softwareerstellung erforderlich.

Mit Hilfe folgender Konzepte und Techniken lässt sich die Verifikation systematisieren und effizient durchführen:

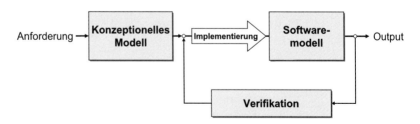

Abb. 4.5: Die Modellverifikation überprüft, ob das Verhalten des Softwaremodells dem des konzeptionellen Modells entspricht.

- Animation zur schnellen Aufdeckung offensichtlicher Logikfehler
- Einsatz interaktiver Debugger zur Fehlersuche
- Ausführlicher Programmtest unter Variation der Systemparameter
- Einsatz von Trace-Läufen
- Aufzeichnung und Auswertung von Statistiken
- Abschätzung, ob die Ergebnisse plausibel sind

Das Ergebnis der Verifikation ist ein Modell, das logisch korrekt das gedankliche Modell abbildet. Der nächste Schritt der Validierung muss zeigen, ob das Modell auch dem realen System hinreichend entspricht. Verifikation und Validierung sind zentraler Bestandteil eines Projektes und sollen nicht erst am Ende der Modellierung stehen, sondern weitgehend in den Modellbildungsprozess integriert sein.

4.1.5 Datenbeschaffung

Für jede Simulationsstudie ist die Beschaffung der erforderlichen Daten ein extrem wichtiger Schritt, da die Simulationsergebnisse nur so gut wie die Eingangsdaten sein können (Prinzip GIGO: Garbage In, Garbage Out). Der Sammlung und Aufbereitung der benötigten Daten sowie der Überprüfung der verfügbaren Informationsquellen kommt damit eine ganz erhebliche Bedeutung zu. Sowohl Umfang wie Genauigkeit der beschafften Daten haben erheblichen Einfluss auf den Erfolg der Simulationsstudie. Schwierig und besonders aufwändig ist häufig die Beschaffung von stochastischen Daten wie Ausfall- und Reparaturzeiten.

Die Datenbeschaffung und die Modellbildung stehen in einer engen Wechselwirkung. Einerseits sollen möglichst alle relevanten Daten beschafft werden, andererseits ist es sinnlos, ein Modell zu konzipieren, das Daten erfordert, die aus technischen oder wirtschaftlichen Gesichtspunkten nicht beschaffbar sind. Daten müssen simulationsspezifisch aufbereitet werden. Dies beginnt mit der Selektionsphase, in der die modell- und zielrelevanten Daten ausgewählt werden. Das Datenmaterial soll immer auf Plausibilität und Richtigkeit überprüft werden und ggf. weiter für die Verwendung in der Simulation verdichtet werden. Für die Simulation ist die Bereitstellung von Daten in Datenbanksystemen ein wertvolles Hilfsmittel. Weiter hängt die Art der Datenbeschaffung davon ab, ob ein bereits bestehendes oder ein geplantes System simuliert werden soll.

Bei existierenden Anlagen liegen in der Regel hinreichend Erfahrungswerte (historische Daten) vor. So enthalten Arbeitspläne wichtige Informationen bezüglich Bearbeitungsreihenfolge, Bearbeitungs- und Rüstzeiten etc. Weitere Daten lassen sich u. U. aus BDE-

Systemen oder über gezielte Analysen am realen System ermitteln. Oft liegen solche Daten den entsprechenden Fachabteilungen bereits vor. Die Ermittlung von Daten für in der Planung befindlichen Anlagen ist häufig schwieriger. Geeignete Größen müssen über Analogiebetrachtungen zu vorhandenen, ähnlichen analysierbaren Systemen erfasst bzw. aus Plandaten definiert werden.

Geometriedaten

Für die Bewegungssimulation sind hinreichend exakte Geometriedaten erforderlich, welche die wesentlichen Anlagen, Ressourcen, Werkstücke etc. so repräsentieren, dass die Bewegungen korrekt simuliert und Kollisionskontrollen durchgeführt werden können. Für die Visualisierung in 3D-Modellen sind nicht so exakte, aber dennoch aussagekräftige Geometriedaten erforderlich. Diese sollen einen für die optisch ansprechende Visualisierung sinnvollen Abstraktionsgrad haben, ohne Details zu genau abzubilden, damit die Größe der Modelle und die Laufzeiten in einem sinnvollen Rahmen bleiben.

Zeit- und mengenorientierte Daten

Für die Discrete-Event-Simulation sind zeit- und mengenorientierte Größen erforderlich. Zu den Zeitparametern zählen z. B. Bearbeitungszeiten, Handlings-, Transport- und Störzeiten. Mengenspezifische Daten sind Stückzahlen, Modellmix, Pufferkapazitäten, Transportmittelanzahl etc.

Einige Daten lassen sich relativ einfach spezifizieren, andere Daten sind extrem schwierig zu beschaffen. Gerade die Ermittlung des Störverhaltens von Anlagen verlangt oft einen sehr großen Aufwand, um repräsentative Daten zu erhalten.

Die Entscheidung, ob Daten in Form von Mittelwerten oder als stochastische Verteilung berücksichtigt werden, kann erheblichen Einfluss auf das Systemverhalten des Modells, den Simulationsaufwand sowie die Qualität der Ergebnisse haben.

Ablauf- und Steuerungsdaten

Neben den zahlenmäßig zu erfassenden Geometrie- sowie Zeit- und Mengendaten müssen die Ablauf- und Steuerregeln wie z. B. Dispositionsregeln, Bearbeitungsreihenfolgen, Vorfahrtsstrategien, Routing-Strategien erfasst werden. Diese Regeln sind für das Systemverhalten extrem wichtig, und die Beschaffung bzw. die Definition dieser Ablaufregeln stellen für den Planer einen nicht zu unterschätzenden Aufwand dar.

Bei bestehenden Systemen sind diese Regeln häufig nicht explizit formuliert, lassen sich jedoch aus dem täglichen Betrieb ableiten und definieren. Bei Neuplanungen ist die Definition der Regeln häufig problematisch. Normalerweise müssen vom Planer die Regeln in der Spezifikation verbindlich festgelegt werden, um die Simulation zu ermöglichen. In der Praxis wird allerdings oft der Simulationsdienstleister die Regeln aufstellen, formulieren, diese testen und mit dem Planer abstimmen. Wichtig ist, dass diese so festgelegten Regeln mit denjenigen Fachabteilungen (Projektierung Steuerungstechnik) kommuniziert und abgeglichen werden, die später das Konzept in die Praxis umsetzen. Ausführliche Informationen zu diesem Thema sind im Kapitel 6, „Datenmanagement", zusammengestellt.

4.1.6 Validierung

Die Validierung ist die Prüfung der hinreichenden Übereinstimmung des implementierten Softwaremodells bezogen auf das Originalsystem und die Anforderungen (Abb. 4.6). Dieser Schritt ist wesentlich schwieriger als die Verifikation. Es ist sicherzustellen, dass das implementierte Modell das Verhalten des realen Systems hinreichend genau und bezüglich des zu untersuchenden Systemverhaltens fehlerfrei widerspiegelt. Die Validierung ist ein iterativer Prüf- und Korrekturprozess zur Modellbildung und umfasst die beiden Bereiche:

- Validierung der Modellannahmen
- Validierung der Modellergebnisse (von Test-Simulationsläufen)

Für das Vorgehen bei der Validierung gibt es keine festen Regeln. Die Modellüberprüfung ist problemspezifisch vorzunehmen. Je nach Art des Simulationsprojektes können individuelle Analysen hinsichtlich gesteckter Zielwerte, Eckdaten und Plausibilitätstests durchgeführt werden.

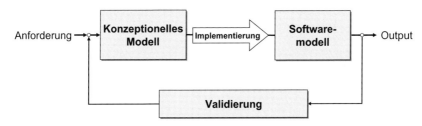

Abb. 4.6: Die Validierung überprüft, ob das Verhalten des Modells den Anforderungen genügt.

Die Validierung ist eine extrem wichtige, aber auch sehr schwierige Phase eines Simulationsprojektes. Für den Erfolg ist es dabei unerlässlich, dass Planer und Simulationsdienstleister eng zusammenarbeiten. Die Erfahrungen und Methodenkenntnisse des Simulationsdienstleisters sind ebenso wie die guten Kenntnisse des Planers über das abgebildete System von großer Bedeutung. In Teamarbeit muss die Modellsicherheit sichergestellt werden, um die Akzeptanz und den späteren Gebrauch der Ergebnisse für Entscheidungen zu erreichen.

4.1.6.1 Validierung der Modellannahmen/Eingangsdaten

Die Validierung der Modellannahmen und Eingangsdaten ist ein extrem wichtiger Schritt, da die Ergebnisse der Simulation ganz erheblich von der Qualität der Eingangsdaten abhängen.

Die Validierung der Eingangsdaten kann erfolgen durch:

- Analyse von Zeitstudien oder automatische Datenerfassung
- Vergleich mit Vergangenheitsaufzeichnungen
- Konsistenz- und Plausibilitätschecks
- Abschätzung des Auftraggebers
- Abschätzung des Modellierers

In der Praxis differieren häufig die Angaben der planenden mit den Aussagen der betreibenden Bereiche bzw. Abteilungen. Den richtigen Personen die richtigen Fragen zu stellen, um repräsentative Daten für die Simulation zu erhalten, ist manchmal mehr Kunst als Wissenschaft und hängt erheblich von der Erfahrung des jeweiligen Projektleiters ab.

In der Regel ist es sinnvoll, zur Überprüfung der Eingangsdaten in einem ersten Schritt ein statisches Datenmodell (Tabellenkalkulation, Datenbank) aufzubauen. Mit diesem lassen sich Plausibilitätstests durchführen. Und nur dann, wenn die Daten diese Tests erfolgreich bestanden haben, ist es sinnvoll, diese für eine Simulation produktiv zu nutzen.

4.1.6.2 Validierung der Modellergebnisse

Die Validierung der Modellergebnisse (Modellvalidierung) hängt stark von der Aufgabenstellung ab und erfordert immer eine Abstimmung zwischen Planer und Simulationsdienstleister. Mit der Modellvalidierung soll ein richtiges Verhalten des Simulationsmodells nachgewiesen werden. Die Validierung bezieht sich dabei auf den in der nachfolgenden Experimentierphase zu nutzenden Parameterraum. Bei der Simulation von bereits existierenden Systemen liegt es nahe, zur Validierung Simulationsdaten direkt mit verfügbaren Istdaten zu vergleichen. Bei Neuplanungen, die nicht auf vergleichbare Istdaten zurückgreifen können, ist die Vorgehensweise wesentlich schwieriger und erfordert eine erhebliche Erfahrung und Qualifikation der Beteiligten. Für die Modellvalidierung gibt es zahlreiche unterstützende Techniken, wie:

- Animation
- Plausibilitätstest
- Trace-Läufe
- Ereignis-Validierung
- Vergleich mit anderen Modellen
- Extrembedingungstest
- Test mit konstanten Werten
- Sensitivitäts-Analyse
- Validierung mit historischen Daten
- Degenerationstest
- Prädiktive Validierung
- Turing-Tests

Diese Techniken sind im Weiteren kurz erläutert.

Technik	Beschreibung
Animation	Mit Hilfe von Prozessvisualisierung kann der Planer Logikfehler, wie z. B. falsche Richtungsentscheidungen, Aufstauen von Werkstückträgern etc., schnell und einfach erkennen. Normalerweise sollten diese Fehler allerdings bereits während der Verifikation erkannt worden sein.
Plausibilitätstest	Diese Tests können sowohl bezüglich des konzeptionellen Systemmodells wie auch der Input-Output-Relationen durch Personen mit entsprechendem Systemwissen mit Hilfe von Animation und statistischer Auswertung erfolgen.
Trace-Läufe	Es wird der Lauf einzelner Materialflusselemente durch das reale zu untersuchende System und durch das Simulationsmodell verfolgt und abgeglichen.
Ereignisvalidierung	Es werden zeitlich aufeinander folgende Ereignisse, z. B. die ersten 100 Ereignisse, aufgezeichnet und mit gemessenen Werten oder Werten von einem validierten Modell verglichen.

Technik	Beschreibung
Vergleich mit anderen Modellen	Der Vergleich mit anderen Simulationsmodellen oder auch mit analytischen Modellen für eine eingeschränkte Systemvariation kann sehr hilfreich sein. Dabei sollen die Modelle von unterschiedlichen Modellierern erstellt werden, um die Dopplung von logischen Denkfehlern zu vermeiden.
Extrembedingungstests	Es werden einzelne Parameter auf Extremwerte gesetzt (z. B. auf Null) und getestet, ob das Systemverhalten unter diesen Bedingungen plausibel ist.
Tests mit konstanten Werten	Diese Tests erlauben, Teile der Modellergebnisse mit handkalkulierten Werten zu vergleichen.
Sensitivitätsanalyse	Es wird getestet, ob die Änderungen des Modellverhaltens bei der Änderung einzelner signifikanter Parameter den Änderungen des Systemverhaltens entspricht.
Historische Daten	Wenn historische Daten in ausreichendem Umfang existieren, kann ein Teil dazu genutzt werden, um das System zu modellieren, und ein anderer Teil, um das Modell zu testen.
Degenerationstest	Es werden einzelne Teile aus dem Modell herausgelöst und für sich betrachtet. Eine konsequente Modularität des Simulationsmodells bietet bei dieser Vorgehensweise erhebliche Vorteile.
Prädiktive Modellierung	Es werden mit dem Modell Vorhersagen gemacht, diese mit dem laufenden Systemverhalten verglichen und iterativ das Modell entsprechend verändert, bis ein übereinstimmendes Systemverhalten erreicht ist.
Turing-Test	Es werden Ergebnisse sowohl des realen Systems wie des Simulationsmodells ohne Kennzeichnung woher die Ergebnisse stammen, Personen mit guten Systemkenntnissen vorgelegt und geprüft, ob diese die Simulationsergebnisse von den Systemergebnissen unterscheiden können.

Es gibt kein Standardverfahren, an dessen Ende klar die Modellvalidität steht. In der Praxis wird meist eine Mischung der unterschiedlichen Techniken eingesetzt. Dabei stellt sich immer wieder die Frage, wie genau Wahrscheinlichkeitsverteilungen Störungen von Betriebsmitteln oder die stochastischen Schwankungen von Transport- oder Bearbeitungszeiten abbilden. Weiter ist je nach Projekt der Kosten- und Zeitfaktor zu berücksichtigen, manche der oben genannten Techniken sind zwar außerordentlich nützlich, aber im konkreten Fall unter Umständen zu aufwändig.

4.1.7 Simulationsversuchsplanung

Heutige Simulatoren arbeiten noch nicht selbstoptimierend. Ein Simulationslauf entspricht der Untersuchung des Verhaltens eines Systems mit einem spezifischen Modell und einer Parametereinstellung über einen bestimmten Zeitraum. Ein Simulationsexperiment (Abb. 4.7) setzt sich aus mehreren Simulationsläufen zusammen und dient der gezielten empirischen Untersuchung des Modellverhaltens über einen bestimmten Zeithorizont durch wiederholte Simulationsläufe mit systematischen Parametervariationen.

Im Rahmen einer Simulationsstudie ist es weder möglich noch sinnvoll, sämtliche Parameterkombinationen abzudecken. Das Experimentieren mit Parametrisierungsvarianten bedeutet dabei, sinnvolle Versuchsreihen mit einer gezielten Variation spezifischer Parameter aufzustellen, durchzuführen und Ergebnisse zu erzeugen. Die zu variierenden Modellparameter bzw. die zu wählenden Optimierungskriterien müssen sinnvoll ausgesucht werden. Aus dieser Auswahl kann dann eine erste Abschätzung der zu erwartenden Anzahl erforderlicher Simulationsläufe resultieren. Diese Vorgehensweise unterscheidet sich ganz erheblich von willkürlichem Ausprobieren.

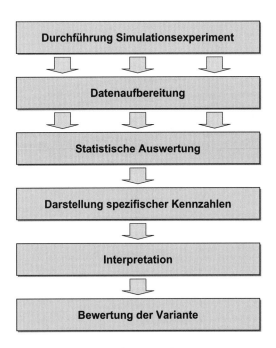

Abb. 4.7: Schritte eines Simulationsexperiments

Die Simulationsversuchsplanung hat zum Ziel, die große Zahl möglicher Szenarien und Simulationsläufe in Bezug auf die konkrete Zielsetzung auf ein sinnvolles Maß einzuschränken. Der Simulationsdienstleister muss dazu die erforderlichen Experimente überlegt planen, um das Simulationsziel möglichst sicher und schnell zu erreichen.

Je nach Aufgabenstellung müssen verschiedene System- oder Umgebungsparameter systematisch verändert und die jeweils auftretenden Modellergebnisse beobachtet und ausgewertet werden.

Grundsätzliches zur Experimentplanung

Bei der Simulationsversuchsplanung sind u. a. folgende Punkte zu beachten:

- Abstimmung der erforderlichen Szenarien mit Planern, Betreibern etc.
- Festlegung von Experimentreihen auf Basis der zu simulierenden Szenarien
- Parameter gezielt verändern (nicht mehrere gleichzeitig), da sonst eine eindeutige Interpretation der Ergebnisse nicht mehr möglich ist
- Dokumentation der Experimente, um die Reproduzierbarkeit der Ergebnisse zu gewährleisten
- Die strukturelle Änderung eines Simulationsmodells erfordert einen neuen Zyklus. (Implementieren → Validieren → Experimentieren)

Der Gesamtaufwand für eine Simulationsstudie soll durch professionelle Simulationsversuchsplanung der einzelnen Szenarien so geplant werden, dass mit einer minimalen Anzahl von Experimenten eine möglichst große Aussagekraft entsteht. Denn Personal und Simulationszeit verursachen nicht unerhebliche Kosten. In der Praxis ist der Übergang vom Validieren zum Experimentieren oft fließend. Für die Modellvalidierung werden erste Simulationsexperimente durchgeführt, allerdings noch nicht mit dem Ziel, systematisch Ergebnisreihen zu erzeugen. Bei den ersten Simulationsexperimenten in der Validierungsphase werden oft bereits Anhaltspunkte für das Aufstellen der Experimentreihen gefunden.

4.1.7.1   Szenario-Definition

Die Durchführung von Simulationsläufen und die Auswertung von Simulationsergebnissen erfordert einen erheblichen Aufwand. Auf Basis der zu beantwortenden Fragen es ist notwendig, genau zu planen, welche Szenarien untersucht werden sollen, welche Simulationsläufe durchgeführt werden müssen sowie welche Arten von Ergebnissen erwartet werden.

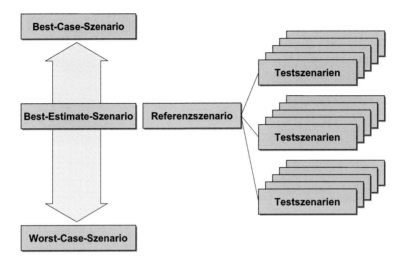

Abb. 4.8: Definition der zu untersuchenden Simulationsszenarien

Vor Beginn der Simulationsexperimente muss der Planer klar definieren, welche Anwendungsfälle untersucht werden sollen. Grundsätzlich sind bei der Untersuchung die folgenden Fälle zu unterscheiden:

- Bestimmung der Leistungsgrenzen eines vorgegebenen Systems durch Variation der Systemlast (System fix, Last variabel)
- Ermittlung einer Systemlösung für vorgegebene Systemlasten (System variabel, Last fix)
- Absicherung der Planung eines gegebenen Systems mit vorgegebener Systemlast (System fix, Last fix)

Entsprechend der Fragestellungen sind die zu untersuchenden Anwendungsfälle als Szenarien zu definieren. Szenarien repräsentieren ausgewählte Parametersätze, die ein zugehöriges Systemverhalten bedingen. Grundsätzlich kann es so viele Szenarien wie mögliche Parameterkombinationen geben. Bei der Planung ist es allerdings sinnvoll, einige besondere Szenarien auszuwählen (Abb. 4.8) die das Spektrum des möglichen Systemverhaltens abstecken:

Referenzszenario

Dieses Szenario definiert einen Parametersatz, auf den alle übrigen Modellläufe bezogen werden. Normalerweise werden dafür die wahrscheinlichsten Parameterwerte (Best-Estimate-Szenario) ausgewählt.

Worst-Case-Szenario

Es wird der Parametersatz ausgewählt, der den denkbar schlechtesten Fall abbildet. Häufig ist es sinnvoll, einen Reasonable- oder Realistic Worst Case anzunehmen, um damit einen relativ realistischen Fall zu behandeln.

Best-Estimate-Szenario

Dieses Szenario bildet den wahrscheinlichsten Anwendungsfall ab und soll die denkbar beste Schätzung aller Parameter darstellen. Normalerweise ist dieses Szenario mit dem Referenzszenario identisch.

Best-Case-Szenario

Dieses Szenario stellt den denkbar günstigsten Fall dar. Dieser darf nicht mit dem Best-Estimate-Szenario verwechselt werden.

Kenntnisse des prinzipiellen Systemverhaltens können helfen, sinnvolle Szenarien zu definieren und damit den Simulationsaufwand in Grenzen zu halten. Bei der Festlegung der zu untersuchenden Szenarien ist zu beachten:

- Extreme Parameterwerte können instabiles Systemverhalten bewirken.
- Aus der Stabilität des Kurzzeitverhaltens kann nicht ohne weiteres auf die Stabilität des Langzeitverhaltens geschlossen werden.
- Parameteränderungen können durch Rückkopplungen gegenteilige Wirkung gegenüber der Erwartung bewirken.
- Alle Parameterwerte gleichzeitig extrem schlecht zu wählen kann zu einem Unrealistic-Worst-Case-Szenario führen und ist normalerweise nicht sinnvoll.

In der Praxis werden häufig Szenarien für unterschiedliche Produktionsanforderungen und Systemlasten, wie aktuelle Systemlast und alternativ zu erwartende zukünftige Systemlasten, definiert. Weiter sind häufig das Anlaufverhalten von Anlagen sowie das dynamische Verhalten bei unterschiedlichen Schichtmodellen von Interesse.

4.1.7.2 Definition von Simulationsläufen

Die zu untersuchenden Szenarien müssen in durchzuführende Simulationsläufe umgesetzt werden. Bei der Definition von Simulationsläufen sind Festlegungen zu treffen bezüglich:

- Anzahl unabhängiger Simulationsläufe
- Parameterkombinationen für jeden Simulationslauf
- Berücksichtigung der Länge der Einschwingphase (sofern das System einen eingeschwungenen Zustand erreicht)
- Startkonditionen für die jeweiligen Simulationsläufe
- Länge des jeweiligen Simulationslaufes
- Zufallsströme für jeden Simulationslauf
- Statistische Absicherung der Simulationsexperimente

Innerhalb eines Simulationsexperimentes kann die Faktorenauslegung entweder statisch erfolgen, indem zu Beginn des Experimentes alle Parameterkombinationen festgelegt werden, die im Rahmen des Experiments untersucht werden sollen, oder aber dynamisch, indem jeweils die nächste Parameterkombination in Abhängigkeit der Ergebnisse des letzten Simulationslaufes ausgewählt wird.

Wahl eines sinnvollen Simulationszeitraums

Viele technische Systeme sind zu Arbeitsbeginn nicht leer, sondern Förderstrecken, Puffer, Arbeitsstationen und andere Komponenten eines zu simulierenden Systems können bereits mit Objekten (Werkstücke, Transportmittel etc.) belegt sein. Dieser Anfangszustand lässt sich durch einen Simulationsvorlauf oder durch eine Vorbelegung (Initialisierung) der betroffenen Bausteine im Modell herstellen.

Ein Simulationsvorlauf ist dann sinnvoll, wenn das System einen eingeschwungenen Zustand erreicht und damit sichergestellt ist, dass am Ende des Vorlaufes ein typischer Systemzustand vorliegt. In dem in Abb. 4.9 dargestellten System wird ein Simulationsvorlauf von einem Tag durchgeführt, bevor mit der Auswertung begonnen wird. Ist das zu simulierende System hinreichend bekannt, so kann auch vereinfachend durch entsprechende Systeminitialisierung direkt ein typischer Ausgangszustand des Simulationsmodells hergestellt werden.

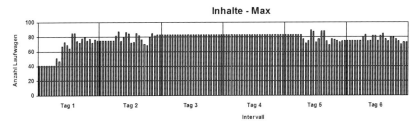

Abb. 4.9: Nach einer Einschwingphase von einem Tag kann die Simulationsauswertung beginnen (Quelle SIPOC)

Weiter ist sicherzustellen, dass der für die Validierung gewählte Simulationszeitraum lang genug ist, um eine repräsentative Aussage zu erzielen. Bei zu kurzen Simulationsläufen kann es zu erheblichen Verfälschungen der Ergebnisse kommen. Durch eine hinreichend lange Laufzeit einzelner Simulationsexperimente lässt sich eine höhere Vertrauenswürdigkeit der Resultate erreichen, da die benutzten Wahrscheinlichkeitsverteilungen häufiger genutzt werden. Um die Gesamtstabilität eines Systemmodells bewerten zu können, sollen einige über den eigentlichen Betrachtungszeitraum hinausgehende Simulationsläufe durchgeführt werden. Beim Einsatz stochastischer Verteilungen bedarf es grundsätzlich einer hinreichend großen Anzahl von Simulationsläufen, um Aussagen über das Verhalten eines Systems zuverlässig absichern zu können.

4.1.8 Durchführung Simulationsläufe

Die Durchführung der Simulationsläufe hängt trotz der systematisierenden Maßnahmen in großem Maße von der individuellen Erfahrung des Planers ab und lässt sich oft nicht vollständig vorherbestimmen, da in vielen Fällen das System sehr komplex und die Anzahl der Einflussfaktoren sehr groß sein kann.

Basierend auf dem Simulationsversuchsplan werden die erforderlichen Simulationsläufe durchgeführt. Wenn der Versuchsplan ausreichend vorbereitet ist und der eingesetzte Simulator gute Automatisierungsmöglichkeiten bietet, können die eigentlichen Simulationsläufe weitgehend automatisiert ablaufen. In der Regel wird dabei auf eine Animation verzichtet, um die Laufzeit zu verbessern.

4.1.9 Laufbetrachtung und Ergebnisauswertung

Unter Laufbetrachtung wird die dynamische Betrachtung des Prozessfortschritts verstanden. Die Betrachtung kann anhand von Animation, Listen, Statistiken oder grafischen Darstellungen erfolgen. Je nach Zeitpunkt der Ausgabe wird unterschieden in:

- Online-Laufbetrachtung (während des Simulationslaufs)
- Offline-Laufbetrachtung (nach Beendigung des Laufs)

Die Darstellung von Zustandsgrößen wie Status, Durchsatz, Belegungszeit und Auslastung zur Laufzeit wird auch als Monitoring bezeichnet.

Die eigentliche Simulationsauswertung erfolgt in der Regel nach dem Simulationslauf. Dabei können insbesondere Auswertungen für Einzelkomponenten (kritische Puffer, Förderelemente etc.) erstellt und unterschiedliche Simulationsläufe mit variierten Simulationsparametern verglichen werden. Meist werden während eines Simulationslaufs zahlreiche Output-Daten erzeugt, die nicht mehr ohne weiteres anhand von Listen analysierbar sind. Insbesondere wenn die Ergebnisse einer Simulationsstudie wieder einer stochastischen Verteilungen unterliegen, ist es erforderlich, die Simulationsergebnisse mit Hilfe statistischer Verfahren zu verdichten, aufzubereiten und in geeigneter Form darzustellen. Je nach Zielgruppe werden zur Analyse und Interpretation der Simulationsläufe unterschiedliche Darstellungsformen wie Tabellen oder unterschiedliche Arten von Grafiken eingesetzt.

Animation

Die Animation als dynamische Prozessvisualisierung der Simulationsläufe bietet sehr anschauliche Informationen über das Verhalten eines simulierten Systems und ist heute normalerweise Bestandteil einer Simulationsstudie. Animation ermöglicht eine dynamische Wiedergabe von qualitativen Zustandsänderungen oder Ortsveränderungen bewegter Objekte auf dem Bildschirm. Animation kann Simulationsdienstleister und Planer bei der Validierung unterstützen und eine Hilfestellung zum Systemverständnis bieten. Die Animation kann dabei von einer abstrakten Zustandsdarstellung der Prozesse und Ressourcen (Abb. 4.10) über die 2D-Layoutanimation bis hin zu realitätsnaher 3D-VR-Darstellung reichen. Weiter kann Animation als Kommunikationsmittel zwischen dem Simulationsdienstleister und dem Nutzer dienen. Durch die grafische Darstellung der Vorgänge gewinnen die Prozesse an Transparenz, und es wird eine zusätzliche Sicherheit bei der Auswertung der Ergebnisdaten erzielt. Dabei ist allerdings darauf zu

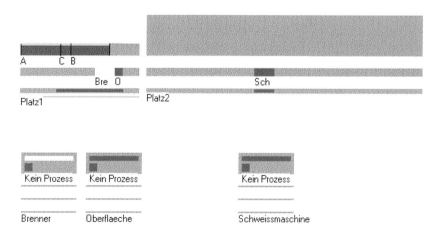

Abb. 4.10: Prozessbezogenen 2D-Animation einer Portalschweissanlage mit überlappenden Arbeitsbereichen (Quelle SIPOC)

achten, dass nicht die Animation, sondern die Logik in Hintergrund für die Qualität des Modells ausschlaggebend ist.

Bei der Online-Animation kann der Benutzer während des Simulationslaufes das Verhalten des Modells beobachten und die Animation direkt zur Analyse des Modellverhaltens nutzen. Die Parallelität von Simulation und 3D-Animation kann allerdings eine relativ hohe Rechner- bzw. Grafikleistung erfordern und die Geschwindigkeit der Simulationsläufe reduzieren. Für die Offline-Animationen werden die Daten des Simulationslaufes zwischengespeichert und erst anschließend visualisiert. Vorteil der Offline-Animation ist, dass bei der Analyse ein Vor- und Zurückspulen der Vorgänge sowie Änderungen der zeitlichen Auflösung (Zeitraffer/Zeitlupe) möglich sind.

Die großen Vorteile der Animation liegen in der Veranschaulichung der Modellabläufe, wobei oft ein Kompromiss zwischen Reduktion der Komplexität und hinreichendem Realitätsbezug der Informationsdarstellung gefunden werden muss. Besonders bei der Verifikation und Validierung ist es sehr vorteilhaft, auf dem Bildschirm beobachten zu können, wie sich das Modell verhält, und damit einen Einblick von den dynamischen Abläufen zu erhalten.

Eine eindrucksvolle 3D-Animation, wie z. B. das in Abb. 4.11 gezeigte Elektrohängebahnsystem, birgt jedoch auch eine Gefahr. Es wird leicht verkannt, dass die Animation nur ein Zusatz rechnergestützter Simulationstechnik ist, der es gestattet, die Abläufe eines Simulationsmodells sichtbar zu machen. Die Qualität der Animation lässt nur begrenzte Rückschlüsse auf die Qualität des Modells selbst zu. Eine eindrucksvolle Animation kann eine Modellgüte vortäuschen, die eventuell in dem Modell gar nicht gegeben ist. Dem

Abb. 4.11: 3D-Animation eines EHB-Systems (Quelle SIPOC)

Planer muss klar sein, dass die Qualität einer Modelluntersuchung grundsätzlich nicht mit der Güte der Animation gleichzusetzen ist, sondern davon abhängt, ob der Modellaufbau korrekt gelungen ist, die Verifikation und Validierung sorgfältig durchgeführt wurden und die Modellergebnisse richtig interpretiert werden. Das Modellverhalten darf nur aufgrund einer sorgfältigen Analyse und nicht aufgrund schnappschussartiger, oberflächlicher Eindrücke durch die Animation bewertet werden.

> **Die Qualität der Animation sagt nichts über die Güte und Richtigkeit der Simulation aus.**

Animation erleichtert die Kommunikation zwischen dem Simulationsdienstleister und den industriellen Anwendern, da mit Hilfe der Animation Einzelheiten nicht in der Fachsprache der Simulationstechnik erklärt werden müssen, sondern durch die Animation auch für Personen, die sich nicht sehr intensiv mit der Technik befasst haben, anschaulich dargestellt werden können.

4.1.10 Systemvariation und Optimierung

Häufig ist die Verbesserung bzw. Optimierung des Systemverhaltens ein Ziel von Simulationsstudien. Basierend auf den vorherigen Schritten lassen sich Änderungen an dem zu untersuchenden Systemmodell vornehmen, um das Systemverhalten zu verbessern. Dies können Änderungen der Systemparameter, der Systemsteuerung oder des Modells sein. Je nachdem, auf welcher Ebene die Systemvariation erfolgen soll, sind unterschiedliche Schritte der Simulationsstudie iterativ mehrfach zu bearbeiten. Soll das Verhalten eines feststehenden Modells untersucht und optimiert werden (operative Ebene), so sind die drei Schritte:

- Simulationsversuchsplan
- Simulationsläufe
- Ergebnisauswertung

iterativ so lange zu wiederholen, bis das gewünschte (optimale) Ergebnis erzielt wird. Wird der Modellaufbau selber in die Variation einbezogen (strukturelle Ebene), so sind die Schritte vom Modellentwurf (Phase 3) bis zur Systemvariation (Phase 10) des Simulationsexperiments iterativ mehrfach zu durchlaufen (Abb. 4.1). Die Simulationszyklen können abgebrochen werden, wenn das Optimalitätskriterium erreicht ist bzw. die Anforderungen des Planers hinreichend erfüllt sind. Eine Unterstützung der Systemvariation und Optimierung wird von heutigen Simulations-Tools bisher noch wenig unterstützt.

4.1.11 Praktische Umsetzung der Simulationsergebnisse

Die Simulation liefert ein Ergebnis. Dies kann positiv der Nachweis der Funktionalität einer Anlage sein, iterativ optimierte Steuerstrategien, mit denen das System gut funktioniert, oder negativ die Kenntnis von mangelnder Funktionalität bei bestimmten Betriebszuständen oder Belastungsszenarien sein. Aufgabe der Ergebnisinterpretation ist es, klare Zusammenhänge zwischen den Ergebnissen der Simulationsläufe herzustellen. Die Qualität der vorliegenden Datenaufbereitung bestimmt dabei den Interpretationsaufwand.

Ergeben sich während der Simulationsuntersuchungen Hinweise auf nicht ausreichende Funktionalitäten, so müssen Planer und Simulationsdienstleister gemeinsam Änderungen an Parametern, Steuerungen oder sogar an der Systemstruktur vornehmen. Bei tiefgreifenden Änderungen kann dies zu einem neuen Planungs- und Simulationszyklus führen.

Wichtig ist, dass die Interpretation der Simulationsergebnisse gemeinsam vom Simulationsdienstleister mit dem Planer oder Auftraggeber durchgeführt wird, da nur so sichergestellt werden kann, dass Schwachstellen richtig interpretiert werden und die gefundenen Maßnahmen in der Praxis auch tatsächlich sinnvoll umgesetzt werden.

4.2 Typische Fehler vermeiden

Das übergeordnete Ziel einer Simulationsstudie muss es sein, die Ergebnisse der Simulation mit guter Akzeptanz in die Praxis umzusetzen. Dies setzt eine strukturierte Analyse, Konzeptionierung, Modellierung, Datenaufnahme und Versuchsdurchführung voraus. Bei Erstprojekten kann die Akzeptanz noch problematisch sein, da für eine erfolgreiche Datenaufnahme und eine effektive Umsetzung der Simulationsergebnisse in die Praxis bereits eine Akzeptanz vorliegen muss, andererseits stellt sich diese Akzeptanz jedoch oft erst nach der erfolgreichen Durchführung eines Projektes ein.

Bei der Durchführung von Simulationsstudien werden immer wieder typische Fehler gemacht, die zu erheblichen Mehrkosten oder Misserfolgen führen. Diese Fehler liegen vielfach bereits schon im Bereich der Planung einer Simulationsstudie oder in der Koordination zwischen Planer und Simulationsdienstleister. Um ein wirklich gutes Ergebnis zu erhalten, ist es wichtig, dass der Planer die Arbeiten des Simulationsdienstleisters kritisch und konstruktiv begleitet.

Viele Fehler lassen sich bei der Beauftragung und Betreuung von Simulationsstudien vermeiden, wenn Planer und Simulationsdienstleister sich der jeweiligen Problematik bewusst werden. Deshalb sind im Weiteren exemplarisch zehn typische Fehlermöglichkeiten aufgelistet, die in der Praxis häufig bei der Durchführung von Simulationsstudien gemacht werden.

Fehler 1: Planer sind nicht ausreichend über Simulation informiert

Simulationsstudien sollen grundsätzlich erst mit der Vorgabe klarer Fragestellungen begonnen werden. Die verantwortlichen Planer sowie die späteren Anwender müssen über die Möglichkeiten und Grenzen der Simulation gut informiert sein, um die Vorteile dieser Technik für sich nutzbar zu machen.

Fehler 2: Aufgabe nicht klar definiert

Vor Einsatz der Simulation muss die Aufgabe klar definiert und die Simulationswürdigkeit der jeweiligen Fragestellung eindeutig festgelegt sein. Simulationsexperimente sind zu aufwändig, um ungezielt zu experimentieren oder triviale Problemstellungen zu bearbeiten.

Fehler 3: Falsches Abstraktionsniveau

Die Wahl des für die Aufgabenstellung geeigneten Abstraktionsniveaus ist für den Erfolg einer Simulationsstudie von entscheidender Bedeutung. Erfahrungsgemäß ist die zu exakte Abbildung der Anlagen ein häufiger Fehler. Eine sehr detaillierte Anlagenmodellierung ist in vielen Fällen nicht ergebnisrelevant. Durch sinnvolle Abstraktion lässt sich oft eine bessere Transparenz erzielen und erheblich Kosten sparen.

Fehler 4: Ungeeignete Eingangsdaten

Ein zentrales Problem jeder Simulation ist die Datenbeschaffung, da eine Simulation nur genauso gut wie ihre Eingangsdaten sein kann. Eine wesentliche Voraussetzung zur Erfassung geeigneter, hinreichend genauer Daten ist das Verständnis der Prozesszusammenhänge, sowie die Kenntnis, wofür die Daten später eingesetzt werden sollen. Deshalb ist es wichtig, dass die verantwortlichen Mitarbeiter, die die Daten liefern, auch die Auswirkungen der Modellparameter kennen, um qualitativ hochwertige Eingabedaten für die Simulation zur Verfügung zu stellen.

Fehler 5: Die Abbildung der Steuerungstechnik wird unterschätzt

Die Abbildung des Steuerungsverhaltens und der Entscheidungsstrategien erweist sich als schwieriges und die Dynamik eines Modells erheblich bestimmendes Element. Gerade bei flexiblen Produktionssystemen kann eine unzureichende Abbildung des Steuerungsverhaltens den Nutzen der Simulationsergebnisse komplett in Frage stellen.

Fehler 6: Das Modell ist zum Zeitpunkt der Simulation nicht (mehr) valid

Ob ein Modell korrekt ist, hängt erheblich von der jeweiligen Fragestellung ab. Ein Modell absolut über den gesamten Arbeitsbereich zu validieren ist aufwändig und kostet viel Zeit. Grundsätzlich besteht die Gefahr, dass sich Voraussetzungen ändern und an den Modelldaten oder der Modellstruktur nach erfolgter Validierung noch erhebliche Änderungen vorgenommen werden müssen. Soll ein Modell allgemein gültig zu jeder Zeit gelten, so ist die Validierung praktisch niemals abgeschlossen. Die Validierung muss gezielt im Zusammenhang mit der jeweiligen Fragestellung erfolgen. Damit die Ergebnisse aussagekräftig und sinnvoll auswertbar sind, muss das Modell zur Simulationszeit valid sein.

Fehler 7: Perfekte Modelle reichen nicht

In der Praxis sind nicht wissenschaftlich perfekte Modelle gefragt, sondern es sind pragmatisch gute Modelle sowie kommunikationsfördernde Techniken und Darstellungen gefordert, um die Ergebnisse und Konsequenzen den Beteiligten und insbesondere den Entscheidungsträgern gut verständlich darzustellen.

Fehler 8: Simulationsdienstleister zu abgehoben

Einen hohen Stellenwert hat die Ergebnisdarstellung und Interpretation der Simulationsergebnisse. Simulation ist ein leistungsfähiges Werkzeug. Simulation ersetzt jedoch nicht die Sensibilität und Kreativität des Planers, der den Einsatz der Simulation zu steuern hat. Um gute Akzeptanz für eine betriebliche Umsetzung zu erreichen, müssen sich Simulationsdienstleister sehr gut in die Situation der Planer hineindenken können und diese auf deren Kenntnisstand „abholen".

Fehler 9: Management zu spät einbezogen

Ein noch so ausgereiftes und perfekt validiertes Simulationsmodell nützt in der Praxis absolut nichts, wenn es nicht akzeptiert ist und damit nicht zur Entscheidungsfindung herangezogen wird. Wurden die Entscheidungsträger nicht frühzeitig in den Prozess einbezogen oder die Kompetenzverteilungen und innerbetrieblichen Entscheidungsstrukturen nicht hinreichend berücksichtigt, so kann das dazu führen, dass die Verantwortlichen sich nicht mit dem Prozess identifizieren und die Simulationsergebnisse nicht für eine Umsetzung genutzt werden.

Fehler 10: Kritikfähigkeit durch eindrucksvolle Animation eingeschränkt

Eine optisch überzeugende Ergebnisdarstellung ist zwar in jedem Fall sinnvoll, kann allerdings auch den Nachteil haben, dass die Kritikfähigkeit für die Inhalte der Ergebnisse verloren geht und selbst für absurde Ergebnisse noch plausible Erklärungen gesucht und akzeptiert werden.

> *Simulation ist kein Ersatz für sorgfältige Planung*
>
> *Abschließend sei an dieser Stelle noch einmal erwähnt, was eigentlich für alle Beteiligten einer Simulationsstudie eine Selbstverständlichkeit sein sollte:*
>
> - *Simulation ist ein sehr leistungsfähiges Werkzeug zur Planungs- und Entscheidungsunterstützung.*
> - *Simulation kann jedoch kein Ersatz für sorgfältige Planung sein.*

5 Lastenheft, Pflichtenheft und Spezifikation

Im praktischen Gebrauch sind die Begriffe

- Lastenheft (Beschreibung der Anforderungen)
- Pflichtenheft (Beschreibung der zu erbringenden Leistung)
- Spezifikation

oft nicht klar gegeneinander abgegrenzt und werden zum Teil auch synonym verwendet. Die „Spezifikation" [DIN 69 901] wird als Vorläufer der in [DIN 69 905] definierten Begriffe „Pflichtenheft" und „Lastenheft" inhaltlich als die „ausführliche Beschreibung der Leistungen, die erforderlich sind oder gefordert werden, damit die Ziele eines Projekts erreicht werden" beschrieben. Da ein Projekt während der Durchführung normalerweise Veränderungen durchläuft, muss auch die Spezifikation im Rahmen der Projektdokumentation oder des Konfigurationsmanagements aktualisiert werden. Lasten- und Pflichtenheft, bzw. Spezifikation sollen Bestandteil des Vertrags zwischen Auftraggeber und Auftragnehmer sein. Die ausführliche Vorgehensweise mit Lasten- und Pflichtenheft zeigt Abb. 5.1. Auf Basis des vom Planer erstellten Lastenhefts zur Beschreibung der Anforderungen wird vom Simulationsdienstleister in Abstimmung mit dem Planer ein Pflichtenheft erstellt, das die Leistungserstellung beschreibt. Dieses wird vom Planer abgenommen. In der Praxis werden diese Schritte häufig verkürzt.

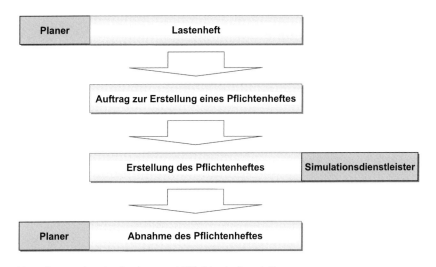

Abb. 5.1: Vorgehensweise der Lasten- und Pflichtenhefterstellung

In der Regel arbeiten in Simulationsprojekten mehrere Unternehmen zusammen, und es ist grundsätzlich anzuraten, die Zusammenarbeit schriftlich zu regeln. Neben allgemeinen Vertragsbestandteilen gehören zu einer solchen Regelung die folgenden Dokumente:

- Lastenheft, Pflichtenheft oder Spezifikation der zu erzielenden Projektergebnisse
- Geheimhaltungsvereinbarung/Non Disclosure Agreement (NDA)
- sonstige projektrelevante Dokumente

Vorab kann in einer Absichtserklärungen/Letter of Intent (LOI) eine grundlegende Zusammenarbeit festgeschrieben werden.

5.1 Lastenheft

Das Lastenheft dient als Grundlage für Angebotsanfragen und beschreibt ergebnisorientiert die „Gesamtheit der Forderungen an die Lieferungen und Leistungen eines Auftragnehmers" [DIN 69 905].

Grundsätzlich sollte der Auftraggeber das Lastenheft formulieren. In der Praxis ist es allerdings weit verbreitet, dass der potentielle Auftragnehmer das Lastenheft in Abstimmung mit dem Auftraggeber erstellt. Der Auftraggeber erspart sich damit den Aufwand der Erstellung und in einigen Fällen auch die fachliche Einarbeitung in die Thematik. Für den Auftragnehmer hat diese Vorgehensweise den Vorteil, die von ihm zu erbringende Leistung entsprechend seinen Vorstellungen definieren zu können. Für den Auftraggeber ergibt sich daraus allerdings das Risiko, dass die definierte Leistung u. U. nicht wirklich seinen Anforderungen entspricht oder erheblich über die eigentlichen Anforderungen hinausgeht. Die Gliederung eines Lastenhefts soll grundsätzlich folgende Punkte enthalten:

- Spezifikation der Anforderungen
- Voraussetzungen und Rahmenbedingungen für die Leistungserstellung
- Anforderungen an den Auftragnehmer
- Anforderungen an das Projektmanagement
- Vertragliche Konditionen
- Unternehmen, Zuständigkeiten und Ansprechpartner

Bei einer formell korrekten Vorgehensweise setzt der Auftragnehmer nach Erhalt des Lastenhefts die zu erbringenden Ergebnisse (Lasten) in erforderliche Tätigkeiten (Pflichten) um und erstellt das Pflichtenheft als Teil des Angebots an den Auftraggeber.

Das Lastenheft muss im Gegensatz zum Pflichtenheft weder präzise noch vollständig detailliert sein, es sollte jedoch alle wesentlichen Basisanforderungen enthalten.

5.1.1 Spezifikation der Anforderungen

In diesem Abschnitt sind die Anforderungen an die zu erstellenden Leistungen zu formulieren. Je exakter die Anforderungen im Lastenheft beschrieben sind, desto besser kann der Auftragnehmer mit der zu erstellenden Leistung darauf reagieren und desto geringer ist die Wahrscheinlichkeit von Missverständnissen.

Aufgabenstellung und Zielsetzung der Simulation

Zu Beginn des Lastenhefts soll die Aufgabenstellung und Zielsetzung des Vorhabens möglichst klar formuliert werden. Dies hilft nicht nur dem Simulationsdienstleister, die Aufgabenstellung zu verstehen, sondern zwingt auch den Auftraggeber selbst, sich über seine Ziele klar zu werden. Der Auftraggeber soll möglichst gezielte Angaben machen, welche Ergebnisse von der Simulationsstudie erwartet werden.

Systemgrenzen, Modellierungsebenen und Abstraktionsgrad

Das zu simulierende System muss definiert und abgegrenzt werden. Es ist festzulegen, welcher Teil abgebildet werden soll, welche Schnittstellen nach außen bzw. zwischen verschiedenen Bereichen existieren sowie welcher Abstraktionsgrad vom Auftraggeber gefordert wird. Hat der Auftraggeber bei der Erstellung des Lastenhefts bereits konkrete Vorstellungen bezüglich der Systemmodellierung, so ist es sinnvoll, diese hier klar zu beschreiben.

Anforderung an den Lieferumfang

In diesem Abschnitt des Lastenhefts ist der vom Auftraggeber geforderte Lieferumfang wie z. B. die gewünschte Ergebnisdarstellung zu definieren. Dies können z. B. sein:

- Managementreport für Investitionsentscheidungen
- Erkenntnisse aus der Simulation in Form einer Präsentation
- Dokumentation der Ergebnisse verschiedener Simulationsszenarien
- Erzeugte Simulationsmodelle inklusive Anwenderdokumentation
- Erstellte Simulationsbausteine im Quellcode

Bezüglich des zu fordernden Leistungsumfanges ist auf jeden Fall die Kostenrelevanz der jeweiligen Leistungen zu berücksichtigen.

5.1.2 Voraussetzungen und Rahmenbedingungen für die Leistungserstellung

Für die zu erbringende Leistungserstellung sind die zugrunde liegenden Voraussetzungen und Rahmenbedingungen von erheblicher Bedeutung. Diese sollen deshalb so gut wie möglich beschrieben werden.

Eingangsdaten für die Simulation

Die Eingangsdaten sind eine wesentliche Voraussetzung für jede Simulation. Es ist klar festzulegen, welche Daten als Eingangsdaten in die Simulationsstudie einfließen und welche Daten anhand der Simulationsläufe als Ergebnisdaten ermittelt werden sollen. An dieser Stelle des Lastenhefts soll beschrieben werden, welche Daten aus den Planungsunterlagen für die Simulation zur Verfügung stehen wie:

- Layoutdaten
- technische Daten der Anlagenkomponenten
- Produktunterlagen wie Zeichnungen, Stücklisten, Mengen und Termine
- Steuerungsregeln
- zu untersuchende Szenarien

Weiter ist es sinnvoll zu beschreiben, in welcher Form und in welchem Umfang die Eingangsdaten zur Verfügung stehen.

Vorhandene Planungsergebnisse

Liegen bereits Erkenntnisse oder Vorstudien bezüglich der Planungsaufgabe vor, so ist es sinnvoll, den Auftragnehmer entsprechend in Kenntnis zu setzen, um doppelte Arbeit zu vermeiden.

Simulationswerkzeuge und Bausteinbibliotheken

Falls es Restriktionen bezüglich der einzusetzenden Simulationswerkzeuge (Produkt/Version) oder der zu verwendenden Bausteinbibliotheken gibt, sind diese Voraussetzungen klar zu beschreiben, damit der Simulationsdienstleister entsprechend anbieten kann.

Schnittstellen zu vorhandenen Systemen

Soll eine Kopplung des Simulators oder Modells mit vorhandenen Systemen des Auftraggebers erfolgen, so sind die Schnittstellen dieser Systeme klar zu beschreiben.

5.1.3 Anforderungen an den Auftragnehmer

Werden an den Auftragnehmer spezifische Anforderungen bezüglich Qualifikation oder Zertifizierung gestellt, so können diese hier beschrieben werden.

5.1.4 Anforderungen an das Projektmanagement

Für große Projekte ist es sinnvoll, die Anforderungen an das Projektmanagement bezüglich Projektplanung, Terminplan, Controlling, Dokumentation etc. festzulegen.

Terminplan

Der Auftraggeber sollte seine Vorstellungen des Terminrahmens für die Studie angeben, damit der Simulationsdienstleister seine Kapazitäten diesbezüglich überprüfen kann.

Dokumentation

Sowohl Art wie Umfang der vom Auftraggeber erwarteten Projektdokumentation sollen möglichst klar festgelegt werden, damit das Projektmanagement dafür sorgen kann, dass die Dokumentation fach- und zeitgerecht erfolgt. Dies betrifft die Bereiche:

- Dokumentation der Ergebnisse
- Dokumentation der Vorgehensweise
- Dokumentation des Modells
- Dokumentation der Daten
- Dokumentation der angewandten Steuerstrategien
- Dokumentation des Programmcodes

5.1.5 Vertragliche Konditionen

An dieser Stelle können vertragliche Bedingungen für Abnahme, Geheimhaltung, Rechte, Termine, Vertragsstrafen etc. angekündigt werden.

Abnahmebedingungen

Zu erfüllende Voraussetzungen für die Abnahme der Simulation sowie die zu berücksichtigenden Normen bzw. Richtlinien sollen festgelegt werden.

Rechte der Weiterverwendung von Modell oder Bausteinen

Ist es geplant, das Simulationsmodell oder Teile davon nach Fertigstellung der Studie in irgendeiner Form weiter zu verwenden, so ist es sinnvoll, die Art der Weiterverwendung sowie die diesbezüglichen Anforderungen bezüglich Technik und Rechten vorab klar zu formulieren. Je nach Art der Weiterverwendung kann es angebracht sein, Maßnahmen zur Wartung und Pflege einzuplanen.

5.1.6 Unternehmen, Zuständigkeiten und Ansprechpartner

Werden mit dem Lastenheft Dienstleister angesprochen, die noch nicht mit dem Unternehmen vertraut sind, so ist es hilfreich, folgende Punkte kurz zu beschreiben:

- Unternehmensstruktur, Organigramm
- Produkte, Produktionsprogramm
- Einbindung des zu untersuchenden Systems im Unternehmen
- Ansprechpartner/verantwortliche Personen

5.2 Pflichtenheft

Das Pflichtenheft ist von zentraler Bedeutung, da dieses die zu erbringende Leistung exakt beschreibt und in vielen Fällen die verbindliche Grundlage für die spätere Abnahme der Projektleistung ist. Im Pflichtenheft sind die vom „Auftragnehmer erarbeiteten Realisierungsvorgaben" und die „Umsetzung des vom Auftraggeber vorgegebenen Lastenhefts" beschrieben [DIN 69 905]. Das Pflichtenheft lässt sich auch als Präzisierung des Lastenhefts verstehen.

Während das Lastenheft als Kernbestandteil die Spezifikation der Anforderungen des Projekts enthält, beschreibt das Pflichtenheft, wie der Auftragnehmer die Leistung zu erbringen gedenkt (Abb. 5.2). Somit ist ein Projektstrukturplan mit den Arbeitspaketen Mindestbestandteil des Pflichtenhefts. Die Anforderungen eines Pflichtenhefts gehen über die des Lastenhefts weit hinaus. Die zu erbringende Leistung ist

- präzise
- vollständig
- nachvollziehbar

zu beschreiben. Dabei sind technische und andere Randbedingungen wie die Betriebs-, Hard- und Softwareumgebung zu berücksichtigen. Das Pflichtenheft beschreibt die geplante Leistung sowie die geplante Vorgehensweise. Das Pflichtenheft enthält jedoch nicht bereits die Lösung der Probleme oder das technische Design.

Ein ausführliches Pflichtenheft kann weiter die vollständige zeitliche Projektplanung umfassen, einschließlich Termin- und Ressourcenplänen. Bei zeitkritischen Projekten sollte der Terminplan zum bindenden Vertragsbestandteil werden.

Bei Projekten mit engem Abstimmungsbedarf zwischen Auftragnehmer und Auftraggeber wird die Erarbeitung des Pflichtenhefts in einer gemeinsamen Arbeitsgruppe oder Arbeitsgemeinschaft durchgeführt. Bei großen Projekten ist die Erstellung und vertragliche Vereinbarung des Pflichtenhefts bereits selbst ein kleines Projekt.

Ob ein Pflichtenheft Vertragsbestandteil ist, hängt von der Größe des Projekts, dem zu liefernden Ergebnis und der Art der Beauftragung ab. Bei kleinen Projekten wird häufig auf ein Pflichtenheft verzichtet. Demgegenüber ist bei großen Projekten und einer engen Zusammenarbeit von Auftragnehmer und Auftraggeber ein vertraglich vereinbartes Pflichtenheft unverzichtbar. Bei großen Projekten kann es weiter sinnvoll sein, Lasten- und Pflichtenheft in einer von allen Seiten abgezeichneten Version offiziell zu hinterlegen, um spätere Nachforderungen zweifelsfrei klären zu können.

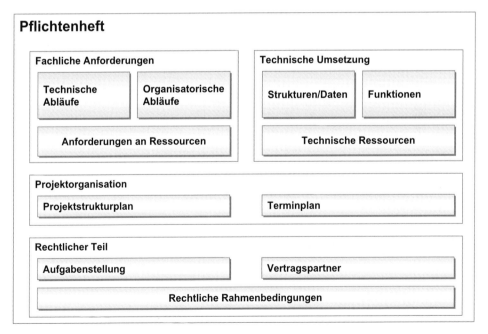

Abb. 5.2: Gliederung der Struktur eines Pflichtenhefts

Die Gliederung eines Pflichtenhefts für Simulationsstudien soll grundsätzlich folgende Punkte enthalten:

- Aufgabenstellung und Zielsetzung
- Eingangsdaten und Eingangsvoraussetzungen
- Leistungsbeschreibung des Simulationsmodells
- Spezifikation der Simulationsszenarien und Simulationsexperimente
- Ergebnisdarstellung und Auswertung
- Lieferumfang
- Abnahmekriterien
- Projektterminplan und Controlling
- Projektumfeld

Diese Punkte sind im Weiteren näher erläutert.

5.2.1 Aufgabenstellung und Zielsetzung

Die Aufgabenstellung und Zielsetzung des Vorhabens soll im Pflichtenheft sehr detailliert beschrieben werden. Dies hilft dem Simulationsdienstleister, die Aufgabenstellung vollständig zu verstehen, und zwingt den Auftraggeber, klare Aussagen über die Ziele zu machen. Je besser der Auftraggeber seine Erwartungen formulieren kann, welche Ergebnisse von der Simulationsstudie erwartet werden, desto weniger ist später mit nicht erfüllten Erwartungen zu rechnen.

Wenn ein ausführliches Lastenheft vorliegt und dieser Punkt dort bereits vollständig spezifiziert ist, kann dieses als Grundlage in das Pflichtenheft übernommen werden.

5.2.2 Eingangsdaten und Eingangsvoraussetzungen

Der Simulationsdienstleister benötigt für die Durchführung des Projektes aussagefähige und abgesicherte Eingangsdaten. Diese Daten lassen sich klassifizieren in:

- Strukturunterlagen (Layoutdaten, technische Daten der Anlagenkomponenten)
- Produktdaten (Stücklisten)
- Betriebsdaten (Mengen, Termine, Störverhalten)
- Steuerungsregeln, Steuerstrategien, logistische Verfahren
- zu untersuchende Szenarien
- Schnittstellen/Integration

Art, Umfang und Verfügbarkeit der jeweiligen Daten müssen an dieser Stelle im Pflichtenheft detailliert beschrieben werden, damit klar ist, auf welcher Grundlage die Modellierung und Simulation erfolgen.

Strukturunterlagen

Für die Simulation werden Strukturunterlagen wie CAD-Zeichnungen des Materialflusses sowie technische Daten und Ablaufpläne der Anlagen benötigt. Die Aufbereitung dieser Unterlagen für die Nutzung in einem Simulationsmodell ist in der Praxis oft mit einem großen Zeitaufwand verbunden. Ein großer Vorteil der Digitalen Fabrik ist, dass diese Informationen direkt digital zur Verfügung stehen.

Betriebsdaten

Die Beschaffung der erforderlichen Betriebsdaten für die Simulation ist ein wesentlicher Schritt, der klar definiert werden muss. Die Festlegung der Daten soll gemeinsam von Auftraggeber und Simulationsdienstleister erfolgen. Der Auftraggeber weiß häufig nicht, was der Simulationsdienstleister exakt benötigt. Deshalb soll der Simulationsdienstleister an dieser Stelle genau spezifizieren, welche Daten mit welcher Genauigkeit benötigt werden, und der Planer wiederum prüfen, welche Daten mit welcher Genauigkeit und welchem Aufwand beschaffbar sind.

Da der Erfolg der Simulation ganz erheblich von den Eingangsdaten abhängt und die Beschaffung und Aufbereitung der Daten oft sehr zeitaufwändig und kostenintensiv ist, hat die Definition dieses Punktes eine sehr hohe Priorität. Für die Beschaffung der benötigten Betriebsdaten sind folgende Aktivitäten zu definieren:

- Sichtung vorhandener Daten
- Festlegung von Aktivitäten zur Beschaffung von Daten
- Festlegung der Datenformate
- Definition von Maßnahmen zur Datenanalyse
- Maßnahmen zur Validierung der Eingangsdaten
- Maßnahmen zur Anpassung von stochastischen Verteilungen an die erfassten Daten

Diese Aktivitäten sind möglichst detailliert zu beschreiben, damit der Aufwand für die jeweils Beteiligten einplanbar ist.

Steuerungsregeln, Steuerstrategien, logistische Verfahren

Die bei der Modellierung zu verwendenden Steuerungsregeln, Steuerstrategien und logistischen Verfahren, wie z. B. Push-, Pull- oder Kanban-Steuerung, sind zu definieren, sofern diese Eingangsgrößen für das Modell von Bedeutung sind.

Ist es Aufgabe der Simulationsstudie, die Steuerstrategien und logistischen Verfahren für das zu untersuchende System zu entwickeln, so sind diese als Ergebnisdaten in der Ergebnisdarstellung zu dokumentieren.

Systemanalyse

Sofern in Rahmen des Simulationsprojektes eine Systemanalyse eines bestehenden Systems durchzuführen ist, um entsprechende Systemkenntnisse und Daten zu erlangen, ist das an dieser Stelle festzuschreiben. Dabei ist zu definieren, wie das System freizuschneiden ist, welche Bereiche untersucht werden sollen und welche Detaillierung dabei erwartet wird. Weiter ist festzuschreiben, wer für die Durchführung der Systemanalyse zuständig und verantwortlich ist.

Schnittstellen und Integration in die Digitale Fabrik

Die zu berücksichtigenden Schnittstellen sowie die Einbindung in vorhandene Lösungen der Digitalen Fabrik sind zu beschreiben.

5.2.3 Leistungsbeschreibung des Simulationsmodells

Für das zu erstellende Simulationsmodell ist der Leistungsumfang zu beschreiben bezüglich:

- Systemgrenze und Modellumfang
- Modelleigenschaften
- Modellabstraktion und -struktur
- Verifizierung und Validierung

5.2.3.1 Systemgrenze und Modellumfang

Der zu simulierende Modellumfang hängt von der Aufgabenstellung sowie verschiedenen Randbedingungen, wie der Struktur des zu modellierenden Systems, bereits vorhanden Modulen etc. ab. An dieser Stelle soll verbindlich festgelegt werden, welche Teile des Systems modelliert werden sollen.

Weiter ist zu definieren, welche Schnittstellen nach außen bzw. zwischen verschiedenen Bereichen zu berücksichtigen sind. Wenn das Simulationsmodell mit anderen betriebsinternen Systemen der Digitalen Fabrik interagieren soll, so müssen die Schnittstellen hierfür beschrieben werden.

5.2.3.2 Modelleigenschaften, Modellabstraktion und Modellstrukturierung

Die Aufbaustruktur des Simulationsmodells ist festzulegen. Meist wird diese auf vorhandenen Planungsdaten wie Layouts, Skizzen etc. basieren. Auf diese Planungsstände bzw. Unterlagen ist hier Bezug zu nehmen. Der Abstraktionsgrad ist dabei so zu wählen, dass die vom Auftraggeber vorgegebene Aufgabenstellung aussagekräftig und hinreichend genau beantwortet werden kann. Dazu ist festzulegen, welcher Bereich des zu modellierenden Systems mit welcher Genauigkeit abgebildet wird.

Im nächsten Schritt ist die Ablaufstruktur zu definieren. Da die Ablaufstruktur einen erheblichen Einfluss auf das Modellverhalten hat, ist eine klare und ausführliche Beschreibung angebracht. Die Ablaufstruktur muss die zugrunde liegenden Steuerungsregeln, Steuerstrategien und logistischen Verfahren berücksichtigen und möglichst transparent z. B. mit Hilfe von Blockdiagrammen oder Flussbildern beschrieben werden.

5.2.3.3 Verifizierung und Validierung des Modells

In der Phase der Verifizierung prüft der Simulationsdienstleister, ob die Modellabläufe dem konzeptionellen Modell entsprechen. Dies betrifft im Wesentlichen logische Abläufe im Modell, die sinnvollerweise mit Animation überprüft werden.

Für die Verifikation können Tests definiert werden, die den Durchlauf einzelner Objekte im unbelasteten Modell untersuchen und z. B. anhand der Durchlaufzeit überprüfen, ob die technischen Parameterwerte richtig eingestellt sind.

Weiter können Tests für logistische Verfahren und Steuerstrategien vereinbart werden, die bei gering belastetem Modell überprüfen, ob das logische Modellverhalten den Erwartungen entspricht.

Die Validierung dient der Prüfung der Relation zwischen Modell und Wirklichkeit, im Sinne des vorhandenen Systems oder der geplanten Anlage. Die Zulässigkeit von Abstraktionen muss geprüft werden. Gegebenenfalls kann für den Nachweis, dass eine Abstraktion zulässig ist, die Untersuchung mit verfeinerten Teilmodellen vereinbart werden.

Bei vorhandenen Systemen kann ein Input/Output-Vergleich mit realen Betriebsdaten erfolgen, entweder als Plausibilitätsuntersuchung mit relativ geringem Aufwand oder durch statistische Vergleichstests mit größerem Aufwand und entsprechend höherer Sicherheit. Bei neu geplanten Systemen bleibt oft nur das Expertengespräch, in dem Simulationsdienstleister und Planer zusammen das Modell nach bestem Wissen und Gewissen prüfen und die Verantwortung für die Gültigkeit übernehmen.

An dieser Stelle des Pflichtenhefts ist zu definieren, wie die Validierung im konkreten Fall erfolgen soll.

5.2.4 Spezifikation der Simulationsszenarien und Simulationsexperimente

Die zu untersuchenden Simulationsszenarien sind zu spezifizieren. Dazu ist festzuschreiben, welche Modellvarianten mit welchen Parametersätzen, z. B. geänderte Belastungsprofile, Schichtmodelle etc., untersucht werden sollen.

Auf Basis der zu untersuchenden Simulationsszenarien ist vom Simulationsdienstleister ein Experimentplan zu erstellen und mit dem Auftraggeber abzusprechen. Für die Experimente sind die Daten- bzw. Parametersätze, die Anzahl der Läufe pro Datensatz und die Darstellungsform der Systemgrößen festzulegen mit:

- Experimentübersicht (Art und Anzahl der Experimente, zu variierende Parameter)
- Mindestsimulationsdauer (Länge der Einschwingphase, Auswertephase)
- Definition eines längeren Simulationslaufes (mindestens dreifache Mindestsimulationsdauer)
- Anzahl Simulationsläufe pro Experiment bei stochastischen Verteilungen
- Parameter für die Sensitivitätsanalyse

Bei aufwändigen Simulationen sind die erforderliche Laufzeit für die Experimentdurchführung und die vorhandene Rechnerleistung bei der Planung und Festschreibung im Pflichtenheft zu beachten. Insbesondere bei Verwendung von stochastischen Verteilungen kann die für die statistische Auswertung erforderliche Anzahl von Simulationsläufen erhebliche Rechenzeiten benötigen.

Die Durchführung der Simulationsexperimente ist ein dynamischer Prozess, der zu Erkenntnissen führen kann, die Veränderungen des Experimentplans erforderlich machen. Diese Änderungen sind zu dokumentieren und gegebenenfalls, wenn der geplante Aufwand dadurch erheblich überschritten wird, wirtschaftlich zu bewerten.

5.2.5 Ergebnisdarstellung und Auswertung

Die im Rahmen der Leistungserbringung geplante Ergebnisdarstellung und Auswertung sind zu spezifizieren. Dies betrifft die Erarbeitung, Darstellung und Interpretation der Systemgrößen in Abhängigkeit von den Systemparametern.

Eine Auswertung und Interpretation nach streng statistischen Maßstäben ist nur mit einer hinreichend hohen Stichprobe, d. h. Anzahl der Simulationsläufe, möglich. Bei komplexen Systemen muss der Stichprobenumfang in der Praxis oft aus zeitlichen Gründen reduziert werden. Der minimal erforderliche Umfang von Stichproben soll im Pflichtenheft festgeschrieben werden.

Die Interpretation der Ergebnisse ist grundsätzlich in enger Zusammenarbeit zwischen Auftraggeber und Simulationsdienstleister durchzuführen.

5.2.6 Lieferumfang

In diesem Abschnitt des Pflichtenhefts wird beschrieben, welchen Lieferumfang der Simulationsdienstleister im Rahmen dieses Projekts erbringen wird, wie z. B.:

- Managementreport für Investitionsentscheidungen
- Erkenntnisse aus der Simulation in Form einer Präsentation
- Dokumentation der Ergebnisse verschiedener Simulationsszenarien
- Erzeugte Simulationsmodelle inklusive Anwenderdokumentation
- Erstellte Simulationsbausteine im Quellcode

Wenn der geforderte Lieferumfang im Lastenheft bereits detailliert beschrieben ist, kann dies als Grundlage dienen. Anders als im Lastenheft ist hier im Pflichtenheft der Lieferumfang umfassend, detailliert und verbindlich zu spezifizieren.

Präsentationsunterlagen

Nach Fertigstellung der Simulationsstudie müssen die Ergebnisse in einer geeigneten Form dargestellt werden. Je nach den Anforderungen des Auftraggebers können dafür erhebliche Zeit- und Kostenaufwendungen entstehen. Die Form der geplanten Ergebnispräsentation sowie der Termin dafür sind festzulegen und Art sowie Umfang des zu liefernden Ergebnisreports zu beschreiben.

Dokumentation

Art und Umfang der im Rahmen der Leistungserbringung zu erstellenden Dokumentation sollen an dieser Stelle des Pflichtenhefts klar definiert werden. Dies betrifft die:

- Dokumentation der Eingangsdaten
- Dokumentation des Modells
- Dokumentation der angewandten Steuerstrategien
- Dokumentation des Programmcodes
- Dokumentation der durchgeführten Experimente
- Dokumentation der Ergebnisse und Ergebnisinterpretation
- Allgemeine Projektdokumentation.

Archivierung

Grundsätzlich ist zu entscheiden, ob ein Simulationsmodell und die Simulationsergebnisse einmalig zur Präsentation und Entscheidungsfindung eingesetzt werden oder als Arbeitsunterlagen für die Produktionsanlage und Logistik weiter verfügbar sein sollen. Entsprechend ist festzulegen, inwieweit Modelle, Parametersätze und Simulationsergebnisse als Teil der Planungsunterlagen archiviert werden. Umfang, Art und Format der Archivierung sowie die Verantwortlichkeiten dafür sind zu definieren. Da Simulatoren über die Zeit weiterentwickelt werden, ist es sinnvoll, die Version des Simulators, mit der das Modell erstellt wurde, in die Archivierung einzubeziehen.

Rechte am Modell

Grundsätzlich ist im Pflichtenheft festzuschreiben, wer die Rechte an den Modellen hat. Ist es geplant, das Simulationsmodell oder Teile davon nach Fertigstellung der Studie in irgendeiner Form weiter zu verwenden, so müssen die diesbezüglichen Anforderungen und besonders die Rechte festgelegt werden.

Je nach Art der geplanten Weiterverwendung können zusätzliche Vereinbarungen über Wartung und Pflege getroffen werden. Für die Nutzung des Simulationsmodells beim Auftraggeber können zusätzliche Kosten für Runtime-Lizenzen des Simulators erforderlich sein.

Rechte an erstellten Bausteinen

Möchte der Anwender die im Projekt erstellten oder im Rahmen des Projektes erweiterten Bausteine weiter nutzen, so ist dies häufig problematisch, da in den Bausteinen oft ein erhebliches Know-how des Simulationsdienstleisters steckt. Deshalb ist verbindlich festzuschreiben, wer die Rechte an den Bausteinen hat und inwieweit Nutzungsrechte erteilt werden. Dabei ist klar zwischen projektgebundenen, unternehmensgebundenen, oder freien Nutzungsrechten zu unterscheiden.

Je nach Art der geplanten weiteren Nutzung können zusätzliche Vereinbarungen über Wartung, Pflege und ggf. Erweiterung der Bausteine durch den Simulationsdienstleister getroffen werden.

5.2.7 Abnahmekriterien

Zu erfüllende Voraussetzungen für die Abnahme der Simulation sind verbindlich festzulegen. Dazu gehören die Bedingungen für die Abnahme sowie die zu berücksichtigenden Normen bzw. Richtlinien.

Wenn ein Lastenheft vorliegt, sind die Vorgaben zu übernehmen und gegebenenfalls noch zu konkretisieren. In der Praxis ergeben sich häufig während der Experimentdurchführung noch neue Erkenntnisse, die Einfluss auf die Abnahmebedingungen haben können. Grundsätzlich ist festzuschreiben, wann und von wem die Abnahme der Studie erfolgt. Bei der Abnahme müssen die verantwortlichen Entscheidungsträger anwesend sein.

5.2.8 Projektterminplan und Projektcontrolling

Im Rahmen des Pflichtenhefts ist es sinnvoll, gemeinsam zwischen Auftraggeber und Simulationsdienstleister die erforderlichen Arbeitsschritte und den Projektterminplan zu erarbeiten und festzuschreiben. Für große Projekte kann es weiter sinnvoll sein, auch die Anforderungen an das Projektmanagement bezüglich Controlling und Dokumentation festzulegen.

5.2.9 Projektumfeld

Unter diesem Punkt können Informationen zu den einzusetzenden Werkzeugen, den beteiligten Partnern oder zum sonstigen Umfeld des Projektes beschrieben werden.

Simulationswerkzeug

Es ist zu definieren, mit welchen Softwarewerkzeugen die Leistungserstellung erbracht werden soll:

- Simulationswerkzeuge (Produkt/Version)
- zu verwendende Bausteinbibliotheken (Version)
- weitere Softwareprodukte

Verantwortlichkeiten

Im Sinne einer guten Transparenz können an dieser Stelle die beteiligten Unternehmen kurz vorgestellt werden. Hilfreich ist insbesondere die Benennung der Ansprechpartner und Projektbeteiligten mit den jeweiligen Zuständigkeitsbereichen und Verantwortlichkeiten:

- Beteiligte Unternehmen
- Ansprechpartner und Verantwortlichkeiten für das Projekt
- Referenzprojekte

6 Datenmanagement für Simulationsanwendungen

Gutes Datenmanagement ist in der Digitalen Fabrik ein wesentlicher Schlüsselfaktor für den Erfolg. Die Ergebnisse einer Simulation basieren immer auf den Grunddaten eines Modells und den Daten, mit denen die Simulationsläufe durchgeführt werden. Damit hängt der Erfolg von Simulationsprojekten ganz erheblich von den Eingangsdaten ab.

Dem Datenmanagement sind zuzuordnen:

- Auswahl relevanter Daten
- Beschaffung und Vorverarbeitung der Daten
- Monitoring der Qualität der Daten

Der Beschaffung von Informationen (Abb. 6.1) und der richtigen Auswahl von Daten kommt gerade in Zeiten, in der die Erfassung großer Datenmengen relativ einfach realisierbar ist, eine ganz besondere Bedeutung zu, da alle Folgeoperationen der Datenhandhabung von diesem Schritt abhängig sind. Einerseits ist es notwendig alle Daten, die zum Erzielen hinreichender Ergebnisse erforderlich sind, zu erfassen und zu bearbeiten, andererseits muss klar zwischen Machbarkeit und Wirtschaftlichkeit unterschieden werden. Die besten Daten nützen nichts, wenn diese zu spät kommen oder zu teuer sind, weil die Datenerfassung bzw. Auswertung zu aufwändig ist. Im Übrigen können für den Erfolg eines Projektes zu viele Daten genauso schädlich sein wie zu wenige.

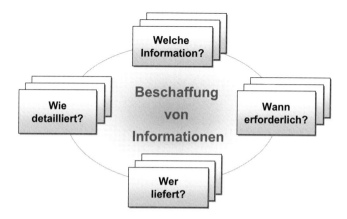

Abb. 6.1: Bei der Informationsbeschaffung zu berücksichtigende Aspekte

6.1 Merkmale zur Beurteilung von Information

Zur Beurteilung der Informationen eines Informationsflusses können die folgenden Merkmale herangezogen werden:

Merkmal	Bedeutung
Aktualität	Informationen gelten als aktuell, wenn diese dem Empfänger den derzeitigen, neuesten Stand der Situation beschreiben.
Genauigkeit	Informationen müssen in hinreichender Qualität zur Verfügung stehen.
Rechtzeitigkeit	Informationen sind dann rechtzeitig, wenn diese zum Zeitpunkt der geplanten Verarbeitung bereitstehen.
Relevanz	Informationen sind dann relevant, wenn diese vom Empfänger für die Durchführung einer Aufgabe sinnvoll genutzt werden können.
Selektion	Auswahl der Informationen, die für den Empfänger relevant sind.
Verlässlichkeit	Wenn Informationen fehlerfrei und korrekt vorliegen, gelten diese als verlässlich.
Verständlichkeit	Darstellung von Informationen, so dass der Empfänger diese ohne Probleme schnell und genau erfassen kann.
Vollständigkeit	Alle wichtigen Informationen müssen vollständig zur Verfügung stehen.

6.2 Aufgaben des Datenmanagements

Effektives Datenmanagement beinhaltet sowohl organisatorische wie technische Aufgaben. Dies sind u. a.:

- Konzeptionieren eines Datenmodells
- Organisatorische Bereitstellung von Daten
- Datenerfassung, Übernahme und Messen von Daten
- Datenüberprüfung und Kontrolle auf Vollständigkeit, Eindeutigkeit, Konsistenz und Plausibilität
- Datenbereinigung bezüglich Eliminierung nicht relevanter Datensätze und Ergänzung fehlender Datensätze
- Datenanalyse und Datenverdichtung unter Aspekten wie Gruppierung, Sortierung, Berechnung sowie Datenkomprimierung

Grundsätzlich müssen Daten in ausreichendem Umfang sowie in hinreichender Qualität verfügbar sein. Dies gilt insbesondere, wenn stochastische Einflüsse vorliegen. Im Weiteren wird auf die Simulationsdatenbasis, auf die Aufbereitung von Eingangs- und Ergebnisdaten, die Anpassung von stochastischen Funktionen sowie die statistische Absicherung der Simulationsergebnisse eingegangen.

6.3 Datenerhebung und Messen

Die Datenerhebung bzw. das dafür erforderliche Messen bildet die Basis für jede quantitative Modellierung. Das Messen bzw. Erheben von Daten hat eine erhebliche Bedeutung für die Modellierung, da Modelle grundsätzlich nur so gut wie die Eingangsdaten sein können. Grundsätzlich ist zu berücksichtigen:

- Messergebnisse hängen grundsätzlich von einer Messvorschrift ab.
- Für die meisten zu messenden Größen gibt es mehrere mögliche Messvorschriften, entsprechend ist die Messgröße im Zusammenhang mit dieser zu bewerten.
- Messungen können direkt oder abgeleitet durchgeführt werden.
  - Direkte Messung: Abzählen, Ermittlung der Messgröße mit technischem Messgerät
  - Abgeleitete Messung: Berechnung des Messwerts aus anderen Messwerten, z. B. Drehmoment aus Strom eines Elektromotors.
- Messungen können in der Praxis mit beträchtlichen Messfehlern behaftet sein. Diese sind bei der Modellierung, insbesondere bei der Abschätzung der Qualität der Modellergebnisse, zu berücksichtigen.

6.4 Simulationsdatenbasis

Jedes mit einem Simulator zu untersuchende technische System wird durch Daten beschrieben. In Produktionssystemen sind dies auf Anlagen- und Produktprogramm bezogene sowie organisatorische Daten. Diese Daten können gruppiert werden in Daten zur Beschreibung der:

- Topologie und Struktur des Systems (Eingangsdaten)
- Eigenschaften der Systemkomponenten (Eingangsdaten)
- Systemlastbeschreibung (Eingangsdaten)
- Zustandsveränderungen des Systems (Laufzeitdaten)
- Auswertungsdaten (Ergebnisdaten)

144 6 Datenmanagement für Simulationsanwendungen

Diese Datenbasis ist prinzipiell Bestandteil jeder Planung von technischen Systemen. Die Anforderungen an die Datenqualität sind allerdings im Bereich der Simulation relativ hoch.

Grundsätzlich zu unterscheiden sind die Eingangsdaten, die für die Modellierung und zu Beginn eines Simulationslaufes vorhanden sein müssen, die Laufzeitdaten, die während eines Simulationslaufes generiert werden und für den Fortlauf der Simulation notwendig sind, und die Ergebnisdaten, die als Resultat nach der Simulation zur Verfügung stehen.

6.5 Eingangsdaten für die Simulation

Die Art und Menge der zu erfassenden Daten (Abb. 6.2) hängt ganz erheblich von der Komplexität des zu modellierenden Systems ab. Die Beschreibung eines Systems mit quasistatischem Systemverhalten benötigt beispielsweise wesentlich weniger Daten als die eines Systems, dessen Eingangsdaten statistisch abgesichert werden müssen. Weiter sind die erforderliche Menge und Qualität der Daten erheblich davon abhängig, welche Ansprüche an die Simulationsergebnisse gestellt werden. In jedem Fall erfordert die Ermittlung der Eingangsdaten eine erhebliche Sorgfalt.

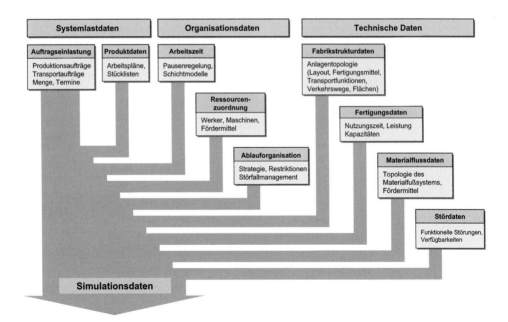

Abb. 6.2: Eingangsdaten für die Simulation nach [VDI 36633 Blatt 1]

Einige dieser Daten wie die Anlagengeometrie, die Bearbeitungszeiten, die Kapazitäten etc. sind relativ einfach und klar zu erfassen. Weit schwieriger wird es, wenn es um die Ermittlung und Auswertung der Stördaten der Anlagenkomponenten oder manuelle Bearbeitungszeiten geht. Diese Daten unterliegen erheblichen Schwankungen und sind oft nicht hinreichend gut dokumentiert. Die Erfassung von Betriebsdaten während der Produktion kann entweder durch manuelle Messung oder besser automatisch über BDE-Software erfolgen. Wichtig ist eine klare Aufbereitung der Daten, wie die Trennung von technisch und organisatorisch bedingten Stillständen. Weiter muss bei der Datenbereitstellung auf Konsistenz der Daten geachtet werden.

Eine Sicht auf die Eingangsdaten zur Simulation ist die Einteilung der Daten in:

- Stammdaten
- Produktionsdaten

Stammdaten sind dabei Daten, die langfristig festliegen und nur relativ geringen Änderungen unterliegen. Dies sind z. B. die technischen Grunddaten der Produktionssysteme, der Artikelstamm, die Arbeitspläne etc. Produktionsdaten sind Daten, die sich im täglichen Betrieb ändern, wie z. B. Auftragsdaten. Die Stammdaten stellen in der Regel die Grundlage für die Modellierung dar, während Produktionsdaten als Belastungsdaten für verschiedene Szenarien in die Simulation eingehen.

Entsprechend diesen Anforderungen sind in der [VDI 3633 Blatt 1] die für eine Simulation erforderlichen Daten gegliedert in Daten aus der Fabrikplanung, die im Wesentlichen das Produktionssystem beschreiben, Daten der Produktionsplanung und -steuerung, welche die Produktionsanforderung beschreiben sowie in Organisationsdaten. Im Einzelnen sind dies:

Technische Daten der Produktions- und Logistiksysteme

- Fabriklayout und -struktur
- Produktionsleistung, Kapazitäten und Zykluszeiten
- Bearbeitungszeiten (sofern nicht auftragsabhängig)
- Rüstzeiten (sofern nicht auftragsabhängig)
- Werkzeugstandzeiten
- Störungshäufigkeit und Reparaturzeiten

Daten der Produktionsplanung und -steuerung

- Produktionsaufträge
- Produktionsmengen
- Typenspektrum
- Losgröße
- Arbeitspläne mit Arbeitsschritten, Bearbeitungszeiten etc.
- Starttermin, Liefertermin

Daten zur Ablauforganisation

- Steuerungsstrategien
- Materialfluss
- Informationsfluss
- Schichtpläne und Pausen

Im Folgenden werden die Daten strukturiert in technische Daten der Produktions- und Logistiksysteme, in Daten der Produktionsplanung und -steuerung sowie in organisatorische Daten näher beschrieben. Darüber hinaus wird das Thema Kostendaten angesprochen.

6.5.1 Technische Daten der Produktions- und Logistiksysteme

Die technischen Daten betreffen die Fabrikstruktur, die Betriebsmitteldaten, die Materialflussdaten sowie Störd aten.

6.5.1.1 Fabrikstrukturdaten

Die Ausgangsbasis der meisten Simulationsmodelle ist die physikalische Struktur des jeweils zu simulierenden Systems. Die Fabrikstruktur beinhaltet die erforderlichen Grunddaten und ist in den meisten Unternehmen in Form von CAD-Layouts verfügbar, welche die Anordnung von Produktions- und Fördermitteln, Verkehrswegen, Flächen und Materialflussbeziehungen beschreiben. Zu den Fabrikstrukturdaten, die in der Simulation benötigt werden, gehören z. B.

- Layout
- Anzahl, Art und Lage der Produktionsmittel
- Anzahl und Art der Fördermittel
- Verkehrswege innerhalb der Fabrikstruktur
- Flächen (Lagerflächen, Sperrflächen)
- Materialflussbeziehungen

6.5 Eingangsdaten für die Simulation

Der Vernetzungsgrad zwischen der Fabrikstrukturplanung, in der diese Daten erzeugt werden, und der Simulation, die diese Daten benötigt, kann erheblich variieren.

Vernetzungsgrad	Beschreibung
Layout-Bitmap	Nutzung einer aus dem CAD-Layout generierten Bitmap als Hintergrundbild für die Simulation zur optischen Aufwertung der Simulation
CAD-Schnittstelle	Übernahme von CAD-Daten über eine Geometrie-Schnittstelle
Integration	Integration von CAD-Daten/Layoutplanung und Simulation im Sinne der Digitalen Fabrik (Automatisierte Übernahme von Geometrie- und Technologiedaten)

Die Übergabe von CAD-Daten an Simulatoren kann über Geometrieschnittstellen, wie u. a. durch Dateien in den Formaten IGES- (Initial Graphics Exchange Specification), VDAFS- (Vereinigung-Deutsche-Automobilindustrie-Flächen-Schnittstelle) oder DXF- (Drawing Interchange File) realisiert werden. Die simpelste, aber auch am wenigsten sinnvolle Möglichkeit ist die Einbindung von Bitmaps in das Simulationslayout.

Im Rahmen der Digitalen Fabrik wird allerdings ein möglichst weitgehender Vernetzungsgrad der Fabrikstrukturplanung mit der Simulation angestrebt. Es wird nicht angestrebt, lediglich eine Geometrieschnittstelle zwischen dem CAD-System oder den Layoutplanungssystemen und dem Simulator herzustellen. Zur effizienten Durchführung von Simulationsanwendungen wird in der Digitalen Fabrik darauf abgezielt, eine Integration der Systeme über eine zentrale Datenbasis herzustellen, die auch eine gemeinsame Nutzung von Technologiedaten ermöglicht.

6.5.1.2 Betriebsmitteldaten

Materialflusssimulationsmodelle benötigen eine Vielzahl von technischen Angaben der einzelnen Produktionsmittel. Betriebsmitteldaten beschreiben die Eigenschaften von Betriebsmitteln und werden häufig in technischen Datenbanken verwaltet. Zu diesen gehören:

- Art der Betriebsmittel
- Verfügbare Leistung und Kapazität der Betriebsmittel
- Standardzeitvorgaben, wie Bearbeitungs-, Rüstzeiten etc. (sofern nicht auftragsabhängig)
- Produktionstechnische Vorgaben und Einschränkungen
- Störungsverhalten und technische Verfügbarkeit
- Wartungsintervalle

Für die Projektierung neuer Anlagen können häufig vorhandene Daten ähnlicher bereits existierender Anlagen für die Modellierung genutzt werden.

6.5.1.3 Ausfälle, Fehler und Störungen von Ressourcen

Die Erfassung und Einbeziehung von Stördaten in die Planung und den Betrieb von Produktionssystemen ist ein wesentlicher Faktor für die dynamische Auslegung der Systeme. Durch richtige Dimensionierung z. B. von Puffern und durch die Auswahl geschickter Steuerstrategien können Anlagen weitgehend unempfindlich gegenüber kleineren und mittleren Störungen ausgelegt und der Schaden bei größeren Störungen in Grenzen gehalten werden. Die Dimensionierung der Puffer ist eine schwierige Aufgabe, bei welcher der Planer immer im Konflikt zwischen guter Absicherung gegen Störungen einerseits und Verringerung der Durchlaufzeiten und Minimierung der Kapitalbindung andererseits steht. Die Simulation unter Einbeziehung der Störgrößen kann entscheidend dazu beitragen, die erforderlichen Planungsentscheidungen kompetent abzusichern.

Übliche Größen zur Beschreibung von Systemausfällen (Abb. 6.3) sind:

Größe	Beschreibung
TBF (Time between Failures)	Störungsfreie Zeit zwischen zwei Störungen.
TTR (Time to Repair)	Dauer des technischen Ausfalls von Maschinen. Organisatorische Stillstände dürfen in dieser Störzeit nicht enthalten sein.
Technische Verfügbarkeit	Verhältnis von Funktionszeit zu Betriebszeit.

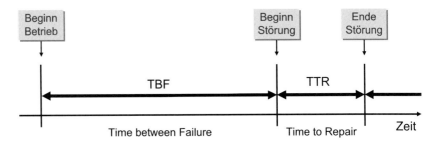

Abb. 6.3: Zur Beschreibung von Anlagenstörungen sind TBF und TTR charakteristische Größen

Organisatorisch bedingte und technisch bedingte Anlagenstillstände sowie die jeweils aus technischen und organisatorischen Problemen resultierenden Anlagenverfügbarkeiten sind für Simulationsanwendungen klar voneinander zu trennen, da sonst keine Rückschlüsse auf Maßnahmen zur Systemverbesserung getroffen werden können. Häufig werden für Systemausfälle nur die Mittelwerte angegeben:

- MTBF (Mean Time between Failures)
- MTTR (Mean Time to Repair)

Für die Simulation sind die gemittelten Zeiten in der Regel keine ausreichende Datenbasis, da diese noch keine Aussagen über Häufigkeit und Länge von Störungen zulassen. Aussagekräftiger sind tatsächliche Störzeiten und Funktionszeiten. In den meisten Fällen ist es sinnvoll, die gemessenen Größen nicht direkt im Simulator zu verwenden, sondern diese in Form von Verteilungen zur Verfügung zu stellen. Dies kann entweder in Form stochastischer Verteilungen, wie z. B. logarithmische Normalverteilung, negative Exponentialverteilung etc., oder in Form von Histogrammverteilungen erfolgen.

6.5.2 Daten der Produktionsplanung und -steuerung

Die Daten der Produktionsplanung und -steuerung gliedern sich in:

- produktbezogene Daten
- auftragsbezogene Daten

Die produktbezogenen Daten gehören zu den Stammdaten und enthalten Daten der Produktstruktur, wie z. B. Stücklisten und Geometriedaten sowie Daten für die Produktion, wie z. B. Arbeitspläne. In einigen Branchen mit Produkten geringer Strukturtiefe werden diese Daten auch direkt zusammengefasst.

Die auftragsbezogenen Daten gehören zu den Systemlastdaten und ändern sich im täglichen Betrieb. Zu diesen Daten gehören die laufenden sowie die zu erwartenden Aufträge.

Die Daten der Produktionsplanung und -steuerung sind typischerweise in PPS/ERP-Systemen, Leitständen sowie BDE-Systemen (Istdaten) zu finden und müssen aus diesen der Simulation zur Verfügung gestellt werden.

6.5.2.1 Produktbezogene Daten

Stücklisten

Stücklisten sind die strukturierte Auflistung von Teilen oder Baugruppen, die zur Herstellung eines Produktes oder Teilproduktes benötigt werden. Die Stücklisteninformationen gehören zu den grundlegenden Datenstrukturen, die Produktionsunternehmen vorhalten müssen. Stücklisten beziehen sich auf diskrete Endprodukte und geben an, welche Teilprodukte bzw. welches Material benötigt werden, um ein Stück eines Endproduktes herzustellen.

In der praktischen Nutzung werden meist die Grundtypen der Mengenübersichtsstückliste, der Strukturstückliste sowie der Baukastenstückliste unterschieden.

Stückliste	Beschreibung
Mengenübersichtsstückliste	Undifferenzierte Auflistung der für das Endprodukt benötigten Mengen über alle Fertigungsstufen
Strukturstückliste	Auflistung der hierarchischen Teilestruktur unterhalb des Endproduktes
Baukastenstückliste	Auflistung jeweils nur einer Ebene der Produktstruktur. Baugruppen erhalten eigene Stücklisten, die in den Stücklisten der übergeordneten Gruppen verwendet werden.

Die Strukturstückliste ist die aufwändigste und ausführlichste Form. Die beiden anderen Formen sind vereinfachte Sichten auf die gleichen Daten. In der Mengenübersichtsstückliste sind diese zusammengefasst nach gleichen Teilen und in der Baukastenstückliste jeweils für eine Ebene der Montage. Weiter gibt es einige Formen zur Abbildung unterschiedlicher Varianten.

6.5.2.2 Arbeitspläne

Die Arbeitspläne enthalten die erforderlichen Informationen zur Herstellung des gewünschten Produktes oder Teilproduktes. Ein Arbeitsplan beschreibt den Fertigungsablauf in Bezug auf die einzelnen Arbeitsschritte mit den entsprechenden Arbeitszeiten (Bearbeitungszeit, Rüstzeit etc.). Grundlage zur Erstellung der Arbeitspläne sind die Stücklisten. Basierend auf diesen werden in einer Arbeitsfolge die einzelnen Arbeitsschritte, die zur Erstellung von Produkten, Baugruppen oder Teilen notwendig sind, beschrieben. Durch entsprechende Zuordnungen können Stücklisten und Arbeitspläne gekoppelt werden.

Aktuelle Arbeitsplandaten mit Arbeitsfolgen, Arbeitsschritten und Zeitanteilen sind in der Simulation für die Strukturierung der Abläufe eine wesentliche Voraussetzung. Der erforderliche Detaillierungsgrad der Daten hängt von der jeweiligen Fragestellung der Simulation ab.

6.5.2.3 Systemlasten

Die Systemlast wird durch die Art und Anzahl der zu bearbeitenden Produktions- und Transportaufträge spezifiziert, die während eines Simulationslaufes in das Modell eingelastet werden.

- Produktionsaufträge (Produkt, Arbeitsgänge, Prioritäten, Termine …)
- Transportaufträge (Fördergut, Start-, Zielort, Prioritäten, Termine …)

Zu den Aufträgen gehören jeweilige die spezifischen Daten für das Produkt oder Fördergut sowie die Mengen- und Terminangaben, wie vorgegebene Starttermine und die einzuhaltenden Endtermine.

Für die Fabriksimulation werden typischerweise unterschiedliche Systemlastszenarien mit normaler, geringer und erhöhter Systemlast definiert, um das Verhalten eines Systems unter verschiedenen Bedingungen zu testen. Weiter können Modelle auch z. B. mit Systemlasten einer speziellen Produktstruktur oder vieler Eilaufträge getestet werden, um Erkenntnisse über das Verhalten der Systeme in speziellen Situationen zu erlangen.

6.5.3 Organisationsdaten

Organisationsdaten beschreiben die Aufbauorganisation, wie z. B. die Zuordnung von Mitarbeitern zu bestimmten Bereichen oder Arbeitsgruppen sowie die Ablauforganisation, wie z. B. Arbeitszeitorganisation mit Schichtsystemen und Pausenzeitregelungen. Zu den Organisationsdaten gehören u. a.:

- Zuordnung von Mitarbeitern zu Produktionsbereichen, Anlagen etc.
- Schichtmodelle und Pausenzeitregelungen
- Einschränkungen in der Ablauforganisation
- Prozesse zur Störungsbehebung und Systemwartung

Je nach zu bearbeitender Fragestellung können die Organisationsdaten entweder Eingangsdaten oder auch Ergebnisdaten einer Simulationsstudie sein.

6.5.4 Kostendaten (optional)

Wird Simulation nicht nur zur Beantwortung technischer Fragestellungen, sondern auch im betriebswirtschaftlichen Zusammenhang zur dynamischen Ermittlung von Kosten eingesetzt, so müssen grundlegende Kostendaten zur Verfügung stehen (s. VDI 3633 Blatt 7) z. B. für:

- Lohn- und Lohnnebenkosten
- Anlagenstundensätze
- Rüstkosten
- Instandhaltungskosten
- Energiekosten
- Raumkosten

6.6 Datenaufbereitung stochastischer Daten

Zur Übernahme der erfassten Daten in das Simulationsmodell sind prinzipiell drei Ansätze möglich, die sich bezüglich Aufwand und späterer Wiederverwendbarkeit der Daten ganz erheblich unterscheiden (Abb. 6.4). Dies sind:

- direkte Nutzung der erfassten Daten
- Anpassung einer stochastischen Verteilung an die erfassten Daten
- Generieren einer empirischen Verteilung aus den erfassten Daten

Mit der direkten Nutzung von historischen Daten lässt sich das Verhalten des Simulationsmodells und das des realen Systems sehr gut vergleichen, was für die Modellvalidierung hilfreich sein kann. Nachteil dieses Ansatzes ist jedoch, dass damit nur historische Verhältnisse simuliert werden können.

In den beiden anderen Fällen werden für Simulationsanwendungen nicht mehr die erfassten Daten, sondern angepasste Verteilungen benötigt. Der Einsatz von Verteilungen anstatt von Originaldaten kann die Handhabbarkeit der Daten wesentlich verbessern, da die Form der Beschreibung sehr kompakt ist. Weiter ermöglicht dieser auch die Übertragbarkeit auf weitere eventuell noch nicht existierende Anlagenkomponenten.

Die Anpassung an stochastische Verteilungen hat den Vorteil, dass diese auch über die gemessenen Daten hinaus eine Aussage über Zwischenwerte und Randbereiche erlauben.

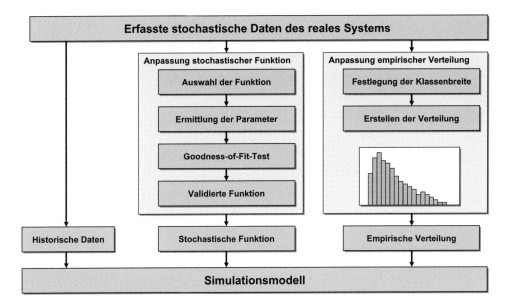

Abb. 6.4: Drei unterschiedliche Möglichkeiten der Nutzung stochastischer Daten für die Simulation

Der Einsatz stochastischer Verteilungen erfordert allerdings die Ermittlung der entsprechenden Verteilungsparameter. Mit Goodness-of-Fit-Tests ist zu überprüfen, ob die gewählte Verteilung die Daten auch hinreichend repräsentiert. Manchmal ergeben sich Schwierigkeiten, die zur Verfügung stehenden Verteilungen hinreichend an die Ausgangsdaten anzupassen.

Ist es nicht möglich, eine stochastische Verteilung hinreichend gut an die Daten anzupassen, so ist es sinnvoll, die Daten in einer empirischen Verteilung zu komprimieren. Solche Histogrammverteilungen erlauben die Eingabe individueller Störprofile und sind sehr einfach zu erstellen, da lediglich Intervallgrenzen und Intervallhäufigkeiten benötigt werden.

In vielen Fällen ist eine Verdichtung der Daten einzelner Anlagenkomponenten zu Störprofilen für Maschinenklassen sinnvoll, z. B. in Abhängigkeit von Funktion, Antriebsart, Prozess etc.

6.6.1 Logiken von Anlagen- und Maschinensteuerungen

Die Logiken zur Steuerung von Anlangen und Maschinen wie Produktions-, Handhabungs-, Transport- oder Lagereinrichtungen werden in der Simulation als Eingangsdaten benötigt, um die Abläufe im Modell entsprechend steuern und simulieren zu können. Diese Logiken sind häufig in speicherprogrammierbare Steuerungen (SPS) oder speziellen Steuerungen wie Robotersteuerungen implementiert und müssen der Simulation über eine Schnittstelle oder als Konzept zur Verfügung gestellt werden. Im Rahmen der Digitalen Fabrik können solche Logiken auch im Modell virtuell entwickelt (Offline-Programmierung) und der realen Anlage als Ergebnisdaten zur Verfügung gestellt werden.

6.7 Ergebnisdaten

Simulationsergebnisdaten werden während eines oder mehrerer Simulationsläufe erfasst und können mit Hilfe des Simulators oder extern ausgewertet und dargestellt werden (vgl. VDI 3633 Blatt 3). Rohdaten werden zu aussagefähigen Kenngrößen verdichtet. Typische Ergebnisdaten sind z. B.:

- Auslastung verschiedener Anlagenbereiche
- Durchlaufzeiten
- Termintreue
- Wartezeiten
- Systemdurchsätze
- ...

Die Ergebnisdaten der verschiedenen zu untersuchenden Szenarien liefern Aussagen über die Dynamik des Systems, eventuell bestehende Engpässe oder helfen Optimierungspotenziale aufzuzeigen.

Über die technischen Aspekte hinaus können Simulationsergebnisdaten zur Ermittlung von Kosten genutzt werden und durch die rechnerische Verknüpfung von Kostensätzen und mit Simulation ermittelten Prozesszeiten können beispielsweise Kostenarten-, Kostenträger- und Prozesskostenrechnung durchgeführt oder die Simulationsergebnisse in Kostenrechnungssysteme übertragen werden.

7 Versuchsplanung, Simulationsdurchführung und Auswertung der Simulationsergebnisse

Die Versuchsplanung hat zum Ziel, die große Zahl möglicher Szenarien und Simulationsläufe in Bezug auf die konkrete Zielsetzung auf ein sinnvolles Maß einzuschränken. Bei der Versuchsplanung sind die folgenden Begriffe klar voneinander abzugrenzen.

Begriff	Bedeutung
Simulationsuntersuchung	Simulation eines oder mehrerer Szenarien mit unterschiedlichen Parametersätzen
Simulationsszenario	Konfiguration des Modells mit einem Parametersatz
Simulationsexperiment	Simulation eines Szenarios mit einem Parametersatz aber unterschiedlichen Zufallswerten (statistische Auswertung).
Simulationslauf	Simulation eines Szenarios mit einem Parametersatz ohne Variation der Seed-Werte für stochastische Verteilungen

Im Rahmen der Simulationsuntersuchungen sind in der Regel mehrere Szenarien mit unterschiedlichen Parametereinstellungen zu analysieren. Die dazu durchzuführenden Simulationsexperimente (Abb. 7.1) setzen sich aus mehreren Simulationsläufen zusammen und dienen der gezielten empirischen Untersuchung des Modellverhaltens über einen bestimmten Zeithorizont.

Die erforderlichen Experimente müssen überlegt geplant werden, um das Simulationsziel möglichst sicher und schnell zu erreichen. Je nach Aufgabenstellung können verschiedene System- oder Umgebungsparameter systematisch verändert und die jeweils auftretenden Modellergebnisse beobachtet und ausgewertet werden. Durch eine gute Experimentplanung[1] soll eine Simulationsstudie mit einer minimalen Anzahl von Experimenten eine möglichst große Aussagekraft erzielen und so den Gesamtaufwand in sinnvollen Grenzen halten.

---
[1] siehe auch VDI 3633 Blatt 3 Experimentplanung und -auswertung

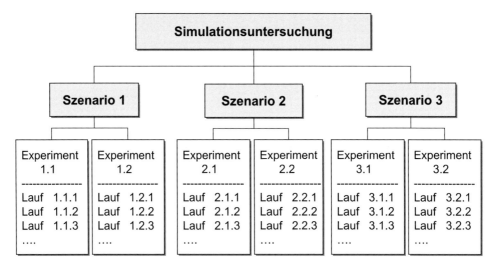

Abb. 7.1: Aufbau von systematischen Simulationsuntersuchungen aus Szenarien und Experimenten

7.1 Statistische Experimentplanung

Ausgehend von den zu untersuchenden Szenarien muss eine detaillierte Experimentplanung durchgeführt werden, in der festzulegen sind:

- Anzahl erforderlicher Simulationsläufe
- erforderliche Simulationsdauer
- Parameterkombinationen der zu untersuchenden Einflussgrößen
- zu erfassende Daten und Messzeitpunkte

Für die Simulationsexperimente muss sichergestellt werden, dass die Anforderungen der Statistik an die Menge, Qualität und Aussagekraft der Daten auch dann erfüllt sind, wenn nicht alle denkbaren Parameterkonstellationen geprüft werden können. Dazu werden Verfahren der statistischen Versuchsplanung eingesetzt, wie u. a.:

- Sensitivitätsanalyse
- Faktorielle und teilfaktorielle Versuchsplanung
- Taguchi-Methode und Shainin-Methode

Diese Methoden sind im Weiteren kurz erläutert.

Sensitivitätsanalyse

Mit Hilfe einer Sensitivitätsanalyse (One-by-One-Factor-Methode) wird der Einfluss von Input-Faktoren auf bestimmte Ergebnisgrößen untersucht. Es wird jeweils nur eine Einflussgröße verändert, während die anderen konstant bleiben. Dies ermöglicht eine Abgrenzung der Einflussgrößen untereinander. Damit eignet sich diese Methode im Wesentlichen für die Untersuchung einzelner, voneinander relativ unabhängiger Einflussgrößen. Die Wechselwirkungen durch deren Kombination bleibt dabei unberücksichtigt.

Faktorielle und teilfaktorielle Methode

Bei der faktoriellen und teilfaktoriellen Experimentplanung werden dagegen alle bzw. mehrere Einflussgrößen gleichzeitig verändert, so dass die kombinatorische Wirkung mehrerer Einflussgrößen auf die Zielgröße untersucht werden kann. Nachteilig ist, dass mit der Zunahme der zu untersuchenden Einflussgrößen die Anzahl der Simulationsläufe exponentiell ansteigt und der Aufwand dieser Methode extrem hoch werden kann. Wenn die Wechselwirkungen zwischen bestimmten Einflussgrößen vernachlässigt werden können, lässt sich die Anzahl der notwendigen Läufe in einem teilfaktoriellen Experiment reduzieren.

Taguchi- und Shainin-Methode

Die Taguchi- und Shainin-Methode sind spezielle Anwendungen der statistischen Versuchsplanung. Die Shainin-Methode[1] geht vom Pareto-Prinzip aus. Dieses besagt, dass ein Problem theoretisch sehr viele Ursachen haben, praktisch aber meist auf wenige Ursachen zurückgeführt werden kann. Bei produktionstechnischen Fragestellungen kann dies in der Regel vorausgesetzt werden. Die Taguchi-Methode[2] setzt ebenfalls voraus, dass die meisten Wechselwirkungen vernachlässigt werden können.

7.2 Experimentplan

Auf Basis der zu untersuchenden Fragestellung werden in der Regel vom Planer die erforderlichen Simulationsszenarien im Lastenheft definiert oder gemeinsam von Simulationsdienstleister und Planer zusammengestellt.

---

[1] nach Dorian Shainin
[2] nach Genichi Taguchi

Der daraus abzuleitende Experimentplan wird meist vom Simulationsdienstleister erstellt und mit dem Planer abgestimmt. Dieser Experimentplan sollte mindestens enthalten:

- Definition der zu untersuchenden Szenarien
- Experimentübersicht (Art und Anzahl der Experimente, zu variierende Parameter)
- Mindestsimulationsdauer (Länge der Einschwingphase, Auswertephase)
- Definition eines längeren Simulationslaufes (mindestens dreifache Mindestsimulationsdauer)
- Parameter für die Analysen

Bei Verwendung stochastischer Verteilungen in einem Simulationsmodell sind zusätzlich zu definieren:

- Festlegung der Variation der Seed-Werte zur Absicherung der Ergebnisse
- Anzahl Simulationsläufe pro Simulationsexperiment

Weiter sind bei Verwendung stochastischer Verteilungen in einem Simulationsmodell folgende Grundsätze zu beachten:

- Simulationsläufe und Simulationsexperimente müssen reproduzierbar sein.
- Zufallsprozesse müssen voneinander unabhängig implementiert sein. Für jeden Zufallsprozess ist ein eigener Zufallszahlenstrom zu nutzen, und jeder Zufallszahlenstrom hat einen eigenen Seed-Wert.
- Die Simulationsläufe sind statistisch auszuwerten.

7.3 Durchführung der Simulationsläufe

Die Durchführung der Simulationsläufe hängt trotz der systematisierenden Maßnahmen in erheblichem Maße von der individuellen Erfahrung des jeweiligen Planers und Dienstleisters ab und lässt sich in der Praxis häufig nicht vollständig vorherbestimmen, da in vielen Fällen das System sehr komplex und die Anzahl der Einflussfaktoren sehr groß sind. Insbesondere, wenn in vielparametrigen Systemen optimiert werden soll und Steuerstrategien verändert werden müssen, ist die Erfahrung des Simulationsdienstleisters gefragt.

Basierend auf dem Simulationsversuchsplan werden die erforderlichen Simulationsläufe durchgeführt. Wenn der Versuchsplan ausreichend vorbereitet ist und der eingesetzte

Simulator gute Automatisierungsmöglichkeiten bietet, können die eigentlichen Simulationsläufe in Form von Batch-Jobs weitgehend automatisiert ablaufen. In der Regel wird dabei auf eine Animation verzichtet, um die Laufzeit zu verbessern. Je nach Verlauf und Ergebnis können aufgrund der erzielten Erkenntnisse während der Durchführung der Simulationsläufe weitere Läufe in den Experimentplan aufgenommen werden.

7.4 Auswertung der Simulationsergebnisse

Das Ergebnis eines Simulationslaufes besteht aus Datensätzen, die zeitabhängige Zustandsänderungen der ortsfesten und dynamischen Elemente eines Simulationsmodells repräsentieren. Die Auswertung der Simulationsergebnisse knüpft an die durchgeführten Simulationsexperimente an und umfasst die vier Schritte:

- Datenaufbereitung
- Statistische Auswertung
- Interpretation der Daten
- Bewertung von Varianten

Das Ziel der Auswertung ist es, möglichst klare Antworten auf die untersuchten Fragestellungen zu liefern.

7.4.1 Datenaufbereitung

Die Ergebnisdaten eines simulierten Prozesses werden in der Regel durch die Auswertung von Ereignissen an definierten Messpunkten eines Modells generiert. Die Daten können direkt zur Laufzeit oder als Statistiken zu definierten Zeitpunkten ermittelt und als Rohdaten in eine Tabelle, Datei oder Datenbank geschrieben oder über entsprechende Algorithmen vorverdichtet werden. Je nach Fragestellung können anschließend weitere Aufbereitungsschritte wie z. B. die Selektion bestimmter Daten aus dem Gesamtdatenbestand, die Sortierung der Daten nach einzelnen Kriterien oder die Umrechnung von Daten durchgeführt werden. Die Aufbereitung der Daten kann sowohl während als auch nach einem Simulationslauf oder auch im Anschluss an ein vollständiges Experiment durchgeführt werden.

Je nach Fragestellung, die mit der Simulation zu beantworten ist, erfolgt die Auswertung der Daten nach unterschiedlichen Sichtweisen. Dies kann die Perspektive der stationären Modellelemente, die Sicht der mobilen Modellelemente sowie eine auftragsorientierte Sichtweise sein.

Perspektive stationärer Modellelemente

Diese Sichtweise stellt die Sicht auf Anlagenelemente dar. Bewegliche Objekte wie Werkstücke, Hilfsmittel etc. treten auf dem Weg durch das Modell in stationäre Elemente ein, verweilen dort für eine definierte Zeit z. B. zur Bearbeitung oder Pufferung und treten anschließend wieder aus. An einer stationären Ressource werden die Ereignisse, wie Ein- und Austritt der mobilen Modellelemente sowie der unterschiedliche Status, wie Bearbeiten, Rüsten, Warten, Gestört, aufgezeichnet und ausgewertet.

Perspektive mobiler Modellelemente

Diese Sicht ist jeweils an ein mobiles Element, z. B. an ein Werkstück oder ein Fahrzeug, gebunden, das sich durch die Modelltopologie bewegt. Es wird der Weg durch das Modell mit Transferzeiten, Bearbeitungszeiten, Wartezeiten etc. aus Sicht des mobilen Elements aufgezeichnet und ausgewertet.

Auftragsorientierte Sichtweise

In der Auftragssicht stehen Selektions- und Sortierungskriterium der Aufträge sowie die geplanten und realisierten Termine der Auftragseinlastung, der Bearbeitung in den Arbeitsvorgängen sowie der Fertigstellung im Vordergrund. Diese Sicht ist insbesondere aus Kundensicht interessant.

Verdichtung der Daten

Zur Datenaufbereitung gehören die Verdichtung und die interpretationsgerechte Darstellung der Daten. Ziel der Verdichtung ist es, die Effizienz der Weiterverarbeitung zu verbessern und die Aussagekraft der enthaltenen Informationen zu erhöhen sowie den erforderlichen Speicherbedarf zu reduzieren. In der Regel wird die Verdichtung mit Hilfe statistischer Verfahren durchgeführt. Typische Verdichtungen sind z. B. Mittelwerte, Häufigkeiten, Extremwerte sowie spezielle Kennwerte oder Kennzahlen. Eine andere Form der Verdichtung ergibt sich aus der Visualisierung großer Datenmengen in Form von Diagrammen, aus denen dann nicht einzelne Werte, sondern z. B. Kurvenverläufe oder andere Muster visuell abgelesen werden.

7.4.2 Statistische Auswertung

Für Simulationsmodelle, die Elemente mit stochastischem Verhalten beinhalten, ist eine statistische Auswertung der Ergebnisse zwingend erforderlich. Ein einzelner Simulationslauf kann zufällig ein gutes oder schlechtes Ergebnis aufweisen. Erst die Durchführung mehrerer Läufe mit unterschiedlichen Zufallszahlen sowie deren Auswertung mit statistischen Verfahren bringt eine klare Aussage.

Statistische Verfahren erlauben es, Annahmen zu formulieren, die mit einer bestimmten Wahrscheinlichkeit als richtig angenommen werden können. Dazu wird häufig zur Vereinfachung die Annahme getroffen, dass zufällige Ereignisse normalverteilt sind. Damit sind Modus und Median mit dem Mittelwert identisch. Bei der Auswertung von Produktionsdaten ist diese Annahme jedoch mit Vorsicht zu betrachten, da Störzeiten und Durchlaufzeit häufig schief verteilt sind (z. B. Logarithmische Normalverteilung).

Grundsätzlich ist für die Gewinnung zuverlässiger Aussagen eine möglichst große Anzahl unabhängiger Stichproben, die mehrfache Wiederholung von Simulationsläufen mit jeweils gleichen Parametern und unterschiedlichen Startwerten für die Zufallszahlen, sinnvoll. In der Praxis ist allerdings der Aufwand in Relation zum Nutzen zu setzen und die Zahl der Simulationsläufe auf ein vernünftiges Maß zu beschränken.

Das Kapitel 11 „Wahrscheinlichkeitstheorie und Statistik" führt in die grundlegenden Begriffe ein, im Übrigen sei auf die weiterführende Fachliteratur der Statistik verwiesen wie z. B. [Hartung 2005].

7.4.3 Interpretation der Ergebnisdaten

Simulationsergebnisdaten müssen grundsätzlich interpretiert werden. Das bedeutet, die Ergebnisdaten mit den konkreten Einflussgrößen in Beziehung zu setzen. Dieselben Daten können vor dem Hintergrund unterschiedlicher Einflüsse oft ganz verschiedene Interpretationen erlauben. Anhand eines Produktionssystems, das aus einer Montagestation, einem Puffer und einer Transporteinrichtung zwischen Puffer und Maschine besteht (Abb. 7.2) soll dies im Weiteren verdeutlicht werden.

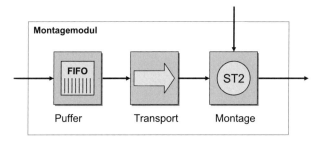

Abb. 7.2: Montagemodul bestehend aus Eingangspuffer, Transporteinrichtung und Montagestation

Die Beobachtung, dass der Eingangspuffer ständig komplett belegt ist, kann sehr unterschiedlich interpretiert werden:

Interpretation 1: Der Eingangspuffer ist zu klein dimensioniert.

Interpretation 2: Der Puffer ist hat gerade die perfekte Anzahl Plätze und ist maximal belegt.

Interpretation 3: Die Montagestation ist der Engpass.

Interpretation 4: Die Transporteinrichtung ist der Engpass.

Interpretation 5: Im Puffer liegen Teile, die in der Montagestation nicht benötigt werden.

Interpretation 6: Die Montagestation wartet auf weitere Zuführteile und blockiert das System.

Erst wenn die Situation aufgrund einer Analyse des Gesamtsystems bestehend aus Eingangspuffer, Transportsystem, Montagestation und Zuführung in deren Wechselwirkung beobachtet worden ist, lässt sich eine klare Interpretation der Situation vornehmen. Die pauschale Schlussfolgerung, den Puffer zu vergrößern, wäre nur im erstgenannten Fall (Interpretation 1) tatsächlich korrekt und sinnvoll.

7.4.4 Bewertung von Varianten

Häufig ist es das Ziel von Simulation, unterschiedliche Varianten zu beurteilen. In der Praxis sind Zielkonflikte bei der Bearbeitung eines Problemlösungsprozesses nahezu unvermeidlich, da Ziele sich meist nicht widerspruchsfrei definieren lassen. Der in (Abb. 7.3) dargestellte Zielkonflikt zwischen Termintreue, Flexibilität, Auslastung und Kosten ist dafür ein typisches Beispiel. Entsprechend können auch Lösungen nicht eindeutig optimal sein, sondern immer nur bestimmten Zielen mehr und anderen dann zwangsläufig weniger dienen.

Vor diesem Hintergrund ist auch das Ergebnis von Simulation zu beurteilen. Unter Einbeziehung der Teilziele und deren Gewichtungen ist eine Bewertung möglich, welche die Varianten in eine qualitative Rangordnung überführt. In der Praxis nicht zu unterschätzen ist der Aufwand für die Aufstellung sinnvoller Gewichtungsfaktoren, da sich in diesen Faktoren die möglichen Interessenkonflikte der Projektbeteiligten widerspiegeln. Auf der Basis des erstellten Rankings kann entschieden werden, welche Variante als Problemlösung sinnvollerweise gewählt werden soll.

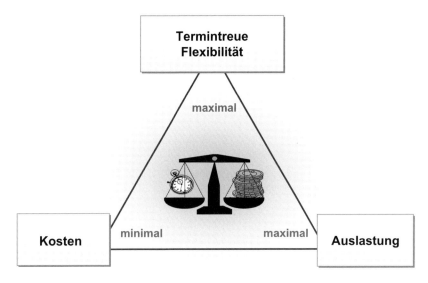

Abb. 7.3: Zwischen den Zielen Termintreue, Kosten und Auslastung bestehen Zielkonflikte

7.5 Grafische Darstellung von Simulationsergebnissen

Zur Interpretation von Simulationsergebnissen ist es hilfreich, die wesentlichen Ergebnisse grafisch aufzubereiten, um dem Betrachter einen schnellen und guten Überblick zu ermöglichen. Je nach Fragestellung sind unterschiedliche Kennwerte von Interesse, für deren Ermittlung und Visualisierung sich jeweils bestimmte Darstellungsformen besonders eignen. Welche Darstellungsform jeweils gewählt werden sollte, ist vom betrachteten System, von den zu untersuchenden Fragen, den Randbedingungen sowie der Qualifikation und Sichtweise des Betrachters abhängig.

Aus der grafischen Darstellung einer Zeitreihe mit einer großen Anzahl von Einzelwerten kann z. B. ein Trend oder ein Durchschnitt abgelesen werden, ohne ein mathematisches Verfahren zu benötigen. Die intuitive Erkenntnisfähigkeit des Betrachters ermöglicht einer grafischen Darstellung, nicht in erster Linie die exakten Zahlenwerte zu entnehmen, sondern eher das Muster insgesamt wahrzunehmen und zu interpretieren.

Bei geeigneter Darstellung reicht die Anschauung, um qualifizierte Aussagen auf der Basis der grafischen Ergebnisdarstellung treffen zu können.

Häufig werden folgende Diagrammtypen eingesetzt:

Diagramm	Eigenschaften
Punktdiagramm	Die Wertepaare werden als Punkte in ein Koordinatensystem eingetragen.
Liniendiagramm	Die Punkte werden durch Linien (Geraden, Kurven) verbunden.
Flächendiagramm	Die Fläche zwischen Achse und Linie wird ausgefüllt.
Säulendiagramm	Der Abstand zwischen Achse und Datenpunkt wird mit einer senkrecht auf der x-Achse stehenden rechteckigen Fläche dargestellt.
Balkendiagramm	Der Abstand zwischen Achse und Datenpunkt wird mit einer senkrecht auf der y-Achse stehenden rechteckigen Fläche dargestellt.
Gantt-Diagramm	Diagramm, bei dem die zeitliche Abfolge von Aktivitäten grafisch in Form von Balken auf einer Zeitachse dargestellt ist.
Kreisdiagramm	Die Werte werden in Form von Kreissegmenten gezeichnet, um die Anteile als Teile eines Ganzen darzustellen.
Sankey-Diagramm	Flüsse durch ein System werden als gerichtete Pfeile unterschiedlicher Breite zwischen den Strukturelementen dargestellt.
Radardiagramm	Zusammenfassung mehrerer Kennzahlen in einem Diagramm auf mehreren um ein Zentrum angeordneten Achsen.

Punktdiagramm

Im Punktdiagramm werden die Wertepaare als Punkte in ein Koordinatensystem eingetragen. Diese Diagrammform eignet sich besonders zur Darstellung von Rohdaten. Der Betrachter ist in der Lage, Anhäufungen von Werten als Punktwolke sowie abweichende Werte als einzelne Punkte optisch wahrzunehmen.

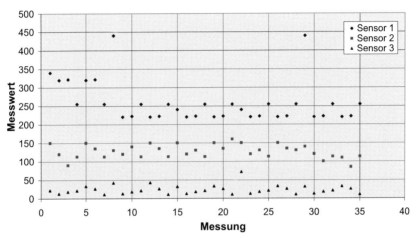

Abb. 7.4: Punktdiagramm

Liniendiagramm

Beim Liniendiagramm werden die Wertepaare durch Linien (Geraden, Kurven) verbunden bzw. ersetzt. Trends lassen sich in Liniendiagrammen besser erkennen als in Punktdiagrammen.

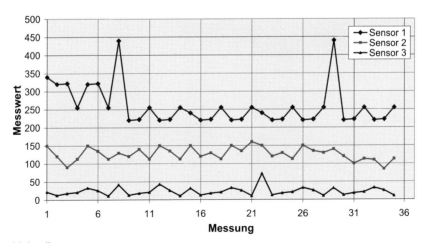

Abb. 7.5: Liniendiagramm

Flächendiagramm

Das Flächendiagramm ist eine Erweiterung des Liniendiagramms, bei dem die Fläche zwischen Achse und Linie ausgefüllt wird. Flächendiagramme eignen sich besonders zur Darstellung kumulierter Werte. Es ist sowohl der kumulierte Wert sowie der Anteil der jeweiligen Größe optisch gut ablesbar.

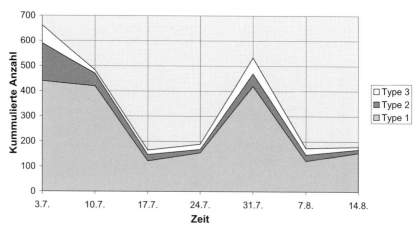

Abb. 7.6: Flächendiagramm

Säulendiagramm

Die Daten werden mit einer rechteckigen Fläche, die senkrecht auf der x-Achse steht, visualisiert. Dabei kennzeichnet die Länge der Fläche in y-Richtung den Datenpunkt.

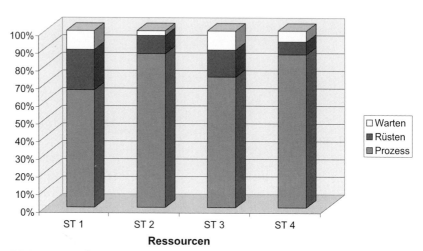

Abb. 7.7: Säulendiagramm

Balkendiagramm

Das Balkendiagramm ist im Prinzip ein gedrehtes Säulendiagramm, bei dem der Abstand zwischen Achse und Datenpunkt durch eine rechteckige, senkrecht auf der *y*-Achse stehende Fläche dargestellt wird.

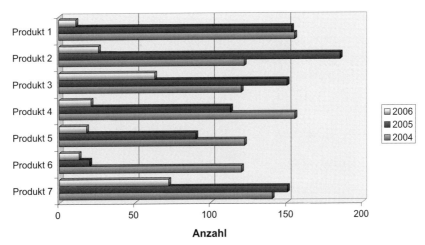

Abb. 7.8: Balkendiagramm

Gantt-Diagramm

Das Gantt-Diagramm[1] ist ein Balkendiagramm, das die zeitliche Abfolge von Aktivitäten grafisch in Form von Balken auf einer Zeitachse darstellt. Gantt-Diagramme sind gut geeignet, die Zustände mehrerer Elemente oder Aufträge über der Zeit darzustellen. Dazu werden Balken waagerecht über einer horizontalen Zeitachse angeordnet und für die Visualisierung der Zustände unterschiedliche Farben oder Schraffuren eingesetzt.

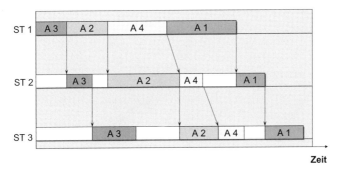

Abb. 7.9: Gantt-Diagramm

---

[1] benannt nach dem amerikanischen Berater Henry L. Gantt (1861–1919)

Die Dauer von Aktivitäten lässt sich in Gantt-Diagrammen besser als in Netzplänen visualisieren. Ein Netzplan kann andererseits die Abhängigkeiten zwischen den unterschiedlichen Aktivitäten klarer darstellen.

Kreisdiagramm

Kreisdiagramme (Tortendiagramme) sind in mehrere Kreissegmente eingeteilt, wobei jedes dieser Segmente einen Teilwert und der Kreis die Summe der Teilwerte darstellt. Die Verwendung dieser Darstellung ist nur dann möglich, wenn ein sinnvoller Bezugswert (100 %-Marke) angegeben werden kann. Weiterhin soll ein Kreisdiagramm zur Wahrung der Übersichtlichkeit nicht mehr als zehn Parameter beinhalten.

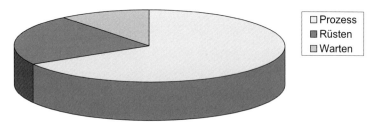

Abb. 7.10: Kreisdiagramm

Sankey-Diagramm

Sankey-Diagramme[1] ermöglichen eine übersichtliche grafische Darstellung von Material- und Informationsflüssen in komplexen Netzwerken. Im Sankey-Diagramm werden die Flüsse (Menge pro Zeiteinheit) als gerichtete Pfeile zwischen den Strukturelementen (Knoten) dargestellt, wobei die Breite eines Pfeils proportional zur Größe des repräsentierten Flusses ist.

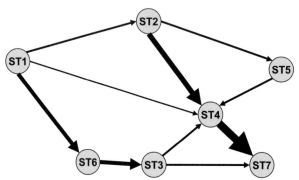

Abb. 7.11: Sankey-Diagramm

---

[1] Benannt nach dem irischen Ingenieur Matthew Henry Phineas Riall Sankey (1853–1921)

Radardiagramm

Radardiagramme (Netzdiagramme) sind geeignet, mehrere Kennzahlen übersichtlich in einem Diagramm zusammenzufassen. Diese Darstellung ist insbesondere dann sinnvoll, wenn mehrere Zielgrößen einer Gütefunktion optimiert werden sollen und unterschiedliche Szenarien zu vergleichen sind.

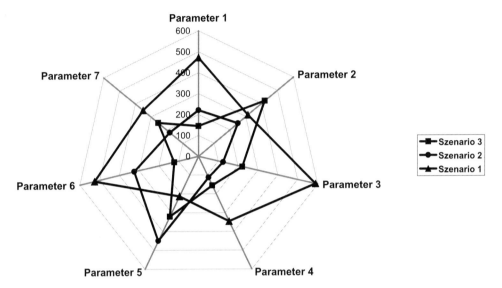

Abb. 7.12: Radardiagramm

8 Optimierung mit Hilfe von Simulation

In der Digitalen Fabrik sind häufig Optimierungsaufgaben zu lösen, bei denen unter Einhaltung von Randbedingungen eine optimale Systemkonfiguration herauszufinden ist oder Qualitätskriterien möglichst effizient zu erfüllen sind. Diese Aufgaben sind vielfach mit betriebswirtschaftlichen Entscheidungen gekoppelt, um nicht nur eine gute, sondern auch eine kosteneffiziente Realisierung zu erreichen. Dazu wird nach speziellen Kriterien aus mehreren Alternativen eine optimale Konfigurationen ausgewählt und realisiert. Um solche Aufgabenstellungen zielgerichtet bearbeiten zu können, wurden Verfahren zur rechnergestützten Optimierung entwickelt. Diese können mit Simulationsmodellen der Digitalen Fabrik kombiniert werden.

Im technischen Sprachgebrauch wird der Begriff Optimierung oft im Sinne einer allgemeinen Verbesserung gebraucht. Das trifft jedoch nicht den Kern dessen, was eigentlich unter Optimierung zu verstehen ist. Optimierung bedeutet:

> **Mit Hilfe mathematischer Methoden die beste und nicht nur eine bessere oder gute Lösung zu finden.**

Eine Optimierung wird mit mathematischen Methoden durchgeführt und steht damit im Gegensatz zu einer intuitiven, experimentellen Suche nach einer guten oder besseren Lösung eines Problems. Im mathematischen Sinn bedeutet Optimierung, zu einer Funktion Eingabewerte zu finden, mit denen die Funktion den optimalen Wert annimmt, wobei meist eine Beschränkung für die Eingabewerte existiert. Abb. 8.1 zeigt exemplarisch eine einfache Funktion mit mehreren Maxima. Ziel der Optimierung ist es, nicht nur ein lokales Maximum, sondern das globale Optimum zu ermitteln.

In der Praxis muss der Aufwand zum Finden der Lösung in Relation zum Aufwand stehen. Die optimale Lösung nützt nur wenig, wenn diese zu spät kommt und zu teuer ist. In vielen Fällen ist es deshalb sinnvoll, pragmatisch eine gute Lösung relativ schnell mit vertretbarem Aufwand zu erzielen, als die absolut optimale Lösung mit sehr hohem technischen, finanziellen oder zeitlichen Aufwand anzustreben.

Simulation ist für sich grundsätzlich noch keine Optimierung, sondern ein Simulationslauf ist das Testen eines Szenarios mit Hilfe eines Modells und definierter Parameter.

172   8 Optimierung mit Hilfe von Simulation

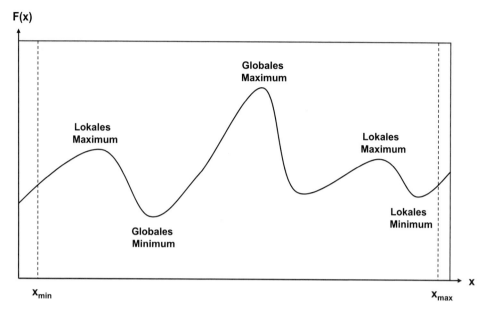

Abb. 8.1:   Funktion mit lokalen Maxima und globalem Maximum

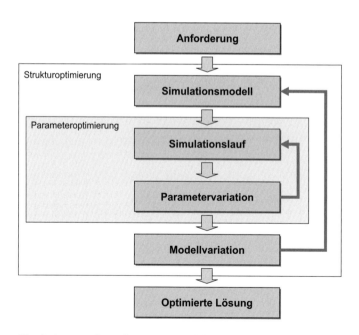

Abb. 8.2:   Simulationsgestützte Parameter- und Strukturoptimierung

In den meisten Fällen werden mehrere Simulationsläufe durchgeführt, um iterativ eine Verbesserung der Produktionsplanung zu erzielen. Mit Hilfe von Optimierungsalgorithmen kann diese Vorgehensweise systematisiert und automatisiert werden, indem Simulationen mit Optimierungsalgorithmen gekoppelt werden (Abb. 8.2).

Die Optimierung eines Simulationslaufes oder Simulationsmodells besteht aus der iterativen Variation der Parameter für die Simulation, der Durchführung von mehreren Simulationsläufen, der Bewertung der Simulationsläufe und anschließend erneuter Veränderung der Parameter.

Die Optimierung hat zum Ziel, optimale Parameter, Reihenfolgen oder Steuerregeln eines meist komplexen Systems zu finden. Optimal bedeutet dabei, dass eine Gütefunktion minimiert oder maximiert wird.

8.1 Grundsätzliche Vorgehensweise

Die grundsätzliche Vorgehensweise zur Lösung eines Optimierungsproblems beinhaltet im Allgemeinen die folgenden Schritte:

- Prozessanalyse zur Bestimmung der wesentlichen Parameter und Zusammenhänge
- Abgrenzung des Problems, Zerlegung von großen Problemen in Teilprobleme
- Festlegung der Optimierungskriterien
- Erstellung eines mathematischen Modells bzw. Simulationsmodells, Definition der Gütefunktion, Ermittlung der Freiheitsgrade und Restriktionen
- Anwendung eines Optimierungsverfahrens zur Lösungsfindung
- Überprüfung der Lösung bezüglich der bei der Problemformulierung getroffenen Annahmen durch eine Sensitivitätsanalyse.

Die Formulierung des Optimierungsproblems ist ein wesentlicher Schritt und besteht allgemein aus:

- Modell zur Beschreibung des zu optimierenden Systems
- Gütefunktion (Zielfunktion, Fitnessfunktion, Qualitätsfunktion)
- zusätzliche Beschränkungen

Universelle Optimierungsverfahren sind erforderlich, um Minima oder Maxima von komplexen Gütefunktionen zu finden. Für die Optimierungsmethode ist es dabei prinzipiell unwesentlich, ob ein Minimum oder ein Maximum gesucht wird.

Im Bereich der Digitalen Fabrik sind grundsätzlich drei Arten von Optimierungsaufgaben zu lösen:

Optimierung	Beschreibung
Parameteroptimierung	Zur Optimierung einer parameterbasierten Gütefunktion wird die Einstellung von Suchvariablen so verändert, dass die Gütefunktion einen optimalen Wert liefert.
Reihenfolgenoptimierung	Die Elemente einer Grundgesamtheit sind in eine optimale Reihenfolge zu bringen, z. B. Produktionsreihenfolge, Maschinenbelegung ...
Auswahloptimierung	Aus einer Grundgesamtheit ist eine optimale Selektion durchzuführen.

8.1.1 Parameteroptimierung

Die Parameteroptimierung hat zum Ziel, einen Parametervektor zu finden, der ein vorgegebenes System so gut parametrisiert, dass für das System ein optimaler Zustand eingenommen wird. Zur Lösung des Optimierungsproblems muss ein Parametervektor gefunden werden, der in einem mathematischen Modell der gegebenen Problembeschreibung eine zu definierende Gütefunktion maximiert oder minimiert.

- Die Gütefunktion beschreibt die Qualität einer möglichen Lösung für die zugrunde liegende Problemstellung. Aus der großen Anzahl möglicher Lösungen ist eine optimale Lösung zu finden. Die Gütefunktion hat bei technischen Aufgabenstellungen oft auch ökonomische Aspekte, wie die Minimierung der Kosten oder die Maximierung des Deckungsbeitrages ...
- Typischerweise muss ein Kompromiss zwischen gegenläufigen Effekten gefunden werden. Beispielsweise lassen sich bei einem Problem der Prozessentwicklung die Investitionskosten verringern, wenn die Betriebskosten erhöht werden (und umgekehrt).
- Die Wahl der Freiheitsgrade im Parameterraum ist häufig eingeschränkt. Solche Randbedingungen können durch physikalische Grenzen, begrenzte Ressourcen oder spezifische Anforderungen an die Lösung vorgegeben sein.

Es können grundsätzlich die gleichen Verfahren eingesetzt werden, um einstellbare Systemparameter anhand einer Qualitätsfunktion zu optimieren, oder um unbekannte Systemparameter durch Minimierung einer Qualitätsfunktion, die den Unterschied zwischen Systemmodell und realem Systemverhalten repräsentiert, zu identifizieren.

8.1.2 Kombinatorische Optimierung und Reihenfolgenoptimierung

Die kombinatorische Optimierung hat in den meisten Fällen zum Ziel, Reihenfolgen oder Routen zu optimieren. Typische Beispiele für kombinatorische Optimierungsansätze sind Probleme wie:

- Scheduling von Produktionsprozessen
- Planung der Maschinenbelegung
- Finden von kürzesten Wegen
- Routenplanung für An- und Belieferung
- Pack- und Verschnittprobleme

Die Problematik und Vorgehensweise der kombinatorischen Optimierung unterscheidet sich erheblich von der der Parameteroptimierung.

8.2 Gütefunktion zur Systembewertung

Eine Gütefunktion beschreibt ein technisches oder wirtschaftliches Gütemaß eines Systems. Synonym werden auch die Begriffe Qualitätsfunktion, Zielfunktion oder Fitnessfunktion verwendet. Je nach Optimierungsziel kann die Funktion aus mehreren unterschiedlichen Parametern zusammengesetzt sein. Ein in der Praxis schwieriger Punkt ist die Zusammenstellung und Wichtung der unterschiedlichen Größen.

Die Topologie der Gütefunktion ist für die Optimierung sehr entscheidend. Je nachdem, wie die lokalen Optima und das globale Optimum verteilt sind, können die jeweiligen Optimierungsverfahren mehr oder weniger geeignet sein, um das globale Optimum möglichst schnell und zuverlässig zu finden.

In der Praxis ist die Definition einer Gütefunktion oft sehr schwierig, da es erhebliche Interessenkonflikte der Beteiligten bei der Aufstellung einer Gütefunktion geben kann. So können zum Beispiel bei einer Produktionsoptimierung die Interessen der Beteiligten weit auseinander gehen. Der Geschäftsleitung ist die Minimierung der Investitionskosten wichtig. Der Vertrieb drängt mit großer Priorität auf die exakte Einhaltung der Liefertermine und auf eine hohe Flexibilität zur Befriedigung der Kunden. Und das Interesse des Produktionsleiters ist die bestmögliche Auslastung und Rüstminimierung der Anlagen.

8.3 Optimierungsverfahren

Die meisten realen Optimierungsprobleme im Bereich der Digitalen Fabrik haben nichtlinearen Charakter, und die Gütefunktion ist in der Regel nicht differenzierbar. Deshalb haben Verfahren nullter Ordnung, die keine Ableitung der Gütefunktion benötigen, für die Praxis eine ganz erhebliche Bedeutung.

Optimierungsverfahren nullter Ordnung sind z. B.:

- Rastersuche
- Hill Climbing (Bergsteiger-Algorithmus)
- Sekantenverfahren
- Downhill-Simplex-Verfahren
- Pure-Random-Search
- Evolutionäre Algorithmen
- Metropolisalgorithmus
- Simulated Annealing (simulierte Abkühlung)
- Threshold Accepting (Schwellenakzeptanz)

Im Weiteren erfolgt eine Vorstellung einiger gängiger Optimierungsverfahren zur nichtlinearen Optimierung mit einer Erläuterung der spezifischen Arbeitsweisen sowie der Stärken und Schwächen der jeweiligen Verfahren. Auf Verfahren der linearen Programmierung, der konvexen Programmierung oder ähnliche Algorithmen wird nicht näher eingegangen, da diese für die Kombination mit Simulation kaum sinnvoll einsetzbar sind. Die Arbeitsweise wird zur besseren Anschaulichkeit anhand einer zweidimensionalen Gütefunktion dargestellt. Alle im Weiteren vorgestellten Verfahren sind jedoch prinzipiell auch für *n*-dimensionale Gütefunktionen geeignet.

8.3.1 Technik der iterativen Verbesserung

Die Technik der iterativen Verbesserung ist das in der Praxis am meisten eingesetzte Verfahren. Simulationsstudien werden mit einer oder mehreren Parameterkonfigurationen gestartet. Iterativ, also Stück für Stück, wird eine Veränderung der Parameter vorgenommen, bis das Simulationsergebnis den Auftraggeber zufrieden stellt.

Diese Technik ist im eigentlichen Sinn kein Optimierungsverfahren, sondern ein in der Praxis gern eingesetztes Verfahren, um pragmatisch eine Verbesserung der Planung in Richtung eines Optimums zu erreichen.

Die Vorgehensweise ist relativ einfach, die Erfahrung und das Fingerspitzengefühl des Planers und des Simulationsdienstleisters bestimmen den Verlauf. Diese haben häufig eine relativ gute Vorstellung, welche Parameterbereiche nicht untersucht werden brauchen und welche eher ein gutes Ergebnis erwarten lassen. Damit kann die erforderliche Anzahl von Simulationsläufen bis zu einem gewissen Grade reduziert werden. Bei dieser manuellen Vorgehensweise können sehr einfach Parameterbereiche ausgeschlossen werden, die nicht plausibel sind, und mit relativ wenigen Simulationsläufen kann schnell ein zielgerichtetes Ergebnis erreicht werden.

Nachteil dieser Vorgehensweise ist andererseits, dass dieses Verfahren erheblich von den Vorgaben und den Erfahrungen des Planers und des Simulationsdienstleisters abhängt. Oft wird in einem sehr eingeschränkten Bereich gesucht, und es gibt keine Gewähr, dass ein optimales Ergebnis gefunden wird. Mit der Technik der iterativen Verbesserung lässt sich allerdings in vielen Fällen ein hinreichend gutes Ergebnis mit relativ wenigen Simulationsläufen erzielen.

8.3.2 Rastersuche

Die Rastersuche ist ein streng deterministisches Verfahren, mit dem das gesamte Gütefunktionsgebiet in einem Raster definierter Schrittweite abgeprüft wird. Die Rastersuche führt eine vollständige Enumeration mit einer vorgegebenen Schrittweite aus. In einem relativ kleinen Suchraum mit wenigen Parametern ist dieses Verfahren anwendbar. Für die meisten praktischen Anwendungen ist dieses Verfahren jedoch nicht praktikabel, da die Laufzeit mit der Anzahl der Parameter exponentiell ansteigt.

Wird die Schrittweite relativ groß gewählt, um die Suchzeit zu reduzieren, so besteht die Gefahr, dass das Optimum durch das Raster fällt und nicht gefunden wird. Wird das Raster sehr klein gewählt, so steigt der Aufwand inakzeptabel an. Bei hinreichend kleiner Schrittweite ist mit der Rastersuche eine globale Konvergenz gewährleistet.

8.3.3 Gradienten- und stochastische Verfahren

Das Hill-Climbing-Verfahren (Bergsteiger-Algorithmus) (Abb. 8.3) ist ein einfaches, heuristisches Optimierungsverfahren. Das Verfahren verhält sich so wie ein blinder Bergsteiger, der versucht, einen Berg zu besteigen. Der blinde Bergsteiger würde seine unmittelbare Umgebung abtasten und sich in Richtung des steilsten Anstiegs bewegen. Entsprechend wird in diesem Verfahren von einer gegebenen Startposition aus iterativ so lange der beste Punkt in der Nachbarschaft der aktuellen Lösung gesucht, bis keine Verbesserung des Gütefunktionswertes mehr möglich ist.

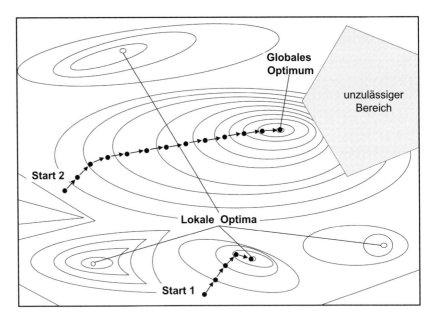

Abb. 8.3: Das Hill-Climbing-Verfahren sucht sequentiell in Richtung des besten Anstiegs, hier ausgehend von zwei unterschiedlichen Startpunkten.

Nachteilig ist, dass das Verfahren sehr leicht in lokalen Optima stecken bleiben kann, wie dies z. B. für die Suche vom Startpunkt 1 in Abb. 8.3 der Fall ist. Das Hill-Climbing-Verfahren garantiert damit keine globale Konvergenz, sondern liefert a priori nur ein lokales Maximum. Dieses Problem kann durch folgende Maßnahmen verbessert werden:

- Das Verfahren wird mit zufällig ausgewählten Startpunkten wiederholt.
- Mehrere Suchvektoren starten von verschiedenen Ausgangspunkten.
- Bei Erreichen eines Maximums wird eine zufällige Variation (Mutation) der aktuellen Position in eine beliebige Richtung vorgenommen, danach wird erneut gemäß dem Hill-Climbing-Verfahren gesucht. Liefert diese Suche nach einer definierten Anzahl Suchschritte bessere Ergebnisse, so wird die Suche fortgesetzt. Anderenfalls wird das bisher gefundene lokale Optimum als globales Optimum angenommen. Auch diese Modifikation bietet allerdings noch keine Garantie, dass es nicht doch noch ein anderes globales Optimum gibt.

Es gibt unterschiedliche Varianten des Hill-Climbing-Verfahrens, die Suchrichtung und Schrittweite des jeweiligen Suchschrittes zu variieren. Das Verfahren arbeitet lokal sehr effizient, bietet allerdings keine globale Konvergenz und führt damit nicht sicher zum globalen Optimum.

8.3.4 Genetische und evolutionäre Algorithmen

Die Grundidee der genetischen Algorithmen [Holland 1975] und Evolutionsstrategien [Schwefel 1977] ist es, analog zur biologischen Evolution, eine Anzahl Suchvektoren (Individuen) zufällig zu erzeugen und diejenigen davon auszuwählen, die ein bestimmtes Gütekriterium am besten erfüllen.

Die Evolution ist in der Lage, durch Manipulation des Erbgutes und entsprechende Auswahlmechanismen selbst komplexe Lebensformen und Organismen an ihre Umwelt- und Lebensbedingungen anzupassen und damit schwierige Optimierungsprobleme hervorragend zu lösen. Sehr erstaunlich bei dem Evolutionsverfahren ist die relative Einfachheit der Vorgehensweise und das Zusammenwirken der verschiedenen Steuerungsmechanismen. In einem einfachen Modell lässt sich der durchgeführte Suchprozess auf drei grundlegende Prinzipien reduzieren:

- Mutation (Variation)
- Selektion (Auswahl)
- Rekombination (Austausch)

Die Parameterwerte der Suchvektoren werden von Generation zu Generation zufällig verändert und miteinander kombiniert, womit immer wieder neue Generationen erzeugt werden, bis zumindest eine dieser Variationen den gestellten Anforderungen hinreichend entspricht.

Seit Anfang der sechziger Jahre haben verschiedene Forschergruppen in Analogie zu den Prinzipien der Evolution mathematische Algorithmen entwickelt, um effiziente Optimierungsalgorithmen aufzubauen. Evolutionsstrategien (ES) sind heuristische Optimierungsverfahren und stellen eine formale Abstraktion der biologischen Mutations- und Selektionsmechanismen dar (Abb. 8.4), die hervorragend die Suche nach einem Optimum in einem vielparametrigen Lebensraum lösen. Der Variablenvektor entspricht dabei der Erbinformation (Genotypus) eines Individuums, und die technischen Systemparameter entsprechen den Bausteinen der Desoxyribonukleinsäure (DNS). Der Aufbau eines Lebewesens aufgrund seiner Erbinformation wird abgebildet in einem Modell zur Berechnung einer Gütefunktion. Dieser Gütefunktionswert entspricht dann dem Phänotypus, also der Vitalität eines Individuums. Veränderungen des Erbgutes werden als stochastisch angenommen und durch eine Zufallsänderung des Variablenvektors simuliert. Das numerische Optimierungskriterium entspricht dem Selektionsdruck, der darüber entscheidet, ob ein Individuum überleben kann oder nicht.

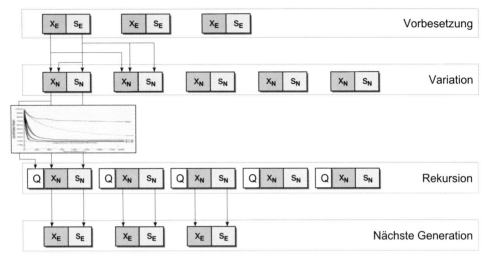

Abb. 8.4: Funktionsweise einer mehrdimensionalen Evolutionsstrategie

In Analogie zur Biologie wird davon ausgegangen, dass von einem oder mehreren Parametervektoren (Elternteil) durch zufällige Variation innerhalb gesteckter Grenzen weitere Parametervektoren (Nachkommen) generiert werden. Durch Selektion, d. h. durch Prüfen, wie tauglich die jeweiligen Parametervektor für die Qualitätsfunktion sind, wird entschieden, welche davon Elternteile der nächsten Generation werden. Obwohl Evolutionsstrategien den Zufall für die Variation nutzen, sind diese nicht vergleichbar mit reinen Zufallsmethoden, da sie wie die biologische Entwicklung einer sequenziellen Zufallssuche durch Aneinanderreihen von mehr oder weniger zufälligen Suchschritten folgen.

Zusammenfassend können die Vor- und Nachteile der evolutionären Algorithmen wie folgt beschrieben werden:

- Evolutionäre Algorithmen bieten eine parallele Suche in einer Population von möglichen Lösungen, so dass immer mehrere potenzielle Lösungen gefunden werden.
- Evolutionäre Algorithmen benötigen keine Gradienteninformation, können also auch bei nichtlinearen oder diskontinuierlichen Problemen angewendet werden. Damit sind diese Verfahren für die Optimierung im Zusammenhang mit Discrete-Event-Simulation hervorragend geeignet.
- Evolutionäre Algorithmen gehören zur Klasse der stochastischen Suchverfahren, ermöglichen also auch die Behandlung komplizierter Probleme, die aufgrund eines

zu hohen Rechenaufwandes mit traditionellen Optimierungsmethoden nicht mehr handhabbar sind.
- Evolutionäre Algorithmen bieten im Allgemeinen keine Garantie, das globale Optimum zu finden.
- Nachteil der evolutionären Algorithmen ist der teilweise sehr große Rechenzeitbedarf. Evolutionäre Algorithmen sollten nicht zur Lösung von Problemen benutzt werden, für die traditionelle Optimierungsverfahren verfügbar sind, da diese dann in der Regel effizienter sind. So sind z. B. Newton-Raphson-Methoden, die Gradienten bei der Optimierung verwenden, bei der Suche lokaler Minima um ein Vielfaches schneller als evolutionäre Algorithmen.

Die wichtigsten Anwendungsgebiete der evolutionären Algorithmen sind Optimierungsprobleme, bei denen traditionelle Optimierungsverfahren aufgrund von Nichtlinearitäten, Diskontinuitäten und Multimodalität versagen. Die Robustheit dieser Verfahren liegt darin begründet, dass zum einen keine Annahmen über das gestellte Problem getroffen werden müssen, und zum anderen stets mit einer Menge von zulässigen Lösungen (Population von Lösungen) gearbeitet wird. Dadurch werden gleichzeitig mehrere Wege zum Optimum ausprobiert, wobei je nach Strategie auch zusätzlich Informationen über die verschiedenen Wege (Rekombination) ausgetauscht werden. Auf diese Weise wird das Wissen über das zugrunde liegende Problem in der gesamten Population verteilt, wodurch während der Optimierung ein frühzeitiges Festlaufen in lokalen Optima verhindert werden kann.

Die dargestellten Eigenschaften verdeutlichen, dass evolutionäre Algorithmen in einer Kombination mit Simulation hervorragend nutzbar sind. Es gibt Simulatoren am Markt, die diese Art der Optimierung bereits als optionales Modul beinhalten.

8.4 Auswahl eines geeigneten Optimierungsverfahrens

Für den Planer ist die Auswahl eines Optimierungsverfahrens, das für das jeweilige Problem geeignet ist, ein schwieriger und entscheidender Schritt. Wichtige Fragen bei der Auswahl eines Verfahrens für eine konkrete Optimierungsaufgabe sind u. a.:

- Sind Ableitungen der Gütefunktion für das Verfahren erforderlich? Sind diese für die konkrete Aufgabe verfügbar?
- Wie groß ist der Rechenaufwand für einen Iterationsschritt? Wie viele Rechenschritte sind erforderlich?

- Welche Informationen müssen berechnet und gespeichert werden?
- Können die erforderlichen Restriktionen vom angewendeten Algorithmus direkt berücksichtigt werden?
- Wie sind die lokalen und globalen Konvergenzeigenschaften des Verfahrens?
- Wie ist die Handhabung bzw. Benutzerfreundlichkeit des jeweiligen Verfahrens?

Eine praxisgerechte Beurteilung von Optimierungsverfahren ist praktisch nur durch angepasste Tests durchführbar, da die Problematik sehr vielschichtig und eine standardisierte Bewertung, wenn überhaupt, nur für sehr einfache Testfunktionen möglich ist.

In fortschrittlichen Softwarekonzepten wird nicht nur ein Optimierungsverfahren eingesetzt, sondern durch kooperative Zusammenarbeit mehrerer Verfahren werden die Stärken der unterschiedlichen Verfahren jeweils für unterschiedliche Anwendungsfälle genutzt.

8.5 Kopplung von Simulation und Optimierung

Simulation an sich ist noch keine Optimierung. Für Optimierungsaufgaben muss Simulation mit mathematischen Verfahren gekoppelt werden, die zur Lösung komplexer, nichtlinearer Optimierungsprobleme einsetzbar sind. Simulation ermöglicht, gezielte Experimente durchzuführen, um Parameterwerte eines komplexen Systems zu ermitteln, die zu einem Optimum einer Qualitätsfunktion führen. Aufgrund der Nichtlinearität der Optimierungsaufgabe sind für die Kopplung von Simulation und Optimierung fast ausschließlich heuristische Suchverfahren geeignet [Biethan et al. 2004].

Die grundsätzliche Vorgehensweise der Kopplung von Simulation und Optimierung besteht darin, zunächst einen oder mehrere Sätze von Eingabeparametern als Startwerte zu bestimmen, mit denen Simulationsläufe durchgeführt werden. Die Festlegung dieser Startparameter kann gezielt durch den Planer oder auf Basis eines mathematischen Algorithmus erfolgen. Zur Bewertung der Simulationsergebnisse wird eine Gütefunktion aufgestellt, indem meist mehrere Zustandsvariablen des Modells gewichtet und zusammengefasst werden. Diese Funktion liefert eine Aussage über das Potenzial der vorliegenden Lösung. Mit Hilfe der Optimierungsstrategie werden iterativ neue Parametersätze für erneute Simulationsläufe erzeugt und deren Erfolg anhand der Gütefunktion bewertet. Dieser Kreislauf wird fortgesetzt, bis das Optimum gefunden oder ein anderes Abbruchkriterium erreicht ist.

Ein Konzept zur integrierten Optimierung von Produktionssystemen mittels Simulation ist in Abb. 8.5 dargestellt. Je nach Optimierungsziel können das Layout, die Steuerstrate-

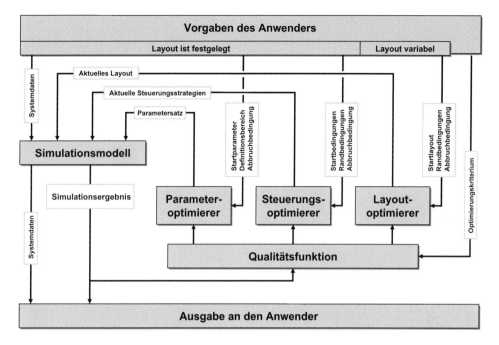

Abb. 8.5: Kopplung von Simulation und Optimierung zur Parameter-, Steuerungs- und Layoutoptimierung

gien und die Parameter variiert werden. Dazu werden basierend auf den Anforderungen des Anwenders die Struktur für ein Simulationsmodell gebildet, Optimierungskriterien festgelegt und diese in einer Gütefunktion zur Beurteilung der aktuellen Systemvariante zusammengefasst. Die Startbedingungen für die Parameter, die Steuerungsstrategien und das Layout werden jeweils über die Optimierer in das Simulationsmodell eingeschleust.

Weiter müssen Randbedingungen bezüglich Definitionsbereich der Parameter, zulässiger Steuerstrategien und zulässiger Layoutänderungen definiert und zusammen mit den Abbruchbedingungen den drei Optimierern mitgeteilt werden.

Mit Hilfe dieser Vorgaben kann der Optimierungsprozess gestartet werden. In der folgenden Simulation werden dann Ergebnisse generiert, aus denen mit Hilfe der Optimierungskriterien der Gütefunktionswert gebildet wird, der die Güte der aktuellen Systemkonfiguration bewertet. Dazu kann im deterministischen Fall ein einzelner Simulationslauf ausreichen oder, wenn bei stochastischen Ergebnisdaten eine statistische Absicherung angebracht ist, eine Serie von Einzelläufen mit entsprechender Auswertung erforderlich sein.

Der jeweils aktuelle Gütefunktionswert sowie historische Werte können, je nach gewähltem Optimierungsverfahren, genutzt werden, um unter Berücksichtigung der vorgegebenen Randbedingungen eine neue Systemkonfiguration zu generieren, mit der das Simulationsmodell dann erneut gestartet werden kann. Der Optimierungsprozess wird so lange iterativ fortgeführt, bis der Gütefunktionswert hinreichend gut oder ein anderes Abbruchkriterium erfüllt ist. Anschließend stehen dem Anwender die Systemdaten der jeweiligen Konfiguration sowie die dazugehörigen Simulationsergebnisse zur Verfügung.

Um in der Praxis den Aufwand für die Optimierung zu verringern, ist es je nach Aufgabenstellung sinnvoll, Variationsbreite und Randbedingungen relativ eng zu fassen und ggf. Teile der Optimierung, wie z. B. den Layout-Optimierer, oder die Steuerungsoptimierung zu deaktivieren und damit den Lösungsraum erheblich einzuschränken, um in akzeptablen Zeiten zu guten Ergebnissen zu gelangen.

9 Simulation als integriertes Werkzeug der Digitalen Fabrik

Die Einführung von Simulation als integriertem Prozess der Digitalen Fabrik lässt sich nicht einfach durch Kauf eines Simulationswerkzeuges realisieren. Da die Simulation in die Gesamtprozesse eingebunden werden muss, ist die Einführung ein komplexer Vorgang, der zahlreiche Prozesse und Planungsmethoden betrifft. Die Einführung von Simulation als integriertem Prozess unterscheidet sich dabei ganz erheblich von dem Einsatz der Simulation in Simulationsstudien. Die Simulation wird zum festen Bestandteil der Digitalen Fabrik, und die Schnittstellen zu den Modellen müssen klar definiert und automatisierbar sein.

Dieses Kapitel soll in Anlehnung an die [VDI 4499] eine Hilfestellung geben, den Einführungsprozess für Methoden und Werkzeuge der Digitalen Fabrik möglichst effizient zu durchlaufen. Im Rahmen der Einführung ist der Umfang des Werkzeugeinsatzes zu definieren, weiter sind organisatorische Auswirkungen zu berücksichtigen. Grundsätzlich durchläuft der Einführungsprozess (Abb. 9.1), die folgenden drei Einführungsphasen:

- Vorbereitungsphase
- Konzepterstellungsphase
- Umsetzung

Die Einführung von Simulation in der Digitalen Fabrik erfordert dabei kurz-, mittel- und langfristige Ziele, die in den unterschiedlichen Einführungsphasen jeweils berücksichtigt werden müssen.

Langfristige Ziele

Die langfristigen Ziele fokussieren auf der Vision der Zukunft, der Realisierung einer durchgängigen digitalen und visuellen 3D-Planung von Produkt, Prozess, Anlage und Fabrik. Dies schließt die vollständige Integration der Anlagensteuerung der laufenden Produktion und die Rückführung der Informationen zur Optimierung der Planung ein. Folgende Ziele werden langfristig verfolgt:

- Automatische Prozessgenerierung anhand von Referenzprozessen
- Integration der Anlagen- und Fabriksteuerung in die Digitale Fabrik
- Interaktiver Zugriff auf Anlagendaten in Echtzeit

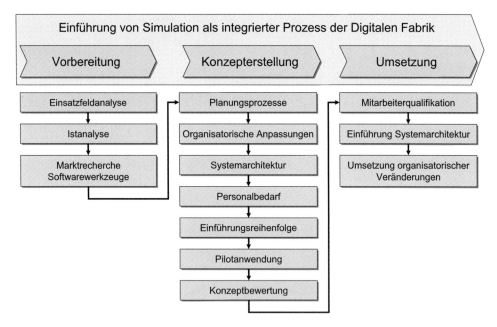

Abb. 9.1: Einführung von Simulation als integriertem Prozess der Digitalen Fabrik in Anlehnung an [VDI 4499 Blatt 1]

Mittelfristige Ziele

Die mittelfristigen Ziele sind wichtige Meilensteine zur Erreichung der langfristigen Ziele. Zu diesem Zeitpunkt sind die Pilotanwendungen abgeschlossen, die Systeme ausgewählt und die schrittweise Implementierung angelaufen. Entsprechend sind die Ziele ausgerichtet:

- Übergreifende Standardisierung der Softwaresysteme
- Komplette 3D-Repräsentation aller Bereiche
- Integration neuer Fertigungstechnologien in Einzelprozesssimulationen
- Netzbasierte Kommunikation mit internen und externen Partnern
- Standardisierte 3D-Visualisierung aller Bereiche

Kurzfristige Ziele

Die kurzfristigen Ziele ermöglichen den prototypischen Einstieg in die Digitale Fabrik. Da in der frühen Phase häufig nur ein geringer Teil der Betriebsmittelgeometrien als 3D-CAD-Modelle vorliegt, entsteht ein erheblicher Modellierungsaufwand für die Simulation der Produktionsprozesse. Weiter sind Simulationsergebnisse meist in den jeweiligen

Systemen abgelegt und werden noch in einer gemeinsamen Datenbank erfasst. Daraus lassen sich für die Einführung von Simulation in der Digitalen Fabrik die folgenden kurzfristigen Ziele ableiten:

- Schaffung einer gemeinsame Datenbasis für Produkt-, Betriebsmittel- und Planungsdaten
- Digitale 3D-Erfassung und Dokumentation der externen und internen Produktionsmittel

Fazit

Aus den dargestellten Zielen lassen sich zur Einführung der Digitalen Fabrik direkt Aktionen ableiten. Im Weiteren werden die wesentlichen Planungsaspekte bezüglich der Einführung von Simulation vorgestellt. Anschließend werden die drei Einführungsphasen von der Vorbereitung bis zur Umsetzung näher erläutert. Abschließend wird auf Aspekte systemischen Denkens und Handelns eingegangen, da dieses für die Mitarbeiter in der Digitalen Fabrik von großer Bedeutung ist.

9.1 Planungsaspekte beim Einsatz von Simulation in der Digitalen Fabrik

Für einen erfolgreichen Einsatz von Simulation in der Digitalen Fabrik müssen im Unternehmen einige Voraussetzungen erfüllt sein und bei der Planung unterschiedliche Aspekte berücksichtigt werden wie:

- organisatorische Aspekte
- zeitliche Aspekte
- betriebswirtschaftliche Aspekte
- technische Voraussetzungen
- geforderte Qualität der Ergebnisse
- psychologische Aspekte

Diese zur Planung der Digitalen Fabrik wesentlichen Aspekte sind im Weiteren näher beschrieben.

9.1.1 Organisatorische Aspekte

Simulation ist keine technische Aufgabe im luftleeren Raum, sondern findet innerhalb eines organisatorischen Rahmens statt und kann ihrerseits wiederum erhebliche Auswirkungen auf die Organisationsstrukturen haben. Damit Simulation wirklich erfolgreich sein kann, sind organisatorische Aspekte zu berücksichtigen:

- klare Zieldefinition für das Simulationsprojekt
- Teamzusammensetzung aus Planern und Simulationsspezialisten
- klare Festlegung von Verantwortlichkeiten
- Organisieren der Beschaffung aller notwendigen Eingangsdaten
- frühzeitige Einbindung von Entscheidern und Betreibern in den Prozess
- rechtzeitige Einplanung von Simulation in den Planungsprozess

Die Berücksichtigung dieser Aspekte trägt ganz erheblich zum erfolgreichen Einsatz von Simulation bei.

9.1.2 Zeitliche Aspekte

Simulation benötigt erheblichen Zeitaufwand. Nicht nur der Simulationsdienstleister, sondern auch die betroffenen Planungs- und Fachabteilungen müssen rechtzeitig in ein Projekt eingebunden werden. Um Simulation erfolgreich durchführen und die Ergebnisse im Projekt rechtzeitig berücksichtigen zu können, ist es erforderlich, den Zeitbedarf abzuschätzen sowie den Projektumfang zu kalkulieren bezüglich:

- Aufwand für die Definition und Erstellung des Lastenhefts
- Aufwand der betroffenen Fachabteilung für die Lieferung von Eingangsdaten für die Simulation
- Betreuungsaufwand bei der Modellierung (von der Strukturierung bis zum validierten Modell)
- Aufwand der Fachabteilung (fachliche Unterstützung der Simulationsdienstleister)
- Aufwand für die Tests von Szenarien und Optimierung
- Aufwand für die Umsetzung der Ergebnisse

Mit den abgeschätzten Aufwendungen können die Zeiten für die jeweiligen Phasen und Zeitpunkte für die Projektmeilensteine festgelegt werden.

9.1.3 Betriebswirtschaftliche Aspekte

Simulation kostet einerseits viel Geld und kann andererseits viel Geld einsparen. Wichtig ist es, vor Beginn der Simulation die Kostenstruktur klar zu definieren und den Nutzen so gut es geht abzuschätzen.

- Kosten für die Simulationsdienstleistung (extern oder intern)
- Aufwand für die Fachabteilungen (intern)
- Erwarteter Nutzen der Simulation
- Rentabilitätsbetrachtung
- Budgetierung

Die Kostenseite hängt erheblich vom Detaillierungsgrad und den zu untersuchenden Szenarien ab. Die Nutzenseite einer Simulation ist vorab oft sehr schwer abschätzbar, da diese erheblich von der Qualität der vorliegenden Planung abhängt. Zur Abschätzung der Kosten gibt es Vergleichszahlen der ASIM, der VDI 3633 oder einzelner Firmen, die alle jedoch nur sehr kritisch verwendet werden sollten, da im konkreten Einzelfall nicht voraussagbar ist, welche Einsparungen tatsächlich realisierbar sein werden. Weiter ist die finanzielle Bewertung von Planungssicherheit, bzw. was eine gut funktionierende Anlage einem Unternehmen wert ist, ist ein schwer quantifizierbares Thema.

9.1.4 Technische Voraussetzungen

Bezüglich der Durchführung von Simulationsstudien sind weiter einige technische Voraussetzungen zu berücksichtigen wie:

- verfügbare Datenquellen und -aufbereitung
- Schnittstellendefinitionen
- Hard- und Softwarevoraussetzung sowie Kompatibilität
- Vorgabe des einzusetzenden Simulators
- Definition der zu nutzenden Bausteine bzw. Bausteinbibliotheken, sofern diese zur Vereinheitlichung vorgeschrieben werden sollen.

Diese technischen Voraussetzungen sind im Lastenheft möglichst exakt zu beschreiben.

9.1.5 Qualität der Ergebnisse

Von der Simulation wird eine bestimmte Qualität der Ergebnisse erwartet. Simulation benötigt dafür abgesicherte Eingangsdaten. Je besser die Eingangsdaten sind, umso genauer können die Ergebnisse sein[1]. Problematisch ist oft die Datenerhebung von zufälligen Störgrößen (z. B. Maschinenausfällen oder Personalzeiten) sowie schwankendem Bedarf. Zur Absicherung der Qualität gehört u. a.:

- detailliertes und vollständiges Lastenheft bzw. Pflichtenheft
- validierte Eingangsdaten
- repräsentative Verteilungen für zufällige Parameter
- validiertes Modell
- statistische Absicherung der Simulationsläufe

Die Qualität der Simulationsergebnisse hängt in der Praxis ganz erheblich vom Projektmanagement sowie von den Eingangsvoraussetzungen ab.

9.1.6 Psychologische Aspekte

Der Einsatz von Simulation in der Digitalen Fabrik ist nicht nur ein technischer Prozess zur Überprüfung, Entwicklung und Verbesserung von Systemen. Über die Technik hinaus sind auch Punkte, die eher in Richtung Psychologie oder Sozialwissenschaften zielen, zu berücksichtigen, wie:

- passende Teamzusammenstellung
- Sachzwänge in Frage stellen
- Offenheit für Alternativen erzeugen
- Akzeptanz der Simulationsergebnisse unterstützen
- Konsequenzen aus den Resultaten geschickt vermitteln und durchsetzen

In der Praxis dürfen diese Aspekte nicht unterschätzt werden, um in Simulationsprojekten gute Lösungen zu erzielen und diese im Betrieb effizient umsetzen zu können.

---

[1] Prinzip GIGO: Garbage In/Garbage Out (s. Kap. 4)

9.2 Vorbereitungsphase

Die erste Phase des Einführungsprozesses dient der Durchführung vorbereitender Maßnahmen und gliedert sich in drei Schritte:

- Analyse der Einsatzfelder
- Istanalyse
- Marktanalyse

Im ersten Schritt wird ermittelt, welche Einsatzfelder der Digitalen Fabrik für den potenziellen Anwender von besonderem Interesse sind (Analyse der Einsatzfelder). Im nächsten Schritt der Istanalyse wird untersucht, wie diese Einsatzfelder organisiert sind sowie welche Geschäftsprozesse und Werkzeuge dort bisher eingesetzt werden. Mit der Marktrecherche wird ermittelt, welche Werkzeuge am Markt verfügbar sind und welchen Funktionsumfang diese prinzipiell abdecken. Eine genauere Analyse der Werkzeuge sowie eine Systementscheidung kann erst nach der Konzeptphase erfolgen, da erst dann die nötigen Anforderungen klar definiert sind.

9.2.1 Analyse der Einsatzfelder

Im ersten Schritt sind mit einer Einsatzfeldanalyse diejenigen Einsatzfelder zu identifizieren, für die im vorliegenden Anwendungsfall Methoden und Werkzeuge der Digitalen Fabrik eingeführt werden sollen. Neben der Erhöhung der eigenen Planungsqualität und -sicherheit gibt es äußere Einflüsse, die den Einsatz der Digitalen Fabrik erforderlich machen können. Dies kann z. B. die Absicherung der Integrationsfähigkeit mit Unternehmenspartnern sein.

Die Effizienz der Digitalen Fabrik wird nicht nur durch die eigenen Unternehmensstrukturen, sondern darüber hinaus maßgeblich durch die Integrationsfähigkeit der Unternehmenspartner geprägt. Deshalb erfordert die Umsetzung der Digitalen Fabrik in einem Unternehmen, die Partner in die Nutzung der Methoden sowie Planungs- und Simulationswerkzeuge einzubinden. In den meisten Fällen schreibt der Hersteller (OEM, Original Equipment Manufacturer) den Zulieferern (OES, Original Equipment Supplier) die Schnittstellen und Datenaustauschformate vor. Sind die Schnittstellen und Datenaustauschformate nicht standardisiert, werden damit indirekt auch die zu benutzenden Werkzeuge vorgeschrieben.

Nach der Identifikation der potenziellen Einsatzfelder sind die betroffenen Bereiche hinsichtlich der Einführung der Methoden und Werkzeuge der Digitalen Fabrik zu analysieren. Eine fundierte Istananalyse sowie die damit verbundene Auswahl eines geeigneten Pilotbereichs sind entscheidend für den Erfolg und die Effizienz des Einführungsprozesses.

9.2.2 Istanalyse

Der Fokus der Istanalyse liegt auf den bestehenden Ablaufprozessen und Werkzeugen der identifizierten Bereiche. Die Struktur der Produkte, Betriebsmittel, Materialflüsse und Fabrikgebäude ist zu analysieren. Das Produkt selbst nimmt durch Variantenvielfalt sowie komplexe Montage und Fertigungsvorgänge Einfluss auf die Beherrschbarkeit des Produktionsprozesses. Die verwendeten Betriebsmittel sind dahingehend zu überprüfen, ob die durchgeführten Prozesse so komplex sind, dass eine Abbildung in entsprechenden Werkzeugen der Digitalen Fabrik zweckmäßig erscheint. Die Materialflüsse werden hinsichtlich flexibler Verkettungen, Losgrößen und statistischer Eingangsgrößen untersucht. In den meisten Fällen existieren bereits Insellösungen für einzelne Aufgabenbereiche der Digitalen Fabrik, die zu integrieren sind. Das dort gesammelte Erfahrungswissen im Umgang mit Methoden und Werkzeugen der Digitalen Fabrik kann im Prozess der Einführung genutzt werden, um weitere Felder effizient zu erschließen.

Eine systematische Analyse deckt häufig Optimierungspotenziale auf, die bereits in der Konzeptphase zu einer frühzeitigen Verbesserung der Prozesse genutzt werden können. Mit im Vorfeld optimierten Prozessen kann später die Integration der neuen IT-Werkzeuge effizienter erfolgen.

9.2.3 Verfügbare Planungs- und Simulationswerkzeuge

Basierend auf den identifizierten Anforderungen müssen die im Unternehmen bereits vorhandenen Planungs- und Simulationswerkzeuge auf den nutzbaren und erweiterbaren Funktionsumfang analysiert werden. Wesentlich ist es, dass die Werkzeuge über umfangreiche und offene Schnittstellen verfügen, damit diese sich in bestehende und zukünftige Systemarchitekturen der Digitalen Fabrik integrieren lassen. Dabei ist es empfehlenswert, konsequent auf gut integrierbare Softwarewerkzeuge zu setzen.

Ein Problem ist heute vielfach noch die Kompatibilität der Systeme. In der Praxis werden deshalb häufig Lösungen innerhalb einer Produktfamilie bevorzugt, um sicherzustellen, dass die verschiedenen Werkzeuge integrierbar sind. Um den Datenaustausch zwischen den einzelnen Werkzeugen zu vereinfachen und somit auch die Planungsqualität zu erhöhen, kann es sinnvoll sein, auch Funktionalitäten, die bisher in bestehenden Werkzeuge bearbeitet wurden, in neuen integrierten Planungswerkzeugen abzubilden.

9.3 Konzepterstellung

Die zentrale Phase der Einführung der Digitalen Fabrik ist die Konzepterstellungsphase. Diese wird aufbauend auf der Vorbereitungsphase durchgeführt und gliedert sich in die Abschnitte:

- Definition der Planungsprozesse
- Organisatorische Anpassungen
- Definition der Systemarchitektur
- Planung Personalbedarf
- Festlegung der Einführungsreihenfolge
- Festlegung einer Pilotanwendung
- Konzeptbewertung

Grundsätzlich soll die Konzeptphase unabhängig von den später einzusetzenden Planungs- und Simulationswerkzeugen geplant werden. In der Praxis ist dies jedoch oft anders, da kommerzielle Planungs- und Simulationswerkzeuge häufig einen bestimmten Planungsworkflow vordefinieren und diesen zwingend erfordern.

9.3.1 Definition der Planungsprozesse

Die Digitale Fabrik erfordert eine enge Integration aller beteiligten Bereiche. Als Ergebnis der in der Vorbereitungsphase durchgeführten Analysen kann es erforderlich sein, die bestehenden Geschäfts- und Planungsprozesse durch Restrukturierungsmaßnahmen zu verbessern.

Die Einführung der Digitalen Fabrik kann damit erhebliche Auswirkungen auf die Organisationsstrukturen eines Unternehmens haben. Über eine Restrukturierung der Ablauforganisation hinaus können Veränderungen in den Unternehmens- und Abteilungsstrukturen erforderlich sein, um diese an die veränderten Prozesse anzupassen und eine verbesserte Kommunikation der Mitarbeiter zu gewährleisten. Der Aufgabenbereich einzelner Mitarbeiter kann sich dabei erheblich verschieben.

9.3.2 Projektorganisation

Die Einführung von Konzepten und Methoden der Digitalen Fabrik ist als ein Projekt anzusehen, das nach den Grundregeln des Projektmanagements in einem Unternehmen abgewickelt werden sollte. Dabei handelt es sich um eine umfangreiche Aufgabenstellung, welche die Beteiligung und Koordination unterschiedlicher Fachdisziplinen erforderlich macht. Bei dieser fachübergreifenden Zusammenarbeit können sich Konflikte sowohl aufgrund unterschiedlicher Betrachtungsweisen der Fachbereiche im sachlichen Bereich wie auch durch veränderte disziplinarische Beziehungen im Führungsbereich ergeben.

Die Wahl einer geeigneten Projektorganisationsform kann dazu beitragen, die Konflikte und potenziellen Probleme zu minimieren. Bei der Einführung der Digitalen Fabrik können grundsätzlich zwei Projektorganisationsformen angewandt werden:

- reines Projektmanagement
- Einflussprojektmanagement

Eine relativ häufig eingesetzte Organisationsform ist das Einflussprojektmanagement (Abb. 9.2). Bei diesem bleibt die funktionale Hierarchie innerhalb der Primärorganisation des Unternehmens erhalten, und die Unternehmensorganisation wird lediglich durch eine Stabsstelle, den Projektkoordinator, ergänzt. Die Projektmitarbeiter verbleiben in ihrer bisherigen Organisationsstruktur und stehen dem Projekt lediglich temporär mit einem Teil ihrer Arbeitskraft zur Verfügung. Diese Organisationsform ist bei der Einführung der Digitalen Fabrik nur bedingt zu empfehlen. Es besteht die Gefahr einer mangelnden Akzeptanz des Projektleiters sowie von Konflikten zwischen der Projektleitung und den Leitungen der jeweiligen Fachabteilungen. Dies kann zu verzögerten Entscheidungen führen. Dennoch ist diese Organisationsform relativ weit verbreitet, da diese einfach und ohne organisatorische Umstellung einzuführen ist.

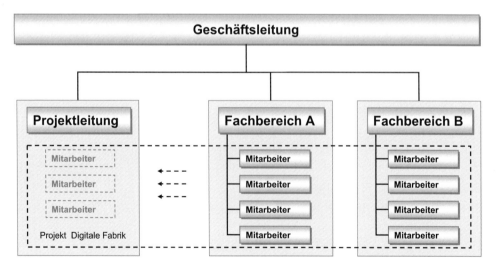

Abb. 9.2: Beim Einfluss-Projektmanagement verbleiben die Mitarbeiter für das Projekt Digitale Fabrik organisatorisch in ihrer bisherigen Organisationsstruktur

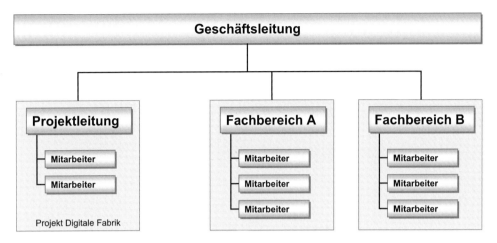

Abb. 9.3: Beim reinen Projektmanagement sind die Projektmitarbeiter für das Projekt Digitale Fabrik direkt dem Projektleiter zugeordnet.

Für die Anforderungen zur Einführung der Digitalen Fabrik stellt die Organisationsform des reinen Projektmanagements (Abb. 9.3) eine nachhaltigere Lösung dar. Bei dieser wird speziell für das Projekt Digitale Fabrik eine zentrale Organisationseinheit eingerichtet, in der die an der Projektdurchführung beteiligten Mitarbeiter und alle für das Projekt benötigten Ressourcen konzentriert werden. Die beteiligten Mitarbeiter können ihre volle Konzentration dem Projekt widmen und sich mit diesem entsprechend identifizieren, wodurch Motivation und Verantwortlichkeit entsprechend steigen. Darüber hinaus gibt es weitere organisatorische Vorteile wie die eindeutige Weisungsbefugnis, die konfliktfreie Koordinationsarbeit und die schnelle Reaktionsmöglichkeit auf Störungen im Projekt. Eine Schwierigkeit stellt allerdings in der Praxis das Herauslösung von Mitarbeitern aus der bestehenden Linienorganisation dar. Weiter besteht die Gefahr des unwirtschaftlichen Einsatzes von Ressourcen aufgrund von temporär schlecht ausgelasteten Kapazitäten.

Die Zusammensetzung und Größe des Planungsteams hängen von der jeweiligen Aufgabenstellung ab. Im Rahmen der Einführung der Digitalen Fabrik ist der Einsatz moderner digitaler Kommunikationswerkzeuge sinnvoll, insbesondere wenn die Mitglieder räumlich und zeitlich unabhängig voneinander arbeiten.

9.3.3 Systemarchitektur

Die Konzeption einer effizienten Systemarchitektur ist im Rahmen der Einführung der Digitalen Fabrik ein wesentlicher Schritt, der in engem Zusammenwirken aller Beteiligten erfolgen sollte. Die Systemarchitektur orientiert sich an den neu strukturierten Planungsprozessen und den damit verbundenen organisatorischen Veränderungen sowie an bestehenden Systemen und Randbedingungen. In die Systemarchitektur müssen sowohl die bestehende unternehmensinterne Umgebung als auch die externen softwaregestützten Planungs- und Simulationsumgebungen der vor- und nachgelagerten Partner in der Lieferantenkette einbezogen werden.

9.3.4 Personalqualifikation

Mit der Einführung der Digitalen Fabrik werden Routineaufgaben automatisiert oder Aufgaben an andere Abteilungen übertragen, mit dem Ziel, schneller, genauer, detaillierter und gleichzeitig kostengünstiger als bisher zu arbeiten. Dies wirkt sich auf die Qualifikationsanforderungen der beteiligten Mitarbeiter aus.

Die Umsetzung der Digitalen Fabrik erfordert ein Verständnis angrenzender Fachdisziplinen, auch wenn die verwendeten Methoden, Werkzeuge und Datenformate unterschiedlich sind. Es ist ein umfassendes Verständnis der Zusammenhänge erforderlich, damit die Mitarbeiter bereits während des Planungsprozesses zusätzliche simulationsrelevante Daten eingeben bzw. Datenverknüpfungen herstellen und damit soweit möglich eine hohe Datenqualität für nachfolgende Planungs- und Simulationsschritte gewährleisten.

Neben einem unternehmensspezifischen IT-Wissen ist ein breiteres, abteilungsübergreifendes Fachwissen im Hinblick auf die restrukturierten Planungsprozesse erforderlich. Die Bereitschaft, sich auf Veränderung bisher vertrauter Planungsprozesse und Arbeitsschritte einzulassen sowie das Interesse an der eigenen Fortbildung zur Anwendung der Methoden, Modelle und Werkzeuge der Digitalen Fabrik sind wesentliche Faktoren.

Neben dem Umgang mit den neuen Anwendungen wird weiter detailliertes Wissen über die Funktionsweise der Digitalen Fabrik benötigt.

9.3.5 Pilotanwendung

Bei der Einführung komplexer Systeme, wie der Simulation der Digitalen Fabrik, ist es sinnvoll, vor der breiten Einführung ein Pilotprojekt durchzuführen. Ziel eines solchen Pilotprojekts ist es, die Methoden und Werkzeuge gezielt an einem konkreten Anwendungsfall zu testen und, wenn erforderlich, die Prozesse, Methoden oder Werkzeuge anzupassen. Dies schafft gute Voraussetzungen, um den Anlauf des Gesamtsystems mit möglichst geringen Reibungsverlusten durchführen zu können.

Die Auswahl eines geeigneten Pilotprojekts zur Einführung der Methoden und Werkzeuge der Digitalen Fabrik konzentriert sich in der Startphase zunächst auf wenige ausgewählte Prozesse. Für ein Pilotprojekt ist es sinnvoll, Bereiche zu wählen, in denen eine relativ problemlose Integration vorhandener Werkzeuge möglich ist und bereits digitale Daten vorliegen oder digitale Werkzeuge angewendet werden. Die Datenakquisition in digitaler Form führt sonst häufig zu großen Problemen oder erheblichem Aufwand für die Datenaufbereitung.

Die Piloteinführung sollte nicht von einem Dienstleister allein durchgeführt werden, sondern es ist sinnvoll, von Anfang an die Mitarbeiter der jeweiligen Fachabteilungen, die später den Aufgabenbereich betreuen werden, in die Pilotanwendung einzubinden. Weiter ist während der Durchführung der Pilotanwendung ein kontinuierlicher Wissensaufbau bei den Mitarbeitern im eigenen Unternehmen, z. B. durch qualifizierte Schulungsmaßnahmen, zu gewährleisten.

9.3.6 Konzeptbewertung

Nach Abschluss der Pilotanwendung erfolgt eine Bewertung des Konzeptes. Je nach Ergebnis kann anschließend eine umfassende Einführung erfolgen oder kann es erforderlich sein, einen Teil oder die komplette Konzeptionsphase erneut zu durchlaufen, um Änderungen, die aufgrund der Pilotanwendung als nötig identifiziert wurden, in das Konzept aufzunehmen.

Neben der technischen Analyse ist eine Bewertung bezüglich Kosten und Zeit durchzuführen und diese unter Berücksichtigung der jeweiligen Randbedingungen auf das Gesamtprojekt hochzurechnen. Damit gibt es für die endgültige Entscheidung der Systemeinführung eine solide Grundlage.

9.4 Umsetzung der Digitalen Fabrik

Die Einführung von integrierten Planungs- und Simulationswerkzeugen ist nicht trivial. Besser als die sofortige Einführung einer vollintegrierten Lösung zu einem frühen Zeitpunkt oder das redundante Betreiben paralleler Softwarekomponenten ist die stufenweise Einführung neuer Komponenten. Damit können sowohl die erhöhten Aufwände als auch die gesteigerten Risiken von Softwareproblemen vermieden werden.

Hilfreich ist es, die Einführungsreihenfolge an den neuen Planungsprozessen zu orientieren und eine Priorisierung der Komponenten festzulegen.

Die zur Umsetzung der Digitalen Fabrik erforderlichen Restrukturierungsmaßnahmen, organisatorischen Anpassungen sowie Softwareumstellungen und -einführungen müssen klar organisiert sein. Die Pilotanwendung im Vorfeld der eigentlichen Einführung kann als Testfeld und Maßstab für das Gesamtprojekt dienen und die Umsetzung des Konzeptes auch dadurch erheblich verkürzen, dass Mitarbeiter bereits auf ihre neuen Aufgaben und den Umgang mit den digitalen Planungswerkzeugen vorbereitet wurden.

Ein begleitendes Projektmanagement mit der Einführung von Kontrollzeitpunkten, an denen bestimmte Umsetzungen erfolgt sein müssen sowie eine klare Fortschritts-, Kosten- und Qualitätskontrolle sichern den Umsetzungsprozess ab.

9.5 Systemisches Denken und Handeln

Die bisher beschriebenen Technologien, Methoden und Werkzeuge sind wesentliche Komponenten der Digitalen Fabrik. Ein nicht zu vernachlässigender Aspekt ist jedoch auch die Denkstruktur der Mitarbeiter.

Die Digitale Fabrik erfordert systemisches Denken und Handeln in den vier Dimensionen:

- Denken in vernetzten Strukturen
- Denken in Modellen
- Denken in dynamischen Zeitabläufen
- Systemgerechtes Handeln

Diese Dimensionen werden im Weiteren kurz erläutert.

9.5.1 Vernetztes Denken

Der Begriff „vernetztes Denken" charakterisiert ein Denken in vernetzten Strukturen mit Rückkoppelungskreisen. Vernetztes Denken (Abb. 9.4) geht weit über lineares Denken in einfachen Beziehungen hinaus. So stehen die Vernetzung zwischen Produkt und Produktion sowie die Vernetzung verschiedener Produktionsbereiche untereinander, in erheblicher Wechselwirkung.

Zur Unterstützung von vernetztem Denken sind entsprechende Darstellungsmittel hilfreich, die Zusammenhänge und Auswirkungen für alle Beteiligten transparent visualisieren können.

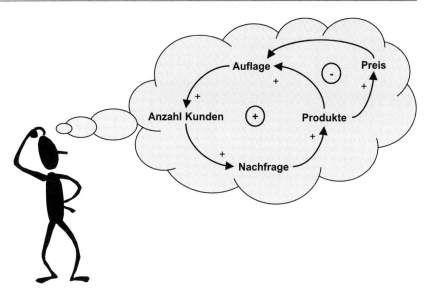

Abb. 9.4: Vernetztes Denken muss Wechselwirkungen einbeziehen

9.5.2 Denken in Modellen

Denken in Modellen (Abb. 9.5) bedeutet, sich der Modellhaftigkeit des Denkens bewusst zu sein. Die Wahrnehmung einer Situation ist immer nur ein Modell, ein vereinfachtes Abbild, das nur bestimmte Aspekte eines Systems oder einer Situation enthält und andere Aspekte vernachlässigt.

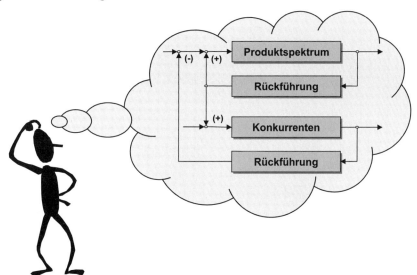

Abb. 9.5: Denken in Modellen erfordert Abstraktion und Konzentration auf das Wesentliche

Bei der Nutzung der Methoden und Werkzeuge der Digitalen Fabrik sollte das Bewusstsein vorhanden sein, dass eine Planung oder Simulation immer ein gedankliches Modell eines Systems ist. Jedes Systemmodell hebt bestimmte Aspekte hervor und vernachlässigt andere. Dieselbe Produktionssituation kann je nach Zweck sehr unterschiedlich modelliert werden, indem andere Aspekte hervorgehoben bzw. ausgeblendet werden. Darüber hinaus können Systemmodelle iterativ verfeinert werden, indem zusätzliche Aspekte berücksichtigt werden.

9.5.3 Dynamisches Denken

Beim dynamischen Denken geht es darum, dynamische Prozesse mit Verzögerungen, eskalierenden und/oder stabilisierenden Rückkoppelungen etc. zu erfassen (Abb. 9.6). In diesem Zusammenhang wäre es ein grundlegender Denkfehler, nur einen Snapshot eines Istzustandes zum Systemverständnis heranzuziehen. Zum Verständnis einer Situation muss immer die zeitliche Dynamik mit einbezogen werden.

So kann aufgrund einer einzelnen Momentaufnahme einer Produktionssituation unmöglich vorhergesagt werden, wie diese Situation wenige Sekunden später sein wird. Die einzelne Aufnahme zweier Transportsysteme gibt keine Information darüber, was mit diesen Systemen passieren wird. Es könnte sein, dass die Systeme stehen, dass diese sich aufeinander zu bewegen oder sich voneinander entfernen. Mehrere Aufnahmen in definierten Zeitabständen ermöglichen die dynamische Erfassung der Situation, die

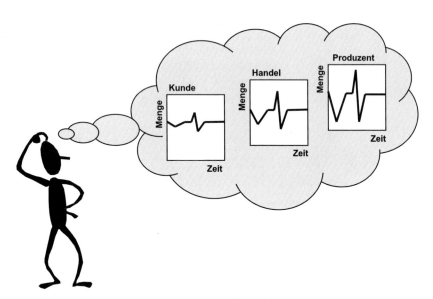

Abb. 9.6: Dynamisches Denken muss zeitbezogen Größen einbeziehen

Auswertung der Geschwindigkeiten und Beschleunigungen der beteiligten Systeme sowie die Vermeidung von Kollisionen.

9.5.4 Systemgerechtes Handeln

Systemgerechtes Handeln ist die pragmatische Komponente systemischen Denkens. Systemisches Denken darf nicht ausschließlich kognitiv-intellektuell bleiben, sondern muss sich praktisch im konkreten Handeln niederschlagen. Systemgerechtes Handeln benötigt eine systemische Umgebung, in der unterschiedliche Alternativen getestet werden können und somit Lernen möglich ist. Simulationsmodelle bieten in der Digitalen Fabrik eine gute Möglichkeit, systemisches Handeln zu trainieren und anzuwenden. Erfolgskriterium systemgerechten Handelns ist letztlich, ob es gelingt, die Digitale Fabrik in der Praxis zum Erfolg zu führen.

10 Softwarewerkzeuge

Die grundsätzlichen Anforderungen, die an Softwaretools zur Simulation (Simulationstools, Simulationswerkzeuge, Simulatoren) in der Digitalen Fabrik gestellt werden, betreffen im Wesentlichen die folgenden Punkte:

- klarer Modellaufbau und gute Abbildungstreue
- Leistungsfähiger Simulationskern
- hohe Flexibilität und Anpassbarkeit an Kundenbedürfnisse
- offene Schnittstellen und gute Integrierbarkeit
- benutzerfreundliche und intuitive Bedienung
- leistungsfähige Visualisierung

Einige dieser Forderungen sind zum Teil gegenläufig. Entsprechend können Simulationstools je nachdem, welcher der Anforderungen die größte Bedeutung zugemessen wird, sehr unterschiedlich aufgebaut sein. Eine immer größere Rolle kommen der Standardisierung und Modularisierung einzelner Komponenten sowie der Integration zu.

Unter den Simulatoren sind zahlenmäßig sehr viele Werkzeuge zu finden, die in Universitäten und Instituten entwickelt worden sind. Die Installationszahlen im kommerziellen Bereich zeigen jedoch, dass der Markt zunehmend von wenigen großen Firmen abgedeckt wird.

10.1 Klassifikation von Simulationswerkzeugen

Simulationstools können klassifiziert werden in Simulatoren, die dem Anwender eine simulationsorientierte Programmiersprache zur Verfügung stellen, in allgemeine Netzwerksimulatoren und in Tools, die bereits mäßig oder hoch spezialisierte Bausteine enthalten (Abb. 10.1).

10.1.1 Simulatoren auf Sprachkonzeptebene

Simulatoren nach dem Sprachkonzept, die auf der Anwendung einer Simulationssprache basieren, sind auf fast jede Problemstellung anwendbar. Der Einsatz erfordert vom Anwender allerdings ein relativ großes Know-how im Umgang mit der Simulationssprache sowie einen erheblichen Zeitaufwand bei der Modellierung.

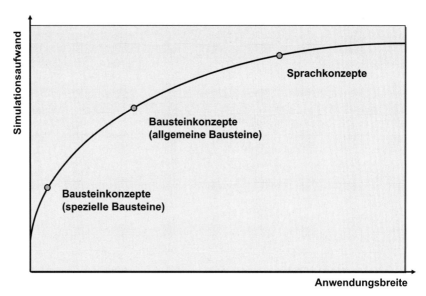

Abb. 10.1: Aufwand und Anwendungsbreite unterschiedlicher Simulationskonzepte

Sprachorientierte Simulatoren erfordern vom Simulationsanwender die Qualifikation guter Programmierkenntnisse. In der produktionstechnischen Praxis werden diese Werkzeuge heute kaum noch eingesetzt.

10.1.2 Bausteinsimulatoren

Bausteinsimulatoren stellen dem Planer bereits mehr oder weniger spezialisierte Bausteine für verschiedene Systemkomponenten zur Verfügung und sind damit für den Nutzer einfacher und schneller zu bedienen. Durch konsequente Modularisierung kann ein benutzerfreundlicher und schneller Modellaufbau erfolgen, indem dem Anwender immer wiederkehrende, häufig verwendete Modellkomponenten und -funktionen bereitgestellt werden (Abb. 10.2). Diese müssen dann nur noch zusammengesetzt und parametrisiert werden.

Je spezieller die Bausteine werden, desto einfacher wird die Modellierung und desto mehr wird allerdings auch die Anwendungsbreite eingeengt. Reale Systeme weisen in der Praxis oft Eigenschaften auf, die sich nicht direkt mit den verfügbaren Bausteinen bzw. Modulen des jeweiligen Simulators darstellen lassen. In solchen Fällen kann der Einsatz hoch spezialisierter Bausteine zu einem Verlust an Flexibilität führen. Behelfslösungen erfordern einen hohem Aufwand und führen oft zu geringerer Abbildungstreue. Der Einsatz von Bausteinsimulatoren mit stark spezialisierten Bausteinen ist nur dann sinnvoll, wenn der Simulator für die jeweilige Problemstellung tatsächlich genau passt.

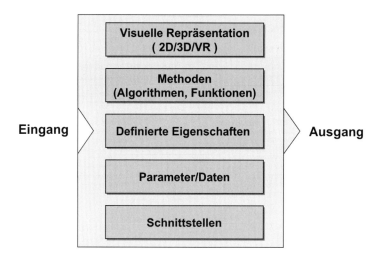

Abb. 10.2: Bausteinkonzept

Gibt es in den abzubildenden Systemen Bereiche, die durch die verfügbaren Bausteine nicht abgedeckt werden, so kann der Modellierungsaufwand den eines Simulators mit Sprachkonzept erreichen.

Bausteinsimulatoren haben den Vorteil, dass der Anwender diese ohne wesentliche Programmierkenntnisse bedienen kann. Zur Erhöhung der Flexibilität der auf Baustein-technik aufgebauten Simulatoren ist es sinnvoll, eine Möglichkeit zu bieten, Bausteine zu modifizieren oder Bausteine selbst zu erstellen. In der Praxis ist dies mit einem relativ hohen Aufwand verbunden und setzt erhebliche Programmier- und Systemkenntnisse voraus.

10.1.3 Multi-Level-Simulatoren

Multi-Level-Simulatoren decken mehrere Ebenen ab. Diese meist objektorientierten Tools bieten zum einen allgemeine Grundbausteinsätze (Abb. 10.3) an und erlauben andererseits dem Anwender, selbst Bausteine zur Verfügung zu stellen, die basierend auf den Grundbausteinen individuell für das jeweilige Problem entwickelt und angepasst werden können.

Die objektorientierte Datenstruktur ermöglicht die Erstellung und Kapselung von mäßig bis stark spezialisierten Bausteinen sowie das flexible Programmieren anwenderorien-tierter Steuerungen. So werden jeweils die spezifischen Vorteile der baustein- und der sprachorientierten Simulatoren genutzt.

Allgemeine Objekte	◢ Simulationssteuerung
	◢ Allgemeines Simulationsmodel
	◢ Module
Simulationsobjekte	◢ Prozessgenerator, Unterbrechungen Object
	◢ Schichtkalender, Schichtobjekt
	◢ Reihenfolgeplanung, Scheduling
Materialflussobjekte	◢ Platzorientierte Materialflussobjekte
	◢ Längenorientierte Materialflussobjekte
	◢ Bewegliche Materialflussobjekte
Informationsflussobjekte	◢ Datenspeicher
	◢ Steuerungen
	◢ Zufallsfunktion
Entscheidungsobjekte	◢ Verbindungen und Transportsteuerung
	◢ Objekte zur Managen von Diensten
Interface Objekte	◢ File, XML, Database, Prozessinterface

Abb. 10.3: Bausteinbibliothek zur Discrete-Event-Simulation

Bei den Multi-Level-Simulatoren reicht für viele Applikationen die Qualifikation des „normalen" Anwenders aus, zur Erstellung neuer Bausteinklassen ist allerdings auch hier der Simulationsexperte mit guter Programmierkenntnis gefragt.

10.1.4 Softwaretechnologie

Softwaretools zur Simulation bestehen aus mehreren Komponenten, die wiederum auf dem Betriebssystem und der Hardware des jeweiligen Rechners aufbauen. Mit der Verfügbarkeit leistungsfähiger Arbeitsplatzrechner und Netzwerke geht der Trend zur Dezentralisierung der Anwendung und Zentralisierung der Daten. Eine gut strukturierte Simulationssoftware ist aus modularen Komponenten wie Simulatorkern, Datenverwaltung, User-Interface, Schnittstellen zu externen Daten und Programmen etc. aufgebaut.

Der Simulatorkern beinhaltet als zentraler Programmteil die Ablaufsteuerung, welche die Prozesse der einzelnen Komponenten des Modellsystems verknüpft und koordiniert. Diese Simulatorsteuerung kann auf sehr unterschiedlichen Simulationsprinzipien wie Listenkonzepten, Petrinetzen, Algorithmen zur Bewegungssimulation etc. beruhen. Der Simulationskern kommuniziert mit der Datenverwaltung, in der Eingangsdaten, interne Modelldaten und Resultatdaten verwaltet werden. Die Eingangs- und die Experimentierparameter werden vor jedem Simulationslauf definiert. Interne Modelldaten werden z. T. vorab bei der Modellentwicklung festgelegt (statische Daten) oder während der

Nutzung jeweils neu berechnet (dynamische Daten). Die Resultatdaten werden während des Simulationslaufes berechnet und bereits zur Laufzeit ausgegeben oder zur späteren Verwendung und Auswertung gesammelt.

Die Benutzeroberfläche ist als Schnittstelle zum Anwender gerade in der industriellen Praxis sehr entscheidend für die Akzeptanz einer Simulationssoftware. Die Benutzeroberfläche sollte heute auf allgemeinen Standards aufsetzen und die ineinander greifenden Phasen Modellaufbau und Datenparametrisierung sowie Laufbetrachtung und Ergebnisdarstellung durch spezielle Funktionen benutzerfreundlich unterstützen. Komfortable Funktionen zur Modell- und Dateneingabe sowie zu einer anschaulichen Darstellung des Simulationslaufes und der Simulationsresultate sind erforderlich, und leistungsfähige 3D-Visualisierung wird zunehmend gefragt. Weiter ist eine interaktive Kommunikation während des Simulationslaufes sinnvoll, um Systemparameter zu verändern und Zwischenresultate darzustellen.

Offene Schnittstellen zu anderen Systemen der Digitalen Fabrik gewinnen erheblich an Bedeutung. Schnittstellen zu Datenbanken, Schnittstellen zu CAD- und Planungssystemen sowie Schnittstellen zu Maschinensteuerungen erlauben es, auf bereits vorhandene Datenbestände zuzugreifen und diese in das Simulationsmodell einzubinden bzw. Daten aus der Simulation in anderen System weiter zu verarbeiten. Zunehmend sind standardisierte Lösungen gefragt, die eine gute Portierbarkeit und Einbindung beliebiger Systeme erlauben.

10.2 Historische Entwicklung der Fabriksimulatoren

Simulationswerkzeuge haben in den letzten Jahren mit zunehmender Rechnerleistung erheblich an Komfort und Simulationsgeschwindigkeit gewonnen. Heute stehen sehr leistungsfähige objektorientierte Simulatoren zur Verfügung und zunehmend wird auf leistungsfähige 3D-Funktionalität Wert gelegt.

Zur Einordnung bestehender Werkzeuge und Entwicklungen soll an dieser Stelle ein kurzer Abriss der historischen Entwicklung von Simulationstools zur Discrete-Event-Simulation gegeben werden. Die Entwicklung wird durch mehrere Phasen gekennzeichnet. Bis etwa 1960 wurden die meisten Simulationsanwendungen direkt in FORTRAN geschrieben. Spezielle Simulationswerkzeuge standen noch nicht zur Verfügung. In der zweiten Phase ab 1960 wurden die ersten speziellen Simulationssprachen entwickelt. Die beiden wesentlichen Entwicklungen waren GSP (General Simulation Program) in Großbritannien und GASP (General Activity Simulation Program) in den USA sowie GPSS,

SIMULA, SIMSCRIPT und CSL. Ab Mitte der 60er Jahre wurde die zweite Generation Simulationssprachen wie GPSS II, III, 360 und V entwickelt. Ab etwa 1970 kommen weitere Simulationssprachen wie SLAM und Q-GERT hinzu, und die vorhandenen Sprachen werden erweitert. So erlaubt z. B. GASP IV, die Simulation von kontinuierlichen und diskreten Vorgängen in einem Modell zu verbinden. SIMSCRIPT II.5 wurde um das Prozesskonzept und ebenfalls um die Möglichkeit kontinuierlicher Simulation erweitert. GPSS/H verbessert die Möglichkeiten zur Benutzerinteraktion.

Erste Simulationsumgebungen, die nicht nur den Simulatorkern, sondern auch Module zur Visualisierung und Datenanalyse der Ergebnisdaten beinhalten, werden zusammen mit Simulationssprachen wie SLAM angeboten. In der Phase ab 1980 werden zunehmend Simulationsumgebungen und Bausteinsimulatoren wie WITNESS und AUTOMOD angeboten, die einen einfachen Modellaufbau und gegenüber den bisherigen Tools eine erheblich verbesserte Animation bieten. Seit 1990 geht der Trend im Wesentlichen zu einfacher zu bedienenden Tools mit Bausteinkonzept wie ARENA, AUTOMOD, AUTOSCHED, DOSIMIS/PERFACT, FACTOR bzw. FACTOR/AIM, FACTORYFLOW/PLAN, PROMODEL, QUEST, SIMFACTORY II.5 oder TAYLOR II. Weiter werden zunehmend Multi-Level-Simulatoren wie SIMPLEX-II, SIMPLE++[1] interessant, die auf der einen Seite eine einfache Modellierung mit Bausteinen erlauben, andererseits aber auch die Generierung benutzerdefinierter Steuerungen und Bausteine zulassen. Jüngere Entwicklungen sind leistungsfähige Discret-Event-Simulatoren mit integrierter 3D-Funktionalität wie ENTERPRISE DYNAMICS[2] und FLEXSIM, die auf einem objektorientierten Konzept beruhen.

Zurzeit setzen die Entwicklungen zunehmend auf Softwarestandards, die Integration in Planungsumgebungen und 3D-Funktionalitäten. Zunehmend wird Objektorientierung sowohl für die interne Simulatorstruktur wie auch für den hierarchischen Modellaufbau eingesetzt. Innovative Werkzeuge wie JaFaSim bauen als Intranet-Anwendung auf einer modernen Client-Server Architektur auf und können zur simulationsgestützten operativen Planung über schnelle Datenbank- und Kommuniktionsschnittstellen in bestehende EDV-Systeme integriert werden. Die Client-Server Architektur bietet dabei die Möglichkeit einen schnellen Simulationskern mit der komfortablen Bedienung über Clients im Netzwerk zu verbinden. Der Schwerpunkt der derzeitigen Entwicklung liegt im Bereich der Schnittstellen und der Integration der Simulatoren in Planungslösungen der Digitalen Fabrik.

Unter den Softwarewerkzeugen gibt es Anbieter, wie z. B. Delmia und UGS, die umfangreiche Software-Suites zur Abdeckung weiter Bereiche der Digitalen Fabrik im Programm

---

[1] umbenannt in emPlant (Tecnomatix) und erneut umbenannt in Plant Simulation (UGS)
[2] ehemals Taylor ED

haben. Innerhalb dieser Suits ist die Durchgängigkeit zwischen den einzelnen Produkten meist recht gut gegeben. Teilweise ist die Durchgängigkeit jedoch noch nicht oder nur sehr oberflächlich realisiert, da diese Softwareprodukte zum Teil aus unterschiedlichen Softwarehäusern zusammengekauft wurden und erst stückweise tatsächlich integriert werden. Einige Bereiche von mehreren Tools werden überlappend abgedeckt, so dass es für den Anwender zum Teil schwer zu überblicken ist, welche Werkzeuge er sinnvollerweise nutzen sollte.

Andere Anbieter wie z. B. Brooks Software, Flexsim Software Products, Incontrol Simulation Software oder die Lanner Group konzentrieren sich im Wesentlichen auf den Bereich der Discrete-Event-Simulation. Weitere Anbieter haben sich auf andere Bereiche von Simulationssoftware wie z. B. auf Robotersimulationssoftware spezialisiert.

Im Weiteren werden ohne Anspruch auf Vollständigkeit einige Produkte vorgestellt. Die dargestellten Informationen beruhen jeweils auf Angaben des jeweiligen Anbieters und beschreiben den Stand vom Mai 2006.

10.3 Digital Factory Solution von DELMIA

DELMIA bietet eine umfassende und leistungsfähige Palette digitaler Produktionsplanungswerkzeuge an, die auf innovativen und zukunftsweisenden Technologien beruhen und zum Ziel haben, auch anspruchsvolle Fertigungsprozesse zu optimieren. Es werden Lösungen für unterschiedliche Industriezweige wie Automobilbau, Luft-, Raumfahrt- und Rüstungsindustrie, Schiffbau sowie für Bereiche der Gebrauchsgüter, Elektrik und Elektronik sowie Teilefertigung, Karosserierohbau und Montage und Automatisierung angeboten. Für die unterschiedlichen Fertigungsbereiche stehen Werkzeuge mit Einsatzgebieten von der Verfahrensplanung bis hin zu allgemeinen Montageverfahren und zur Fabriksimulation zur Verfügung. Digitale Modelle gestatten dabei die vollständige Planung und Absicherung der Fertigungsprozesse.

Die digitalen Fertigungslösungen von DELMIA basieren dabei auf dem Produkt-, Prozess- und Ressourcen-Datenmodell (PPR) von Dassault Systèmes. Dieses Modell unterstützt die Entwicklung und kontinuierliche Überprüfung von Fertigungsverfahren in Abstimmung mit der Produktentwicklung und über die gesamte Produktlebensdauer hinweg. Die nahtlose Integration aller Softwarebausteine in den Kern dieser Lösungen, den DELMIA Manufacturing Hub, deckt die unterschiedlichen Anforderungen der fertigungstechnischen Prozesse ab.

Produkt- und Prozessstrukturierung, Fertigungsgestaltung, Logistik und Optimierung

DELMIA Process Engineer	Tool zur Unterstützung einer ganzheitlichen Fertigungsplanung und des Target Costings im Simultaneous-Engineering-Prozess von der Produktstrukturierung über die Prozess- und Fertigungskonzeption bis zur Layoutplanung mit den Modulen: • DELMIA PPR Navigator • DELMIA Product Evaluation • DELMIA Process and Resource Planning • DELMIA Layout Planning • DELMIA Standard Time Measurement • DELMIA Work Load Balancing • DELMIA Automatic Line Balancing
DELMIA PPR Navigator	Modul zur Unterstützung der Projektinitialisierung unter Berücksichtigung aller Planungsprämissen, der Komplexplanung Produkt, Prozess und Ressource sowie der Bereitstellung einer unternehmensweiten Prozessplanungsdatenbank. Das Modul beinhaltet Werkzeuge für das Customizing und für den Datenbankzugriff per Scripting.
DELMIA Product Evaluation	Modul zur Unterstützung bei der Produktanalyse und – evaluierung
DELMIA Process and Resource Planning	Module zur Unterstützung bei Komplexplanungen (auf Basis grafikbasierter Planungsassistenten) im Gesamtzusammenhang von Produkt, Prozess und Ressource
DELMIA Layout Planning	Modul zur Unterstützung bei der 3D-Layout Planung und bei statischen Ergonomieuntersuchungen
DELMIA Standard Time Measurement	Unterstützung bei der integrierten Zeitwirtschaft auf Basis zeitanalytischer Verfahren nach MTM, REFA etc.
DELMIA Work Load Balancing	Modul zur Unterstützung bei der manuellen Austaktung von Produktionslinien
DELMIA Automatic Line Balancing	Lösung zur automatischen Austaktung von Montagelinien, im Besonderen Produktionslinien in der Automobilfertigung
DELMIA Layout Planner	Teilumfang des DELMIA Process Engineer; unterstützt die Grob- und Feinplanung manueller und teilautomatisierter Arbeitssysteme bezüglich Arbeitssystemplanung, 3D-Arbeitsplatzgestaltung, Ergonomie und Zeitwirtschaft

Dynamische Ergonomieuntersuchungen

DELMIA V5 Human	Tool zur ergonomischen Analyse und Optimierung von Arbeits- und Bedienumgebungen
DELMIA Human Builder	Modul für die Erstellung und Kinematisierung von Menschmodellen
DELMIA Human Measurements Editor	Modul für die individuelle Anpassung von Menschmodellen
DELMIA Human Posture Analysis	Modul für die Bearbeitung und Analyse der Freiheitsgrade von Menschmodellen
DELMIA Human Task Simulation	Modul für die 3D-Simulation von Arbeits- und Bedienabläufen unter Nutzung des Menschmodells
DELMIA Human Activity Analysis	Modul für die ergonomische Bewertung von Arbeitshaltungen (statisch) und Arbeitsabläufen (dynamisch) nach internationalen Standards

Teilefertigung

DELMIA Virtual NC	Werkzeug zur Simulation, Validierung und Optimierung von NC-Maschinenprozessen.
DELMIA DPM (V5) Machining	Werkzeug zur featuregestützten, teilautomatischen Planung der spangebenden Bearbeitung, im Besonderen zur frühen Optimierung der Produktgestaltung

Robotik

DELMIA PLM V5 Robotics Simulation	Auslegung und 3D-Simulation von Roboterarbeitszellen im Layoutkontext, Analyse von Roboterarbeitszellen
DELMIA UltraArc	Modul zur Prozessplanung, Simulation und Offline-Programmierung von Roboter-Lichtbogenschweißanlagen
DELMIA UltraSpot	Modul zur Prozessplanung, Simulation und Offline-Programmierung von Roboter-Punktschweißanlagen
DELMIA UltraPaint	Modul zur Prozessplanung, Simulation und Offline-Programmierung von robotergestützten Lackieranlagen
DELMIA UltraGrip	Modul zur Prozessplanung, Simulation und Offline-Programmierung für Roboteranwendungen wie Endbearbeitung, einschließlich Wasserstrahl- und Laserschneiden

Steuerungsprogrammierung

DELMIA V5 Automation	Lösung zum Entwurf, Entwicklung und Test von Steuerungsprogrammen für Produktionsanlagen, um die Inbetriebnahmezeiten zu verkürzen und Fehler frühzeitig zu finden.
DELMIA V5 Automation LCM Studio	SPS-Programmierumgebung zur Erstellung von Steuerungsprogrammen nach dem IEC 61 131-3 Standard
DELMIA V5 Automation Smart Device Builder	Wandlung von 3D-CAD-Modellen in Aktuatoren und Sensoren zum Aufbau von virtuellem Steuerungsequipment.
DELMIA V5 Automation Controlled System Simulator	Simulation kompletter SPS-Programme auf Basis des virtuellen Anlagenmodells

Geometrieorientierte Montageplanung

DELMIA V5 DPM Assembly	Tools für die geometriegestützte Planung und Simulation von Montageprozessen; unterstützt die frühe Optimierung des Produkts

Operative Produktionsplanung

DELMIA V5 DPM Shop	Skalierbares interaktives 3D-Informationstool für Produkt- und Prozessdaten zur Verbesserung der operativen Produktionsabläufe

Integration und Managementinformationssystem

PPR Hub	Daten-Backbone des DELMIA-Lösungsportfolios für die digitale Planung und Steuerung von Produktionsprozessen. Basiert auf dem konfigurierbaren PPR-(Produkt-, Prozess-, Ressourcen-)Datenmodell von Dassault Systèmes. • PPR Konfigurationsmanager – Anpassung von Datenmodell und Benutzeroberfläche • PPR Navigator – Darstellung von Planungsinformationen • PPR Formular Editor – Vorlagenerstellung zur Planungsergebnissen • PPR Systembibliothek – Wiederverwendung von Planungsdaten • PPR Browser – webbasierte Darstellung von Planungsdaten

10.3.1 Produkt- und Prozessstrukturierung, Fertigungsgestaltung, Logistik und Optimierung

Die im Bereich Produkt- und Prozessstrukturierung, Fertigungsgestaltung, Logistik und Optimierung angebotenen Tools decken im Sinne eines Concurrent Engineerings die Bereiche von der Produktstrukturierung, Target Costing und Prozessplanung, ganzheitliche Fertigungsprozessplanung, Layoutplanung und Flächenermittlung bis hin zur Materialbereitstellungsplanung und detaillierten Simulation ab.

10.3.1.1 DELMIA Process Engineer

Der DELMIA Process Engineer unterstützt die ganzheitliche Fertigungsplanung und das Target Costing im Simultaneous-Engineering-Prozess von der Produktstrukturierung

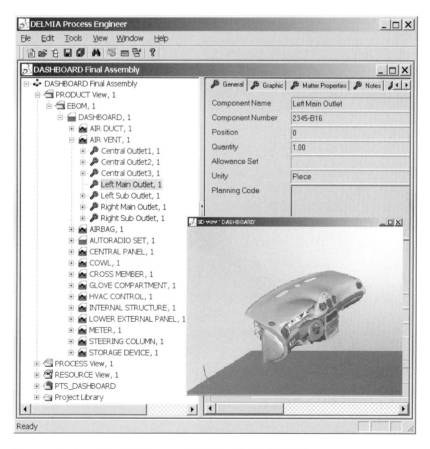

Abb. 10.4: Process Engineer Produkt Prozessdefinition (Quelle Delmia)

214 10 Softwarewerkzeuge

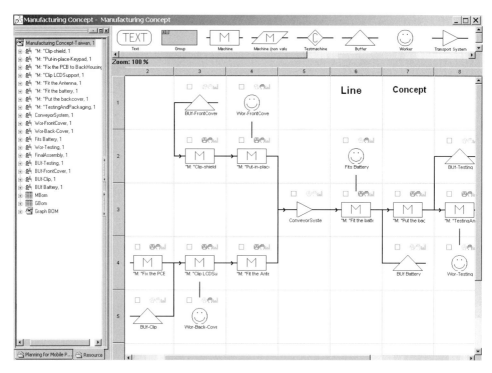

Abb. 10.5: Graphische Prozessdefinition (Quelle Delmia)

über die Prozess- und Fertigungskonzeption bis zur integrierten Layoutgenerierung und Arbeitssystemgestaltung mit dem DELMIA Layout Planner.

Ziele des Einsatzes von DELMIA Process Engineer

- hohe Planungsqualität und -sicherheit durch methodisch strukturierte Planungsarbeit
- frühes Erkennen von Prozessrisiken, verstärktes Wiederverwenden erprobter Prozesse
- nachvollziehbare Änderungen und Entscheidungen sowie Nutzung von verstreutem Prozesswissen
- Erreichen des wirtschaftlichen Optimums durch Erfassen aller prozessbedingten Kosten und frühzeitiges Bewerten von Alternativen
- Verkürzung der Planungszeit bis zum Start der Produktion (SOP) durch Einbinden aller Fachfunktionen, Vermeidung von Doppelarbeit und Rückgriff auf bestehende Planungen

Leistungsmerkmale von DELMIA Process Engineer

- Einlesen und Erzeugen von Produktstrukturen, Verwaltung von Varianten, Zielkosten sowie beliebige Sichten auf das Produkt
- Visualisierung und Analyse der 3D-Produktgeometrien
- Unterstützung des schrittweisen Konkretisierens der Planung vom Prozessgraphen über das Fertigungskonzept bis zum Layoutentwurf
- Festlegung von Arbeitsfolgen, Ermittlung der Betriebsmittelauslastung und des Arbeitskräftebedarfs
- Konsequente Nutzung der gesetzten Prämissen für Planung und Auswertung
- Zusammenführen alle kostenwirksamen Prozesse und Ressourcen im Fertigungskonzept als Grundlage für Belegungsrechnung, Kostenanalyse, Layouterzeugung (mit Layout Planner) und Simulation (mit SimInterface/Quest)
- Vergleich alternativer Fertigungskonzepte und Auswertung des Fertigungshochlaufs
- Auswerten der Planungsinhalte an den Objektstrukturen (Prozesse, Zeiten, Kosten ...)
- Darstellung von Gesamtkosten und Abweichungen gegenüber Kostenzielen

Stückliste und Produktstruktur, PDM- und CAD-Anbindung

Produktstrukturen werden im DELMIA Process Engineer, z. B. untergliedert in Module, Submodule und Einzelteile, übersichtlich dargestellt. Wahlweise wird die Struktur durch Daten zum Flächenbedarf, zu Kosten und Prozesszeiten ergänzt. Neben dem DMU-Navigator von Dassault Systèmes ist ein eigenständiges Tool für Viewing und Digital Mockup integriert, das es ermöglicht, große Modelle mit hoher Leistung zu visualisieren.

Erstellung des Prozesskonzepts

Das Prozesskonzept enthält Vorgaben für die Teilefertigung und die Montage und stellt ein lösungsneutrales, erstes Modell der künftigen Fertigung dar.

Fertigungskonzepterstellung, Ressourcenplan, Arbeitsplan und Logistik

Das Fertigungskonzept verknüpft die kostenwirksamen Prozesse und Ressourcen als Grundlage für Belegungsrechnung, Kostenanalyse, Layouterzeugung und Simulation.

Target Costing, Statusbericht und Auswertungen

Materialkosten, Investitionen für Betriebsmittel sowie Flächen- und Arbeitskräftebedarf werden im DELMIA Process Engineer bei der Bewertung und beim Vergleich von Fertigungskonzepten ausgewiesen. Prämissen für Planstückzahlen, Zuschläge etc. lassen sich beliebig vorgeben. Die Gesamtkosten sowie nachfolgende Abweichungen von den Kostenzielen werden in einem Statusbericht übersichtlich dargestellt. Daneben ist die Belegung der Ressourcen ein wichtiges Auswertungsergebnis.

10.3.1.2 DELMIA Layout Planner

Der DELMIA Layout Planner ist ein leistungsfähiges Softwarepaket zur Grob- und Feinplanung manueller und teilautomatisierter Arbeitssysteme mit den Schwerpunkten Arbeitssystemplanung, Arbeitsplatzgestaltung, Ergonomie und Zeitwirtschaft. Die intuitive Benutzungsoberfläche ermöglicht ein effizientes Arbeiten. In einer Datenbank stehen marktgängige Ausrüstungselemente für und die dreidimensionale Gestaltung von Arbeitssystemlayouts zur Verfügung.

Der Planungsprozess orientiert sich durch zuschaltbare Planungsfunktionen an der jeweiligen Aufgabe und liefert die wichtigsten Planungsdokumente wie Layouts und Ergonomieanalysen.

Ziele des Einsatzes von DELMIA Layout Planner

- Verkürzung der Planungsdauer
- Steigerung von Planungsqualität und Planungssicherheit des Industrial Engineerings
- Reduktion der Produktionskosten
- Absicherung einer ergonomisch optimalen Arbeitsplatzgestaltung
- Erhöhung der Akzeptanz der Gestaltungslösung
- Integration von Mitarbeiter-Know-how

Leistungsmerkmale von DELMIA Layout Planner

Layoutfunktionen zur Erstellung und Bearbeitung von Produktionslayouts:
- Erzeugung von 2D- und 3D-Layouts
- Gestaltung von Arbeitsplätzen
- Erzeugung von Betriebsmittelstücklisten
- Erstellung von Videofilmen

Ergonomieanalysen zur Gestaltung von Arbeitsplätzen unter Berücksichtigung geltender Normen bzw. anerkannter Richtlinien:

- Arbeitsplatzmaße im Produktionsbereich nach DIN 33 406
- maximale Kräfte und Momente nach TÜV Rheinland
- Handhaben von Lasten nach REFA
- Heben von Lasten nach NIOSH
- Anforderungs- und Belastungsanalyse
- Gesundheitsrisikoanalyse
- richtiges Sitzen und Gestaltung von Bildschirmarbeitsplätzen
- Checkliste Arbeitsplatzgestaltung

Zeitwirtschaftsfunktionen zur wirtschaftlichen Planung und Realisierung manueller und teilautomatisierter Fertigungsabläufe basierend auf anerkannten Methoden:

- Schnelle, effiziente Erstellung von Zeitanalysen mit allen gängigen Analysierverfahren (MTM und WF)
- Erfassung und Verwaltung von Schätzzeiten, REFA-Zeiten (Zeitaufnahmen)
- Regelprüfung bzgl. Korrektheit und Vollständigkeit (MTM-1, UAS, MEK, MTM Standarddaten, WF)
- Hohe Arbeitsgeschwindigkeit durch Bildung von Zeitmakros (Bibliotheksbausteine) und Verwendung von Analysevorlagen
- Möglichkeit der Datenverdichtung über beliebig viele Datenebenen
- Strukturierte Datenablage in Arbeitssystemen, Stationen oder Anlagen
- Zeitanalyse in direkter Verbindung mit der Arbeitsplatzgrafik
- Automatische Aktualisierung der Zeitwerte

10.3.1.3 DELMIA QUEST

Der Discret-Event-Simulator DELMIA QUEST ist eine leistungsfähige 3D-Umgebung zur Visualisierung, Fabriksimulation und Analyse komplexer Material- und Informationsflüsse mit umfangreichen Import/Export Funktionen.

Mit QUEST lassen sich unterschiedliche Szenarien von Logistik- und Produktionssystemen testen, analysieren und bewerten, um in einem frühen Stadium der Produktionsplanung schnelle, verlässliche Entscheidungen zu treffen.

Abb. 10.6: Discrete-Event-Fabriksimulator Quest (Quelle Delmia)

Ziele des Einsatzes von Quest

- Simulation und Visualisierung komplexer Material- und Informationsflüsse innerhalb des Produktionsablaufes
- Analyse, Validierung und Optimierung von Fertigungsvarianten
- Bearbeitung, Analyse und Optimierung von Fabriklayouts

Leistungsmerkmale von Quest

Abbildung und Modellierung des beplanten bzw. zu analysierenden Fertigungssystems:

- Planungsdaten und Produktionsvariablen wie Prozesszeiten, Schichtmodelle, Modelllaufzeit etc. werden über das GUI, alternativ über den PPR-Hub, zur Abbildung des Produktionsablaufes bereitgestellt.
- Definition von Prozessen und Zuordnung zu Ressourcen
- Hinterlegung von Prozess- und Verteillogiken für den Simulationsablauf
- Modellierung unterschiedlicher Prozessabläufe (Teil einmal/mehrfach auf Maschine)

- Anwendungsspezifische Logiken können individuell in der systemeigenen Programmiersprache SCL programmiert werden.
- Möglichkeit der automatischen Modellerstellung durch PPR-Hub-Integration
- DPE QUEST Integration: Bietet Zugriffsmöglichkeit auf die Datenbank zum Laden von Attributen, Relationswerten etc. mit der systemeigenen Programmiersprache SCL
- Standardmäßige Darstellung als 3D-Grafik

Testszenarien, Systemengpässe und Störgrößen:

- Ableiten alternativer Simulationsmodelle unter veränderten Bedingungen, gezielte Veränderung der Parameter, Planungsdaten und Produktionsvarianten
- Neubestimmung/-berechnung der AGV-Pfade bei Kollision von Fahrzeugen durch den AGV-Controller
- Nutzung statistischer Verteilungen zur Abbildung realer Systemeigenschaften zur Abbildung von Störungen und Bearbeitungszeitstreuungen
- Einsatz vordefinierter Modellelemente zur Simulation von Materialbewegungssystemen, wie Förderbänder, Stapler etc.

Dynamische Simulationsergebnisse zur Laufzeit:

- Ergebnisanalyse für die abgebildeten Simulationsvarianten während der Simulation mittels Histogrammen, Balkendiagrammen und Kreisdiagrammen u. a.
- Bereinigung der Simulationsergebnisse um störende Komponenten, wie z. B. das Anlaufverhalten
- Konfiguration von Kreisdiagrammen über BCL Commands
- DPE QUEST Integration: Die Ergebnisse mehrerer durchgeführter Simulationsläufe in QUEST sind in DPE Process Engineer als HTML-Dokument aufrufbar.

Ermitteln von Kennzahlen und Statistiken:

- Zeiten: minimale, mittlere und maximale Durchlaufzeit sowie Arbeits-, Warte-, Stör-, Blockier- und Stauzeiten
- Ausfallraten, Ausbringung pro Tag
- Optimale Zahl von Werkstückträgern bzw. Teilebehältern
- Ermittlung der Auslastung, davon abgeleitet die Anzahl paralleler bzw. serieller Arbeitsstationen und Anzahl von Werkern
- Bestimmung des Durchsatzes in Abhängigkeit der Produktvariante und Ressourcenausstattung

- Kapazitäten und Füllstandsverläufe
- Work in Progress (WIP) – Bewertung
- Optimale Zahl von Transportmitteln
- Sammlung und Darstellung von Statistikdaten in einer bestimmten Reihenfolge definiert durch vergebene Prioritäten

Testszenarien zur Analyse und Optimierung des Fabriklayouts:

- Definition von unterschiedlichen Testszenarien bezüglich Anlagenlayout, Betriebsmittelzuteilungen, Modellvariablen, Ansichtsparameter, Ressourcenzuordnung, Modellbausteine: Fertigungsmittel, Fördermittel, Werker, Puffer, Lager, Verzweigungen, Zusammenführungen
- Optimierung der Flächenausnutzung, Zuweisung von Mitarbeitern
- Möglichkeit, die Tätigkeiten eines Werkes zu priorisieren
- Bestimmung der sinnvollsten Transportart

Bibliothek:

- Schnelle und einfache Modellierung einer Produktionsanlage mit geometrischen Elementen der Standardbibliothek: Maschinen, Montagearbeitsplätze, Puffer etc.
- Integrierte CAD-Umgebung zur Erzeugung bzw. für den Import von Grafiken, aus denen eine firmenspezifische Bibliothek geometrischer Elemente aufgebaut werden kann.
- Übernahme bestehender 2D-Layouts (z. B. AutoCAD) als Grundlage für den Modellaufbau in Quest.
- Möglichkeit des Abspeicherns von Modellelementen auf verschiedenen Ebenen, Wiederverwendbarkeit von Teilmodellen, Maschinen, einzelnen Prozessen etc.

10.3.2 Dynamische Ergonomieuntersuchungen

DELMIA Human unterstützt die Planung und Analyse von Arbeitsplätzen mit den Modulen DELMIA Human Builder für die Erstellung und Kinematisierung von Menschmodellen/Werkern, DELMIA Human Measurements Editor für die Modifikation von Menschmodellen, DELMIA Human Posture Analysis für die Bearbeitung und Analyse der Freiheitsgrade von Menschmodellen, DELMIA Human Task Simulation für die 3D-Simulation von Bewegungs- und Handhabungsabläufen sowie DELMIA Posture Analysis für statische und DELMIA Human Activity Analysis für dynamische Ergonomieanalysen.

10.3 Digital Factory Solution von DELMIA **221**

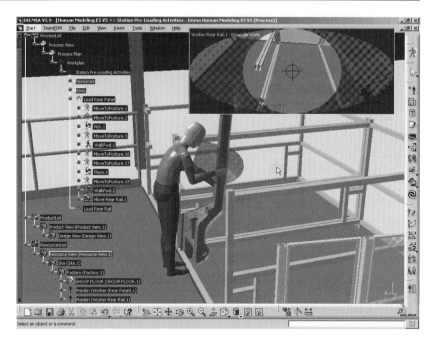

Abb. 10.7: DELMIA Human (Quelle Delmia)

10.3.2.1 DELMIA Human Builder

Modul für die Erstellung und Kinematisierung von Menschmodellen

Ziele des Einsatzes von DELMIA Human Builder

- Erstellen von Menschmodellen
- Definition der Eigenschaften von Menschmodellen
- Kinematisierung von Menschmodellen mittels Vorwärtskinematik und inverser Kinematik
- Definition von Greifräumen und Sichtfeld

Leistungsmerkmale von DELMIA Human Builder

- Erstellung von Menschmodellen
- Einblendung von Greifräumen als Punktewolke
- Dynamische Anpassung des Sichtfeldes an die Bewegung des Menschmodells
- Modifizierung des Sichtfeldes bezüglich Blickrichtung, Mittelpunkt des Sichtfeldes, Umrisslinien, ein-/zweiäugiges Sehen, Größe und Entfernungen

- Bewegung von Menschmodellen mit vordefinierten Standardposen, wie Sitzen, Hocke, gebeugte Haltung, Drehung, seitliches Anlehnen, Schließen der Hand, Drehen der Schulter
- Direktes Positionieren von Menschmodellen mit dem „Place Mode"
- Änderung der Haltung der Körpersegmente mit Hilfe von Vorwärtskinematik innerhalb ihrer Freiheitsgrade
- Interaktives Bewegen von Körpersegmenten mit der Maus in der aktiven Bewegungsrichtung (nutzbar innerhalb der Funktionalität „Inverse Kinematik" und „Vorwärtskinematik")
- Bewegung von Menschmodellen mit Hilfe inverser Kinematik, der Körper folgt der Bewegung von Händen oder Füßen
- Visualisierung der zukünftigen Haltung der Körpersegmente in Abhängigkeit der für kinematisches Verhalten aktivierten oder deaktivierten Körperbereiche
- Funktionalität „Reach Mode" unterstützt die Bewegung des Greifens nach Objekten, die in der Reichweite des Menschmodells liegen
- Die Körperbewegung des Menschmodells folgt der Bewegung des Greifens
- Übertragung von Attributen und Haltungen auf andere Menschmodelle
- Beschränkung von Menschmodellen in der Bewegung hinsichtlich der Umgebung
- Ermittlung der notwendigen Haltung des Menschmodells, um Objekte zu erreichen

10.3.2.2   DELMIA Human Measurements Editor

Modul für die Modifikation (individuelle Anpassung) von Menschmodellen

Ziele des Einsatzes von DELMIA Human Measurements Editor

- Modifikation der Körperabmessungen von Menschmodellen
- Änderung von Geschlecht/Population
- Anpassung der Grundkörperhaltung von Menschmodellen

Leistungsmerkmale von DELMIA Human Measurements Editor

- Veränderung der „Durchschnitts"-Menschmodelle bezüglich Körperabmessungen, wie Brustbreite, Armlänge, Beinlänge etc.
- Individuelle Anpassung der Körpermaße von Menschmodellen
- Modifikation definierter Menschmodelle bezüglich Geschlecht und Population
- Modifikation der Maße der Grundkörperhaltungen, Stehen mit ausgestreckten bzw. ausgebreiteten Armen

10.3.2.3 DELMIA Human Posture Analysis

Modul für die Bearbeitung und Analyse der Freiheitsgrade von Menschmodellen

Ziele des Einsatzes von DELMIA Human Posture Analysis

- Bearbeitung und Analyse der Freiheitsgrade von Menschmodellen
- Haltungsanalyse von Menschmodellen

Leistungsmerkmale von DELMIA Human Posture Analysis

- Vordefinierte maximale Freiheitsgrade für jedes Körpersegment in den drei Ansichten: Seiten-, Vorderansicht und Draufsicht für jedes Menschmodell
- Individuelle Abbildung von Menschmodellen mit einem eingeschränkten bzw. erweiterten Bewegungsbereich
- Definition von Komfortzonen innerhalb des maximalen Bewegungsbereiches und Visualisierung des Status durch unterschiedliche Farben
- Änderung der Bewegungsrichtung des Freiheitsgrades
- Änderung der Haltung einzelner Körpersegmente
- Analyse eingenommener Haltungen in einem Schaubild, Freiheitsgrade werden farblich gekennzeichnet

10.3.2.4 DELMIA Human Task Simulation

Modul für die 3D-Simulation von Arbeits- und Bedienabläufen unter Nutzung von Menschmodellen

Ziele des Einsatzes von DELMIA Human Task Simulation

- 3D-Simulation von Menschmodellen/Werkern
- Bewegungen von Menschmodellen/Werkern
- Kollisionsuntersuchungen
- Zu erwartender Kraftaufwand von Bewegungen
- Abstimmung auf Montagelinie (Line Tracking)

Leistungsmerkmale von DELMIA Human Task Simulation

- 3D-Simulation von Menschmodellen
- Kinematisierung des Menschmodells (Standardposen, Posture Editor, Forward Kinematics, Inverse Kinematics, Reach Mode und Place Mode)

- Funktionen für das Vorwärts-, Rückwärts- und Seitwärtslaufen
- Funktionen für das Treppen- und Leitersteigen
- Angelegen automatischer Simulationssequenzen bei Generierung einer Laufbewegung
- Anlegen individuell eingenommener Körperhaltungen als einzelne Simulationssequenz
- Zuweisung von Ressourcen zu Menschmodellen mit den Funktionen „Pick" und „Place"
- Teachen von Menschmodellen mit einem bereits festgelegten Verfahrweg eines Produktes oder einer Ressource
- Anlegen von Simulationsaktivitäten für eine veranschaulichende Dokumentationen, Präsentationen und Kommunikationsgrundlagen
- Statische Kollisionsuntersuchung von 3D-Elementen
- Kollisionsuntersuchungen für alle dynamischen Vorgänge in der Simulation
- Ermittlung des voraussichtlichen Kalorienverbrauchs für eine Körperhaltung basierend auf der Methode von Arun Grag
- Simulation von Menschmodellen im Zusammenspiel mit Objekten, die sich entlang einer Linie bewegen
- Visualisierung des 3D-Bereichs (Swept Volume), den ein bewegendes Körpersegment während einer Simulation einnimmt
- Darstellung des Wegs eines Körpersegmentes während einer Simulation

10.3.2.5 DELMIA Human Activity Analysis

Das Modul für die ergonomische Bewertung von Arbeitshaltungen (statisch) und Arbeitsabläufen (dynamisch) nach internationalen Standards

Ziele des Einsatzes von DELMIA Human Activity Analysis

- statische und dynamische Haltungsanalysen
- dynamische Bewegungsanalysen

Leistungsmerkmale von DELMIA Human Activity Analysis

- RULA-Analyse zur Ermittlung, wie sich eine eingenommene Körperhaltung auf die einzelnen Körpersegmente auswirkt
- Punktbewertung und farbliche Visualisierung der Haltungsanalysen für die Auswertung

- Bewegungsanalyse bezüglich der Analyserichtlinien NIOSH 1981, NIOSH 1991 und Snook & Ciriello 1991, je nach Richtlinie unter Berücksichtigung unterschiedlicher Parameter wie Zeitintervall pro Bewegung, Dauer, Gewicht etc.
- Push-Pull Analysis nach Snook & Ciriello 1991, Ermittlung der aufzubringenden anfänglichen und anhaltenden Kraft, Warnung vor Überlastungen
- Transportanalysen mit Ermittelung des maximalen Gewichts für einen Transport nach Snook & Ciriello 1991
- Simulationsanalyse von mehreren Positionen in Folge

10.3.3 Teilefertigung

10.3.3.1 DELMIA Virtual NC

DELMIA Virtual NC ist ein digitales Werkzeug zur schnellen Simulation, Validierung und Optimierung von NC-Maschinenprozessen. Die Simulationsumgebung ermöglicht, NC-Programme offline in einer digitalen Umgebung mit dem Ziel „Make it Right the First Time, Every Time" zu überprüfen, während die betroffene NC-Maschine gleichzeitig produzieren kann.

Abb. 10.8: DELMIA Virtual NC (Quelle Delmia)

Ziele des Einsatzes von DELMIA Virtual NC

- Verbesserung der Teilequalität
- Aufwandsminimierung durch effiziente Programmierung
- Verbesserung der Maschinenauslastung
- Reduktion von aufwändigen Prozessänderungen
- Vermeidung von Werkzeug- und Werkstückschäden

Leistungsmerkmale von DELMIA Virtual NC

- Komplette Verifikation von Teil und Prozess
- Simulation der Maschinensteuerung
- Mehrachsbearbeitungssystem
- Erweiterte Materialabtragstechnologie
- Kollisionskontrolle
- Einfacher Import von CAD-Daten
- Nutzung von Virtual NC aus CATIA Manufacturing Programmen

10.3.4 DELMIA DPM V5 Machining

Geometriegestütztes Werkzeug zur featuregestützten, teilautomatischen Planung der spangebenden Bearbeitung, im Besonderen zur frühen Optimierung der Produktgestaltung

10.3.5 Robotik

Im Bereich der Robotersimulation bietet DELMIA mit Robotics Simulation (IGRIP) einen leistungsfähigen Simulator sowie spezifische Module zur Simulation und Offline-Programmierung spezieller Anwendungen, wie DELMIA UltraArc für Roboter-Lichtbogenschweißanlagen, DELMIA UltraPaint für Roboter-Lackierungsanwendungen und DELMIA UltraGrip für die Endbearbeitung mit Robotern und andere Anwendungen, einschließlich Wasserstrahl- und Laserschneiden.

10.3.5.1 DELMIA PLM V5 Robotics Simulation

DELMIA PLM V5 Robotics Simulation (IGRIP) ist eine realitätsnahe Robotersimulationslösung zur Gestaltung und Offline-Programmierung komplexer, mit mehreren Anlagen ausgestatteter Roboterarbeitsplätze. Anwendungen wie Schweißen, Lackieren, Zuteilen, Punktschweißen, Materialabtrag lassen sich simulieren.

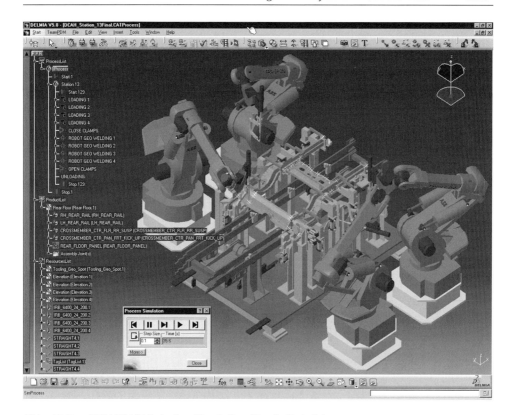

Abb. 10.9: DELMIA V5 Robotics Simulation (Quelle Delmia)

Unterstützt werden diese Funktionalitäten durch integrierte umfangreiche Roboterbibliotheken, die ein realitätsnahes Verhalten sicherstellen. Der Einsatz von DELMIA V5 Robotics Simulation reduziert Arbeitszeiten während der Fertigungsplanung. Gleichzeitig wird die Genauigkeit und Zuverlässigkeit des Roboterprogramms entscheidend verbessert. Eine grafische Schnittstelle erlaubt eine einfache Erstellung selbst komplexer Simulationsprogramme für mehrere Roboterstationen, Montage- und Materialflussvorrichtungen in einem Arbeitsgang. Das Werkzeug ist integriert nutzbar, beispielsweise im Rahmen der DELMIA V5-Lösung für die Prozessplanung im Karosserierohbau („DPM for Body-in-White").

Ziele des Einsatzes von DELMIA PLM V5 Robotics Simulation

- Auslegung und 3D-Simulation von Roboterarbeitszellen
- Roboter Simulation zur Detaillierung der Layoutplanung
- Simulation für die Analyse von Roboterarbeitszellen

Leistungsmerkmale von DELMIA PLM V5 Robotics Simulation

Ressourcenkatalog (Robot Task Definition):

- Systeminterne Bibliothek mit über 800 Robotern sowie Schweißzangen
- Suchfunktion zur Schnellauswahl von Robotern

Layoutunterstützung (Robot Task Definition):

- Laden von vorhandenem 2D-Layout in das System
- Automatische Platzierung von Robotern anhand der zu erreichenden Punkte
- Positionierung von Ressourcen, die als 3D-Daten vorhanden sind, unter Einsatz des Kompasses oder mittels Koordinaten und Winkeln
- Exakte Ausrichtung von Ressourcen unter Nutzung von Positionierungsfunktionalitäten wie Zentrieren, Verteilen etc.
- Zusammenfassung von Produkten und Ressourcen zu Gruppen
- Ausrichten von Werkzeugen wie z. B. Schweißzangen an den Robotern mit der Zuordnungsfunktion
- Änderung der Zuordnung von Bauteilen, Baugruppen und Ressourcen
- Platzierung von z. B. Werkzeugen mit der „Snap"-Funktion

Ausrichtung der Roboter und Werkzeuge (Device Building):

- Bewegung von Ressourcen über Achswerte oder den Kompass in deren Gelenken
- Festlegung von mehreren Ausgangspositionen für jede Ressource

Arbeitsablaufplanung der Roboter (Workcell Sequencing):

- Zuordnung mehrerer Tätigkeiten wie z. B. Laden, Schweißen und Entladen zu einer Ressource, Aktivsetzen der auszuführenden Tätigkeit
- Zuweisung definierter Prozesse zu Robotern in der Prozessplanung
- Möglichkeit zur Weiterverwendung vordefinierter (DMU-)Pfade
- Unterstützung für spiegelbildliche Tätigkeiten (linke/rechte Seite)
- Abbildung digitaler Ein-/Ausgänge

Definition und Verwaltung von Bereichen/Zonen (Workcell Sequencing):

- Abbildung von Interferenzzonen zur Vermeidung von Kollisionen
- Verriegelungen der Interferenzzonen durch Austausch von I/O-Signalen

Prozesssimulation (Workcell Sequencing):

- Erzeugung von Prozessablaufplänen (Darstellung als Pert-Chart und Gantt-Chart)
- Synchronisation aller Ressourcen
- Möglichkeit zur Kompilierung der Prozesssimulation
- Anlegen von Simulationsaktivitäten zur veranschaulichenden Dokumentation für Präsentationen sowie als Kommunikationsgrundlage

Realistic Robot Simulation RRS (Workcell Sequencing):

- RRS (Add-on-Produkt) befähigt die Simulationssoftware, mit dem RCS-Modul (Robot Controller Simulation) zu kommunizieren.
- Höhere Präzision der Bewegungsabläufe durch Berücksichtigung der vom Roboterhersteller gelieferten Algorithmen

Kollisionsuntersuchungen (Robot Task Definition):

- statische Kollisionskontrolle von 3D-Elementen (Produkte, Ressourcen)
- Kollisionsuntersuchungen für alle dynamischen Vorgänge
- Generierung von 2D- und Volumenschnitten zur Abänderung einer Ressource aufgrund einer Kollision

Erreichbarkeitsstudien (Robot Task Definition):

- Verifizierung der Erreichbarkeit der Arbeitspunkte für jeden Roboter
- Reichweitenüberprüfung eines Roboters. Erreichbare Bereiche, Kollisionsbereiche sowie nicht berechnete Bereiche werden farblich visualisiert.
- Überprüfung von Arbeitspunkten auf Robotererreichbarkeit, Umorientierung nicht erreichbarer Punkte

10.3.5.2 DELMIA UltraArc

DELMIA UltraArc ist ein skalierbares Modul zur Prozessplanung, Simulation und Offline-Programmierung von Roboterschweißanlagen, das eine schnelle und grafisch hierarchische Programmierung komplexer Roboterschweißsysteme von einzelnen Robotern über komplexe Mehrfachrobotersysteme bis hin zu Master-/Slave-Anwendungen erlaubt.

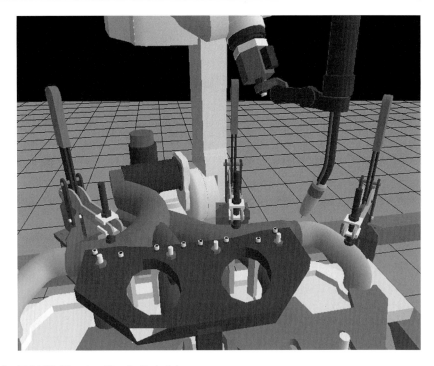

Abb. 10.10: DELMIA UltraArc (Quelle Delmia)

10.3.5.3 DELMIA UltraSpot

DELMIA UltraSpot ist ein skalierbares Modul zur Prozessplanung, Simulation und Offline-Programmierung von Roboter-Punktschweißanlagen.

10.3.5.4 DELMIA UltraPaint

DELMIA UltraPaint ist ein skalierbares Modul zur Prozessplanung, Simulation und Offline-Programmierung für Roboter-Lackieranlagen.

10.3.5.5 DELMIA UltraGrip

DELMIA UltraGrip ist ein skalierbares Modul zur Prozessplanung, Simulation und Offline-Programmierung für die Roboterendbearbeitung mit Robotern und andere Anwendungen, einschließlich Wasserstrahl- und Laserschneiden.

10.3.6 Automatisierungstechnik

Im Bereich der Automatisierungstechnik bietet DELMIA spezifische Module zur Simulation und Offline-Programmierung von Automatisierungstechnik.

10.3.6.1 DELMIA V5 Automation

DELMIA V5 Automation bietet eine Lösung für den Entwurf, die Entwicklung und den Test von Steuerungsprogrammen für Produktionsanlagen, um die Inbetriebnahmezeiten zu verkürzen und Fehler frühzeitig zu finden. Es wird die Programmierung von zahlreichen speicherprogrammierbaren Steuerungen (SPS) unterstützt. Zur Validierung der Logik wird das erstellte Programm gegen eine virtuelle Maschine, eine virtuelle Produktionszelle oder eine virtuelle Produktionslinie getestet und analysiert.

10.3.6.2 DELMIA V5 Automation LCM Studio

DELMIA V5 Automation LCM Studio ist eine Offline-SPS-Programmierumgebung und nutzt die im IEC 61 131-3-Standard definierten Standardsprachen. LCM Studio bietet dazu Werkzeuge, um Steuerungslogikmodule zu generieren oder vordefinierte Module wiederzuverwenden, diese zu editieren, zu debuggen und zu validieren. DELMIA Automation LCM Studio ermöglicht damit die Erstellung von Steuerungslogik unabhängig von der Hardware. Das erstellte Programm kann auf die Zielsteuerung heruntergeladen werden.

10.3.6.3 DELMIA V5 Automation Smart Device Builder

DELMIA V5 Automation Smart Device Builder wandelt verwendungsspezifisch modellierte 3D-CAD-Geometrien (CATIA, Solidworks, UGS, ProE, SolidEdge und andere) in Aktuatoren und Sensoren zur Nutzung in definierten Kinematiken und Tasks. Smart Devices können eingesetzt werden, um virtuelles Equipment mit einem vollständigen Satz von I/Os aufzubauen. Dabei können sowohl das normale interne Verhalten wie auch ein Störverhalten abgebildet werden, um zu testen, wie SPS-Programme damit umgehen.

10.3.6.4 DELMIA V5 Automation Controlled System Simulator

DELMIA V5 Automation Controlled System Simulator ermöglicht dem Anwender, komplette SPS-Programme auf Basis des virtuellen Anlagenmodells simulieren, zu debuggen und zu validieren, bevor das reale Equipment zur Verfügung steht. Das erstellte SPS-Programm kann dafür in eine virtuelle Steuerung oder in eine reale Steuerung geladen werden. Der Anwender verbindet die SPS-Programm I/Os (definiert mit dem DELMIA Automation LCM Studio) mit den virtuellen Equipment I/Os (definiert mit DELMIA Automation Smart Device Builder) und generiert damit eine Simulationsumgebung. Mit Hilfe eines Teileflusses und stochastischen Verteilungen für das Generieren von Zeiten und Produkttypen können Produktionsszenarien getestet werden.

10.3.7 Geometrieorientierte Montageplanung

10.3.7.1 DELMIA V5 DPM Assembly

DELMIA V5 DPM Assembly ist ein integriertes Tool, um den Entwurfsprozess von Produkten im Zusammenhang mit den zur Produktherstellung erforderlichen Montageprozessen zu optimieren. V5 DPM Assembly bietet eine 3D-basierte Planungsumgebung, um die simultane Entwicklung von Produktdesign und Produktionsprozess durch Machbarkeitsstudien bezüglich der Montagevorgänge und Fertigungsprozesse abzusichern sowie diese für die Spezifikation der Montageprozesse zu nutzen.

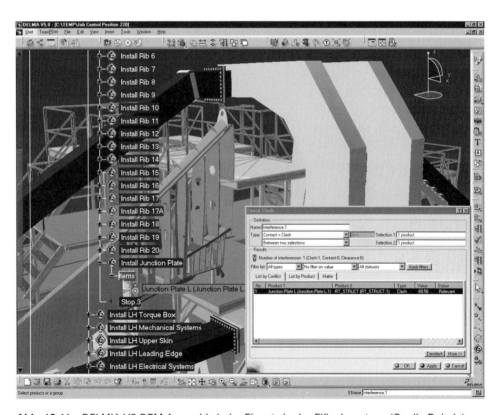

Abb. 10.11: DELMIA V5 DPM Assembly beim Einsatz in der Flügelmontage (Quelle Delmia)

Ziele des Einsatzes von DELMIA V5 DPM Assembly

- digitale Montageprozessplanung und Prozessüberprüfung
- Überprüfung der Verbaubarkeit
- 3D-Montagesimulation
- frühzeitige Produktbeeinflussung aus Fertigungssicht

Leistungsmerkmale von DELMIA V5 DPM Assembly

Funktionalitäten zur Detailuntersuchung aller 3D-Elemente (Bauteile, Baugruppen, Ressourcen):

- Explosionsdarstellung der Baugruppen anhand der Bauteilstruktur auf unterschiedlichen Ebenen
- 2D- und Volumenschnitte auf alle 3D-Elemente
- Statische Kollisionsuntersuchungen der 3D-Elemente, Dokumentation in Form von XML-, txt-, model-Formaten
- Distanz- und Bandanalysen zur Überprüfung von Bauteil-/Ressourcenabständen zueinander
- 3D-Darstellung des Schwenkbereichs aus den kompilierten Verfahrwegen von Bauteilen/Betriebsmitteln
- Messen beliebiger Geometrien direkt am Bildschirm
- Anbringen von 2D-Texten an 3D-Objekten

Funktionalitäten zur Prozessplanung, Prozessüberprüfung, Verbaubarkeit und Simulation:

- Anlegen von Prozessen, wie z. B. Arbeitsfolgen, Prüfprozesse etc.
- Logisches Verknüpfen aller PPR-Elemente (Produkt, Prozess und Ressource)
- Erzeugung von Prozessablaufplänen (Darstellung als Pert-Chart und Gantt-Chart), Vorranggraphen und einem Ressourcenauslastungsdiagramm (Ressource Gantt-Chart)
- Verwendung von V5-Katalogen für DIN-Bauteile (z. B. Schrauben, Schraubenmuttern, Dichtungsringe). Statuskennzeichnung für bereits beplante und nicht beplante Bauteile
- Schrittweise Überprüfung des Prozessablaufplanes durch Visualisierung der einzelnen Verbauzustände
- Generierung von Verbauwegen für die jeweiligen Prozesse unter Berücksichtigung der Prozessreihenfolge und beteiligter Ressourcen

- Möglichkeit zur Weiterverwendung von vordefinierten DMU-Pfaden (z. B. aus der Konstruktion)
- Nutzung kinematischer Elemente für die Prozesssimulation
- Möglichkeit zur Kompilierung der Prozesssimulation
- Anlegen von Simulationsaktivitäten zur veranschaulichenden Dokumentation für Präsentationen sowie als Kommunikationsgrundlage
- Verwaltung von Standpunkten, Sichtbarkeit, Zeitverzug, Pausen, Bewegen kinematisierter Maschinen, Vorrichtungen etc.
- Dynamische Kollisionsuntersuchungen für alle Abläufe während der Simulation
- Pfadfinder zur Errechnung von Ein- und Ausbaupfaden unter Berücksichtigung von Kollisionen
- Ausrichtung zugewiesener Ressourcen zur Layoutunterstützung, frei oder unter Nutzung von Positionierungsfunktionalitäten

10.3.8 Operative Produktionsplanung

Ziel der operativen Produktplanung ist es, die erforderlichen Produkt- und Prozessdaten aus allen Planungs- und Entwurfsphasen für den täglichen Produktionsbetrieb transparent zur Verfügung zu stellen. Die richtigen Daten sollen zur richtigen Zeit mit möglichst geringem Aufwand im Produktionsbetrieb nutzbar sein.

10.3.8.1 DELMIA V5 DPM Shop

DELMIA V5 DPM Shop ist eine skalierbares interaktives 3D-Informationstool für Produkt- und Prozessdaten, das durch Bereitstellung leicht erfassbarer, aktueller Information zur Verbesserung der Produktionsleistung beiträgt. DPM Shop nutzt Engineering-, Produkt-, Fertigungs- und Prozessdaten und liefert Arbeitsanweisungen direkt an die Produktionsebene.

Ziele des Einsatzes von DELMIA V5 DPM Shop

- Erstellung genauer Arbeitsanweisungen basierend auf aktuellen Modelldaten von Produkt und Fertigungsmitteln
- Mehrfachnutzung von Planungsdaten zur Verbesserung der Ausführungsqualität während der Produktion
- Minimierung von Fehlern, die durch unklare papierbasierte Anweisungen verursacht werden
- Darstellung von 3D-Arbeitsanweisungen im Zusammenhang mit Simulation
- Integration in existierende MES-Systeme

Leistungsmerkmale von DELMIA V5 DPM Shop

- Bereitstellung von 3D-basierten papierlosen Arbeitsanweisungen, Engineering-Daten und Simulationsfunktionalität für die Produktionsebene
- Reduktion der Erfordernisse papierbasierter Dokumentation
- Touchscreen-kompatible GUI
- Interaktion mit 3D-Simulation
- Darstellung von Referenzdaten durch Hyperlinks
- Nahtlose Integration in und Interoperabilität mit existierenden MES-Systemen

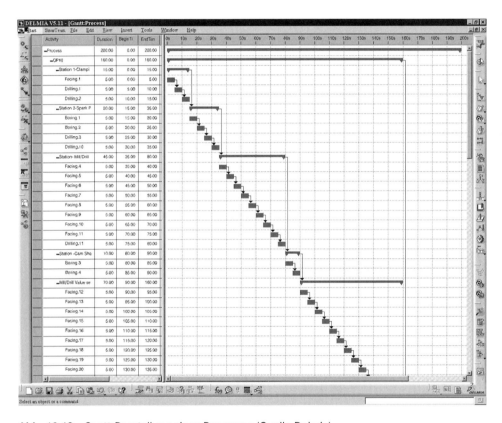

Abb. 10.12: Gantt-Darstellung eines Prozesses (Quelle Delmia)

10.3.9 Integration und Managementinformationssystem

Für die Digitale Fabrik ist Integration ein entscheidendes Kriterium bei der Auswahl von Softwarelösungen. Leistungsstarke Einzellösungen entfalten ihren vollen Nutzen erst dann, wenn Informationen auch anderen Anwendungen zugänglich sind. Ziel der DELMIA-Lösungen ist es, Informationen in unterschiedlichen Einzellösungen zu generieren und diese von Planungsbeginn an logisch miteinander zu verknüpfen, damit diese nur einmal physisch gehalten werden müssen. Ein Teil der Anwendungen (gekennzeichnet mit V5) ist direkt in die CATIA V5-Umgebung integrierbar. Generell lassen sich alle Produkte über den PPR Hub zu einer gemeinsamen Nutzung von Daten im Sinne der Digitalen Fabrik integrieren.

10.3.9.1 PPR Hub

Der PPR Hub ist der Daten-Backbone des DELMIA-Lösungsportfolios für die digitale Planung und Steuerung von Produktionsprozessen und bildet damit die Datenbasis für die Digitale Fabrik. Die Basis der integrierten Datenbanklösung PPR Hub stellt das DELMIA-Datenmodell dar, mit den Entitäten Produkt, Prozess und Ressource sowie optional weiteren, durch den Benutzer definierbaren Sichten auf die Daten. Alle Informationen, die im Rahmen eines integrierten Produkt- und Prozess-Engineerings von Bedeutung sind, finden sich im DELMIA-Datenmodell wieder. Jedem Planungsobjekt können beschreibende Informationen als frei konfigurierbare Attribute zugeordnet werden.

Ziele des Einsatzes von PPR Hub

- Konsistente Beschreibung der gesamten Planung
- Integration des Planungs- und Projekt-Workflows in das Unternehmen
- Gemeinsame Planungsumgebung für alle Planungsbeteiligten
- Einheitlicher Zugang zum Berichtswesen für alle Planungsbeteiligten
- Einheitliche Planungsumgebung für alle Planungsvorhaben
- Nutzung von Standardsoftware in unternehmensspezifischer Konfiguration
- Dokumentation der Planungshistorie
- Unternehmensweiter Zugriff auf alle Planungsinformationen
- Aufbau und Verwendung von Lösungs-, Prozess- und Ressourcenbibliotheken
- Durchgängige Entscheidungsunterstützung für die Auswahl geeigneter Planungsalternativen
- Einheitliche Planungsumgebung für alle Fertigungsgewerke (Rohbau, Teilefertigung, Oberfläche, Montage)

- Aktualität von Datenänderungen für alle Benutzer
- Kostenaussagen jeweils bezogen auf den aktuellen Datenbestand

Leistungsmerkmale von PPR Hub

- Abbildung der Planungsinhalte aller DELMIA Werkzeuge und der logischen Zusammenhänge
- Verwaltung von Produktstrukturen, Produktvarianten und Dokumenten
- Schaffung einer unternehmensweit verteilten Datenbanklösung mit dem PPR Hub als zentralem Bestandteil
- Anpassen der Datenbankinhalte an die jeweiligen unternehmensspezifischen Belange
- Unternehmensweiter Zugriff auf alle Planungsdaten
- Konfigurationsmanager zur Anpassung des Datenmodells und der Benutzeroberfläche
- Navigator zur Darstellung von Planungsinformationen
- Formular-Editor zur Vorlagenerstellung für die Auswertung von Planungsergebnissen
- Systembibliothek zur Wiederverwendung von Planungsdaten
- Browser zur webbasierten Darstellung von Planungsdaten
- Vollständige Erfassung sämtlicher Planungsinformationen
- Abbildung bzw. Aufbau eines innerbetrieblichen Berichtswesens
- Unterstützung von Neu- und Anpassungsplanungen
- Anpassung an Projekt und Unternehmung
- Änderungsmanagement
- Skalierbarkeit für unternehmensweiten Einsatz
- Wissensbasis für Folgeplanungen
- Aufbau und Bewertung von Planungsalternativen
- Abbildung unterschiedlicher Ablaufprinzipien der Fertigung
- Anbinden von Softwarelösungen über offene programmierbare Schnittstellen (API)

10.4 Digital Factory Solution von UGS

UGS (Unigraphics Solutions GmbH) bietet mit der Tecnomatix-Lösungssuite eine Anwendungssoftware für die Digitale Fabrik, die eine weite Spanne von der Planung bis zur Produktion abdeckt. Die einzelnen Softwarelösungen können weitgehend mit bestehenden Systemen und anderen IT-Systemen über den OMB (Open Manufacturing Backbone) von UGS verbunden werden.

Fabriklayout, Logistik und Optimierung

FactoryCAD	Fabriklayout-Anwendung zur Erstellung modularer detaillierter Fabrikmodelle
FactoryFLOW	grafisches Materialabwicklungssystem
FactoryMockup	Fabrikvisualisierung, Analyse und Kommunikation von Entwicklungsdaten
Plant Simulation	Modellierung und Simulation von Produktionssystemen und -prozessen
Plant Simulation CarBody	Plant-Simulation-Bibliothek zur Modellierung, Visualisierung und Optimierung von Body-in-White
Plant Simulation Assembly	Plant-Simulation-Bibliothek zur Modellierung, Simulation, Visualisierung und Optimierung von Montageprozessen
Process Designer for Logistics	Modellierung, Simulation und Optimierung von Produktionssystemen und -prozessen
Process Designer	Planung, Analyse und Management des Fertigungsprozesses

Ergonomieuntersuchungen

Jack Human Simulation	Betrachtung von Ergonomie und menschlichen Faktoren, virtuelle Umgebung für interaktive Gestaltung und Optimierung manueller Aufgaben
Process Simulate Human	Virtuelle Umgebung für interaktive Gestaltung und Optimierung manueller Aufgaben

Teilefertigung

Machining Line Planner	Dynamisches Ausbalancieren von Produktionslinien, Machining-Line-Planner-Applikationen: • Machining Line Planner Methods • Machining Line Planner Planner • Machining Line Planner Line Design • Machining Line Planner Portal • Machining Line Planner Feature Definition • Machining Line Planner Performance Analyzer • Machining Line Planner RealNC
RealNC	Detaillierte Analyse, Simulation und Optimierung von NC-Programmen
Die Verification	virtuelle 3D-Umgebung für interaktive Konstruktion, Simulation und Optimierung von Werkzeugen und Pressstraßen

Robotik und Steuerungsprogrammierung

Robcad	Werkzeug zur Planung, Simulation, Optimierung, Analyse und Programmierung von automatisierten Roboterzellen
OLP	Akkurate Simulation von Roboterbewegungssequenzen zur Offline-programmierung
Spot	Planung, Optimierung und Offline-Programmierung des gesamten Punktschweißprozesses
Process Simulate Commissioning	Modellbasierte, automatische Erstellung, Simulation und Überprüfung von PLC-Programmen, Offline-Programmierung von speicherprogrammierbaren Steuerungen

Montageplanung

Assembly Process Planner	Unterstützung bei der Planung von Fertigungsprozessen
Process Simulate	Visualisierung und Untersuchung von Teilemontage und -demontage sowie von Fügeprozessen

Operative Produktionsplanung

Sequencer	Reihenfolgeoptimierung für die Produktionsplanung
Work Instructions	Erstellung elektronischer Arbeitsanweisungen direkt aus den Tecnomatix-Anwendungen für Planung und Engineering

Produktionsmanagementsystem

Xfactory	Produktions-, Management- und Leitsystem (MES)
FactoryLink	Produktionsautomatisierungssoftware zur Beaufsichtigung und Kontrolle industrieller Prozesse

Integration und Managementinformationssystem

Teamcenter	Integrierte Lösungen und Technologien zur Definition und Verwaltung kompletter digitaler Produktmodelle über den ganzen Produktlebenszyklus
Teamcenter Community	Kollaborations-, Konferenzwerkzeuge und Visualisierungssoftware. Teamcenter Community ermöglicht die Zusammenarbeit verteilter Teams bis hin zur direkten Zusammenarbeit in den Entwicklungsprozessen
Teamcenter Engineering	System zur konsistenten Verwaltung und Bereitstellung aller Engineering-Daten während des gesamten Produktentwicklungsprozesses
Teamcenter Enterprise	Global verteilte Produktinformationen für Unternehmen mit Mitarbeitern an verteilten Standorten
Teamcenter In-Service	Integrierte Umgebung zur Verwaltung von Produktinformationen, Produktkonfigurationen und Status des Lebenszyklus für Service-Organisationen
Teamcenter Manufacturing	Datenmanagement zur Bewältigung der komplexen Anforderungen im Bereich der Fertigungsvorbereitung und Produktion
Teamcenter Project	Unterstützung unternehmensweit verteilter Teams bei gemeinsamen Projekten durch abgestimmte Aufgaben- und Zeitplanung sowie Ressourcenverteilung
Teamcenter Requirements	Minimierung der bei der Produktentwicklung auftretenden Kosten und Risiken, durch konsequente, frühe Einbindung und Verfolgung von Anforderungen an ein neu zu entwickelndes Produkt
Teamcenter Sourcing	Datenmanagement für strategische Beschaffungslösungen
Teamcenter Visualization	High-End-Visualisierungs- und virtuelle Prototypingfunktionen, die vom extended Enterprise verwendet werden können, um visuell virtuelle Prototypen zu konfigurieren und zu untersuchen, die sich aus Bauteilen unterschiedlicher CAD-Systeme zusammensetzen.

10.4.1 Fabriklayout Logistik und Optimierung

Die Tecnomatix Plant Design & Optimization Tools zielen auf die Modellierung und Simulation von Produktionssystemen und Prozessen. Es können Materialfluss, Ressourcennutzung und Logistik auf allen Ebenen der Werksplanung von globalen Produktionsnetzwerken über lokale Werke bis hin zu spezifischen Produktionslinien geplant, simuliert und optimiert werden.

10.4.1.1 FactoryCAD

FactoryCAD ist eine Fabriklayout-Anwendung, mit der modular detaillierte Fabrikmodelle erstellt werden können. Statt mit Linien, Bögen und Kreisen kann in FactoryCAD mit Bausteinen, „Smart Objects" genannt, gearbeitet werden. Diese repräsentieren die zahlreichen in einer Fabrik genutzten Ressourcen wie Boden- und Hängefördersysteme, Zwischengeschosse und Kräne bis zu Containern für die Materialförderung und Bediener. Mit diesen Objekten kann effizient ein Layoutmodell erstellt werden. FactoryCAD setzt auf AutoCAD und AutoDesk Architectural Desktop auf, die mit einer Bibliothek von „Smart Objects" zur Darstellung der Fabrikausrüstung und -ressourcen eine Komplettlösung für die Fabrikkonzeption bieten. FactoryCAD erfordert AutoCAD oder AutoDesk Architectural Desktop.

Ziele des Einsatzes von FactoryCAD

- Frühe Erkennung von Problemen im Layout-Design
- Vermeidung kostspieliger Probleme beim Redesign
- Vermeidung von Interpretationsfehlern

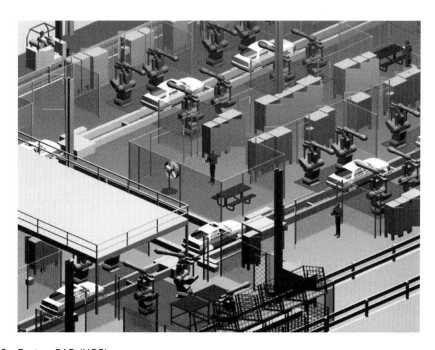

Abb. 10.13: FactoryCAD (UGS)

Leistungsmerkmale von FactoryCAD

- Erstellung von 2D-/3D-Modellen in kurzer Zeit und mit geringem Aufwand
- schneller als herkömmliche 3D-Modellierungen
- Wiederverwendung der Daten macht die Layoutinformationen wertvoller
- Durch die Smart-Object-Technologie benötigen die Dateien relativ wenig Speicherplatz
- Object Builder zur Modellierung von parametrischen Referenz-Objektmodellen
- Ansicht von 3D-Modellen mit Nicht-CAD-Viewern
- Bibliothek zahlreicher Fördereinrichtungen
- Roboterbibliothek als Objekte mit Vorwärtskinematik
- Objektbibliothek für die Materialbeförderung
- Toolkit zur Objekterstellung mit Object Builder
- Objekte mit Object Enabler auch in anderen AutoDesk-Programmen nutzbar
- Simulation Data Exchange (Simulationsdatenaustausch, SDX)
- FactoryCAD-Modelle können im SDX-Format in diskrete ereignisorientierte Simulationsprogramme übernommen werden
- Objekte verfügen über integrierte SDX-Parameter (z. B. Zykluszeit, Ausschussrate, Ladezeit, Entladezeit, Ausfälle, Einstellungen usw.).
- Updaten von FactoryCAD-Objekten über SDX-Dateien
- Block- und Symbol-Management-Tools für zahlreiche herkömmliche Symbole und Blöcke, die frei in den Bibliotheken hinzugefügt, kopiert, bewegt oder gelöscht werden können
- Abstandserkennung für Tests während des Designprozesses
- Erstellung von Stücklisten
- Import von CAD-Daten aus UG-, Parasolid-, VRML-, oder JT-Formaten als „Smart Factory Object"

10.4.1.2 FactoryFLOW

FactoryFLOW ist ein grafisches Materialabwicklungssystem zur Optimierung von Layouts auf Grundlage von Materialflussdistanzen, Frequenz und Kosten. Die Fabriklayouts werden unter Berücksichtigung der Arbeitspläne der Teile, der Lageranforderungen des Materials, Spezifikationen über Materialbeförderungseinheiten sowie Informationen über die Verpackung analysiert.

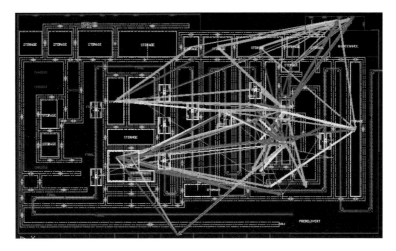

Abb. 10.14: Anzeige des Materialflusses mit FactoryFLOW (UGS)

Ziele des Einsatzes von FactoryFLOW

- Einfaches Erstellen von Ausgangslayouts
- Verbesserung der Layoutproduktivität durch Festlegung der besten Platzierung für Maschinen und Abteilungen
- Reduzierung von Materialabwicklungsanforderungen und Lagerhaltung
- Erstellung von Fertigungszellenlayouts im Prozessplan
- Optimierung von Layouts auf Grundlage qualitativer Faktoren wie Lärm, Schmutz und erforderliche Überwachungsmaßnahmen

Leistungsmerkmale von FactoryFLOW

- Diagramm der Materialflussintensität
- Entwicklung von Materialarbeitsplänen mit Standardprozesssymbolen
- Aktivitätspunkte und Pfeile zur Änderungen an den Arbeitsfolgen
- Datenschablonen mit Standardinformationen und Gleichungen zur Berechnung
- Analyse der Nutzung von Vorrichtungen zur Materialbeförderung
- Container-Platzierungsroutine zum automatisierten Platzieren von Containern
- Aktivitätspunkte zur genauen Festlegung von Fertigungsstandorten in Materialflussdiagrammen
- Algorithmen zur Erstellung von Laufwegen
- Berechnung von Materialabwicklungskosten und Anforderungen
- Farbkodierte Flussdiagramme, Grafiken und Berichte über Layout, Materialfluss, Zeit und Vergleiche zu Kosteneinsparungen

10.4.1.3 FactoryMockup

FactoryMockup ist ein Tool zur Fabrikvisualisierung, Analyse und Kommunikation von Entwicklungsdaten. Factory-Mockup arbeitet mit Fabrikmodellen aus Factory-CAD und ermöglicht einen Rundgang durch ein virtuelles, dreidimensionales Fabrikmodell, dieses zu inspizieren und das Modell beliebig zu bewegen. Factory-Mockup bietet weiter Hilfefunktionen, mit denen ein dreidimensionales Fabrikmodell ausgemessen und auf ausreichende Abstände überprüft werden kann.

Ziele des Einsatzes von FactoryMockup

- Vermeidung kostspieliger Designprobleme, indem diese schon vor dem Bau der Fabrik erkannt und gelöst werden
- Entwicklung einer besseren Fabrik in kürzerer Zeit

Leistungsmerkmale von FactoryMockup

- Interaktive Betrachtung kompletter Fabrikmodelle
- Rundflüge oder Rundgänge durch 3D-Fabriken
- Navigation durch komplette, detaillierte Modelle zur Kontrolle von Abstandsproblemen

Abb. 10.15: Untersuchungen innerhalb der virtuellen Welt mit FactoryMockup (UGS)

- Integriert Produkt-, Werkzeug- und Layoutdaten in ein Fabrikmodell
- Import von AutoCAD .dwg, .dxf und .dwf und Microstation-spezifische CAD-Dateiformaten
- Einfache Funktion zur Kollisionserkennung
- Animation der Bewegungsabläufe von Produkten, Ressourcen, Förderbändern etc.
- Erstellung detaillierter gerenderter 3D-Animationen
- Einsatz des industrieweit gängigen E-factory JT-Dateiformats

10.4.1.4 Plant Simulation

Der Discret-Event-Simulator Plant Simulation (ehemals: em-Plant, Simple++) ermöglicht die Modellierung und Simulation von Produktionssystemen und -prozessen. Mit Plant Simulation können Modelle von Logistik- und Produktionssystemen erstellt werden, um Systemeigenschaften zu untersuchen und die Leistung zu optimieren. Mit umfassenden Analysetools, Statistiken und Tabellen können Planer unterschiedliche Fertigungsszenarien bewerten und in einem frühen Stadium der Produktionsplanung schnelle, zuverlässige Entscheidungen treffen.

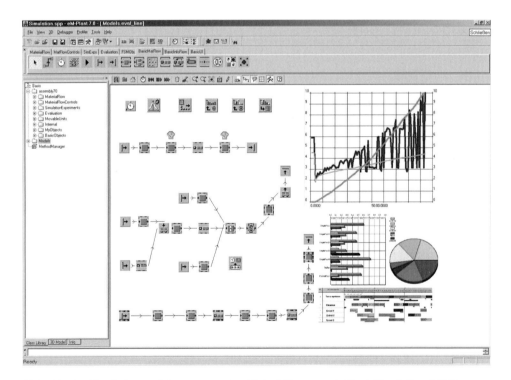

Abb. 10.16: Simulation und Auswertung des Materialflusses mit Plant Simulation (UGS)

Ziele des Einsatzes von Plant Simulation

- Reduzierung der Investitionskosten bei der Planung neuer Produktionsanlagen
- Entdeckung von Engpässen und Problemen
- Optimierung der Systemabmessungen, einschließlich Speichereinteilung
- Verringertes Investitionsrisiko durch frühes Proof-of-Concept
- Maximierung des Einsatzes von Fertigungsressourcen
- Verbesserung von Liniendesign und Zeitplanung
- Verringerung von Lager- und Durchsatzzeit
- Minimieren der Investitionskosten für Produktionslinien, ohne den geforderten Durchsatz zu gefährden
- Optimieren der Leistung vorhandener Produktionssysteme

Leistungsmerkmale von Plant Simulation

- Simulation von komplexen Produktionssystemen und Steuerungsstrategien
- Objektorientierte, hierarchische Modelle von Werken, inklusive ökonomische, logistische und Produktionsprozesse
- Bibliotheken von Anwendungsobjekten für eine schnelle und effiziente Modellierung wiederkehrender Szenarien
- Grafiken und Tabellen zur Analyse von Durchsatz, Ressourcen und Engpässen
- Umfassende Analysetools einschließlich automatischer Engpassanalyse, Sankey-Diagramme und Gantt-Diagramme
- 2D- und relativ langsame 3D-Online-Visualisierung und -Animation
- Genetische Algorithmen für die automatisierte Optimierung von Systemparametern
- Offene Systemarchitektur und Integrationsfähigkeit (Unterstützung von ActiveX, Oracle, SQL, ODBC, XML etc.)

Der Simulator Plant Simulation ermöglicht die Erzeugung strukturierter, hierarchischer, objektorientierter Modelle von Produktionsanlagen, -linien und -prozessen. Es stehen Anwendungsobjektbibliotheken für verschiedene Bereiche zur Verfügung. Die Modellierung von Produktionsprozessen ist unter Nutzung von Standardbibliotheken sowie von spezialisierten Komponenten möglich. Der Anwender kann Bibliotheken mit eigenen Objekten erstellen.

Der Plant Simulation Experiment Manager bietet die Definition von Experimenten, Festlegung der Anzahl der Simulationsdurchläufe und deren Zeiten sowie die Durchführung von mehreren Experimenten innerhalb einer Simulation. Der Anwender kann Experimente in Verbindung mit Datenbanken konfigurieren. Plant Simulation ermöglicht eine automatisierte Suche nach optimalen Lösungen für komplexe Produktionslinien. Genetische Algorithmen optimieren Systemparameter unter Einbeziehung multipler Beschränkungen wie Durchlaufleistung, Lagerbestände, Auslastung von Ressourcen und Liefertermine. Diese Lösungen werden weiter bewertet, indem durch Simulationen interaktiv die optimale Lösung, gemäß Linienbalance und verschiedener Losgrößen, bestimmt wird.

Objektorientierte Bibliotheken

Für Plant Simulation stehen einige Anwendungsbibliotheken zur Verfügung, die im Weiteren kurz beschrieben sind. Es ist jedoch auch möglich, spezifische Anwendungsbibliotheken für die jeweiligen Erforderungen zu erstellen.

Plant Simulation Assembly

Plant Simulation Assembly ist eine anwendungsobjektorientierte Bibliothek zur Modellierung, Simulation, Visualisierung und Optimierung von Montageprozessen. Plant Simulation Assembly stellt typische Objekte wie Materialfluss, Materialflusskontrolle und die Durchführung von Simulationsläufen zur Verfügung.

Plant Simulation CarBody

Plant Simulation CarBody ist eine anwendungsobjektorientierte Bibliothek zur Modellierung, Visualisierung und Optimierung von Body-in-White (BIW-Rohkarosse) Prozessen. Die Bibliothek beinhaltet spezifische Objekte für BIW-Systeme wie Materialfluss, Materialflusslenkung und ermöglicht eine einfache Anpassung von Kapazitäten, Zykluszeiten und Verfügbarkeit von Montageobjekten.

10.4.1.5 *eMPower for Logistics*

eMPower for Logistics ermöglichen die Modellierung, Simulation und Optimierung von Produktionssystemen und -prozessen. Das Lösungsportfolio eMPower for Logistics basiert auf der objektorientierter Technologie Plant Simulation, Process Designer und anpassbaren Objektbibliotheken, welche die Optimierung des Materialflusses, der Ressourcennutzung und Logistik auf allen Ebenen der Fabrikplanung von globalen Produktionsanlagen über lokale Fabriken bis zu spezialisierten Fertigungslinien zum Ziel haben.

248 10 Softwarewerkzeuge

Ziele des Einsatzes von eMPower for Logistics

- Verbesserung der Produktivität existenter Produktionsanlagen
- Reduzierung der Planungskosten für neue Produktionsanlagen
- Verkürzung des Lagerbestandes und der Durchlaufzeiten
- Optimierung der Systemdimensionen, inklusive Pufferzeiten
- Reduzierung der Investitionsrisiken durch frühe Absicherung des Konzeptes
- Maximierung der Auslastung der Produktionsressourcen
- Verbesserung des Liniendesigns und -ablaufplanes

10.4.1.6 Process Designer

Der Process Designer ist ein Tool zur Planung, Analyse und zum Management des Fertigungsprozesses. Die Daten können auf Basis einer gemeinschaftlichen Arbeitsumgebung parallel für Fertigungsprozesse für komplette Werke, Fertigungslinien oder einzelne Arbeitsabläufe geplant und verwaltet werden. Mit Hilfe einer objektorientierten Technologie sowie unternehmensspezifischer Bibliotheken für Ressourcen und Betriebsabläufe, Best Practices für Fertigungsverfahren und bewährter Erfahrung können Prozesse optimal gestaltet und vielfältige Produktvarianten entwickelt werden.

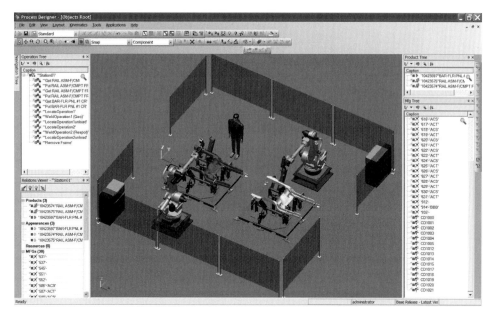

Abb. 10.17: Planung, Analyse und Management des Fertigungsprozesses, Process Designer (Quelle UGS)

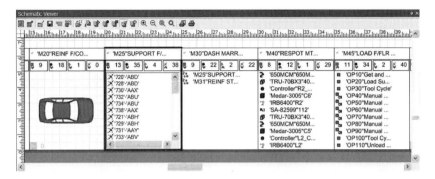

Abb. 10.18: Schematische Ansicht der Fertigungsschritte, Process Designer (Quelle UGS)

Mit Process Designer können in der frühen Phase der Konzeptplanung Fertigungsalternativen ausgewertet, Ressourcen koordiniert, Durchsatzleistungen optimiert, mehrere Varianten geplant, Änderungen eingeführt und Kosten sowie Zykluszeiten kalkuliert werden.

Ziele des Einsatzes von Process Designer

- Definition von Produktmontagesequenzen, Durchführung von Simulationen und Überprüfung der Herstellbarkeit und Wartbarkeit von Produkten
- Planung von Arbeitsplatz- und Werkslageplänen und Zuteilung der zugehörigen Ressourcen
- Definition und Verwaltung der Zykluszeit eines einzelnen Arbeitsablaufs oder einer Reihe von Operationen
- Analyse von Leistung, Durchsatzmengen, Engpässen und Zykluszeiten mit Hilfe von diskreten Ereignissimulation und Speicherung der Ergebnisse für zukünftige Anwendungen in einer Prozessdatenbank
- Ausgleich zwischen Fertigungslinien unter Berücksichtigung von Produktvariantenmix und Prozessbedingungen wie Richtung und Abfolge der Montage oder Verfügbarkeit von Ressourcen
- Kalkulation von Kosten einer Fertigungslinie auf der Grundlage der Kosten für Ressourcen und Verbrauchsmaterial

Leistungsmerkmale von Process Designer

- Modellierung von Fertigungsprozessen und -linien mit Hilfe eines Sets interoperabler Tools
- Analyse und Verwaltung von Operationen, Ressourcen, Varianten und Änderungen
- Netzbasiertes Reporting und Visualisierung von Fertigungsinformationen

- Durchführen anwendungsspezifischer Abfragen aus der Prozessdatenbank
- Erstellung von Prozessdokumentation wie elektronische Arbeitsanweisungen, Stücklisten oder Managementübersichten
- Offene API (Application Programming Interface) für anwenderentwickelte Planungs- und Technikanwendungen

Der Process Designer bietet eine integrierte Arbeitsumgebung für die Planung von Fertigungsprozessen. Das Ergebnis der Planung ist eine elektronische Prozessliste (Electronic Bill of Processes – eBOP). Der eBOP enthält eine komplette Beschreibung der Prozesse, durch die ein Produkt zusammengebaut, gefertigt, auf Qualität getestet und für den Versand verpackt wird, und stellt so ein grundsätzliches Informationsmittel für den Austausch zwischen den zentralen Planungsabteilungen, Werken und Vertragspartnern dar.

10.4.2 Ergonomieuntersuchungen

Tecnomatix Human Performance unterstützt Konstrukteure dabei, Produkte zu entwickeln, die für Menschen sicher, komfortabel und benutzerfreundlicher sind. Es können Produktentwürfe geprüft und analysiert werden, ob reale Menschen bezüglich der Sicht, Reichweite, Körperhaltung und -belastung in der Lage sind, die Aufgabe zu bewältigen. Ein spezielles „Occupant Packaging Toolkit" verbessert beispielsweise die Ergonomie von Fahrzeug- und Flugzeuginnenbereichen.

Abb. 10.19: Der Mensch im Mittelpunkt, Human Simulation (Quelle UGS)

10.4.2.1 Jack Human Simulation

Jack Human Simulation stellt eine virtuelle 3D-Umgebung für interaktive Gestaltung und Optimierung manueller Aufgaben zur Verfügung. Eine Bibliothek der Menschmodelle in verschiedenen Geschlechtern und Altersstufen, basierend auf internationalen Standards, stellt sicher, dass der Arbeitsplatz passend für die Physiognomie der Werker gestaltet wird. Die Menschmodelle bieten inverse Kinematik- und Körperhaltungskalkulationen für den gesamten Körper und ermöglichen detaillierte, akkurate und effiziente Gestaltung von menschlichen Aufgaben. Verschiedenartige Greif- und Bewegungsmakros gestatten die schnelle und einfache Definition menschlicher Bewegungen.

Ziele des Einsatzes von Jack Human Simulation

- Optimierte Montagezykluszeiten
- Erhöhte Produktivität der Produktionsanlagen
- Verbesserte Ergonomie der Arbeitsplätze
- Reduzierte Planungszeiten und -kosten
- Verbesserte Kommunikation der Planungsresultate

Leistungsmerkmale von Jack Human Simulation

- Weibliche und männliche Modelle in verschiedenen Durchschnittswerten
- Hüllkurvenuntersuchung für schnelle Arbeitsplatzkonfiguration
- Zeitanalysen auf Basis der MTM 1-Methode
- Nutzung der Ergonomiestandardmethoden NIOSH 81 und NIOSH 91 zur Untersuchung von Hebe- und Beförderungsaufgaben
- Vielfältige Ergonomieanalysen, wie z. B. Anheben, Körperhaltung und Energieeinsatz
- Field-of-Vision-Analyse
- Fortgeschrittene Kinematik und Bewegungsressourcen
- Makros für Fast-Task-Modeling
- Generierung von Dokumentationen (z. B. Ergonomieberichte und animierte Arbeitsanweisungen)
- Jack Human Simulation kann mit Work Instruction zur Generierung von Arbeitsanweisungen genutzt werden.

10.4.2.2 Jack/Jill

Tecnomatix „Jack" ist eine zu Jack Human Simulation nicht kompatible Software-Lösung zur Betrachtung von Ergonomie und menschlichen Faktoren, die es Anwendern ermöglicht, biomechanisch genaue, digitale menschliche Modelle verschiedener Größen in virtuelle Umgebungen zu platzieren, diesen Aufgaben zuzuteilen und deren Leistung zu analysieren. Die digitalen menschlichen Modelle „Jack" und „Jill" übermitteln, was diese sehen können, was in ihrer Reichweite liegt, einen Status bezüglich Komfort und Verletzungsgefahr sowie weitere wichtige ergonomisch Informationen.

10.4.3 Teilefertigung

Tecnomatix Part Manufacturing ist ein wichtiges Element der UGS-Lösung für das Teile-Lifecycle-Management. Die komplette Lösung schließt Tecnomatix Resource Management und die CAD-/CAM-Lösungen NX und NX CAM von UGS ein.

10.4.3.1 Machining Line Planner

Machining Line Planner ermöglicht Produktionslinien für die mechanische Fertigung genau auszubalancieren und dadurch eine höchstmögliche Auslastung bei gleichzeitiger Flexibilität zu erreichen. Dazu werden aus der Produktgeometrie Fertigungsmerkmale erkannt, die über eine Methodenbibliothek Fertigungsverfahren zugeordnet werden. Die Fertigungslinie wird aus Elementen der Resourcenbibliothek aufgebaut und es wird die Zuordnung von Fertigungsverfahren zu den Bearbeitungsmaschinen der Linie durchgeführt. Auf Basis der Parameter der Fertigungsmerkmale (z. B. Bohrungen), der Fertigungsverfahren und der Maschinenparameter werden automatisch Fertigungsoperationen berechnet und Taktzeiten generiert.

Simulationsmodelle von Fertigungslinien und Maschinen geben eine dynamische Sicht auf einzelne Arbeitsgänge. Darüber hinaus werden für den Shop-Floor detaillierte Prozessinformationen wie Spannlagen des Werkstückes, Fertigungsoperationen und die erforderlichen NC-Werkzeuge generiert.

Ziele des Einsatzes von Machining Line Planner

- Verkürzung der Planungs- und Anlaufzeiten
- Reduktion der Investitionskosten
- größerer Durchsatz
- verbesserte Kommunikation

10.4 Digital Factory Solution von UGS

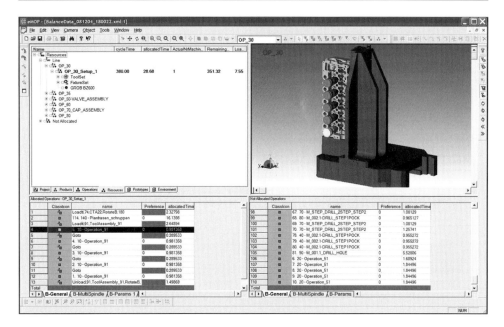

Abb. 10.20: Zuweisen und Ausbalancieren von Operationen, Machining Line Planner (Quelle UGS)

Module von Machining Line Planner

Machining-Line-Planner-Applikationen bieten die Module:

- Machining Line Planner Methods
- Machining Line Planner Planner
- Machining Line Planner Line Design
- Machining Line Planner Portal
- Machining Line Planner Feature Definition
- Machining Line Planner Performance Analyzer
- Machining Line Planner RealNC

mit folgender Funktionalität:

Machining Line Planner Methods erlaubt dem Anwender die unternehmensspezifischen Produktionsmittel und Fertigungsmethoden, wie Maschinen, Spannvorrichtungen, Schneidwerkzeuge, Werkzeughalter, Adapter, Schneidstoffe, Schnittdaten, Werkstoffe, Daten zur Bearbeitbarkeit und parametrische Fertigungsoperationen, zu dokumentieren und zentral in einer Bibliothek abzulegen.

Der **Machining Line Planner Planner** ist ein Werkzeug, das basierend auf einer 3D-Abbildung des Werkstückes die Bearbeitungsmerkmale analysiert und die dazu notwendigen Spannlagen, Fertigungsoperationen, Schneidwerkzeuge, Werkzeugwege und spezifische Daten, wie Vorschub und Drehzahl, angibt. Daraus werden Taktzeiten und Fertigungskosten bestimmt sowie Programmpläne, APT- und CLdata-Dateien, ausgegeben.

Machining Line Planner Line Design ist ein Add-on-Modul des Machining Line Planner Planners und wird vorrangig zur Auslegung von Bearbeitungslinien bei Erstausrüstern und Linienplanern eingesetzt. Dieses Modul ermöglicht die Prozessplanung von Bearbeitungslinien mit beliebig vielen Universalwerkzeugen, Universalmaschinen und Transferstraßen.

Machining Line Planner Portal ist ein Modul zur webbasierenten Erzeugung und Distribution von Arbeitsplatzanweisungen und Dokumentationen.

Machining Line Planner Feature Definition erlaubt die Definition von Bearbeitungsmerkmalen in Phasen, in denen 3D-CAD-Solid-Daten noch nicht verfügbar sind, wie bei der Angebotserstellung und frühen Planungsphase von Bearbeitungslinien. Die Bearbeitungsmerkmale können in einem STEP-ähnlichen Dateiformat in den Machining Line Planner importiert werden.

Der **Machining Line Planner Performance Analyzer** ist ein Werkzeug, um das dynamische Verhalten und den Durchsatz einer Bearbeitungslinie zu untersuchen. Aspekte wie Puffergrößen und -positionen, Produktionsmittelauslastung, die mittlere störungsfreie Zeit und mittlere Reparaturzeit können dabei berücksichtigt werden.

Machining Line Planner RealNC liefert eine vollwertige NC-Simulation (lt. ISO), die dazu eine Standard NC-Maschine und eine Standard NC-Steuerung verwendet. Dieses Modul ermöglicht:

- Simulation des Materialabtrags
- Maschinensimulation mit Hilfe von Kinematiken zur Kollisionsuntersuchung
- Restmaterialuntersuchung

10.4.3.2 RealNC

RealNC ist ein Werkzeug zur detaillierten Analyse, Simulation und Optimierung von NC-Programmen. Über die Funktionalität von Machining Line Planner RealNC hinaus ermöglicht RealNC dem Anwender, die gängigen NC-Steuerungen führender Hersteller abzubilden und Werkzeuggeometrien sowie Kinematikmodelle der Maschine individuell anzupassen.

Ziele des Einsatzes von RealNC

- Reduzierung von Einfahrzeiten
- Optimierung von Programmlaufzeiten
- Reduzierung des Kollisionsrisikos im Arbeitsraum
- Offline Programmtest und -optimierung ohne Einschränkung der Produktionskapazität
- Unterstützung von Spannplanung und Vorrichtungskonstruktion
- Umfassende Dokumentationsmöglichkeiten der Spannsituation und des Programmablaufs
- Unterstützung der Kommunikation zwischen Arbeitsvorbereitung und Fertigung

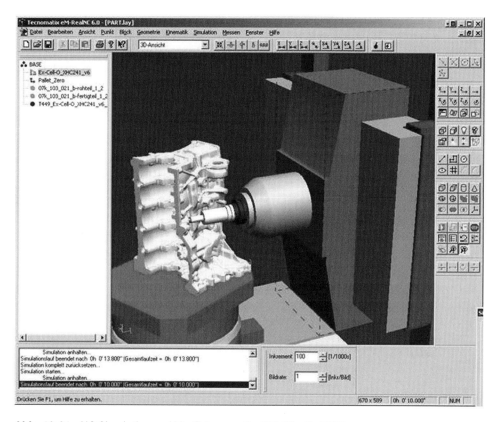

Abb. 10.21: NC Simulation und Verifizierung, RealNC (Quelle UGS)

Leistungsmerkmale von RealNC

- Unterstützung der Technologien Fräsen und Drehen
- Abbildung der gesamten Fertigungssituation bestehend aus Arbeitsraum der Maschine, Werkstück, Aufspannung und Werkzeugen
- Simulation maschinenspezifischer NC-Programme nach Postprozessor
- Detaillierte Abbildungen gängiger NC-Steuerungen führender Hersteller wie Bosch, Fanuc, Heidenhain, Indramat oder Siemens
- Präzise Darstellung von Werkzeugwegen unter Berücksichtigung des Schleppfehlerverhaltens der Maschine
- Geometrische und technologische Kollisionserkennung
- Simulation des Materialabtrags
- Dynamische Anzeige wichtiger Steuerungsdaten während der Simulation
- Anschauliche 3D-Visualisierung
- Unterstützung mehrkanaliger Bearbeitungsprozesse (Drehmaschinen, Produktionsautomaten)
- Simulation verketteter Produktionseinrichtungen über mehrere Bearbeitungsstationen
- Unterstützung klassischer Methoden der Serienfertigung wie mehrere Werkstücke pro Aufspannung, mehrere Werkzeuge gleichzeitig im Eingriff sowie Stufenwerkzeuge

10.4.3.3 Die Verification

Die Verification stellt eine virtuelle 3D-Umgebung für interaktive Konstruktion, Simulation und Optimierung von Werkzeugen in Pressstraßen bereit und ermöglicht, Pressprozesse für Blechteile zu entwerfen, zu simulieren und zu optimieren. Die Simulation der gesamten Presslinie, einschließlich der Werkzeuge, des Teileflusses, des Mechanismus, der Greifer, der Saugschalen und der Roboter, verringert Risiken und Kosten.

Ziele des Einsatzes von Die Verification

- Frühe Erkennung von Konstruktionsfehlern zur Vermeidung von Kollisionen und damit Kosten und Zeit für Reparaturen
- Verringerung der Rüstzeiten durch Tests in einer virtuellen Umgebung
- Zeitersparnis durch Entwickelung der Mechanik auf der virtuellen Presslinie
- Optimierung des Systemdurchsatzes durch die Nutzung leistungsfähiger Analysefunktionen
- Verbesserung der Kommunikation und Dokumentation basierend auf einer virtuellen Presslinie

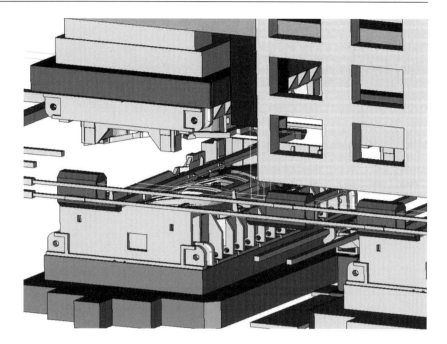

Abb. 10.22: Die Verification (UGS)

Leistungsmerkmale von Die Verification

- Einfache „Driver-Slide"-Definition
- Einfache Synchronisation
- Schnelles Aufdecken möglicher Kollisionen
- CAD-Schnittstellen zu verschiedenen Systemen, direkte Debis-VAMOS Schnittstelle
- Verschiedene Analyse-Funktionen
- Unterschiedliche Dokumentationsfunktionen inkl. Animationen und VRML-Szenen/ Vorgängen

10.4.4 Robotik und Steuerungsprogrammierung

10.4.4.1 Robcad PC

Robcad ist ein Werkzeug zur Planung, Simulation, Optimierung, Analyse und Programmierung von automatisierten Roboterzellen. Mit Robcad können die Eigenschaften von Robotern und anderen automatisierten Vorrichtungen modelliert und überprüft werden.

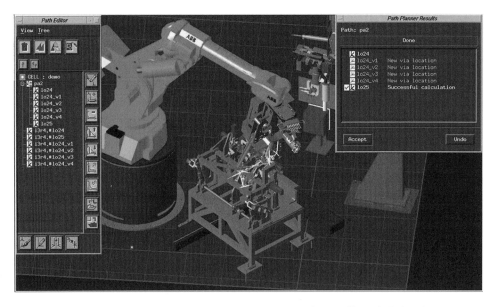

Abb. 10.23: Simulation und Offline-Programmierung von Roboterzellen mit Robcad
(Quelle UGS)

Ziele des Einsatzes von Robcad

- Steigerung der Fertigungsqualität, -präzision und -profitabilität
- Verringerung der Bearbeitungszeit und der Vorlaufzeit für die Arbeitsvorbereitung
- Verbesserung der Programmgenauigkeit und Prozessqualität von Robotikabläufen.
- Optimierte Entwicklung und Kapitalanlage
- Bessere Nutzung von Fertigungsvorrichtungen durch Offline-Programmierung
- Reduzierung der Fertigungskosten
- Beschleunigtes „Time-to-Market"

Leistungsmerkmale von Robcad

- Interoperabilität mit den gängigsten MCAD-Systemen, einschließlich nativer Daten von CATIA, Unigraphics (NX), Pro/Engineer, I-deas, CADDS5, direkter CAD-Schnittstellen oder neutraler Formate wie IGES, DXF, VDAFS, SATZ, STL und STEP
- ROBFACE, ein neutrales Tecnomatix-Datenaustauschformat
- Roboter-, Maschinen-, Werkzeug- und Bestückungsbibliotheken
- Modellierung von Baugruppen
- Erstellung komplexer Kinematik von Robotern und anderer mechanischer Teile
- 3D-Layoutdefinition von Arbeitszellen

- 3D-Wegedefinition mit Erreichbarkeitskontrollen, Kollisionsabfragen und optimierten Durchlaufzeiten
- dynamische Kollisionskontrollen während der Robotersimulation
- Bewegungssimulationen und Synchronisation verschiedener Roboter und Mechanismen
- Erstellung und Optimierung des gesamten Fertigungsprozesses, Sequence of Operations (SOP)
- Realistische Robotersimulation (RRS) basierend auf Eigenschaften der verwendeten Steuerungen
- Roboterkalibrierung für das Verbessern der Positionsgenauigkeit
- Off-Line-Programming (OLP)
  - Download optimierter Programme für die Roboter in der Fertigung
  - Uploading existierender Fertigungsprogramme zur Optimierung
- Integration mit Virtual-Reality-Werkzeugen

10.4.4.2 Spot

Spot ist ein Tool zur Planung, Optimierung und Offline-Programmierung des gesamten Punktschweißprozesses unter Berücksichtigung der kritischen Faktoren wie Platzbeschränkungen, geometrische Einschränkungen und Schweißzykluszeiten.

Abb. 10.24: Simulation und Offline-Programmierung von Roboterzellen mit Punktschweißprozessen, Spot (Quelle UGS)

Ziele des Einsatzes von Spot

- Verbessertes Schweißpunktmanagement und optimierte Schweißpunktverteilung
- Erhöhte Wiederverwertbarkeitsrate bei Schweißzangen
- Optimales Design von Fertigungszellen
- Aufdeckung von Simulationsproblemen in der Frühphase der Planung
- Verbesserte Validierung kollisionsfreier Schweißpunkte
- Validierung und Optimierung der Schweißprogramme entsprechend den Spezifikationen
- Automatisch erstellte Sequenzinformationen hilfreich für PLC-Design
- Reduzierung der Shopfloor-Installation, Fehlerbeseitigung und Anlaufzeiten

Leistungsmerkmale von Spot

- Datentransfer zu und von verschiedenen CAD-/CAM-Systemen
- 3D-Visualisierung
- Statische und dynamische Kollisionsuntersuchungen
- 2D- und 3D-Schnitte
- Anpassbare integrierte Schweißpunktverwaltung mit Microsoft Excel- Unterstützung
- Tools für Schweißpunktimport, -integration und -management
- Bibliotheken für Roboter-, Zangen- und allgemeine 3D-Modelle
- Kinematische Modellierung von Robotern und Mechanismen
- Automatische Roboterplatzierung in der Fertigungszelle
- Automatische Erzeugung von Roboterprogrammen
- Simulation von Robotern, Menschmodellen, Operationen und mechanischen Betriebsabläufen
- Simulation der Arbeitszellensequenz von Operationen, logischen Ereignissen und Signalen als Input für PLC, Logik- und Kontrollprogramme

10.4.4.3 Process Simulate Commissioning

Process Simulate Commissioning ermöglicht eine modellbasierte, automatisierte Offline-Programmierung, Simulation und Überprüfung von PLC-Programmen (PLC, Programmable Logic Controller). Die 3D-integrierte virtuelle Umgebung verschlankt den Entwicklungsprozess und schafft einen nahtlosen Übergang von der Prozessentwicklung zur Produktionsautomatisierung. Mit Process Simulate Commissioning und STEP 7 Professional ist eine automatisierte Erstellung der PLC-Programme direkt aus der virtuellen Fertigungszelle und eine virtuelle Inbetriebnahme ohne Hardware möglich.

10.4 Digital Factory Solution von UGS 261

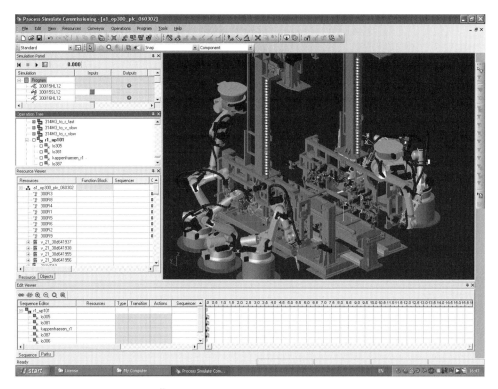

Abb. 10.25: Simulation und Überprüfung von PLC-Programmen mit Process Simulate Commissioning (Quelle UGS)

Ziele des Einsatzes von Process Simulate Commissioning

- Die Abteilungen für Konstruktion und Steuerungserstellung können zusammen arbeiten und Informationen über die Fertigung teilen
- Die Machbarkeit der Fertigungszelle und die Zykluszeit können erprobt werden
- Erhöhte Geschwindigkeit, Beständigkeit und Zuverlässigkeit der Entwicklungsprozesse
- Erkennung logischer Fehler lange vor dem Produktionsanlauf
- Zeit- und Kostenersparnis durch Erstellung einer Offline-Fertigungsdokumentation
- Visualisierung und Optimierung von Funktionen und Verhaltensweisen frühzeitig in der Produktionsvorbereitung
- Änderungen an PLC-Programmen können am virtuellen Modell beurteilt werden, d. h., die echte Ausrüstung muss keinem Risiko ausgesetzt werden
- Möglichkeit einer vorläufigen Inbetriebnahme an einem echten PLC
- Bedienung der Zelle durch Anschluss der realen Mensch-Maschinen-Schnittstelle (Human-Machine-Interface, HMI)

10.4.5 Montageplanung

Tecnomatix Assembly Planning enthält eine Reihe von Werkzeugen, um Planung und Durchführung von Montageprozessen zu simulieren und zu optimieren.

10.4.5.1 Assembly Process Planner

Der Assembly Process Planner bildet die Datenplattform zwischen Konstruktionssystemen, die beschreiben, was hergestellt wird, und Fertigungssystemen, die beschreiben, wann und wo produziert werden soll.

Ziele des Einsatzes vom Assembly Process Planner

- Beschleunigte Einführung neuer Produkte
- Verkürzung der „Time-to-Production"
- Optimierung des Fertigungsmanagements
- Senkung der Fertigungskosten
- Sicherung der Produkt- und Prozessqualität
- Interaktives Zusammenarbeiten von Ingenieuren, Entwicklern und Mitarbeitern aus der Produktion

Leistungsmerkmale vom Assembly Process Planner

- Produktdatenmanagement (PDM) passt das Management von Fertigungsdaten an, wodurch Anwender in der Lage sind, Fertigungsinformationen wie Produktdaten innerhalb des gesamten Lebenszyklus zu nutzen
- Allgemeines Datenverwaltungssystem für Produkt- und Fertigungsdaten
- Erstellung von Fertigungsverfahren und Fertigungslinien durch einen kompletten Satz vollständig kompatibler Werkzeuge
- Analyse und Management von Abläufen, Ressourcen, Varianten und Änderungen
- Automatische netzbasierte Berichterstellung und Visualisierung von Fertigungsinformationen
- Integration von Konstruktions- und IT-Systemen
- Offene Anwendungsprogramm-Schnittstelle (API)

10.4.5.2 Process Simulate

Process Simulate ist ein Werkzeug zur Unterstützung von Planungsprozessen für die Teilemontage und -demontage und von Fügeprozessen. Mit Hilfe der Original-CAD-

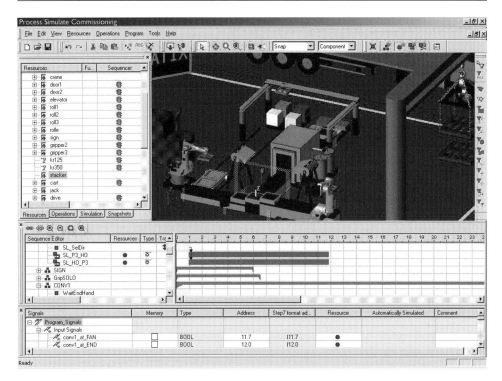

Abb. 10.26: Process Simulate zur Simulation von Fertigungsprozessen (Quelle UGS)

Daten kann eine statische Kollisionskontrolle durchgeführt werden. Neben der Planung optimaler Füge- und Entnahmewege lassen sich die besten Abfolgen für die Montage und Demontage definieren. Process Simulate ermöglicht zudem eine Überprüfung von Wartungs- und Instandsetzungstätigkeiten, bevor der erste Prototyp gebaut wird.

Ziele des Einsatzes von Process Simulate

- Erkennen von Konstruktionsfehlern bereits in frühen Planungsphasen
- 3D-Simulation der Montagesequenz
- Reduzierung der Anzahl physikalischer Prototypen
- Reduzierung von Taktzeiten und Verkürzung der Inbetriebnahme
- Konstruktion unter Berücksichtigung ergonomischer Aspekte

Leistungsmerkmale von Process Simulate

- 3D-Visualisierung
- Verwendung der original CAD-Daten

- Planung von Füge- und Entnahmewegen
- Statische Kollisionskontrolle
- Dynamische Kollisionsprüfung
- Definition kompletter Montagefolgen unter Verwendung von Gantt- und Baumdiagrammen
- Simulation, inklusive manueller Tätigkeiten, mit Robotern und Werkzeugen
- Planung der Produktmontagesequenz und optimalen Fügefolge
- Durchführung einer statischen Kollisionskontrolle
- Erstellung eines Füge-/Entnahmepfades
- Durchführung einer dynamischen Simulationsanalyse
- Analyse und Optimierung von Kinematik, Roboterbewegung und menschliche Bewegung kompatibel mit Jack Human Simulation und Robcad

10.4.5.3 eMPower Box Build Planning

eMPower Box Build Planning ist eine End-to-End-Lösung für die Gestaltung, Optimierung, Bewertung und Implementierung elektronischer Box-Build-Prozesse für die Einführung neuer Produkte in großen Produktionsanlagen. Die prozessorientierte Umgebung ermöglicht es OEMs, CEMs und EMS, bei der Entwicklung von Produktionsprozessen zusammenzuarbeiten, und ist zudem eine Schlüsselvoraussetzung für das Outsourcing von Fertigungsinhalten.

eMPower BoxBuild bietet eine performante 3D-Umgebung für die Gestaltung und Analyse einer Produktmontagesequenz, basierend auf 3D-MCAD-Daten. Fehler im Produktdesign werden frühzeitig im Planungsprozess entdeckt und ermöglichen deshalb eine billigere und schnellere Problembehebung. Zudem stellt der Prozess sicher, dass die BOM (Bill of Materials – Stückliste) und die entsprechenden CAD-Daten zueinander passen. Das Ergebnis stellt eine abgesicherte Montagesequenz dar.

Ziele des Einsatzes von eMPower BoxBuild

- Realisierung von Plan-Anywhere-Build-Anywhere-Strategien
- Erleichterung von Outsourcing und Zusammenarbeit
- Reduziert von Ramp-up und Transferzeiten
- Reduktion der NPI-Dauer (NPI – New Product Introduction)
- Verkürzung der Zeit zur Erzeugung von elektronischen Arbeitsanweisungen
- Verkürzung der Zeit für das Updaten und die Pflege der Arbeitsanweisungen

Leistungsmerkmale von eMPower BoxBuild

- Planung von Montageprozessen mittels eBOP (Electronic Bill of Processes – elektronischer Prozessliste)
- Optimierung, Detaillierung und Validierung des Prozesses mit Hilfe diskrete Ablaufsimulation, die automatisch aus dem Prozessplan erzeugt wird
- Transfer von Prozessinformationen in die Fertigungsbereiche mit elektronischen Arbeitsanweisungen, die auf Basis von 3D-MCAD-Daten automatisch erstellt werden
- Übertragung von Prozessen von den NPI-Zentren zur Serienfertigung (NPI – New Product Introduction)
- Gemeinsame Nutzung von Fertigungsdaten über das Netz zur Unterstützung in der Zusammenarbeit der OEMs, CEMs und EMS

10.4.6 Operative Produktionsplanung

10.4.6.1 *Sequencer*

Der Sequencer ist ein Tool zur Reihenfolgenoptimierung für die Produktionsplanung und beinhaltet die Reihenfolgenbildung von Aufträgen und deren Zuordnung zu parallelen Produktionslinien. Sequencer nutzt genetische Algorithmen für die Optimierung. Dies erlaubt dem Produktionsplaner, schnell optimierte Zeitpläne zu erstellen und einfach Planungsregeln zu definieren und zu warten. Sequencer unterstützt eine breite Palette von Linienkonfigurationen wie Einzellinien, parallele Linien, Linenzusammenführungen, Liniensplittungen und seitliche Zuführlinien.

Ziele des Einsatzes von Sequencer

- Optimierter Produktionsplan und hohe Produktivität
- Deutliche Verminderung der manuellen Aufwände
- Regelbasierte quantitative Optimierung
- Leicht zu definierende Optimierungsstrategie
- Manuelle Überprüfung des erstellten Produktionsplans

Leistungsmerkmale von Sequencer

- Flexible Regeldefinition mit variablen Gewichtungsfaktoren
- Vordefinierte Regeltypen
- Optimierung mit genetischen Algorithmen
- Verschiedene Linienkonfigurationen für Haupt- und Zuführlinien

- Grafische Bedienoberfläche für Planung und Konfiguration
- ODBC-Datenbankschnittstelle
- Leichte Bedienung (weder Optimierungs- noch Programmierkenntnisse erforderlich)
- Geringer Aufwand für die Integration in die bestehende IT-Umgebung

10.4.6.2 Work Instructions

Work Instructions bietet die Möglichkeit, elektronische Arbeitsanweisungen direkt aus den Tecnomatix-Anwendungen für Planung und Engineering zu erstellen. Work Instructions werden in Form von standardisierten bzw. anwenderspezifischen XML-/XSL-basierten Vorlagen zur Erstellung entsprechender Dokumentationen und Anweisungen für den Shop-Floor angeboten.

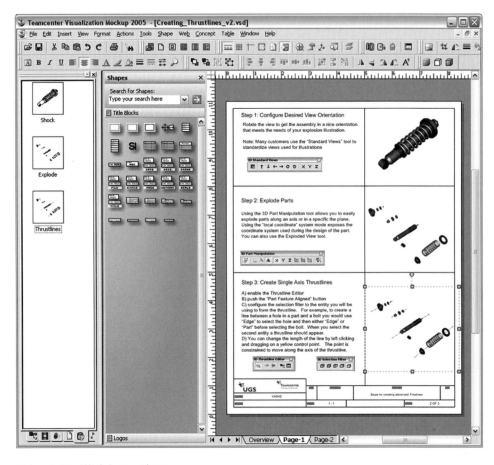

Abb. 10.27: Work Instructions

Ziele des Einsatzes von Work Instructions

- Optimierung der Prozesse durch die Erstellung automatischer Arbeitsanweisungen
- Erhöhte Produktivität durch Verfügbarkeit aktuellster Informationen
- Verringerte Zeit zur Erstellung von Dokumenten
- Vermeidung von Aktualisierungsaufwänden (Neuerstellung im Printformat)
- Verzicht auf Reviews von Definitionen, Teilenummern von Ressourcen und Werkzeugen durch die permanente Verfügbarkeit der Prozesspläne
- Verbesserte Planung, Produktivität und Nachverfolgung von Änderungen in den Arbeitsanweisungen
- Beschleunigte Lernkurve auf der Produktionsebene

Leistungsmerkmale von Work Instructions

- Automatische Erstellung von Arbeitsanweisungen
- Standardisierte und kundenspezifische Vorlagen für vollständige Prozessdokumentation
- Extensive Zugangsmöglichkeit über Standard-Webbrowser
- Integration mit dem Tecnomatix eMServer
- Integration mit PDM und weiteren Enterprise-Systemen
- Assoziierbar mit bestehenden Fertigungsdaten, Produkten, Ressourcen, Operationen und Simulationen
- Archivierungs- und Druckfunktionen

10.4.7 Produktionsmanagement

Die Produktionsmanagementlösung von Tecnomatix bietet eine umfassende, skalierbare Produktionsumgebung im Sektor Manufacturing Execution Systems (MES), Echtzeitüberwachung und -steuerung von Fertigungsprozessen (SCADA/HMI) und Prozessplanung:

- Produktionsmanagement: **Xfactory**
- Produktionsmanagement für Elektronikhersteller: **Execution**
- Produktionsautomatisierung: **FactoryLink**
- Produktionsmanagementlösungen: **Automotive Supplier**

10.4.7.1 FactoryLink

Die Produktionsautomatisierungssoftware FactoryLink ist die Schnittstelle zum realen System und überwacht, beaufsichtigt und kontrolliert industrielle Prozesse. FactoryLink bietet umfassende Werkzeuge im Spektrum von der Echtzeit-Mensch-Maschine-Schnittstelle (HMI) über komplexe und anspruchsvolle Supervisory Control and Data Acquisition (SCADA) bis zum industriellen Informationsmanagementsystem.

Leistungsmerkmale von FactoryLink

- Objektorientierte Visualisierungsumgebung mit eingebettetem Microsoft VBA für angepasste Lösungen
- Alarmmanager zum räumlich verteilten Beobachten von Anwendungen
- Möglichkeit, Alarmzustände und -bestätigungen per E-Mail weiterzuleiten
- Umfassende und erweiterbare Berichterstellung zur Echtzeitanalyse überwachter Prozesse

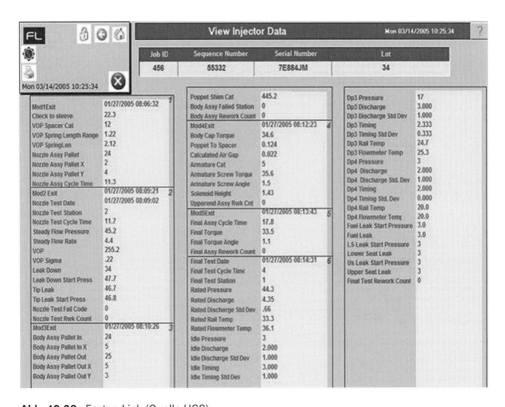

Abb. 10.28: FactoryLink (Quelle UGS)

- Unterstützt redundante Netzwerkfunktionen und unterschiedliche Netzwerktopologien.
- FDA 21 CFR Ready-Sortiment an Funktionen für die Erstellung FDA-konformer HMI/SCADA-Anwendungen wie digitale Unterschriften
- Gleichzeitige Darstellung von Echtzeit- und Verlaufsinformationen
- Hochgeschwindigkeitsaufzeichnung von großen Datensätzen in ein spaltenorientiertes Schema für Raw Speed oder in einem zeilenorientierten Schema für einfache dynamische Additionen
- Unterstützung von ODBC-Datenbank-Schnittstellen
- Bidirektionaler-Zugriff für alle XML-fähigen externen Anwendungen
- Umfangreiche Bibliothek externer Geräteschnittstellen, die geläufige Shop-Floor-Geräten, einschließlich PLC-, RTU- und DCS-Hardware, abdeckt.
- OPC-Clients zur Standardkommunikation mit allen OPC-fähigen Datenquellen
- OPC-Server zum Senden von Echtzeitdaten zu jedem beliebigen Standard-OPC-Client
- Leistungsfähige serverseitige Mathematik- und Logik-Kommandosprache
- Rezeptanwendung zum stapelweisen Herunterladen und Hochladen von Prozessvariablen
- Integration von mit dem Access Kit entwickelten Kundenanwendungen in das FactoryLink-System
- Skalierbarkeit für Anwendungen unterschiedlicher Größenordnungen

10.4.7.2 Xfactory

Xfactory ist ein Produktions-, Management- und Leitsystem, das mit einer Vielzahl externer Datenquellen wie serieller Geräte und OPC-Servern verbunden werden kann. Fertigungsdaten aus der Produktion werden zeitnah erfasst und mit Fertigungsereignissen im System assoziiert, um die Produktionsumgebung automatisch zu steuern.

Xfactory ist ein Funktionspaket für Produktionsschleifen: Prozessplanung, Simulation und Optimierung, Prozessanlauf und -umsetzung, Ausführung, Analyse und Prozessverbesserungen und baut auf der Nutzung moderner Systemarchitektur (verteilte Anwendungsentwicklung, Client-Server-Systeme, objektorientierte Programmierung, und Systemarchitektur in mehreren Ebenen) sowie der Kenntnis der Fertigungsverfahren in Verbindung mit Lösungen von Geschäfts- und Integrationsanforderungen auf.

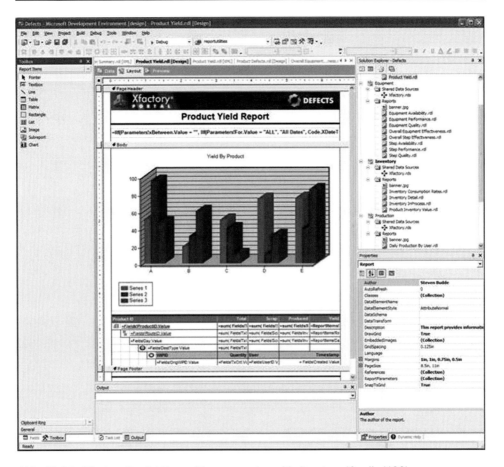

Abb. 10.29: Xfactory Produktions-, Management- und Leitsystem (Quelle UGS)

Leistungsmerkmale von Xfactory

- Prozessplanung mit Modellierung der Fertigungslinien, Modellierung von Varianten, Unterstützung von Mischmodellen, Versionsverwaltung und Integration in ECR/ECN
- Umsetzung mit SDK (Software Development Kit), Werkzeuge zur Anwenderanpassung und integrierter VBA
- Prozessausführung mit WIP- und Batch-Rückverfolgung, Sicherung des Materialflusses, Rückverfolgung von Komponenten, Material und Arbeitsschritten
- Qualitätsmanagement mit statistischer Prozesskontrolle, Verfolgung von Fertigungsfehlern sowie Alarmen und Berichten
- Übersicht über die Produktionsebene, mit vordefinierten Berichten, Ad-hoc-Berichten, Performanceindikatoren, Überwachung und Alarmen

- Integration mit PLM/ERP Connector auf Basis des ISA-95-Standards, HMI-/SCADA-Komponenten und Biztalk Connector

10.4.8 Integration und Managementinformationssystem

Die UGS-Teamcenter-Produktlinie stellt integrierte Lösungen und Technologien zur Definition und Verwaltung kompletter digitaler Produktmodelle über den ganzen Produktlebenszyklus bereit. Die Spanne der abgebildeten Informationen reicht dabei von Produktanforderungen, Projektdaten, Engineering-Daten, Komponenten/Dokumenten, Produktkonfigurationen bis hin zu Lösungen aus dem Bereich der Visualisierung und Zusammenarbeit, die Unternehmen mit Geschäftspartnern und Kunden in einer einheitlichen Umgebung zusammenführt.

Das Teamcenter Portfolio basiert auf einer Vier-Ebenen-Architektur (Abb. 10.30) und beinhaltet Enterprise Process Management, Engineering Data Management, Extended Enterprise Collaboration, Project Management, Requirements Management, Enterprise Integration and Visualisation. Das jeweilige Teamcenter-Produkt stellt eine umfassende Datenbasis für den betreffenden Anwendungsbereich dar. Auf dieser Basis können unterschiedliche Softwareprodukte in Anwendungen integriert werden.

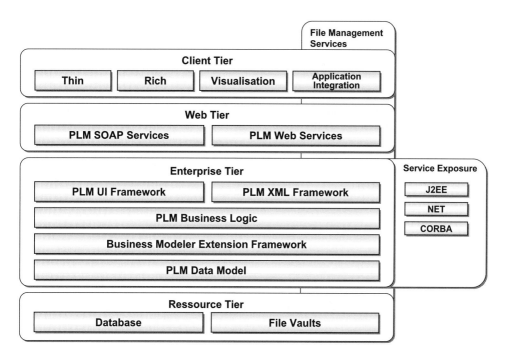

Abb. 10.30: UGS Teamcenter Architektur (UGS)

10.4.8.1 Teamcenter Community

Teamcenter Community sichert die effektive Kommunikation im Unternehmens- und Entwicklungsverbund durch ein sicheres, auf Standards basierendes Arbeitsumfeld. Die Benutzer können unabhängig von geografischen oder organisatorischen Grenzen in Echtzeit zusammenarbeiten, durch Konferenzen, den Austausch und die Bearbeitung von Office-Dokumenten bis zur gemeinsamen Online-Konstruktion.

10.4.8.2 Teamcenter Engineering

Teamcenter Engineering ist ein System zur konsistenten Verwaltung und Bereitstellung aller Engineering-Daten während des gesamten Produktentwicklungsprozesses. Dies umfasst neben Geometriedaten und Produktstrukturen auch andere Dokumente aller während der Produktentwicklung, -fertigung und -pflege zum Teil parallel ablaufenden Prozesse.

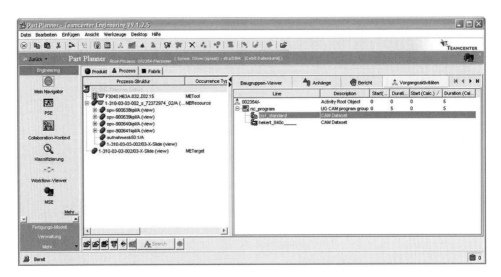

Abb. 10.31: Teileverwaltung in Teamcenter Engineering (Quelle UGS)

10.4.8.3 Teamcenter Enterprise

Mit Teamcenter Enterprise können erweiterte Unternehmen mit Mitarbeitern an verteilten Standorten neue Produkte schneller, besser und mit geringeren Kosten auf den Markt bringen. Teamcenter Enterprise stellt dazu die Technologien bereit, mit denen erweiterte Unternehmen global verteilte Produktinformationen erstellen, speichern, gemeinsam nutzen und verwalten.

10.4.8.4 Teamcenter In-Service

Teamcenter In-Service unterstützt Service-Organisationen mit Transparenz und fortlaufendem Management aller Produktinformationen, vom ersten Entwurf der Anlagen bis zur servicegerechten Konstruktion, Montage und Wartungsangeboten. Alle Produktkonfigurationen und Status des Lebenszyklus werden in einer einzigen, integrierten Umgebung verwaltet. Für diese Produktkonfigurationen steht die gesamte Produktdokumentation, einschließlich Anforderungen, Anweisungen, Qualifikationen und der Verwendung im Lebenszyklus, zur Verfügung.

10.4.8.5 Teamcenter Manufacturing

Teamcenter Manufacturing liefert basierend auf einem bewährten Portfolio Lösungen zur Bewältigung der komplexen Anforderungen im Bereich der Fertigungsvorbereitung.

10.4.8.6 Teamcenter Project

Teamcenter Project ist eine webnative Lösung, die es unternehmensweit verteilten Teams ermöglicht, gemeinsam Projekte durch abgestimmte Aufgaben- und Zeitplanung sowie Ressourcenverteilung auf Echtzeitbasis durchzuführen und zu planen.

10.4.8.7 Teamcenter Requirements

Mit Teamcenter Requirements können die bei der Produktentwicklung auftretenden Kosten und Risiken durch eine konsequente, frühe Einbindung und Verfolgung von Anforderungen an ein neu zu entwickelndes Produkt minimiert werden.

10.4.8.8 Teamcenter Sourcing

Teamcenter Sourcing ist ein bewährtes Portfolio strategischer Beschaffungslösungen, das es einem Einkäufer erlaubt, sehr früh im Entwicklungsprozess wertvolle Hilfestellungen für die Entscheidungsfindung in der Produktentwicklung zu geben.

10.4.8.9 Teamcenter Visualization

Die Teamcenter-Visualisierungswerkzeuge stellen High-End-Visualisierungs- und virtuelle Prototypingfunktionen zur Verfügung, die vom extended Enterprise verwendet werden können, um visuell virtuelle Prototypen zu konfigurieren und zu untersuchen, die sich aus Bauteilen unterschiedlicher CAD-Systeme zusammensetzen.

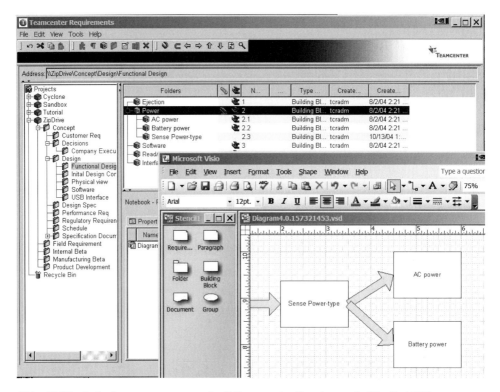

Abb. 10.32: Anforderungsmanagement mit Teamcenter Requirements (Quelle UGS)

10.5 Weitere Fabriksimulationswerkzeuge

Im Weiteren werden ohne Anspruch auf Vollständigkeit einige Werkzeuge verschiedener Anbieter vorgestellt, die sich im Wesentlichen auf den Bereich der ereignisorientierten Fabriksimulation konzentrieren. Die Simulatoren von Delmia und UGS sind in deren Lösungen bereits beschrieben. Aufgrund der erhebliche Dynamik der Softwareentwicklung, sowie der sehr umfangreichen Funktionalitäten und unterschiedlichen Zielrichtungen der Simulatoren wird hier kein direkter Vergleich der Werkzeuge durchgeführt. Zum einen würde dies hier den Rahmen sprengen, zum anderen wäre solch ein Vergleich ohnehin nur eine kurze Zeit aktuell. Sinnvoll ist es jeweils für die konkrete Anwendung einen aktuellen und detaillierten Vergleich durchzuführen, der sich an den jeweiligen Anforderungen orientiert.

Die Adressen einiger Anbieter sowie Checklisten, die helfen können die richtigen Fragen zu stellen, sind in Kapitel 14.7 und 15.4 zu finden.

Die vorgestellten Werkzeuge sind in ihrem spezifischen Sektor zum Teil sehr leistungsfähig, eine firmenübergreifende Integration in eine Digitale Fabrik ist aufgrund fehlender Schnittstellenstandards allerdings in vielen Fällen relativ problematisch. Die meisten Simulatoren verfügen zwar über generelle Schnittstellen, wie eine ODBC-Schnittstelle zu SQL-Datenbanken und Schnittstellen zu Office-Produkten wie Word, Excel oder Visio. Es gibt allerdings noch keine praktikablen Standards, mit denen heutige Fabriksimulatoren austauschbar in eine Digitale Fabrikumgebung eingebunden werden können.

Für die praktische Anwendung, insbesondere für komplexe Modelle, ist auf eine flexible und leistungsfähige Entwicklungsmöglichkeit von benutzerdefinierbaren Steuerungen zu achten. Diesbezüglich unterscheiden sich die Tools erheblich. Zum Testen und Validieren der Steuerungen sollten interaktive Debugger heute eine Selbstverständlichkeit sein.

Einige der vorgestellten Tools verfügen noch nicht über diese Möglichkeit, was im praktischen Einsatz mit sehr viel Zeitaufwand beim Testen bezahlt wird, da der wesentliche Aufwand meist nicht in der grundlegenden Modellierung sondern in der individuelle Anpassung von Steuerstrategien zur korrekten Abbildung des Steuerungsverhaltens der Modelle steckt.

10.5.1 Arena

Mit Arena bietet Rockwell Software (USA) eine Produktfamilie von Discrete-Event-Simulatoren zur Abbildung von Prozessen an. Diese werden mit grafischen Objekten (Modulen) objektorientiert als Modell abgebildet, wobei die Systemlogik sowohl Maschinen wie Personal berücksichtigen kann. Neben den Standardmöglichkeiten wie z. B. der Abbildung von Ressourcen, Warteschlangen, Prozesslogik und Systemdaten gibt es Module für spezifische Aspekte der Fertigung und des Transports. Arena PE erlaubt auch die Modellierung diskret-kontinuierlicher Systeme, z. B. für die Pharmaindustrie oder Chemie.

Aus Arena heraus lassen sich mit den Application Solution Templates (AST) Bausteinkästen für spezielle Anforderungen entwickeln.

Das Packaging AST bietet Möglichkeiten zum Modellieren automatisierter Linien mit eingebauten Palletierern, Maschinen, Auffüllern, Förderbändern, Kontrollen, Sensoren, Ressourcenausfällen, Ausschuss, Zusammenflüssen und Aufsplittungen. Über die Simulationssprache SIMAN wird ein Algorithmus speziell für die detailgenaue Abbildung von hohen Volumenströmen zur Verfügung gestellt.

Mit dem Contact Center AST lassen sich Call Center und deren spezifische Aufgabenstellungen mit speziellen Modulen, z. B. für Anrufe, Agenten, Anrufskripte und Personaleinsatzplänen, detailgenau modellieren.

Darüber hinaus bietet Rockwell Software zusätzliche Software an, welche die Funktionalität von Arena erweitert, wie:

Arena RT bietet Real Time Funktionalität, um Modelle in Echtzeit oder einem Vielfachen davon auszuführen, und kann auf spezielle Befehle zur Kommunikation mit externen Prozessen zurückgreifen.

Factory FLOW ermöglicht die schnelle graphische und quantitative Bewertung verschiedener Layout-Alternativen und unterstützt schnell und effizient die Suche nach einem optimalen Layout.

Factory PLAN benutzt für die Entwicklung leistungsfähiger Layoutkonzepte sowohl qualitative als auch quantitative Daten, die für die Berechnung der jeweiligen Güte der verschiedenen Layoutalternativen verwendet werden.

OptQuest ist ein Zusatzprogramm, das mit mathematischen Methoden zur mehrdimensionalen Optimierung den Prozess des Variierens von Eingabeparametern mit dem Ziel, optimale Ausgabewerte in der Simulation zu finden, automatisiert.

10.5.2 AutoMod

AutoMod von Brooks Automation (USA) ist ein Discrete-Event-Simulator für industrielle Anwendungen, der eine CAD-ähnliche Zeichenoberfläche mit einer Programmiersprache zum Aufbau komplexer Steuerungslogiken von Materialflusssystemen verbindet. Die 3D-Animation ist Basisbestandteil der Modellbildung. Die CAD-Optionen werden dazu verwendet, das Modell des Fertigungslayouts, die Handhabungsvorrichtungen und die diversen Transportsysteme zu definieren. AutoMod ermöglicht die Simulation komplexer Bewegungsabläufe von Betriebsmitteln wie Robotern, Werkzeugen, Maschinen, Transferstraßen und Spezialmaschinen. Ein Schwerpunkt liegt bei AutoMod auf der Visualisierung, die Grafiken werden dreidimensional in Fluchtpunktperspektive dargestellt.

Optional gibt es Module wie AutoStat zur umfangreichen statistischen Analyse und Experimentplanung, AutoView zur Definition anspruchsvoller Animationen, Kinematics zur Animation bewegter Vorrichtungen und das Model Communications Module (MCM) zur Emulation realer Hardware-Systeme. Weiter stehen Anwendungsmodule für AS/RS

Lagertechnik, Fördertechnik, Robotic, Flurförderzeuge, Brückenkräne, Hängebahnen, Transportfahrzeuge sowie Flüssigkeiten zur Verfügung.

Grafik-Importmöglichkeiten gibt es über die Exchange-Formate IGES, DXF und SDX. Die Kommunikation mit anderen Systemen erfolgt über die integrierten Schnittstellen ActiveX, Sockets (TCP/IP) oder OLE.

10.5.3 AutoSched/AutoSched AP

Dieses auf AutoMod basierende Scheduling Tool und Simulationswerkzeug für die Kapazitätsplanung ermöglicht es, Vorgänge in einer Fabrik zum Beispiel auf der Basis von Schichtstrukturen, vorbeugender Wartung, Bearbeitungsregeln und Maschinen-Effizienz zu terminieren sowie unter den gegebenen Randbedingungen die Engpässe eines Systems zu identifizieren.

10.5.4 Enterprise Dynamics

Enterprise Dynamics ist ein Simulationsprogramm der Incontrol Simulation Software (NL) zur Lösung komplexer logistischer Aufgabenstellungen. Modelle werden objektorientiert aus Bibliothekselementen (Atomen) aufgebaut. Für die Modellierung stehen Standardelemente zur Verfügung, wie Bearbeitungselemente (z. B. Verpackung, Auspacken, Vereinigen, Trennen etc.), Bedienpersonal (Bearbeitungsteams, Instandhaltungsteams, Einzelpersonen etc.), Transportelemente (kontrollierte Netzwerke von zielgerichteten Transporten mit Hilfe von Gabelstaplern, LKWs etc.), Kontrollelemente zur Kontrolle des Materialflusses, Speicherelemente (Lager für Einzelstücke, Reservoir für Mengen, Container, etc.), Ergebniselemente (ständige Visualisierung, zusammenfassende Auswertungen etc.) sowie weitere Systemelemente. Die 2D- und 3D-Visualisierung kann in Open-GL-Fenstern unter verschiedenen Blickwinkeln ein- und ausgeschaltet werden.

Die Funktionalität der Standardelemente ist mit Hilfe eines Atomeditors veränderbar. Für weitergehende Logiken steht die interne 4D-Skriptsprache zur Verfügung. Die modifizierten Elemente lassen sich in projekt- oder firmenspezifischen Bibliotheken zusammenfassen und die Umgebung und Oberfläche des Programms ist ebenfalls firmenspezifisch anpassbar.

Zu Kommunikation mit anderen Systemen stehen eine DXF-Schnittstelle zum Einlesen von 2D- und 3D-CAD-Zeichnungen, eine VRML-Schnittstelle zum Einlesen von 3D-CAD-Daten, eine PLC-Anbindung zur Kommunikation mit SPS-Steuerungen sowie TCP/IP-Sockets und ActiveX-Elemente zur Verfügung.

10.5.5 Flexsim

Flexsim ist eine relativ neue, objektorientierte Simulationssoftware der Flexsim Simulation Products (USA) zur Modellierung, Simulation und Visualisierung von Prozessen aus den Bereichen Fertigung, Logistik oder Administration. Zur Programmierung der Modelllogik hat Flexsim eine C++-Entwicklungsumgebung und den zugehörigen Compiler in die grafische Modellierumgebung integriert. Flexsim verfolgt einen durchgehend hierarchischen Ansatz, bei dem Objekte in andere Objekte verschachtelt werden können. Simulationsobjekte können mittels der Visual C++-Programmiersprache erzeugt oder verändert werden. Weiter ist die Anpassung von Objekten, Ansichten, Benutzerschnittstellen, Menüs und Objekteigenschaften möglich. Zur 3D-Visualisierung setzt Flexsim aktuelle Virtual Reality Spielegrafik ein. Flexsim unterstützt den Import von Grafikformaten, wie 3DS (3D Studio Max), VRML, 3D DXF (Autocad) und STL (Pro Engineer).

10.5.6 ProModel

ProModel ist eine Simulationssoftware der ProModel Corporation (USA) für die Auswertung, Planung und Optimierung im Produktionsbereich, die im Bereich Lagerhaltung und Logistik (Supply Chain Systeme) sowie für andere operative und strategische Prozessabläufe einzelner und/oder vernetzter Produktionslinien und Logistiksysteme eingesetzt werden kann. Die Software beinhaltet Animation und grafische Darstellung (auch in 3D).

Vordefinierte Modellierungselemente ermöglichen den grafischen Aufbau einfacher Simulationsmodelle. Die Realisierung von aufgabenspezifischen Abläufen wird durch einen Logic Builder unterstützt. Das Tank-Feature ermöglicht auch die Abbildung kontinuierlicher Prozesse.

Eine Integration in bestehende Planungssysteme kann mit Hilfe einer ActiveX-Schnittstelle erfolgen. Diese erlaubt den Zugriff auf externe Daten in Datenbanken, Tabellenkalkulationen und CAD-Systemen.

Die externen Zusatzprodukte SimRunner und OptQuest stellen mathematische Algorithmen zur Verfügung, um effizient die optimale Konfiguration einer Anlage zu ermitteln.

10.5.7 WITNESS

Dieser Fabriksimulator der Lanner Group (UK) gestattet mit einem einfachen Baukastenprinzip den Aufbau modularer und hierarchischer Strukturen und bietet eine große Auswahl von Logik- und Kontrolloptionen. Elemente für die Fertigung und Geschäftsprozesse, BPR, e-Commerce, Call Center, Gesundheitswesen, Banken und Versicherungen sowie für statistische Auswertungen und Berichte stehen zur Verfügung. Das Zusatzmodul Optimizer zielt auf die Optimierung und Interpretation verschiedener Lösungsmöglichkeiten. Das Zusatzmodul WITNESS VR verbindet die Simulation mit den Möglichkeiten von 3D-Technologien. Das Erweiterungsmodul WITNESS SDX regelt die Übernahme von Daten aus CAD-Systemen als SDX-Datei (Simulation Data eXchange) in WITNESS. Die grafische Datamining-Software WITNESS Miner hilft, in den Eingangsdaten und Simulationsergebnissen versteckte Trends und Muster zu erkennen und die relevanten Daten herauszufiltern. WITNESS for Enterprise bietet eine integrierte, skalierbare Workbench-Lösung, in der Simulation und Optimierung ein Bestandteil des natürlichen Prozesses der Modellierung, Optimierung und Implementierung von Geschäftsprozessen für Unternehmen ist.

11 Wahrscheinlichkeitstheorie und Statistik

Simulationsuntersuchungen mit zufälligen Parametern, wie z. B. Anlagenstörungen, erfordern ein Grundverständnis der Begriffe der Wahrscheinlichkeitstheorie. Die Wahrscheinlichkeitstheorie befasst sich mit der Mathematik der Gesetzmäßigkeiten von zufälligen Ereignissen, wobei in sichere, unmögliche und zufällige Ereignisse unterschieden wird.

Zum Verständnis des Datenmanagements werden einige Grundbegriffe aus der Wahrscheinlichkeitstheorie und Statistik kurz erläutert wie:

- Wahrscheinlichkeit
- Zufallsvariable
- Wahrscheinlichkeitsverteilung
- Wahrscheinlichkeitsfunktion (kumulativ)
- Mittelwert
- Erwartungswert
- Modalwert
- Varianz
- Standardabweichung

Diese grundlegenden Begriffe sind im Weiteren kurz beschrieben. Die dabei verwendeten Formelzeichen und deren Bedeutung sind am Ende des Kapitels zusammengestellt.

11.1 Wahrscheinlichkeit

Die Wahrscheinlichkeit ist ein Maß für die relative Häufigkeit des Auftretens von Ereignissen bei der Auswahl aus mehreren Möglichkeiten.

Die Wahrscheinlichkeit eines Ereignisses wird mathematisch als Zahl im Intervall $p = [0...1]$ angegeben.

- Die Wahrscheinlichkeit eines sicheren Ereignisses ist $p = 1$.
- Die Wahrscheinlichkeit eines unmöglichen Ereignisses ist $p = 0$.

Alle Zahlen zwischen null und eins kennzeichnen Ereignisse, die eintreten können, deren Eintreten jedoch in Abhängigkeit der Wahrscheinlichkeit nur mehr oder weniger sicher ist. Die Wahrscheinlichkeit nach einem Münzwurf, dass Kopf respektive Zahl nach oben zeigt, beträgt bei einer idealen Münze $p = 0{,}5$.

11.2 Zufallsvariable

Eine Zufallsvariable X beschreibt das Ergebnis eines Zufallsexperiments und fasst damit Informationen über das Eintreffen von zufälligen Ereignissen zusammen. Grundsätzlich wird in diskrete und kontinuierliche Zufallsvariable unterschieden.

11.2.1 Diskrete Zufallsvariablen

Diskrete Zufallsvariablen können nur endlich oder abzählbar unendlich viele Werte annehmen.

Eine diskrete Zufallsvariable X ist durch eine diskrete Wahrscheinlichkeitsfunktion p gekennzeichnet, die jedem möglichen Ereignis x_i ($i = 1, 2 \dots n$) eine reelle Zahl $p(x_i) = p_i$ ($0 < p_i < 1$) als Eintreffwahrscheinlichkeit zuordnet. Dabei bezeichnet n die Anzahl der möglichen Ausprägungen bzw. Ergebnisse. Die Summe der Eintreffwahrscheinlichkeiten einer diskreten Zufallsvariablen muss 1 ergeben:

$$\sum_{i=1}^{n} p_i = 1$$

Ein typisches Beispiel für eine diskrete Zufallsvariable ist das Ergebnis, das beim Würfeln mit einem sechsseitigen Würfel erzielt wird. Der Wertebereich der Ergebnisse sind die ganzen Zahlen von 1 bis 6. Bei genügend vielen Wiederholungen wird jeder Wert aus dem Wertebereich mit einem Anteil von 1/6 vertreten sein.

11.2.2 Kontinuierliche Zufallsvariablen

Kann das Ergebnis eines zufälligen Vorgangs eine beliebige reelle Zahl aus einem Intervall der reellen Zahlen sein, dann ist die entsprechende Zufallsvariable kontinuierlich. Die Wahrscheinlichkeit, dass das Ergebnis in einem Teilintervall liegt, wird mit Hilfe der Dichtefunktion f angegeben. Diese lässt sich als Integral der Dichtefunktion über dem entsprechenden Teilintervall berechnen. Die Wahrscheinlichkeit, dass das Ergebnis in dem zugrunde liegenden Intervall liegt (Fläche unter der Funktion), muss 1 betragen.

Typische kontinuierliche Eingabegrößen in Simulationsmodellen sind vor allem Zeitdauern wie Bearbeitungszeiten, Störzeiten oder Zwischenankunftszeiten. Diese können mit Hilfe kontinuierlicher Zufallsgrößen modelliert werden.

11.3 Wahrscheinlichkeitsverteilung

Die Wahrscheinlichkeitsverteilung bzw. Wahrscheinlichkeitsdichte ist eine Funktion, die Ereignissen Wahrscheinlichkeiten zuordnet. Die Wahrscheinlichkeitsverteilung einer reellwertigen Zufallsvariablen X gibt für ein mögliches Ereignis A an, mit welcher Wahrscheinlichkeit die Zufallsvariable X Werte in A annimmt.

Alternativ kann eine Verteilung in den reellen Zahlen durch die (kumulative) Verteilungsfunktion beschrieben werden, die angibt, mit welcher Wahrscheinlichkeit die Zufallsvariable X einen Wert kleiner oder gleich x annimmt. In der Regel wird diese als Verteilungsfunktion bezeichnet. Die explizite Kennzeichnung als kumulativ kann helfen, Verwechslungen mit der Wahrscheinlichkeitsfunktion bzw. -dichte zu vermeiden.

11.4 Kennzahlen

Im Weiteren werden die grundlegenden Kennzahlen wie

- Mittelwert
- Erwartungswert
- Modalwert
- Varianz
- Standardabweichung

kurz erläutert.

Mittelwert

Es gibt verschiedene mathematische Definitionen, wie z. B. geometrisches Mittel und arithmetisches Mittel, um aus einer Reihe von Beobachtungswerten einen Durchschnittswert zu berechnen. Das arithmetische Mittel ist der am häufigsten eingesetzte Mittelwert, der deshalb auch als Standardmittelwert bezeichnet wird.

Der arithmetische Mittelwert einer diskreten Zufallsverteilung lässt sich berechnen mit:

$$\overline{x} = \mu = \frac{1}{n}\sum_{i=1}^{n} x_i$$

Der Mittelwert einer kontinuierlichen Zufallsverteilung ist:

$$\overline{x} = \mu = \int_{-\infty}^{+\infty} x \cdot f(x)\,\mathrm{d}x$$

Der Mittelwert bezieht sich jeweils auf tatsächliche Werte einer Funktion oder Beobachtung.

Erwartungswert

Der Erwartungswert E einer Zufallsvariablen X repräsentiert den zu erwartenden Mittelwert einer Zufallsverteilung, der sich bei häufiger Wiederholung eines zufälligen Ereignisses einstellen wird. Um diesen Wert schwanken die Ergebnisse.

Ist X eine diskrete Zufallsvariable, welche die Werte $x_1, x_2, \ldots x_n$ mit den jeweiligen Wahrscheinlichkeiten $p_1, p_2, \ldots p_n$ annimmt.

So kann der Erwartungswert $E(X)$ berechnet werden als die Summe aller Produkte aus den Wahrscheinlichkeiten jedes möglichen Ergebnisses multipliziert mit den Werten dieses Ergebnisses:

$$E(X) = \sum_{i=1}^{n} p_i \cdot x_i$$

Für einen Würfel mit sechs Seiten ergibt sich damit der Erwartungswert zu:

$$E(X) = \sum_{i=1}^{6} x_i \cdot \frac{1}{6} = 3{,}5$$

Wird beispielsweise 1000 mal gewürfelt, so wird sich ein Mittelwert der gewürfelten Zahlen in der Nähe von 3,5 ergeben. Bei einem einzigen Wurf wird man selbstverständlich nie exakt 3,5 erhalten.

Modalwert

Der Modalwert oder Modus ist der häufigste Wert einer Häufigkeitsverteilung und damit der Wert mit der größten Wahrscheinlichkeit.

Achtung! Der Modalwert muss keineswegs dem Mittelwert oder dem Erwartungswert entsprechen.

Varianz

Die Varianz ist ein Maß für die Abweichung einer Zufallsvariablen X von ihrem Erwartungswert $E(X)$. Die Varianz verallgemeinert das Konzept der Summe der quadrierten Abweichungen vom Mittelwert in einer Beobachtungsreihe und ist damit das zweite zentrale Moment einer Zufallsvariablen. Die Varianz der Zufallsvariablen X wird üblicherweise als $V(X)$ oder $Var(X)$ notiert.

Für eine diskrete Zufallsverteilung ergibt sich die Varianz zu:

$$V(X) = \sum_{i=1}^{n} E\,[X - E(X)]^2 = \sum_{i=1}^{n} p_i \cdot [x_i - E(x)]^2$$

Die *Varianz* einer stetigen Zufallsverteilung lässt sich berechnen mit:

$$\sigma^2 = \int_{-\infty}^{+\infty} (x - \mu)^2 \cdot f(x)\,\mathrm{d}x$$

Aufgrund der Quadrierung besitzt die Varianz eine andere Einheit als die Grunddaten. Zum besseren Verständnis wird deshalb häufig nicht die Varianz, sondern deren Quadratwurzel, die Standardabweichung, angegeben.

Standardabweichung

Die Standardabweichung σ_x wird auch als RMS[1] Error bezeichnet und ist ein Maß für die Streuung der Werte einer Zufallsgröße. Die Standardabweichung ist definiert als die Quadratwurzel der Varianz.

---

[1] Root Mean Square

Für eine Reihe von Einzelmessungen bzw. Beobachtungen ergibt sich die Standardabweichung zu:

$$\sigma_x = \sqrt{\frac{1}{n-1} \sum_{i=1}^{n} (x_i - \overline{x})^2}$$

bzw. für die Erwartungswerte einer Zufallsgröße ist die Standardabweichung:

$$\sigma_x = \sqrt{\sum_{i=1}^{n} p_i \cdot [x_i - E(x)]^2}$$

Gegenüber der Varianz hat die Standardabweichung den Vorteil, dass diese aufgrund der Quadratwurzel die gleiche Einheit wie die ursprünglichen Grunddaten hat.

11.5 Stochastische Verteilungen für Simulationsanwendungen

Zur Modellierung zufallsbedingter Vorgänge können stochastische Verteilungen eingesetzt werden. Eine Wahrscheinlichkeitsverteilung ist eine Funktion, die Ereignissen Wahrscheinlichkeiten zuordnet. Die Wahrscheinlichkeitsverteilung einer reellwertigen Zufallsvariablen X gibt für ein mögliches Ereignis an, mit welcher Wahrscheinlichkeit die Zufallsvariable diesen Wert annehmen wird.

Die bekanntesten Verteilungen sind:

- Gleichverteilung
- Normalverteilung
- Logarithmische Normalverteilung
- Exponentialverteilung
- Weibull-Verteilung
- Pearson-Verteilung
- Dreiecksverteilung

Die meisten in der Praxis eingesetzten Verteilungen werden entweder durch eine Wahrscheinlichkeitsfunktion oder Zähldichte (im diskreten Fall) oder durch eine Wahrscheinlichkeitsdichte beschrieben.

Parametrisierung von kontinuierlichen Verteilungen

Verteilungen können mit Hilfe von verschiedenen Parametern an die jeweiligen Anforderungen angepasst werden. Dazu gibt es drei Arten von beeinflussenden Parametern:

- **Lageparameter,** welche die Position einer Verteilung definieren. Dieser Parameter kennzeichnet einen Punkt auf der Abszisse (x-Achse) aus dem Wertebereich der Verteilung. In der Regel ist dies der Mittelpunkt oder der linke Begrenzungspunkt des Wertebereichs einer Verteilung. Mit der Änderung dieses Parameters wird die Verteilung auf der Abszisse verschoben.

- **Skalierungsparameter,** welche die Verteilung skalieren. Dieser Parameter definiert quasi den Maßstab der Werte der Verteilung. Ein Veränderung des Skalierungsparameters bewirkt ein Expandieren oder Komprimieren der Verteilung, ohne deren Form prinzipiell zu ändern.

- **Formparameter,** welche die Form bestimmen. Dieser Parameter verändert in gewissem Maße die Form einer Verteilung. Ein Verändern der Formparameter kann die Verteilung wesentlich entscheidender beeinflussen, als eine Veränderung durch den Lage- und Skalierungsparameter. Einige Verteilungen haben keinen Formparameter (z. B. Exponential- oder Normalverteilung), andere Verteilungen (z. B. Beta-Verteilung) verfügen über mehrere Formparameter.

Die für die Modellierung in der Digitalen Fabrik interessanten Verteilungen werden im Weiteren kurz beschrieben.

11.6 Gleichverteilung (diskret)

Die Gleichverteilung ist eine Wahrscheinlichkeitsverteilung, bei der für jeden möglichen Zustand die gleiche Wahrscheinlichkeit des Zutreffens besteht. Eine diskrete Zufallsvariable X mit endlich vielen Ausprägungen ist eine diskrete Gleichverteilung, wenn die Wahrscheinlichkeit für jede ihrer Realisationen x_i ($i = 1 \ldots n$) gleich ist.

Die Wahrscheinlichkeitsfunktion der diskreten Gleichverteilung ist:

$$f(x) = \begin{cases} \dfrac{1}{n} & \text{für } x = x_i \quad (i = 1, \ldots, n) \\ 0 & \text{sonst} \end{cases}$$

Die Gleichverteilung besitzt den Erwartungswert:

$$E(X) = \frac{1}{n} \sum_{i=1}^{n} x_i$$

und die Varianz:

$$V(X) = \frac{1}{n} \left[\sum_{i=1}^{n} x_i^2 - \frac{1}{n} \left(\sum_{i=1}^{n} x_i \right)^2 \right]$$

Die diskrete Gleichverteilung wird häufig zur Modellierung strategischer Fallentscheidungen oder Reihenfolgenentscheidungen eingesetzt.

11.6.1 Beispiel Würfeln

Würfeln ist ein typisches Beispiel für Gleichverteilung von Zufälligkeiten. Für einen sechsseitigen Würfel ergibt sich die Wahrscheinlichkeitsfunktion:

$$f(x) = \begin{cases} \frac{1}{6} & \text{für } x = x_i \ (i = 1, \ldots, 6) \\ 0 & \text{sonst} \end{cases}$$

mit dem Erwartungswert:

$$E(X) = \frac{1}{6} \sum_{i=1}^{6} x_i = 3{,}5$$

und der Varianz:

$$V(X) = \frac{1}{6} \left[\sum_{i=1}^{6} x_i^2 - \frac{1}{6} \left(\sum_{i=1}^{6} x_i \right)^2 \right] = 2{,}92$$

11.7 Gleichverteilung (kontinuierlich)

Gleichverteilte Zufallsvariablen bilden eine Wahrscheinlichkeitsverteilung, bei der für jeden möglichen Zustand innerhalb eines Intervalls über der Menge der reellen Zahlen die gleiche Wahrscheinlichkeit des Zutreffens besteht. Die kontinuierliche Gleichverteilung ist definiert durch die beiden Parameter a und b (a als untere Grenze, b als obere Grenze des Intervalls).

Lageparameter	a
Skalierungsparameter	$b - a$

Die Reichweite der Verteilung liegt im Intervall $[a, b]$.

Die Wahrscheinlichkeitsdichte der Gleichverteilung ist:

$$f(x) = \begin{cases} \dfrac{1}{b-a} & \text{für } a \leq x \leq b \\ 0 & \text{sonst} \end{cases}$$

Die Dichtefunktion hat überall im Definitionsintervall [a, b] den gleichen Wert. Dieser hängt nur von der Länge des Intervalls ab.

Die Verteilungsfunktion (kumulativ) ist gegeben mit:

$$F(x) = \begin{cases} 0 & \text{für } x < a \\ \dfrac{(x-a)}{(b-a)} & \text{für } a \leq x \leq b \\ 1 & \text{für } b < x \end{cases}$$

Der Erwartungswert der Gleichverteilung ist

$$E(X) = \frac{a+b}{2}$$

mit der Varianz:

$$V(X) = \frac{(b-a)^2}{12}$$

Eine Parameterabschätzung der unbekannten Parameter a und b für eine Normalverteilung ist mit Hilfe der MLE[1] anhand der folgenden Gleichungen möglich:

$$\hat{a} = \min_{1 \leq i \geq n} X$$

und

$$\hat{b} = \max_{1 \leq i \geq n} X$$

Die Qualität der Parameterabschätzung, d. h., wie gut die angepasste Normalverteilung die zugrunde liegenden Werte annähern kann, ist mittels eines Goodness-of-Fit-Tests zu überprüfen.

11.8 Normalverteilung

Die Normalverteilung (auch Gauß-Verteilung[2]) ist die wohl bekannteste kontinuierliche Wahrscheinlichkeitsverteilung. Die Normalverteilung ist eine symmetrische Verteilung, die im Bereich reeller Zahlen gültig ist. Die Wahrscheinlichkeit nimmt vom Erwartungswert zu beiden Seiten hin ab. Zahlreiche technische Prozesse lassen sich durch die Normalverteilung in sehr guter Näherung beschreiben.

Die Normalverteilung verfügt über die beiden Parametern Mittelwert μ und Standardabweichung σ.

Lageparameter	μ im Bereich [-∞; +∞]
Skalierungsparameter	σ > 0

Die Reichweite der Verteilung liegt im Intervall [-∞; +∞]

Die Wahrscheinlichkeitsdichte der Normalverteilung ist:

$$f(x) = \frac{1}{\sigma \cdot \sqrt{2 \cdot \pi}} \cdot e^{-\frac{1}{2}\left(\frac{x-\mu}{\sigma}\right)^2}$$

---

[1] Maximum-Likelihood-Estimator
[2] nach Carl Friedrich Gauß

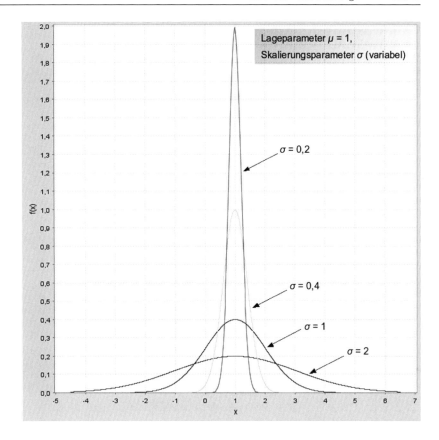

Abb. 11.1: Glockenkurve der Normalverteilung
(Lageparameter μ = 1 und Skalierungsparameter σ = 0,2 ... 2,0)

Die Wahrscheinlichkeitsdichtefunktion (Abb. 11.1) ist symmetrisch und wird als Gauß-Funktion oder Glockenkurve bezeichnet.

Die Verteilungsfunktion (kumulativ) ist gegeben mit:

$$F(x) = \frac{1}{\sigma \cdot \sqrt{2 \cdot \pi}} \cdot \int_{-\infty}^{x} e^{-\frac{1}{2}\left(\frac{x-\mu}{\sigma}\right)^2} \, dx$$

Der Erwartungswert der Normalverteilung ist:

$$E(X) = \mu$$

mit der Varianz:

$$V(X) = \sigma^2$$

Eine Parameterabschätzung der unbekannten Parameter µ und σ für eine Normalverteilung ist mit Hilfe der MLE anhand der folgenden Gleichungen möglich:

$$\hat{\mu} = \overline{X}(n)$$

und

$$\hat{\sigma} = \sqrt{\frac{(n-1)}{n} \cdot V(n)}$$

Die Qualität der Parameterabschätzung, d. h., wie gut die angepasste Normalverteilung die zugrunde liegenden Werte annähern kann, ist mittels eines Goodness-of-Fit-Tests zu überprüfen.

11.9 Logarithmische Normalverteilung

Die logarithmische Normalverteilung ist eine kontinuierliche Wahrscheinlichkeitsverteilung über der Menge der positiven reellen Zahlen. Diese beschreibt die Verteilung einer Zufallsvariablen X, wenn $\ln(X)$ normalverteilt ist.

Die logarithmische Normalverteilung ist konfigurierbar mit dem Lageparameter µ und dem Skalierungsparameter σ.

Lageparameter	µ im Bereich [0; +∞]
Skalierungsparameter	σ > 0

Die Reichweite der Verteilung liegt im Intervall [0; +∞].

Die Wahrscheinlichkeitsdichte der logarithmischen Normalverteilung ist:

$$f(x) = \begin{cases} \dfrac{1}{\sigma \cdot \sqrt{2 \cdot \pi}} \cdot \dfrac{1}{x} \cdot e^{-\frac{1}{2}\left(\frac{\ln(x)-\mu}{\sigma}\right)^2} & \text{für } x > 0 \\ 0 & \text{sonst} \end{cases}$$

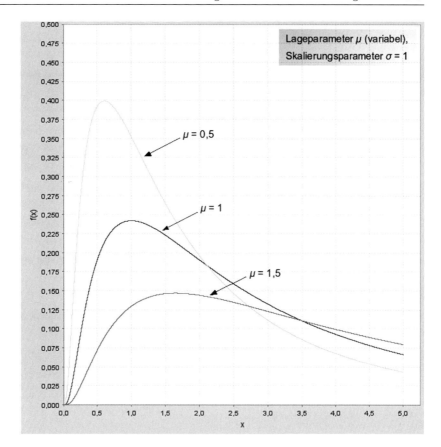

Abb. 11.2a: Logarithmische Normalverteilung
(Lageparameter µ = 0,5 ... 1,5 und Skalierungsparameter σ = 1,0)

Die logarithmische Normalverteilung (Abb. 11.2) ist rechtsschief mit dem Erwartungswert:

$$E(X) = e^{\mu + \frac{\sigma^2}{2}}$$

und der Varianz:

$$V(X) = e^{2\mu + \sigma^2} \cdot (e^{\sigma^2} - 1)$$

Die logarithmische Normalverteilung wird wegen der Schiefe häufig als Verteilung zur Modellierung von Anlagenausfällen oder zur Modellierung von Schadensfällen/Schadenshöhe eingesetzt, da kleine Störungen oder Schäden häufiger auftreten als große.

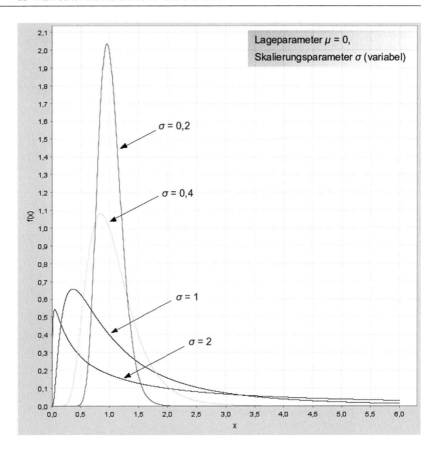

Abb. 11.2b: Logarithmische Normalverteilung
(Lageparameter µ = 0 und Skalierungsparameter σ = 0,2 ... 2,0)

Eine Parameterabschätzung für die logarithmische Normalverteilung ist mit Hilfe der MLE anhand der folgenden Gleichungen möglich:

$$\hat{\mu} = \sum_{i=1}^{n} \frac{\ln X_i}{n}$$

und

$$\hat{\sigma} = \sqrt{\sum_{i=1}^{n} \frac{(\ln X_i - \hat{\mu})^2}{n}}$$

Die Qualität der Parameterabschätzung, d. h., wie gut die angepasste logarithmische Normalverteilung die zugrunde liegenden Werte annähern kann, ist mittels eines Goodness-of-Fit-Tests zu überprüfen.

11.10 Exponentialverteilung

Die Exponentialverteilung ist eine unsymmetrische Verteilung im Bereich positiver reeller Zahlen und kann über den Skalierungsparameter β konfiguriert werden. Lage- und Formparameter hat die Exponentialverteilung nicht.

Skalierungsparameter	β > 0

Die Reichweite der Verteilung liegt im Intervall [0; +∞]

Die Wahrscheinlichkeitsdichte der Exponentialverteilung ist:

$$f(x) = \begin{cases} e^{-\frac{x}{\beta}} & \text{für } x > 0 \\ 0 & \text{sonst} \end{cases}$$

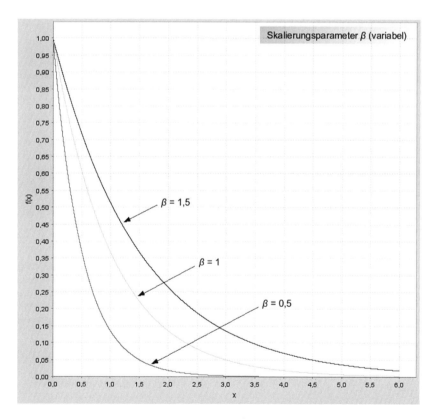

Abb. 11.3: Exponentialverteilung (Skalierungsparameter β = 0,5 ... 1,5)

Die Exponentialverteilung (Abb. 11.3) ist rechtsschief mit dem Erwartungswert:

$$E(X) = \beta$$

und der Varianz:

$$V(X) = \beta^2$$

Eine Parameterabschätzung für die Exponentialverteilung ist mit Hilfe der MLE anhand der folgenden Gleichungen möglich:

$$\hat{\beta} = \sum_{i=1}^{n} \frac{X_i}{n}$$

Die Qualität der Parameterabschätzung, d. h., wie gut die angepasste Exponentialverteilung die zugrunde liegenden Werte annähern kann, ist mittels eines Goodness-of-Fit-Tests zu überprüfen.

11.11 Weibull-Verteilung

Die Weibull-Verteilung ist eine statistische Verteilung im Bereich reeller Zahlen, deren Wahrscheinlichkeitsverteilung je nach Parametrisierung sehr unterschiedliche Formen annehmen kann.

Eingesetzt wird die Weibull-Verteilung beispielsweise zur Untersuchung von Lebensdauern in der Qualitätssicherung, bei Fragestellungen wie Materialermüdungen von spröden Werkstoffen oder Ausfällen von elektronischen Bauteilen, deren Fehler typischerweise in der ersten Lebensdauerphase ansteigend und dann mit der Alterung abnehmend auftreten.

Die Weibull-Verteilung kann konfiguriert werden über die beiden Parametern α und β.

Gestaltparameter	$\alpha > 0$
Skalierungsparameter	$\beta > 0$

Die Reichweite der Verteilung liegt im Intervall [0; +∞].

11.11 Weibull-Verteilung

Die Weibull-Verteilung hat die Wahrscheinlichkeitsdichte:

$$f(x) = \begin{cases} \alpha \cdot \beta^{-\alpha} \cdot x^{\alpha-1} \cdot e^{-\left(\frac{x}{\beta}\right)^{\alpha}} & \text{für } x > 0 \\ 0 & \text{sonst} \end{cases}$$

und die Verteilungsfunktion (kumulativ):

$$F(x) = \begin{cases} 1 - e^{-\left(\frac{x}{\beta}\right)^{\alpha}} & \text{für } x > 0 \\ 0 & \text{sonst} \end{cases}$$

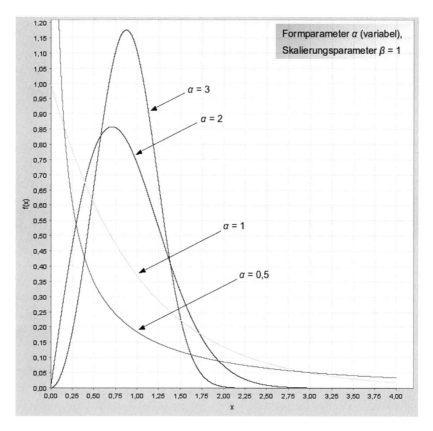

Abb. 11.4: Weibull-Verteilung
(Gestaltparameter $\alpha = 0{,}5 \ldots 3{,}0$ und Skalierungsparameter $\beta = 1{,}0$)

Die Weibull-Verteilung (Abb. 11.4) ist in den meisten Fällen rechtsschief mit dem Erwartungswert:

$$E(X) = \frac{\beta}{\alpha} \Gamma\left(\frac{1}{\alpha}\right)$$

und der Varianz:

$$V(X) = \frac{\beta^2}{\alpha} \left\{ 2\Gamma\left(\frac{2}{\alpha}\right) - \frac{1}{\alpha}\left[\Gamma\left(\frac{1}{\alpha}\right)^2\right] \right\}$$

wobei Γ die Gammafunktion ist.

Eine Parameterabschätzung für die Weibull-Verteilung mit Hilfe der MLE ist nicht trivial, sondern nur über ein aufwändiges Iterationsverfahren möglich.

11.12 Pearson Type V

Die Pearson Type V-Verteilung ist eine kontinuierliche Wahrscheinlichkeitsverteilung im Bereich positiver reeller Zahlen.

Die Pearson Type V-Verteilung kann konfiguriert werden über die beiden Parametern μ und σ.

Lageparameter	μ im Bereich $[0, +\infty]$
Skalierungsparameter	$\sigma > 0$

Die Reichweite der Verteilung liegt im Intervall $[0; +\infty]$.

Die Pearson Type V-Verteilung mit dem Lageparameter μ und dem Skalierungsparameter σ hat die Wahrscheinlichkeitsdichte:

$$f(x) = \begin{cases} \dfrac{x^{-(\alpha+1)} \cdot e^{-\left(\frac{\beta}{x}\right)}}{\beta^{-\alpha} \cdot \Gamma(\alpha)} & \text{für } x > 0 \\ 0 & \text{sonst} \end{cases}$$

und die Verteilungsfunktion (kumulativ):

$$F(x) = \begin{cases} 1 - F_G\left(\dfrac{1}{x}\right) & \text{für } x > 0 \\ 0 & \text{sonst} \end{cases}$$

wobei

$$F_G(x)$$

die Verteilungsfunktion der Gammafunktion (α, $1/\beta$) ist.

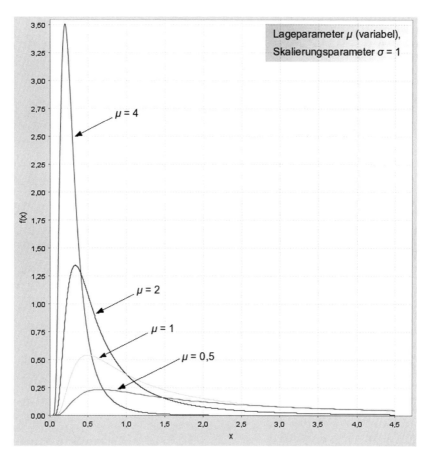

Abb. 11.5: Pearson Type V-Verteilung
(Lageparameter $\mu = 1$ und Skalierungsparameter $\sigma = 0{,}2 \ldots 2{,}0$)

Die Pearson Type V-Verteilung (Abb. 11.5) ist rechtsschief mit dem Erwartungswert:

$$E(X) = \frac{\beta}{\alpha - 1} \qquad \text{für } \alpha > 1$$

und der Varianz:

$$V(X) = \frac{\beta^2}{(\alpha - 1)^2 \cdot (\alpha - 2)} \qquad \text{für } \alpha > 2$$

Die Pearson Type V-Verteilung wird ähnlich wie die logarithmische Normalverteilung wegen der Schiefe häufig als Verteilung zur Modellierung von Anlagenausfällen oder zur Modellierung von Schadensfällen und Schadenshöhe eingesetzt.

11.13 Dreiecksverteilung

Die Dreiecksverteilung ist eine stetige Wahrscheinlichkeitsverteilung im Bereich reeller Zahlen mit einer im Intervall [a, b] definierten Wahrscheinlichkeitsdichte. Die Parameter a (Lage), b (Skalierung) und c (Form) bestimmen die Gestalt der Dreiecksverteilung. Die Dreiecksverteilung hat ihre größte Wahrscheinlichkeit im Punkt c und fällt nach links zum Punkt a und nach rechts zum Punkt b hin. In der Praxis wird die Dreiecksverteilung gern als grobe Schätzung eingesetzt, wenn nicht ausreichend konkrete Daten zur Anpassung einer anderen Funktion vorhanden sind.

Lageparameter	a
Skalierungsparameter	$b - a$
Formparameter	c mit $a < c < b$

Die Reichweite der Verteilung liegt im Intervall [a, b].

Die Dreiecksverteilung hat die Wahrscheinlichkeitsdichte:

$$f(x) = \begin{cases} \dfrac{2(x-a)}{(b-a)(c-a)} & \text{für } a \leq x \leq c \\ \dfrac{2(b-x)}{(b-a)(b-c)} & \text{für } c < x \leq b \\ 0 & \text{sonst} \end{cases}$$

und die Verteilungsfunktion (kumulativ):

$$F(x) = \begin{cases} 0 & \text{für } x < a \\ \dfrac{2(x-a)^2}{(b-a)(c-a)} & \text{für } a \leq x \leq c \\ \dfrac{2(b-x)^2}{(b-a)(b-c)} & \text{für } c < x \leq b \\ 1 & \text{für } b < x \end{cases}$$

Der Erwartungswert der Dreiecksverteilung ist:

$$E(X) = \frac{a+b+c}{3}$$

mit der Varianz:

$$V(X) = \frac{a^2 + b^2 + c^2 - a \cdot b - a \cdot c - b \cdot c}{18}$$

Eine Parameterabschätzung der Parameter der Dreiecksfunktion mit Hilfe von MLE ist nicht sinnvoll. Die Dreiecksfunktion wird eher als grobe Annahme genutzt, wenn keine detaillierten Daten verfügbar sind.

11.13.1 Anwendung von Verteilungen

Aus der großen Anzahl unterschiedlicher stochastischer Verteilungen sind bestimmte Verteilungen für spezifische Anwendungsfälle wie Bearbeitungszeiten oder Stördaten typisch. Eine ganz wesentliche Bedeutung kommt der rechten Seite der Wahrscheinlichkeitsdichtefunktion zu, da diese angibt, wie wahrscheinlich sehr große Funktionswerte sind, welche die Systemdynamik ganz erheblich belasten können.

- Zur Verteilung von Produktionsaufträgen und Werkstücken auf unterschiedliche Stationen werden meist Gleichverteilungen eingesetzt.
- Zur Modellierung der Ankunftsintervalle von Produktionsaufträgen, Kunden oder Werkstücken werden vielfach negative Exponentialverteilungen oder logarithmische Normalverteilungen eingesetzt.
- Für Bearbeitungszeiten sind typischerweise Lognormal- oder Pearson-Verteilungen geeignet, wobei z. B. die Pearson-Type-V-Verteilung gegenüber der Lognormal-Verteilung, einen erheblich stärkeren Peek nahe $x = 0$ und einen flacheren rechten Ast hat.

11.14 Methoden der statistischen Datenanalyse

Die Analyse der Eingangsdaten ist ein sehr wesentlicher Schritt einer Simulationsstudie, der gern vernachlässigt wird. Grundsätzlich ist zwischen den folgenden drei Schritten zu unterscheiden:

- Datenerfassung
- Parameteridentifikation für eine stochastische Funktion
- Goodness-of-Fit-Test zur Ermittlung, ob die angenommene stochastische Funktion die Eingangsdaten hinreichend repräsentiert

Entsprechende Schritte können für die Datenanalyse der Ergebnisdaten erforderlich sein.

11.14.1 Parameterabschätzung

Soll eine statistische Verteilung an die Basisdaten angepasst werden, so sind die Parameter für diese Funktion abzuschätzen. Hierzu existieren verschiedene Verfahren. Ein geeignetes Verfahren zur Parameterabschätzung sind Maximum-Likelihood-Estimatoren (MLE).

Soll mittels Maximum-Likelihood-Estimator der unbekannte Parameter θ einer Verteilung abgeschätzt werden, so wird mit Hilfe der vorliegenden Basisdaten $X_1, X_2 \ldots X_n$ und der Wahrscheinlichkeitsdichtefunktion $p_\theta(x)$ folgende Likelihood-Funktion aufgestellt:

$$L(\theta) = p_\theta(X_1) \cdot p_\theta(X_2) \cdot \ldots \cdot p_\theta(X_n)$$

Gesucht wird der Wert von θ, der die Funktion $L(\theta)$ minimiert. Für die verschiedenen stochastischen Verteilungen lassen sich für die MLE explizit Lösungen angeben, mit denen die Parameter direkt berechnet werden können.

Dazu wird aus den erfassten Daten der Mittelwert der zur Verfügung stehenden Daten (Sample Mean) ermittelt mit:

$$\overline{x}(n) = \frac{1}{n} \sum_{i=1}^{n} x_i$$

und darauf aufbauend kann die Varianz der zur Verfügung stehenden Daten (Sample Variance)

$$V(n) = \frac{\sum_{i=1}^{n}[x_i - \bar{x}(n)]^2}{n-1}$$

berechnet werden.

Die unbekannten Parameter der jeweiligen Verteilung können dann mittels der für die einzelnen Parameter angegebenen MLE-Gleichungen abgeschätzt werden.

So gelten z. B. für die logarithmische Normalverteilung die folgenden MLE-Gleichungen

$$\hat{\mu} = \sum_{i=1}^{n} \frac{\ln X_i}{n}$$

und

$$\hat{\sigma} = \sqrt{\sum_{i=1}^{n} \frac{(\ln X_i - \hat{\mu})^2}{n}}$$

mit denen sich die unbekannten Parameter direkt abschätzen lassen.

Die Qualität der Parameterabschätzung, d. h., wie gut die angepasste Verteilung die zugrunde liegenden Werte annähern kann, ist mittels eines Goodness-of-Fit-Tests zu überprüfen.

11.14.2 Goodness-of-Fit-Tests

Goodness-of-Fit-Tests sind statistische Tests, mit deren Hilfe überprüft werden kann, ob eine gewählte statistische Verteilung die Ausgangsdaten hinreichend gut darstellt. Es ist die Nullhypothesen H_0 – die angepasste Funktion repräsentiert die Basisdaten hinreichend – zu bestätigen.

Die bekanntesten Goodness-of-Fit-Tests sind:

- Chi-Square-Test
- Kolmogorov-Smirnov-Test

Weitere Tests sind:

- Anderson-Darling-Test
- Poisson-Prozess-Test

Für Anwendungen im Simulationsbereich hat der Kolmogorov-Smirnov-Test gegenüber dem Chi-Square-Test erhebliche Vorteile und wird deshalb bevorzugt eingesetzt.

11.14.3 Chi-Square-Test

Der Chi-Square-Test ist der älteste Goodness-of-Fit-Test. Dieser Test stellt einen mehr formalen Vergleich eines Histogrammgraphen mit der angepassten statistischen Verteilung dar.

Für den Chi-Square-Test ist es erforderlich, die angepasste Verteilung in Intervalle aufzuteilen, was leicht zu einem Informationsverlust führen kann. Werden die Intervalle ungünstig gewählt, so kann das zur Beeinträchtigungen der Testergebnisse führen. Weiter ist für eine zuverlässige Aussage des Chi-Square-Tests eine relativ große Anzahl von Ausgangsdaten erforderlich, die bei Simulationsanwendungen in vielen Fällen nur schwer beschaffbar ist.

11.14.4 Kolmogorov-Smirnov-Test

Der Kolmogorov-Smirnov-Test (KS-Test) vergleicht die Funktion $F(x)$ der angenommenen Verteilung mit der einer empirischen Verteilung $F_n(x)$ mit dem Ziel, die Nullhypothese H_0 zu bestätigen, die besagt, dass die angepasste Funktion die Basisdaten hinreichend repräsentiert. Ein Vorteil des KS-Tests ist, dass keinerlei Gruppierung der Daten erforderlich ist sowie dass dieser Test auch bei einer relativ kleinen Anzahl von Daten bereits eingesetzt werden kann.

Für den KS-Test werden die Ausgangsdaten in fallender Ordnung sortiert und mit diesen die kumulative empirische Funktion $F_n(x)$ gebildet:

$$F_n(x) = \frac{\text{No. of } X_i\text{'s} \leq x}{n}$$

Daraus wird für die KS-Teststatistik jeweils die größte Distanz zwischen $F_n(x)$ und $F(x)$ gebildet mit:

$$D_n = \sup_x \left\{ \left| F_n(x) - \hat{F}(x) \right| \right\}$$

wobei D_n berechnet werden kann aus

$$D_n^+ = \max_{1 \leq i \leq n} \left\{ \frac{1}{n} - \hat{F}(x_{(i)}) \right\}$$

und

$$D_n^- = \max_{1 \leq i \leq n} \left\{ \hat{F}(x_{(i)}) - \frac{i-1}{n} \right\}$$

unter Einsatz von

$$D_n = \max \left\{ D_n^+, D_n^- \right\}$$

Ein kleiner Wert von D_n kennzeichnet eine gute, ein großer Wert von D_n eine schlechte Anpassung der statistischen Funktion. In der originalen Form ist der KS-Test nur gültig, wenn die Verteilung kontinuierlich ist und alle Parameter der Verteilung bekannt sind (Fall 1). Inzwischen wurde der Test jedoch erweitert und erlaubt damit auch die Abschätzung von Parametern einiger statistischer Verteilungen (Fall 2 bis 4).

Fall 1: Alle Parameter sind bekannt

In diesem Fall, dem originalen Fall des KS-Tests, wird davon ausgegangen, dass alle Parameter der angepassten Verteilung bekannt sind.

Fall 2: Normalverteilung

Die angenommene Verteilung ist eine Normalverteilung. Die Parameter μ und σ^2 sind beide unbekannt und wurden abgeschätzt.

Fall 3: Exponentialverteilung

Die angenommene Verteilung ist eine Exponentialverteilung. Der Parameter β ist unbekannt und wurde abgeschätzt.

Fall 4: Weibull-Verteilung

Die angenommene Verteilung ist eine Weibull-Verteilung, bei der sowohl Formparameter wie Skalierungsparameter nicht bekannt sind und diese Parameter abgeschätzt wurden.

Tab. 11.1: Angepasste Teststatistik für den Kolmogorov-Smirnov-Test nach [Law et al. 1991]

Fall	Angepasste Teststatistik H_0 wird verworfen, wenn:	Kritische Werte $c_{1-\alpha}$ (für Signifikanzlevel $1-\alpha$)			
		$(1-\alpha)$ = 0,850	$(1-\alpha)$ = 0,900	$(1-\alpha)$ = 0,950	$(1-\alpha)$ = 0,975
1	$\left(\sqrt{n} + 0{,}12 + \dfrac{0{,}11}{\sqrt{n}}\right) \cdot D_n > c_{1-\alpha}$	1,138	1,224	1,358	1,480
2	$\left(\sqrt{n} + 0{,}01 + \dfrac{0{,}85}{\sqrt{n}}\right) \cdot D_n > c_{1-\alpha}$	0,775	0,819	0,895	0,955
3	$\left(D_n - \dfrac{0{,}2}{n}\right) \cdot \left(\sqrt{n} + 0{,}26 + \dfrac{0{,}5}{\sqrt{n}}\right) > c_{1-\alpha}$	0,926	0,990	1,094	1,190

Die angepasste Teststatistik für die ersten drei Fälle ist oben dargestellt. Zur Entscheidung, ob die Nullhypothese H_0 bestätigt werden kann, wird die angegebene Funktion von D_n jeweils mit dem kritischen Wert $c_{1-\alpha}$, der zu dem jeweils geforderten Signifikanzlevel gehört, verglichen.

11.15 Statistische Absicherung von Simulationsergebnissen

Wird bei einer Simulation mit stochastischen Eingangsdaten gearbeitet, so sind auch die Ergebnisdaten zufällig verteilt. In diesen Fällen sind zur Absicherung der Ergebnisse hinreichend viele Simulationsläufe durchzuführen und statistisch auszuwerten.

In der Regel soll versucht werden, Ergebnisdaten des eingeschwungenen Systemzustandes zu verwenden. Bei dieser Absicherung von Simulationsexperimenten ist zwischen der Absicherung der Ergebnisse eines einzelnen Simulationsmodells sowie dem Vergleich von verschiedenen Systemvarianten zu unterscheiden.

11.15.1 Analyse zur Ermittlung des eingeschwungenen Zustandes

Der Abbruch eines Simulationslaufes kann entweder durch ein internes Ereignis im System oder durch eine Abbruchbedingung von außen erfolgen. In der Regel wird versucht, den eingeschwungenen Zustand des Systems zu erreichen, eine zur Ergebnisauswertung ausreichend lange Zeit den eingeschwungenen Zustand zu simulieren und dann die Simulation abzubrechen.

Ausgehend von den Ergebnisdaten $Y_1, Y_2 ... Y_m$ eines einzelnen Simulationslaufs nach der Simulationszeit $t_1, t_2 ... t_m$ kann der erwartete Mittelwert für den eingeschwungenen Zustand allgemein definiert werden.

$$\upsilon = \lim_{i \to \infty} E(Y_i)$$

Wenn ein Simulationsmodell langsam hochgefahren wird, ist es sinnvoll, die Ergebniswerte direkt am Anfang der Simulation nicht mit einzubeziehen, da die Werte der ersten Aufwärmphase des Systems für das Ergebnis meist noch nicht sehr aussagekräftig sind.

Zur Ermittlung der Parameter des eingeschwungenen Zustandes werden n Simulationsläufe mit unabhängigen Zufallsströmen durchgeführt, wobei während der Simulationsläufe jeweils m Beobachtungen der Ergebnisgröße Y erfasst werden. Je nach Aufwand der Simulation sollten mindesten fünf bis zehn unabhängige Simulationsläufe durchgeführt werden.

Zur Glättung hochfrequenter Schwingungen in den Ergebnissen kann innerhalb eines Fensters jeweils der Mittelwert der Ergebnisse eines Fensters gebildet werden, wobei das Fenster einerseits möglichst klein sein soll, andererseits jedoch so groß gewählt werden muss, dass eine gute Glättung erzielt wird. Damit ergibt sich für die Ergebnisse folgende Matrix:

Tab. 11.2: Ermittlung des eingeschwungenen Systemzustandes

	Ergebnis 1	Ergebnis 2	Ergebnis 3	...	Ergebnis m
Lauf 1	Y_{11}	Y_{12}	Y_{13}	...	Y_{1m}
Lauf 2	Y_{21}	Y_{22}	Y_{23}	...	Y_{2m}
...	...	...	...	...	...
Lauf n	Y_{n1}	Y_{n2}	Y_{n3}	...	Y_{nm}
Mittelwert	$\overline{Y}_1$	$\overline{Y}_2$	$\overline{Y}_3$	...	$\overline{Y}_m$
Mittelwert (geglättet)	$\overline{Y}_1(w)$	$\overline{Y}_2(w)$	$\overline{Y}_3(w)$	...	$\overline{Y}_m(w)$

Werden die geglätteten Mittelwerte grafisch über der Zeit aufgetragen, so lässt sich recht gut erkennen, ob und wann das System einen eingeschwungenen Zustand erreicht.

$$Y'_j = \frac{\overline{Y}_j - \overline{Y}_{j-1}}{\Delta t} \leq \varepsilon \quad \text{für alle } j \geq k$$

Zur formalen Analyse können für die geglätteten Mittelwerte die Steigungen berechnet werden. Ein eingeschwungener Zustand ist dann nach k Ergebnissen erreicht, wenn die Steigung innerhalb eines definierten Intervalls ε bleibt.

11.15.2 Analyse der Ergebnisse eines einzelnen Systems

Wurde das Modell eines Systems n-mal mit unabhängigen Sets von unabhängigen Zufallsströmen simuliert und wurden damit die Ergebnisse $Y_1, Y_2 \ldots Y_n$ erzielt, so kann mit deren Hilfe der Erwartungswert für den Mittelwerte ermittelt werden.

Der Erwartungswert des Mittelwerts μ mit dem Konfidenzintervall $100 (1 - \alpha)$ kann nach [Law and Kelton 1991] berechnet werden mit:

$$\hat{\mu} = \overline{Y}(n) \pm t_{n-1,1-\alpha/2} \cdot \sqrt{\frac{S^2(n)}{n}}$$

und mit der Varianz:

$$S^2(n) = \frac{\sum_{i=1}^{n}[Y_i - \overline{Y}(n)]^2}{n - 1}$$

wobei der obere kritische Punkt $t_{n-1, 1-\alpha/2}$ der t-Verteilung mit $n - 1$ Freiheitsgraden der Tabelle für die t-Verteilung entnommen werden kann.

11.15.3 Vergleich alternativer Systemkonfigurationen

Sind die Ergebnisdaten zweier alternativer Systemkonfigurationen zufällig verteilt, so ist es keineswegs aussagekräftig, aufgrund einzelner Simulationsläufe die Systeme zu vergleichen.

Für den Vergleich von zwei Systemen mit unterschiedlicher, unbekannter Varianz kann unter der Annahme, dass die Ergebnisse des jeweiligen Systems normalverteilt sind, folgende Näherungslösung angegeben werden:

$$\Delta Y = \overline{Y}_1(n_1) - \overline{Y}_2(n_2) \pm t_{\hat{f}, 1-\alpha/2} \cdot \sqrt{\frac{S_1^2(n_1)}{n_1} + \frac{S_2^2(n_2)}{n_2}}$$

mit den Mittelwerten:

$$\overline{Y}(n_i) = \frac{\sum_{j=1}^{n_i} Y_{ij}}{n_i}$$

und der Varianz:

$$V_i(n_i) = \frac{\sum_{j=1}^{n_i} [Y_{ij} - \overline{Y}_i(n_i)]^2}{n_i - 1}$$

Der Freiheitsgrad der *t*-Verteilung kann abgeschätzt werden mit:

$$\hat{f} = \frac{\left[\dfrac{V_1(n_1)}{n_1} + \dfrac{V_2(n_2)}{n_2}\right]^2}{\dfrac{\left[\dfrac{V_1(n_1)}{n_1}\right]^2}{(n_1 - 1)} + \dfrac{\left[\dfrac{V_2(n_2)}{n_2}\right]^2}{(n_2 - 1)}}$$

Da die Gleichung für den Freiheitsgrad keine Integerzahl liefert, muss in der Tabelle zur Ermittlung des oberen kritischen Punktes der *t*-Verteilung entsprechend interpoliert werden.

11.16 Tabelle t-Verteilung

Tab. 11.3: Ermittlung des oberen kritischen Punktes $t_{n-1,\,1-\alpha/2}$ der t-Verteilung mit $n-1$ Freiheitsgraden

$n-1$ \ $t_{1-\alpha/2}$	0,6000	0,7000	0,8000	0,9000	0,9333	0,9500	0,9600	0,9667
1	0,325	0,727	1,376	3,078	4,702	6,314	7,916	9,524
2	0,289	0,617	1,061	1,886	2,456	2,920	3,320	3,679
3	0,277	0,584	0,978	1,638	2,045	2,353	2,605	2,823
4	0,271	0,569	0,941	1,533	1,879	2,132	2,333	2,502
5	0,267	0,559	0,920	1,476	1,790	2,015	2,191	2,337
6	0,265	0,553	0,906	1,440	1,735	1,943	2,104	2,237
7	0,263	0,549	0,896	1,415	1,698	1,895	2,046	2,170
8	0,262	0,546	0,889	1,397	1,670	1,860	2,004	2,122
9	0,261	0,543	0,883	1,383	1,650	1,833	1,973	2,086
10	0,260	0,542	0,879	1,372	1,634	1,812	1,948	2,058
11	0,260	0,540	0,876	1,363	1,621	1,796	1,928	2,036
12	0,259	0,539	0,873	1,356	1,610	1,782	1,912	2,017
13	0,259	0,538	0,870	1,350	1,601	1,771	1,899	2,002
14	0,258	0,537	0,868	1,345	1,593	1,761	1,887	1,989
15	0,258	0,536	0,866	1,341	1,587	1,753	1,878	1,978
16	0,258	0,535	0,865	1,337	1,581	1,746	1,869	1,968
17	0,257	0,534	0,863	1,333	1,576	1,740	1,862	1,960
18	0,257	0,534	0,862	1,330	1,572	1,734	1,855	1,953
19	0,257	0,533	0,861	1,328	1,568	1,729	1,850	1,946
20	0,257	0,533	0,860	1,325	1,564	1,725	1,844	1,940
21	0,257	0,532	0,859	1,323	1,561	1,721	1,840	1,935
22	0,256	0,532	0,858	1,321	1,558	1,717	1,835	1,930
23	0,256	0,532	0,858	1,319	1,556	1,714	1,832	1,926
24	0,256	0,531	0,857	1,318	1,553	1,711	1,828	1,922
25	0,256	0,531	0,856	1,316	1,551	1,708	1,825	1,918
26	0,256	0,531	0,856	1,315	1,549	1,706	1,822	1,915
27	0,256	0,531	0,855	1,314	1,547	1,703	1,819	1,912
28	0,256	0,530	0,855	1,313	1,546	1,701	1,817	1,909
29	0,256	0,530	0,854	1,311	1,544	1,699	1,814	1,906
30	0,256	0,530	0,854	1,310	1,543	1,697	1,812	1,904
40	0,255	0,529	0,851	1,303	1,532	1,684	1,796	1,886
50	0,255	0,528	0,849	1,299	1,526	1,676	1,787	1,875
75	0,254	0,527	0,846	1,293	1,517	1,665	1,775	1,861
100	0,254	0,526	0,845	1,290	1,513	1,660	1,769	1,855
∞	0,253	0,524	0,842	1,282	1,501	1,645	1,751	1,834

11.16 Tabelle t-Verteilung

$t_{1-\alpha/2}$ \ $n-1$	0,9750	0,9800	0,9833	0,9875	0,9900	0,9917	0,9938	0,9950
1	12,706	15,895	19,043	25,452	31,821	38,342	51,334	63,657
2	4,303	4,849	5,334	6,205	6,965	7,665	8,897	9,925
3	3,182	3,482	3,738	4,177	4,541	4,864	5,408	5,841
4	2,776	2,999	3,184	3,495	3,747	3,966	4,325	4,604
5	2,571	2,757	2,910	3,163	3,365	3,538	3,818	4,032
6	2,447	2,612	2,748	2,969	3,143	3,291	3,528	3,707
7	2,365	2,517	2,640	2,841	2,998	3,130	3,341	3,499
8	2,306	2,449	2,565	2,752	2,896	3,018	3,211	3,355
9	2,262	2,398	2,508	2,685	2,821	2,936	3,116	3,250
10	2,228	2,359	2,465	2,634	2,764	2,872	3,043	3,169
11	2,201	2,328	2,430	2,593	2,718	2,822	2,985	3,106
12	2,179	2,303	2,402	2,560	2,681	2,782	2,939	3,055
13	2,160	2,282	2,379	2,533	2,650	2,748	2,900	3,012
14	2,145	2,264	2,359	2,510	2,624	2,720	2,868	2,977
15	2,131	2,249	2,342	2,490	2,602	2,696	2,841	2,947
16	2,120	2,235	2,327	2,473	2,583	2,675	2,817	2,921
17	2,110	2,224	2,315	2,458	2,567	2,657	2,796	2,898
18	2,101	2,214	2,303	2,445	2,552	2,641	2,778	2,878
19	2,093	2,205	2,293	2,433	2,539	2,627	2,762	2,861
20	2,086	2,197	2,285	2,423	2,528	2,614	2,748	2,845
21	2,080	2,189	2,277	2,414	2,518	2,603	2,735	2,831
22	2,074	2,183	2,269	2,405	2,508	2,593	2,724	2,819
23	2,069	2,177	2,263	2,398	2,500	2,584	2,713	2,807
24	2,064	2,172	2,257	2,391	2,492	2,575	2,704	2,797
25	2,060	2,167	2,251	2,385	2,485	2,568	2,695	2,787
26	2,056	2,162	2,246	2,379	2,479	2,561	2,687	2,779
27	2,052	2,158	2,242	2,373	2,473	2,554	2,680	2,771
28	2,048	2,154	2,237	2,368	2,467	2,548	2,673	2,763
29	2,045	2,150	2,233	2,364	2,462	2,543	2,667	2,756
30	2,042	2,147	2,230	2,360	2,457	2,537	2,661	2,750
40	2,021	2,123	2,203	2,329	2,423	2,501	2,619	2,704
50	2,009	2,109	2,188	2,311	2,403	2,479	2,594	2,678
75	1,992	2,090	2,167	2,287	2,377	2,450	2,562	2,643
100	1,984	2,081	2,157	2,276	2,364	2,436	2,547	2,626
∞	1,960	2,054	2,127	2,241	2,326	2,395	2,501	2,576

11.17 Verwendete Formelzeichen

Zeichen	Bedeutung
a, b, c	Parameter
$c_{n-1,\,1-\alpha/2}$	oberer kritischer Punkt der t-Verteilung mit $n-1$ Freiheitsgraden
$\hat{f}$	Freiheitsgrad der t-Verteilung
i, j, k, n	Anzahl
p	Eintreffwahrscheinlichkeit
$t_{1-\alpha}$	Signifikanzlevel
x	Funktionswert
$\bar{x}$	Mittelwert
D	Distanz
E	Erwartungswert
$E(Y_i)$	Ergebnis des Simulationslaufes i
H_0	Nullhypothese
X	Zufallsvariable
Y_i	Ergebniswert des Simulationslaufs i
V	Varianz
α, β, γ	Parameter
σ	Standardabweichung
μ	Erwartungswert des Mittelwerts
Γ	Gammafunktion

Materialien für die Praxis

In diesem Teil des Buches sind einige Materialien für die Praxis zusammengestellt. Sie können hier Checklisten für verschiedene Problematiken sowie einen beispielhaften Projektplan finden.

Diese Materialien sind auf der beiliegenden CD verfügbar. Diese Dokumente können unter Beachtung des Copyright-Vermerks für den eigenen Gebrauch genutzt und ggf. modifiziert werden.

Material	Beschreibung
Lastenheft/ Ausschreibungsunterlage	Vorlage für die Erstellung eines Lastenhefts für die Ausschreibung und Beauftragung von Simulationsstudien
Simulationsleitfaden für Simulationsprojekte	Der Leitfaden dient als allgemeine Grundlage für die Vorbereitung, Durchführung und Abnahme von Simulationsstudien. Der Simulationsleitfaden ist nicht projektspezifisch, sondern soll allgemein für alle in einem Unternehmen durchzuführenden Simulationsprojekte Gültigkeit haben.
Projektterminplan Simulationsstudien	Exemplarischer Projektplan für die Durchführung einer Simulationsstudie
Checkliste Simulationsstudien	Checkliste mit Punkten, die allgemein bei der Planung einer Simulationsstudie zu berücksichtigen sind
Checkliste zur Leistungsbeschreibung des Lastenheftes	Checkliste gemäß VDI 3633 Blatt 2
Checkliste zur Leistungsbeschreibung des Pflichtenheftes	Checkliste gemäß VDI 3633 Blatt 2
Checkliste Eingangsdaten für die Simulation	Checkliste mit Punkten, die bei der Erhebung der Eingangsdaten für Simulationsstudien zu berücksichtigen sind
Checkliste Dokumentation	Checkliste mit Punkten, die bei der Dokumentation der Daten, Modelle, Simulationsuntersuchung zu berücksichtigen sind
Checkliste Abnahme von Simulationsstudien	Checkliste mit Punkten, die bei der Abnahme von Simulationsstudien zu berücksichtigen sind
Checkliste Simulatorauswahl	Ausführliche Checkliste von Punkten, die bei der Auswahl von Simulationstools zu beachten sind

Diese im Weiteren dargestellten Materialien erheben keinen Anspruch auf Vollständigkeit, sondern sind als Referenz gedacht. Je nach Anwendung ist eine Anpassung an die jeweiligen betrieblichen Belange erforderlich.

12 Lastenheft und Ausschreibungsunterlage

> < *Die kursiven, mit einem Balken gekennzeichneten Texte sind Hintergrundinformationen für die Ersteller des Lastenhefts. Diese Vorlage für das Lastenheft ist in einigen Punkten bewusst sehr ausführlich gehalten. Je nach Anforderungen und Ausgangsvoraussetzungen können einige Bereiche reduziert oder weiter detailliert werden. Zahlreiche Punkte können ggf. später für ein zu erstellendes Pflichtenheft genutzt werden. Grundsätzlich ist bei der Beschreibung der einzelnen Punkte zu beachten, je exakter die Anforderungen definiert sind, desto weniger Missverständnisse treten auf und desto besser kann der Simulationsdienstleister anbieten und genau die geforderte Leistung erfüllen.* >

Das Lastenheft zum Thema Planungsabsicherung

....

....

durch Simulation beschreibt die Forderungen an die zu erbringenden Lieferungen und Leistungen.

Das Lastenheft dient als verbindliche Ausschreibungsunterlage für Anbieter und ist damit Grundlage für die Angebotserstellung.

Version:	
Datum:	
Status:	
Ablage:	

Dokumentenhistory

Version	Datum	Autor	Änderung
1.0			Erstellung

Gliederung

 < Die Gliederung des Lastenhefts soll grundsätzlich folgende Punkte enthalten. Diese können nach Bedarf im Einzelfall erweitert oder gekürzt werden. >

1 Spezifikation der Anforderungen
1.1 Aufgabenstellung und Zielsetzung der Simulation
1.2 Layout/Systemgrenzen
1.3 Technische Daten der Produktions-/Logistikmodule
1.4 Materialfluss
1.5 Anforderungen an das Modell
1.6 Zu untersuchende Szenarien/Simulationsexperimente
1.7 Anforderungen an die Auswertung und Ergebnisdarstellung
1.8 Anforderung an den Lieferumfang
1.9 Modellintegration
1.10 Projekttermingplan

2 Voraussetzungen und Rahmenbedingungen für die Leistungserstellung
2.1 Eingangsdaten für die Simulation
2.2 Vorhandene Planungsergebnisse
2.3 Simulationswerkzeuge/Bausteinbibliotheken
2.4 Entwicklungs- und Qualitätsvorgaben

3 Anforderungen an den Simulationsdienstleister

4 Anforderungen an das Projektmanagement

5 Vertragliche Konditionen
5.1 Abnahmekriterien
5.2 Rechte am Modell
5.3 Vertraulichkeit, Rückgabe, Copyright

6 Zuständigkeiten/Ansprechpartner/Allgemeines
6.1 Organisationsstruktur des Auftraggebers – Abteilungen
6.2 Rückfragen zu den Ausschreibungsunterlagen
6.3 Angebotsabgabe
6.4 Geschäftsbedingungen

12.1 Spezifikation der Anforderungen

Die Anforderungen an die zu erstellenden Lieferungen und Leistungen sind im Folgenden beschrieben.

12.1.1 Aufgabenstellung und Zielsetzung der Simulation

< Die Aufgabenstellung und Zielsetzung des Vorhabens soll möglichst klar formuliert werden. Dies hilft nicht nur dem Simulationsdienstleister, die Aufgabenstellung zu verstehen, sondern zwingt auch den Auftraggeber selbst, sich über seine Ziele klar zu werden. Der Auftraggeber soll möglichst gezielte Angaben machen, welche Art von Ergebnissen von der Simulationsstudie erwartet werden. >

Für die Planungsabsicherung der

....

soll vom Auftragnehmer ein Simulationsmodell erstellt werden, das die beschriebenen Prozesse abbildet und modular aufgebaut ist.

Mit dem erstellten Modell sind Untersuchungen zum Systemverhalten anhand der definierten Szenarien durchzuführen und die Ergebnisse zu präsentieren.

12.1.2 Layout und Systemgrenzen

< Zum besseren Verständnis des zu simulierenden Systems ist es sinnvoll, das System in einem Übersichtslayout darzustellen und die zu modellierenden Bereiche sowie die im Weiteren dargestellten Detaillayouts farbig zu markieren und kurz zu beschreiben. >

Die verschiedenen Bereiche und Anlagen des Gesamtsystems sind in der folgenden Tabelle beschrieben. Die zu modellierenden Bereiche sind durch Kreuze markiert.

	Systembereich	Beschreibung/Funktion
☐ 1	…	…
☐ 2	…	…
☐ 3	…	…
☐ …	…	…

Das folgende Übersichtslayout gibt einen Überblick über das Gesamtsystem.

Abb. 12.1: Übersichtslayout

12.1.3 Technische Daten der Produktions- und Logistikmodule

< Die zu modellierenden Anlagenkomponenten sind an dieser Stelle bezüglich deren Eigenschaften zu beschreiben. >

Für die Modellierung der Anlagenkomponenten sind folgende technische Daten zu berücksichtigen.

1. ....
2. ....
3. ....
4. ....

   ...

12.1.4 Materialfluss

< An dieser Stelle soll der Materialfluss des Systems beschrieben werden. Die Beschreibung kann anhand des Layouts oder mit Hilfe zusätzlicher Darstellungen wie Blockschaltbilder oder einer Transportmatrix erfolgen.
Die Beschreibung des Materialflusses wird zweckmäßigerweise in den folgenden Schritten vorgenommen. >

Der Materialfluss des zu modellierenden Systems stellt sich wie folgt dar:

1. Übersichtsdarstellung des Materialflusses im Gesamtsystem

    ....

    ....

    ....

2. Materialflussschnittstellen für die Modellierung

    ....

    ....

    ....

3. Materialfluss innerhalb der Systemgrenzen für die Modellierung

    ....

    ....

    ....

4. Detaillierte Beschreibung des Materialflusses innerhalb einzelner Module

    ....

    ....

    ....

12.1.4.1 Blockschaltbild

< Eine zusätzliche Methode zur einfachen, übersichtlichen Darstellung von Materialflüssen sind Blockschaltbilder. Oft ist es sinnvoll, zusätzlich zu den CAD-Layouts diese Möglichkeit zu nutzen. >

Das Blockschaltbild stellt den prinzipiellen Ablauf des Materialflusses im System dar.

Abb. 12.2: Blockschaltbild

12.1.4.2 Transportmatrix

> < Das Verkehrs- und Transportaufkommen in komplexen Systemen kann übersichtlich in Form einer Transportmatrix definiert werden. Diese Matrix zeigt deutlich, von wo nach wohin welcher Materialfluss stattfindet. Die Felder solch einer Matrix können das Transportaufkommen (Mengen, Fahrzeuge ...), die Transportstrecken oder die Transportzeiten für die jeweiligen Strecken enthalten. >

Das zu erwartende mittlere Transportaufkommen zwischen den Stationen ist:

von \ nach			

Abb. 12.3: Transportmatrix (z. B. erwartete mittlere Anzahl von Fahrten pro Schicht)

12.1.5 Anforderungen an das Modell

Das Modell muss das beschriebene System hinreichend genau abbilden und weiter die folgenden Erwartungen erfüllen.

12.1.5.1 Systemgrenzen/Modellierungsebenen/Abstraktionsgrad

> < *Das zu simulierende System muss definiert und gegenüber der Umgebung abgegrenzt werden. Es ist festzulegen, welcher Teil abgebildet werden soll, welche Schnittstellen nach außen bzw. zwischen verschiedenen Bereichen existieren sowie welcher Abstraktionsgrad vom Auftraggeber gefordert wird. Hat der Auftraggeber bei der Erstellung des Lastenhefts bereits konkrete Vorstellungen bezüglich der Systemmodellierung, so ist es sinnvoll, diese hier möglichst klar zu beschreiben.* >

Das Modell ist modular aufzubauen und sinnvoll zu strukturieren (Hierarchien, Erbfolge bei Objektorientierung). Der Modellaufbau ist als Baumstruktur darzustellen. Bei der Modellierung ist auf Austauschbarkeit und Kompatibilität von Teilmodellen zu achten. Wiederkehrende Funktionalitäten sind in separaten Bausteinen zu modellieren, um Änderungen übergreifend systematisch zu ermöglichen. Das Modell muss so ausgelegt sein, dass Änderungen der Systemlast einfach und flexibel berücksichtigt werden können.

Für das aufzubauende Modell ist ein Konzept zu erstellen und bezüglich der folgenden Punkte zu beschreiben:

Erwartete Beschreibung des Modellkonzepts
☐ Beschreibung der Systemgrenzen
☐ Beschreibung des Detaillierungsgrads des Modells
☐ Beschreibung der Modellstruktur
☐ Beschreibung der relevanten Bausteinklassen
☐ …
☐ …
☐ …
☐ …

12.1.5.2 Parametrisierung/Modellmodifikationen

 < Für die Untersuchung unterschiedlicher Szenarien sind Veränderungen/Parametrisierungen des Modells erforderlich. An dieser Stelle ist zu definieren, welche Veränderungen am Modell möglich sein sollen. >

Das Modell ist so aufzubauen, dass die folgenden Änderungen am Modell einfach und flexibel möglich sind.

Erwarteter Lieferumfang
☐ Parameteränderung von: ....
☐ Änderung der Steuerungsregeln: ....
☐ Änderung der Systemlast: ....
☐ Änderung des Störverhaltens: ....
☐ Einfache Erweiterungsfähigkeit des Modells bezüglich: ....
☐ ...
☐ ...

12.1.5.3 Auswertemöglichkeiten

Zur Beurteilung des Systemverhaltens werden folgende Möglichkeiten der Simulationsdatenerfassung/Auswertung erwartet:

	Erwarteter Lieferumfang
☐	Systemdurchsatz
☐	Systemverfügbarkeit
☐	Pufferbelegung an folgenden Puffern: ....
☐	Teileverfügbarkeit an folgenden Stationen: ....
☐	Transportzeiten, Fahrzeiten: ....
☐	Durchsatz an definierten Fördertechnikbereichen: ....
☐	Statusänderungen an folgenden Anlagen: ....
☐	...
☐	...
☐	...

12.1.5.4 Verifizierung des Modells

Durch Animation des Simulationsmodells ist sicherzustellen, dass die Modellabläufe den logischen Erwartungen entsprechen. Darüber hinaus ist zu überprüfen, dass die technischen Parameterwerte richtig eingestellt sind und das Input-/Output-Verhalten korrekt von den Systemparametern abhängt.

Bei der Verwendung von stochastischen Daten ist das Modell durch variierende Zufallszahlenströme (Verwendung mehrerer Seed-Werte) auf Stabilität und statistische Unabhängigkeit zu prüfen.

12.1.5.5 Validierung des Modells

Für die Validierung des Modells müssen nicht nur die programmtechnischen Aspekte berücksichtigt werden, sondern die Ergebnisse mit dem zuständigen Planer und Betreiber auf Sinnhaftigkeit und Vollständigkeit geprüft werden.

Bei der Modellierung bereits bestehender Anlagen sind die Werte der Simulation mit den realen Betriebsdaten abzugleichen.

Für Neuplanungen ist in Expertengesprächen zwischen Planern, Betreibern und Simulationsdienstleistern das Modell zu prüfen und gemeinsam die Verantwortung für dessen Gültigkeit zu übernehmen.

12.1.6 Zu untersuchende Szenarien und Simulationsexperimente

< Die zu untersuchenden Szenarien sind möglichst klar zu definieren. Damit wird festgeschrieben, was untersucht werden soll, und der Simulationsdienstleister kann seinen Aufwand für die dafür erforderliche Durchführung der Simulationsläufe abschätzen. >

Mit dem validierten Modell sollen folgende Szenarien untersucht werden:

Erwarteter Lieferumfang
☐ Verhalten der Anlage bei unterschiedlichem Durchsatz: ....
☐ Engpassanalyse mit folgenden Belastungsfällen[1]:   ....
☐ Produktion von Teilemengengerüsten für folgende Szenarien: ....
☐ Störszenarien von Komponenten[2]:   ....
☐ Notfallstrategien: ....
☐ Optimierung von: ....
☐ ...

Insgesamt sind .... Szenarien zu untersuchen und zu bewerten.

---

[1] Die Belastungsfälle sind so zu wählen, dass das Systemverhalten an die Grenzen stößt.
[2] Die Komponenten sollen mit einem Störverhalten belegbar sein,
  a) mit einer stochastischen Verteilung, b) gezielt mit Störzeitpunkt und -dauer.

12.1.6.1   Experimentplanung

Die Experimentplanung ist vom Simulationsdienstleister basierend auf den zu untersuchenden Szenarien vorzubereiten und mit dem verantwortlichen Planer abzusprechen. Ein besonderes Augenmerk ist dabei auf die Planung von Versuchsreihen mit stochastischen Funktionen, z. B. zur Abbildung des Störverhaltens, zu legen.

Der Simulationszeitraum für die einzelnen Läufe ist ausreichend lang zu wählen, so dass ausgehend von einem gewählten Zeitraum eine weitere Erhöhung der Simulationszeit keine Änderungen in den grundlegenden statistischen Leistungsgrößen mehr ergibt.

12.1.6.2   Experimente und Versuchsdurchführung

Die Durchführung der Simulationsläufe erfolgt gemäß dem Experimentplan. Wenn sich während der Durchführung der Simulationsläufe Erkenntnisse ergeben, die eine Änderung des Experimentplans erfordern, sind diese Änderungen mit dem zuständigen Planer abzusprechen.

Die Interpretation der Ergebnisse ist in Zusammenarbeit zwischen Planer und Simulationsdienstleister durchzuführen.

Im Anschluss an die Durchführung von Simulationsexperimenten sollen Vorschläge für Optimierungsmöglichkeiten erarbeitet werden.

12.1.7 Anforderungen an die Auswertung und Ergebnisdarstellung

Für das Gesamtmodell und einzelne Produktionsbereiche sind folgende Auswertungen zu erstellen:

Erwarteter Lieferumfang
☐ Technischer Nutzungsgrad für: ....
☐ Stückzahl pro Tag/Schicht/Stunde für: ....
☐ Stückzahl je Typ/Variante für: ....
☐ Mittlerer Durchsatz pro Stunde für: ....
☐ Streckendurchsätze (mittlere/maximale) für: ....
☐ Durchlaufzeiten (mittlere/maximale) für: ....
☐ ...
☐ ...

Die Ergebnisse der Simulation sind zu archivieren, grafisch darzustellen, zu erläutern und zu interpretieren.

12.1.8 Anforderung an den Lieferumfang

 < Der vom Auftraggeber geforderte Lieferumfang ist möglichst genau zu definieren. Bezüglich des zu fordernden Leistungsumfanges ist die Kostenrelevanz der jeweiligen Leistungen zu berücksichtigen. >

Der erwartete Lieferumfang ist:

	Erwarteter Lieferumfang
❏	Managementreport für Investitionsentscheidungen
❏	Erkenntnisse aus der Simulation in Form einer Präsentation
❏	Dokumentation der Ergebnisse verschiedener Simulationsszenarien
❏	Erzeugte Simulationsmodelle inklusive Anwenderdokumentation
❏	Erstellte Simulationsbausteine im Quellcode
❏	...
❏	...
❏	...
❏	...

12.1.8.1 Simulationsuntersuchung

Auf Basis des Modellierungskonzeptes soll ein Simulationsmodell erstellt, mit aktuellen Prozessdaten befüllt und validiert werden. Das validierte Modell soll zu Szenarienuntersuchungen herangezogen werden.

Mit dem Modell muss es möglich sein, folgende Untersuchungen durchzuführen:

Erwarteter Lieferumfang
☐ Sensitivitätsanalysen bezüglich des Einflusses unterschiedlichen Verhaltens bei: • Änderung von Taktzeit und/oder Stückzahlen bezüglich: ....   • Änderung der Anlagenparametrisierungen bezüglich: ....   • Änderung der Fahrzeug-/Werkstückträger-/Gehängezahl: ....   • Änderung der Puffergrößen: ....   • Änderung der ....
☐ Durchführung von Engpassanalysen: ....
☐ Untersuchung des Störverhaltens an folgenden kritischen Stellen: ....
☐ ...

12.1.8.2 Dokumentation

> < In der Praxis ist die Dokumentation häufig ein ungeliebtes Thema. Art und Umfang der Dokumentation, die gefordert werden sollten, hängen erheblich vom Verwendungszweck des Modells ab. Wenn das Modell weiter verwendet werden und später Modifikationen am Modell möglich sein sollen, ist eine ausreichende Dokumentation extrem wichtig. Soll nur eine einmalige Studie beauftragt oder das Modell nur vom Simulationsdienstleister bedient werden, so kann der Aufwand erheblich reduziert werden. >

Zu jeder Simulation ist eine erläuternde Dokumentation zu erstellen. Dabei ist darauf zu achten, dass auch komplizierte Zusammenhänge verständlich und in kurzer Form dargestellt werden. Die Formate für die Dokumentation sind mit dem Auftraggeber abzustimmen.

Im Rahmen dieses Projektes sind folgende Dokumentationen zu erstellen:

	Erwarteter Lieferumfang
☐	Dokumentation der Eingangsvoraussetzungen und Eingangsdaten
☐	Externe Modelldokumentation
☐	Interne Modelldokumentation
☐	Dokumentation der Ergebnisse
☐	Beschreibung der zu ergreifenden Maßnahmen
☐	...
☐	...
☐	...
☐	...

Dokumentation der Eingangsvoraussetzungen und Eingangsdaten

Bezüglich der verwendeten Eingangsdaten wird folgende Dokumentation erwartet:

Erwarteter Lieferumfang
☐ Tabellarische Auflistung der verwendeten Eingangsdaten
☐ Technische Verfügbarkeit, geplante Takt-, Rüst- und Transportzeiten, Kapazitäten
☐ Auflistung und Erläuterung der verwendeten Szenarien z. B. bezüglich Typen/Varianten/Sequenz- und Losgrößen, Produktmix, Schichtmodellen, etc. ....
☐ ...
☐ ...

Externe Modelldokumentation

Die Struktur und Funktionsweise des Simulationsmodells ist in einem Dokument zu beschreiben und mit entsprechenden Grafiken zu verdeutlichen.

Erwarteter Lieferumfang
☐ Hinweise zur Modellstruktur (Modellaufbau als Baumstruktur)
☐ Gesamtübersicht über logische Zusammenhänge als Blockdiagramm
☐ Struktogramm oder Programmablaufplan
☐ Erläuterung modellinterner Abläufe, Algorithmen und Steuerungen
☐ Erläuterung von Modellparametern, globalen Variablen und freien Attributen
☐ Beschreibung der Schnittstellen zwischen den Modulen
☐ Beschreibung benutzerdefinierter Dialoge
☐ ...
☐ ...

Interne Modelldokumentation

< Auf die interne Modelldokumentation ist besonderer Wert zu legen, wenn das Modell übergeben und später weiter genutzt und erweitert werden soll. >

Bezüglich der internen Modelldokumentation wird erwartet:

Erwarteter Lieferumfang
☐ Beschreibung der Funktionalität und die Anwendung selbst erstellter Bausteine (als Textobjekt im Baustein/Netzwerk)
☐ Erläuterung der verwendeten Übergabeparameter und Variablen
☐ Kommentierung der verwendeten Strategien
☐ Interne Bezeichnung aller Methoden/Steuerungen des Modells gemäß Programmierrichtlinien
☐ Kommentieren aller Methoden/Steuerungen des Modells gemäß Programmierrichtlinien
☐ …
☐ …
☐ …

Dokumentation der Simulationsergebnisse

Für die untersuchten Szenarien und durchgeführten Experimente sowie deren Ergebnisse wird folgende Dokumentation erwartet:

Erwarteter Lieferumfang
☐ Systematische Beschreibung der Ergebnisse
☐ Tabellarische Archivierung der Ergebnisdaten
☐ Grafische Aufbereitung der Ergebnisse
☐ …
☐ …
☐ …

Dokumentation der zu ergreifenden Maßnahmen

Die Erkenntnisse aus der Simulation sowie mögliche Verbesserungsmaßnahmen sind zu beschreiben.

Erwarteter Lieferumfang
☐ Dokumentation der Evaluierung und Interpretation der Ergebnisse
☐ Dokumentation von Vorschlägen zur Optimierung
☐ Ausarbeitung alternativer Strategien
☐ ...
☐ ...

12.1.8.3 Schulung zur Nutzung der erstellten Simulation

< *Falls zu dem Simulationsmodell eine Schulung für eigene Mitarbeiter der jeweiligen Planungsabteilungen gewünscht wird, sollte dies unter Nennung der gewünschten Schwerpunkte und Inhalte an dieser Stelle angegeben werden.* >

Folgende Schulungen sind anzubieten:

Erwarteter Lieferumfang
☐ ...
☐ ...
☐ ...
☐ ...
☐ ...

12.1.9 Modellintegration

< *Ist es geplant, das Modell in eine bestehende oder zukünftige Simulationsumgebung zu integrieren, so sind die Materialfluss- und Informationsflussschnittstellen an den Systemgrenzen über definierte Schnittstellenbausteine anzukoppeln.* >

Für das zu erstellende Modell sind folgende Schnittstellen zu berücksichtigen:

Erwarteter Lieferumfang
☐ Schnittstellen Materialfluss: ....
☐ Schnittstellen Informationsfluss: ....

Modelle, die in ein Gesamtmodell integriert werden sollen, müssen grundsätzlich auch als unabhängiges Objekt lauffähig sein.

12.1.10 Projektterminplan

< Die Anforderungen an den Projektterminplan sollten möglichst klar beschrieben werden, damit der Simulationsdienstleister seine Kapazitäten diesbezüglich überprüfen und die Termine in dem Angebot berücksichtigen kann. Die vorgeschlagenen Meilensteine können nach Bedarf erweitert werden. >

Für die zu erbringende Leistung wird folgender Projektterminplan erwartet:

Projektmeilenstein	Termin
Projektvergabe	
Projektstart	
Vorstellung Simulationskonzept	
Simulationsmodell erstellt	
Simulationsmodell getestet (verifiziert) und validiert	
Auswertung der Simulationsläufe abgeschlossen	
Technische Ergebnispräsentation	
Managementpräsentation	

12.2 Voraussetzungen und Rahmenbedingungen für die Leistungserstellung

< *Für die zu erbringende Leistungserstellung sind die zugrunde liegenden Voraussetzungen und Rahmenbedingungen von erheblicher Bedeutung. Diese sollen deshalb so gut wie möglich beschrieben werden.* >

Die ausgeschriebene Leistungserstellung basiert auf folgenden Voraussetzungen und Rahmenbedingungen.

12.2.1 Eingangsdaten für die Simulation

< *Die Eingangsdaten sind eine wesentliche Voraussetzung für jede Simulation. Es ist klar festzulegen, welche Daten als Eingangsdaten in die Simulationsstudie einfließen und welche Daten anhand der Simulationsläufe als Ergebnisdaten ermittelt werden sollen. An dieser Stelle soll beschrieben werden, welche Daten aus den Planungsunterlagen für die Simulation zur Verfügung stehen.* >

Für die Simulation stehen folgende Daten zur Verfügung:

- Fabrikstruktur/Layoutdaten/Materialfluss
- Technische Daten der Anlagenkomponenten
- Produktdaten wie Zeichnungen, Stücklisten, Mengen und Termine
    - Anlagendaten (Taktzeiten, Geschwindigkeiten, Stördaten etc.)
    - Anzahl Fahrzeuge, Werkstückträger, Lastaufnahmemittel etc.
    - Arbeitspläne, Prozessbeschreibungen
    - Steuerungslogiken
    - Schnittstellen
- Zu untersuchende Szenarien

Im Weiteren wird beschrieben, welche Daten in welcher Form und in welchem Umfang als Eingangsdaten zur Verfügung stehen.

12.2.1.1 Fabrikstruktur/Layoutdaten/Materialfluss

< *Die erforderlichen Fabrikstruktur-, Layout- und Materialflussdaten sind dem Simulationsdienstleister zur Verfügung zu stellen. Abhängig von der vorhandenen Infrastruktur kann dies elektronisch in digitaler Form oder in Dokumentenform erfolgen.* >

Folgende Layoutdaten sind bei der Modellierung zu berücksichtigen:

Layout (Zeichnung)	Datum	Beschreibung

12.2.1.2 Technische Daten der Anlagenkomponenten

< *Die Art der erforderlichen Anlagendaten, Taktzeiten, Geschwindigkeiten, Stördaten, etc. hängt erheblich von den jeweiligen Simulationsszenarien ab. Die Stördaten der Anlagenkomponenten müssen der Simulation als Eingangsdaten zur Verfügung gestellt werden. Wenn diese Parameter in den Szenarien verändert werden sollen, ist an dieser Stelle die Grundkonfiguration für das Basismodell darzustellen Die Tabelle ist entsprechend den Bedürfnissen anzupassen.* >

Folgende Anlagendaten stehen für die Modellierung zur Verfügung:

Anlage	P1	P2	P3	...	...	...

12.2.1.3 Transportmitteldaten/Fördertechnik

< Die Art der erforderlichen Transportmitteldaten wie Anzahl Fahrzeuge, Werkstückträger, Pufferplätze, Lastaufnahmemittel, Geschwindigkeiten etc. sind ganz erheblich von den jeweiligen Simulationsszenarien abhängig. Die Darstellung ist entsprechend anzupassen. >

Folgende Transportmitteldaten stehen für die Modellierung zur Verfügung:

Transportmittel	P1	P2	P3	...	...	...

12.2.1.4 Steuerungslogiken

Folgende Steuerungslogiken sollen bei der Modellierung berücksichtigt werden:

Steuerung	anzuwenden auf	Beschreibung

Sollten während der Modellierung weitere Steuerungslogiken erforderlich sein, so sind diese vor der Implementierung mit dem verantwortlichen Planer abzustimmen.

12.2.1.5 Produktdaten

Folgende Produktdaten sind bei der Modellierung zu berücksichtigen:

Produkt	Beschreibung	Zeichnungen, Stücklisten, Arbeitspläne

12.2.1.6 Prozessbeschreibungen, Arbeitspläne

Folgende Prozesse müssen bei der Modellierung berücksichtigt werden:

Prozess	anzuwenden auf	Beschreibung

12.2.1.7 Systemlastdaten/Mengen und Termine

> *< Die Systemlasten basierend auf den Produkten und Arbeitsplänen berücksichtigen die zu produzierenden Mengen, Varianten, Produktmix, Sequenzen, Losgrößen, Termine etc. >*

Folgende Systemlasten sind zu berücksichtigen:

Systemlast	Parameter	Beschreibung

12.2.1.8 Organisationsdaten

< Die für die Modellerstellung erforderlichen organisatorischen Daten, wie Arbeitszeitorganisation (Fertigungszeit, Pausenzeitregelung, Schichtmodelle), Ressourcenzuordnung (Mitarbeiter, Maschinen, Fördermittel), Ablauforganisation (Steuerstrategien, Restriktionen, Störfallmanagement) und Logistikeinflüsse (Teilebereitstellung), sind zu beschreiben. >

Folgende Daten zur Arbeitszeitorganisation sollen bei der Modellierung berücksichtigt werden:

Regelung	anzuwenden auf	Beschreibung
Fertigungszeit: (Anlagen/Maschinen)		
Schichtmodelle: (Mitarbeiter)		
Pausenzeitregelung: (Mitarbeiter)		
Mitarbeiter-Taktschwankung:		
Anwesenheit/Fehlzeiten:		
regelmäßige Durchführung von Wartungs- und Instandhaltungsarbeiten		

Folgende Ressourcenzuordnungen sollen bei der Modellierung berücksichtigt werden:

Ressource	Zuordnung	Beschreibung
Mitarbeiter:		
....		
....		
....		
Maschinen:		
....		
....		
....		
Fördermittel:		
....		
....		
....		
...		

Folgende organisatorische Daten zur Ablauforganisation sollen bei der Modellierung berücksichtigt werden:

Regelung	anzuwenden auf	Beschreibung
Steuerstrategien:		
....		
....		
....		
Restriktionen:		
....		
....		
....		
Störfallmanagement:		
....		
....		
....		
...		

Folgende organisatorische Daten bezüglich Logistikeinflüssen sollen bei der Modellierung berücksichtigt werden:

Regelung	anzuwenden auf	Beschreibung
Teilebereitstellung:		
....		
....		
....		
weitere:		
....		
....		
....		
...		
...		

Folgende Daten zur Personensimulation sollen bei der Modellierung berücksichtigt werden:

Einfluss	anzuwenden auf	Beschreibung
Qualifikation:		
....		
....		
....		
Ergonomie:		
....		
....		
....		
...		
...		

12.2.1.9 Zu untersuchende Szenarien

> *< Die zu untersuchenden Szenarien sind bezüglich der zu verwendenden Modellvarianten und Auftragseinlastung wie Produktionsprogramm, Typen etc. zu definieren. Darüber hinaus kann beschrieben werden, welche Größen bei welchem Szenario untersucht und als Ergebnisdaten dargestellt werden sollen. >*

Folgende Szenarien sollen im Rahmen des Projektes untersucht werden:

Szenario	Parameter	Beschreibung

12.2.1.10 Schnittstellen

> *< Ziel der Digitalen Fabrik ist es, für alle Hauptprozesse eines Werkes aktuelle Simulationsmodelle verfügbar zu haben, die über definierte Schnittstellen miteinander gekoppelt werden können. Dazu müssen alle Modelle jeweils auf die aktuelle Softwareversion angepasst sein und über entsprechende Schnittstellen verfügen. >*

Folgende Schnittstellen müssen bei der Modellierung berücksichtigt werden:

	Erwarteter Lieferumfang
❒	Schnittstellenbaustein zur Kopplungen von Teilmodellen an ein Gesamtmodell
❒	Schnittstellenbaustein zur Parametrisierung von Teilmodellen
❒	Schnittstellenbaustein zur Erfassung von Simulationsergebnissen
❒	Schnittstellen zu: ……………………………… ……………………………… ………………………………
❒	…

12.2.2 Vorhandene Planungsergebnisse

< Liegen bereits Erkenntnisse oder Vorstudien bezüglich der Planungsaufgabe vor, so ist es sinnvoll, den Simulationsdienstleister entsprechend in Kenntnis zu setzen, um doppelte Arbeit zu vermeiden. >

12.2.3 Simulationswerkzeuge und Bausteinbibliotheken

< Falls es Vorgaben oder Einschränkungen bezüglich der einzusetzenden Simulationswerkzeuge (Produkt/Version) oder der zu verwendenden Bausteinbibliotheken gibt, sind diese Voraussetzungen klar zu beschreiben, damit der Simulationsdienstleister entsprechend anbieten kann. >

Folgende Softwarewerkzeuge sollen in diesem Projekt eingesetzt werden.

Einsatzbereich	Softwaretool	Version

12.2.4 Entwicklungs- und Qualitätsvorgaben

< Die Wahl des Tools gibt noch keinen Standard vor. Um ein gewisses Maß an Standardisierung der Simulationsmodelle zu erreichen, ist es sinnvoll, in einem Simulationsleitfaden Standards vorzugeben, die bei externen wie auch internen Vergaben von Simulationsprojekten einzuhalten sind. >

Die verbindliche Grundlage der Erstellung des Simulationsmodells ist das vorliegende Lastenheft und der vorzugebende Simulationsleitfaden, siehe Kapitel 13. Kernelemente des Leitfadens betreffen die Modellstruktur, das Konzept der zentralen Datenhaltung sowie eine fachlich saubere Programmierung, die ein nachvollziehbares und flexibel erweiterbares Modell fördern.

Abweichungen von den dort beschriebenen Richtlinien müssen mit dem Auftraggeber abgestimmt werden!

12.3 Anforderungen an den Simulationsdienstleister

< Werden an den Simulationsdienstleister spezifische Anforderungen bezüglich Qualifikation oder Zertifizierung gestellt, so sollen diese hier beschrieben werden. >

An den Simulationsdienstleister werden folgende Anforderungen gestellt:

Erwarteter Lieferumfang
☐ Erfahrung mit Projekten im Bereich: ....
☐ Erfahrung mit folgenden Softwaretools: ....
☐ Qualifikation im Bereich: ....
☐ Verfügbarkeit: ....
☐ weitere: ....
☐ ...
☐ ...

12.4 Anforderungen an das Projektmanagement

 < Für große Projekte ist es sinnvoll, die Anforderungen an das Projektmanagement bezüglich Projektplanung, Terminplan, Controlling, Dokumentation etc. festzulegen. >

12.5 Vertragliche Konditionen

Die folgenden Vorgaben sollen bei Vergabe des Auftrages in den vertraglichen Konditionen Verwendung finden.

12.5.1 Abnahmekriterien

Die Abnahme der Simulationsstudie wird durch den Auftraggeber anhand einer „Checkliste zur Abnahme von Simulationsstudien" vorgenommen. Im Sinne der Transparenz gegenüber dem Simulationsdienstleister ist diese Checkliste im Anhang aufgeführt.

Abnahmekriterien sind:

- Vollständigkeit des Modells
- Einhaltung der im Lastenheft definierten Restriktionen
- Dokumentation gemäß Ausschreibung
- Vollständigkeit der durchgeführten Untersuchungen
- Übergabe von Ergebnissen, Dokumentation und Modell durch den Auftragnehmer gemäß spezifiziertem Leistungsumfang und umgehender Prüfung durch den Auftraggeber.

12.5.2 Rechte am Modell

< Soll ein Modell nach Projektende an den Auftraggeber übergeben werden, um seine weiterführende Nutzung zu gewährleisten, so ist zu klären, wer die Rechte an dem zu erstellenden Modell hat. Bezüglich der Anforderungen ist zu berücksichtigen, dass die Erstellung von Modellen, die für die Nutzung auch durch Nicht-Simulationsexperten abgesichert sind sowie die Übergabe von Rechten an Bausteinen erhebliche Kosten verursachen können. >

Die Rechte am Modell sollen folgendermaßen geregelt werden:

	Erwarteter Lieferumfang
☐	Das Modell verbleibt mit allen Rechten beim Simulationsdienstleister.
☐	Das Modell wird dem Auftraggeber zur Nutzung ausschließlich in diesem Projekt übergeben.
☐	Das Modell wird dem Auftraggeber zur Nutzung im eigenen Unternehmen übergeben.
☐	Der Auftraggeber erhält alle Rechte am Modell und den darin enthaltenen Bausteinen.
☐	...
☐	...

12.5.3 Vertraulichkeit, Rückgabe, Copyright

Alle Daten aus dem Lastenheft sind vertraulich zu behandeln. Die vom Auftraggeber standardmäßig verwendete Geheimhaltungserklärung ist zu unterzeichnen (falls Vereinbarung noch nicht vorhanden).

12.6 Zuständigkeiten, Ansprechpartner und Planungsumfeld

In diesem Abschnitt werden dem Simulationsdienstleister Informationen zur Organisationsstruktur gegeben und die Einbindung des Projektes in das Planungs- und Unternehmensumfeld dargestellt.

12.6.1 Organisationsstruktur des Auftraggebers

< *Der Simulationsdienstleister soll damit einen klaren Überblick über die Organisationsstruktur und Ansprechpartner erhalten. Für die Beauftragung interner Dienstleister oder Dienstleister, die das Unternehmen gut kennen, kann dieser Punkt entfallen.* >

Die Organisationsstruktur des Auftraggebers kann z. B. in Form eines Organigramms dargestellt werden.

Abb. 12.4: Organisationsstruktur

Für das Projekt gibt es folgende Verantwortlichkeiten und Ansprechpartner:

	Abteilung	Ansprechpartner
Entscheidungsträger aus dem Management		
Fabrik- und Produktionsplaner		
Betreiber der Anlagen		
Ansprechpartner Simulation (sofern vorhanden)		

12.6.2 Rückfragen zu den Ausschreibungsunterlagen

Rückfragen zu den Ausschreibungsunterlagen können gestellt werden an:

Ansprechpartner:	
Abteilung:	
Telefon:	
Fax:	
E-Mail:	

12.6.3 Angebotsabgabe

Ein Angebot für diese Ausschreibung wird erwartet bis zum: ....

Die Auftragsvergabe ist geplant für den ....

12.6.4 Geschäftsbedingungen

Es gelten die allgemeinen Geschäftsbedingungen des Auftraggebers.

13 Leitfaden für Simulationsprojekte

Dieser Leitfaden[1] dient als allgemeine Grundlage für die Vorbereitung, Durchführung und Abnahme von Simulationsstudien. Der vorliegende Leitfaden soll dazu beitragen, Simulationsprojekte standardisiert mit guter Qualität abzuwickeln. Der Leitfaden beinhaltet die Themen:

- Spezifikation und Dokumentation
- Vorgehensmodell für den Projektablauf
- Richtlinie zur Modellierung
- Programmierrichtlinien
- Richtlinie Simulationsdurchführung
- Voraussetzungen

Die aufgeführten Richtlinien sind von Mitarbeitern und Partnern bei der Durchführung von Simulationsprojekten anzuwenden und dienen als Grundlage für die Leistungserstellung. Die Einhaltung dieser Richtlinien ist bei der Abnahme zu überprüfen.

13.1 Spezifikation und Dokumentation

Im Rahmen einer Simulationsstudie ist die Spezifikation der zu erbringenden Leistung sowie ihre Dokumentation zu erstellen. Welche Leistungen in einem konkreten Projekt gefordert werden und von wem diese zu erbringen sind, ist im Lastenheft festzuschreiben.

Spezifikation

Die Spezifikation der zu erbringenden Leistungen ist eine wesentliche Voraussetzung für eine Simulationsstudie. Je nach Projektgröße kann dies als einfache Simulationsspezifikation oder bei größeren Projekten mehr formal mit den drei Dokumenten erfolgen:

- Lastenheft bzw. Ausschreibungsunterlagen (Planer)
- Pflichtenheft (Simulationsdienstleister)
- Projektplan (kann auch Teil des Pflichtenhefts sein)

---

[1] Dieser Leitfaden ist ein allgemeiner Vorschlag, der den jeweiligen betrieblichen Anforderungen entsprechend angepasst werden kann.

Projektdokumentation

Die Projektdokumentation beinhaltet normalerweise die folgenden Punkte:

- Management-Summary (komprimierte Zusammenfassung, max. drei Seiten)
- Ergebnisdokumentation (ausführliche Dokumentation)
- Dokumentation des Projektverlaufs

Je nach Projekttyp und -umfang ist eine einfache oder eine umfangreiche Projektdokumentation zu erstellen,

Modellhandbuch

Sofern das Modell an den Anwender zur Nutzung übergeben werden soll, ist ein Modellhandbuch zu erstellen, das folgende Punkte beinhaltet:

- Modellübersicht (textuell/grafisch)
- Anleitung zum Umgang mit dem Modell
- Darstellung der Ein- und Ausgangsgrößen sowie der Stell- und Störgrößen des Modells

Wird das Modell ausschließlich vom Simulationsdienstleister eingesetzt, so kann auf ein Modellhandbuch verzichtet werden.

Modellkommentierung

Ein Modell ist grundsätzlich zu kommentieren. Die Kommentierung ist auf die geplante Benutzergruppe abzustimmen. Besondere Sorgfalt ist auf eine Code-Kommentierung gemäß definiertem Standard zu legen.

13.2 Vorgehensmodell für den Projektablauf

Eine klare Standardisierung des Projektablaufs soll eine effiziente Vorgehensweise und eine gute Qualität der Modellierung und Simulation gewährleisten.

Diese einzelnen Phasen einer Simulationsstudie (Abb. 13.1) sind eng miteinander verknüpft und nicht immer klar voneinander zu trennen. Der Ablauf der Simulationsstudie gliedert sich in die drei Phasen Vorbereiten, Modellieren, Simulieren und Realisieren.

13.2 Vorgehensmodell für den Projektablauf

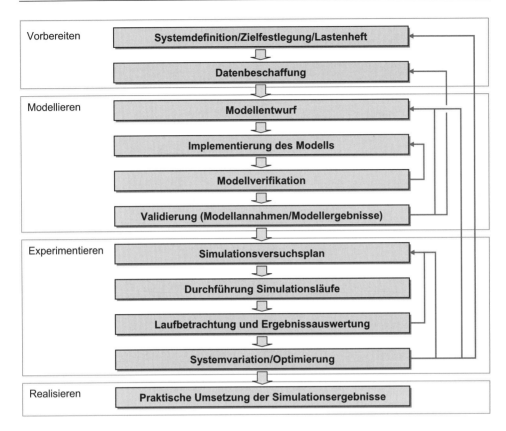

Abb. 13.1: Vorgehensmodell für Simulationsstudien

Ein Teil der Phasen wird iterativ mehrfach durchlaufen, bevor mit der jeweils nächsten Phase fortgesetzt werden kann. Die wesentlichen Elemente des standardisierten Ablaufes sind im Folgenden kurz beschrieben.

Lastenheft und Auftragsvergabe

Die Vorbereitung von Simulationsstudien erfolgt durch den verantwortlichen Planer (Auftraggeber). Simulation soll dabei bereits in einer frühen Phase eines Projektes einbezogen werden, damit die erzielten Ergebnisse rechtzeitig und effizient im Projektverlauf genutzt werden können. Die Planungsabteilung definiert die zu untersuchenden Fragestellungen.

Vor dem tatsächlichen Beginn eines Simulationsprojekts müssen im ersten Schritt die Fragestellungen kritisch dahingehend geprüft werden, ob es sinnvoll ist, diese zu simulieren. Im nächsten Schritt sind ein ausführliches Lastenheft sowie ein Projektplan mit Terminvorgaben zu erstellen. Diese Vorgehensweise gilt sowohl für die interne wie die externe Vergabe von Simulationsprojekten.

Wird ein Simulationsauftrag extern vergeben, so sind Ausschreibung und Auftragsvergabe gemäß den geltenden Unternehmensrichtlinien <...> durchzuführen.

Datenbeschaffung

Der leitende Planer des jeweiligen Projektes ist für die Koordination der Datenbeschaffung sowie für die Absicherung der Vollständigkeit und Richtigkeit der erforderlichen Eingangsdaten verantwortlich. Ob und an wen die Tätigkeit der Datenbeschaffung delegiert werden kann, hängt vom Einzelfall ab. Im Lastenheft sind die jeweilige Quelle, Art und Aufbereitung der entsprechenden Daten festzuhalten sowie die Verantwortlichen zu benennen. Der Simulationsdienstleister wird verpflichtet, die erhaltenen Daten auf Konsistenz und Plausibilität zu prüfen.

Modellentwurf

Die Strukturierung des Modells erfolgt durch den Simulationsdienstleister in Absprache mit dem Planer auf Basis des Lasten- bzw. Pflichtenhefts gemäß der im Weiteren beschriebenen Modellierungsrichtlinie. Beim Modellentwurf ist zu berücksichtigen, ob Bibliotheken von Simulationsbausteinen eingesetzt werden sollen. Falls eine Nutzung verbindlich gefordert wird, soll dies im Lastenheft festgeschrieben werden.

Modellimplementierung

Die Modellimplementierung erfolgt durch den Simulationsdienstleister auf Basis des Pflichtenheftes gemäß der im Weiteren beschriebenen Modellierungs- und Programmierrichtlinien. Die Schritte Modellimplementierung, Modellverifikation und Modellvalidierung werden iterativ wiederholt, bis das Modell von Planer als validiert abgenommen ist.

Modellverifikation

Ziel der Modellverifikation ist der Nachweis der fehlerfreien Lauffähigkeit des Modells. Bei einem modularen Modellaufbau erfolgt im ersten Schritt eine Verifikation der Einzelbausteine (Netzwerke) sowie deren Schnittstellen und darüber hinaus in nächsten Schritten die Überprüfung der zusammengesetzten Module.

Modellvalidierung

Mit der Modellvalidierung werden die Simulationsergebnisse mit Realdaten verglichen. Stehen keine Realdaten zur Verfügung, wie dies bei Planungsmodellen häufig der Fall ist, so sind Erfahrungswerte oder die Abschätzungen der Fachabteilungen heranzuziehen. Die Modellvalidierung ist durch Planer und Simulationsdienstleister gemeinsam festzustellen.

Planung der Simulationsexperimente

Für die im Lasten- oder Pflichtenheft definierten Szenarien sind die erforderlichen Simulationsläufe in einem Experimentplan festzulegen.

Durchführung von Simulationsläufen

Mit dem validierten Modell sind die erforderlichen Simulationsläufe gemäß dem Experimentplan durchzuführen. Die Ergebnisdaten sind gemäß Experimentplan zu dokumentieren und zu speichern.

Auswertung, Interpretation und Maßnahmen

Basierend auf den durchgeführten Simulationsexperimenten erfolgen die Auswertung und Interpretation der Ergebnisse. Diese Interpretation ist gemeinsam von Planer und Simulationsdienstleister vorzunehmen. Die sich daraus ergebenden Erkenntnisse dienen Planern, Anwendern oder Betreibern als Grundlage zur Umsetzung entsprechender Maßnahmen.

Dokumentation und Modellübergabe

Zum Abschluss eines Projekts gehört eine vollständige Dokumentation des Projekts und der Ergebnisse. Wird das Modell an den Auftraggeber übergeben, so ist dieses gemäß den in dieser Richtlinie definierten Standards zu dokumentieren und zusätzlich ein Modellhandbuch zu erstellen.

13.3 Modellierungsrichtlinie

Diese Richtlinie definiert allgemeine und verbindliche Regeln[1] für eine klare und standardisierte Modellerstellung. Diese Standards müssen zwingend eingehalten werden und sind für die Abnahme eines Modells verbindlich.

13.3.1 Allgemeines zur Modellierung

Sprache

Modellierungs- und Programmiersprache im Werk <...> ist die <...> Sprache. Falls in einer anderen Sprache modelliert und programmiert werden soll, ist dies im Lastenheft verbindlich zu definieren.

Bausteinbibliotheken

Je nach Projekt können die zu verwendenden Bausteinbibliotheken verbindlich vorgeschrieben werden. Grundsätzlich sind eingesetzte Bausteinbibliotheken vom Projektleiter zu genehmigen, um transparente und einheitliche Modelle zu gewährleisten.

Modellentwurf

Das vom Simulationsdienstleister zu erstellende konzeptionelle Modell, das die Aufbau- und Ablaufstruktur des Systems abbildet, ist mit dem Projektleiter vor Beginn der Modellimplementierung abzustimmen.

Verwendung von Dialogboxen

Erfordert ein Modell Benutzerinteraktionen zur Laufzeit, so sind zur Vereinfachung des Modellhandlings übersichtliche Dialogfenster zu verwenden.

---

[1] Im weiteren wird exemplarisch anhand des objektorientierten Modellierungs- und Simulationstools Plant Simulation (UGS) gezeigt, wie eine Richtlinie für strukturierte Modellierung aussehen kann. Dieser Teil der Richtlinie ist an die Erfordernisse und Möglichkeiten des jeweiligen Simulators anzupassen.

Update-Fähigkeit

Alle Modelle müssen update-fähig erstellt werden (siehe Modellstruktur), so dass diese mit relativ geringem Aufwand auch in späteren Versionen des Simulators lauffähig sein werden.

13.3.2 Modell- und Ordnernamen

Für die Bezeichnung von Ordnern, Netzwerken und Bausteinen im Modell sind folgende Grundsätze festgelegt:

- Selbsterklärende und nach Möglichkeit kurze Benennungen
- Verwendung der Standardbezeichnungen des Unternehmens
- Alle Bezeichnungen in <...>-Sprache
- Keine Umlaute und Sonderzeichen

13.3.3 Dateibezeichnung

Alle Dateien sind mit dem folgenden Standard zu benennen:

<Standortkürzel>_<Datum>_<Name>_<Ersteller>_<Softwareversion>_<Modellversion>

z. B.: HB01_060522_EHB08_Kuehn_V75_V003.spp

13.3.4 Modellstruktur

Für die Wiederverwendbarkeit von Modellen ist eine transparente und standardisierte Modellstruktur erforderlich. Weiter ist für die optionale Kopplung von verschiedenen Simulationsmodellen eine standardisierte Modellstruktur ebenfalls unerlässliche Voraussetzung.

13.3.5 Aufbau der Klassenbibliothek

Der Simulator Plant Simulation bietet zahlreiche Möglichkeiten, Objekte, Daten und Parameter auf verschiedenen Ebenen durch vielfältige Vererbungs- oder Verknüpfungsmechanismen zu verändern. Diese Flexibilität birgt allerdings die Gefahr, nicht nachvollziehbare Strukturen aufzubauen, die eine Einarbeitung, Fehlersuche und Wiederverwendung von Modellen erheblich erschweren. Deshalb wird im Weiteren eine klare Struktur für die Klassenbibliothek (Abb. 13.2) sowie für die Datenhandhabung vorgeschrieben.

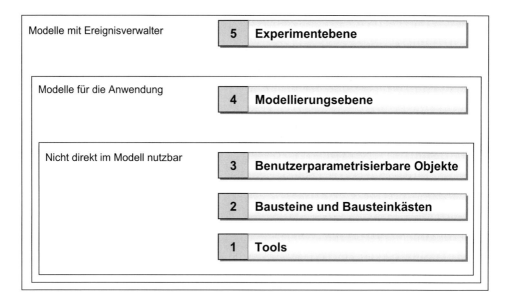

Abb. 13.2: Struktur einer Klassenbibliothek eines Modells

Neben der besseren Übersichtlichkeit für die Beteiligten ist diese klare Struktur wichtig für die Unterstützung einer automatischen Modellgenerierung sowie für die Updatefähigkeit von Modellen in neuere Simulatorversionen. Die im Weiteren definierte Struktur ist für die Abnahme von Modellen verbindlich.

Ebene 1 – Tools

Auf der untersten Ebene werden die eingesetzten Tools jeweils in eigenen Ordnern verwaltet.

Ebene 2 – Bausteine und Bausteinbibliotheken

Auf der zweiten Ebene werden alle verwendeten Grundbausteine sowie die genutzten Bausteinbibliotheken verwaltet. Auf dieser Ebene ist es grundsätzlich nicht zulässig, Bausteine zu verändern oder benutzerdefiniert zu parametrisieren. Bausteine dieser Ebene werden nicht direkt in ein Modell eingesetzt, sondern in Ebene 3 abgeleitet und von dort aus genutzt. Diese Struktur ist für die Update-Fähigkeit der Modelle zwingend erforderlich.

Ebene 3 – Benutzerparametrisierte Objekte

Auf der dritten Ebene kann eine grundlegende benutzerspezifische Parametrisierung der Modellobjekte erfolgen, so dass diese Objekte dann vorkonfektioniert für die weitere Verwendung zur Verfügung stehen. Sämtliche Objekte, die im Modell verwendet werden sollen, müssen aus der zweiten Ebene in diese Ebene abgeleitet werden.

Ebene 4 – Modellierungsebene

Auf der Modellierungsebene werden die verwendeten Modelle, Teilmodelle, Netzwerke und Objekte aufgebaut. Die Modellierungsebene bedient sich ausschließlich der Bausteine aus Ebene 3. Es ist nicht zulässig, Bausteine aus Ebene 2 direkt in ein Modell einzusetzen. Auf dieser Modellierungsebene enthalten die Modellklassen grundsätzlich noch keine szenariospezifischen Daten in den Klassen sowie keine Ereignisverwalter, um eine Integrierbarkeit von Montage- und Logistikmodellen zu ermöglichen.

Ebene 5 – Experimentebene

Auf der Experimentebene befinden sich die mit Ereignisverwaltern ausgestatteten lauffähigen Modelle. Mit diesen Modellen ist die Durchführung von Experimenten möglich. Alle szenario-spezifischen Daten werden zur benutzerdefinierten Parametrisierung der Modelle auf dieser Ebene verwaltet.

13.3.6 Aufbau der Modellnetzwerke

Ein Plant-Simulation-Modell kann mit Hilfe von Netzwerken hierarchisch in sinnvolle Einheiten strukturiert werden. Grundsätzlich gilt für den Aufbau dieser Netzwerke, dass jedes Netzwerk von seiner Struktur her selbsterklärend sein muss. Die Netzwerke sollen klar strukturiert sein und Reset-Methoden zum Zurücksetzen und Löschen von Zuständen sowie Init-Methoden zum Herstellen eines definierten Anfangszustandes enthalten.

Anordnung der Bausteine im Netzwerk

Folgende Bereiche sollten innerhalb eines Netzwerkes optisch voneinander getrennt werden:

- Materialfluss inklusive Hintergrundlayout (falls vorhanden)
- Initialisierungsbereich (Reset/Init)
- Steuerungen, Methoden, Tabellen

- Eingangs- und Ausgangsmethoden sowie Sensormethoden sollen logisch bei den zugehörigen Bausteinen liegen.
- Die räumliche Anordnung von Methoden folgt gemäß der Aufruffolge seitlich versetzt (Baumstruktur).
- Nw-Data-Elemente, getrennt nach konstanten, parametrisierbaren und durch das Modell während eines Simulationslaufs veränderbaren Größen

Benennung der Bausteine

Zur Benennung der Bausteine soll eine Nomenklatur genutzt werden, bei der **jedes Neue Wort** groß geschrieben wird.[1]

Für Methodennamen ist folgende Konvention zu verwenden:

Benennung	Zweck
f_	Funktionen
i_	Interface-Methoden
r_	referenzierter Aufruf
in_<Bausteinname>	Eingangssteuerung eines Bausteins
out_<Bausteinname>	Ausgangssteuerung eines Bausteins
init_a ... init_z	callevery-Aufrufe (kaskadierende Initialisierungen, dabei Aufrufreihenfolge beachten)
o_	(obsolete Methoden, durch Umbenennung sicherstellen, dass kein Aufruf mehr erfolgt)

Für Variablen und Datenelemente ist folgende Konvention zu verwenden:

Benennung	Zweck
p_(Parameter)	dient der Parametrisierung des Modells
c_(Konstante)	nicht veränderlicher Wert
v_(Variable)	Wert wird während des Simulationslaufes verändert (Zustandsgröße).

---

[1] Alternativ kann die Bezeichnung nach der ungarischen Konvention vorgeschrieben werden, bei der ein Variablenname aus den drei Teilen [Präfix] [Basistyp] [Bezeichner] besteht.

Farben und Symbole der Bausteine

Für die Symbole von Methoden und Variablen wird folgende Konvention bezüglich der Farben festgelegt, damit die Art der Methoden und Variablen auf den ersten Blick zu erkennen ist.

Farbe	Bedeutung
Schwarz	Standardfarbe, Systemparameter
Grün	Baustein, Methode oder Datenelement darf durch den User verändert werden (Benutzereingabe).
Blau	Datenelement dient nur der Anzeige/Ausgabe
Rot	Kennzeichnung von besonders wichtigen Bausteinen, Kommentaren, Hinweisen

Symbole von Methoden

Für Methoden werden folgende Standardsymbole festgelegt.

Symbol	Bedeutung	Symbol	Bedeutung
	Standardmethode		Geänderte Methode
	Reset		Manuell auszuführende Methode
	Init		Benutzermethode
	Simulationsende		Geänderte Benutzermethode
	Eingangssteuerung		Fehlerhafte Methode
	Ausgangssteuerung		
	Schnittstellenmethode		

Aufrufdokumentation

Aufrufketten verschiedener Methoden müssen klar und nachvollziehbar dokumentiert werden. Der Anwender soll ohne Öffnen aller Methoden eine Übersicht über die Aufrufkette erhalten.

Methoden sollen im Netzwerk grafisch entsprechend ihrer Aufrufhierarchie im Modell angeordnet werden:

- Methoden der gleichen Hierarchiestufe werden im Netzwerk nebeneinander platziert.
- Methoden einer niedrigeren Hierarchiestufe werden darunter platziert.

Zusätzlich ist die Aufrufkette im Methodenkopf (siehe Programmierrichtlinien) zu dokumentieren. (Der Methodenkopf wird in Plant Simulation ab Version 7.0 beim Überfahren der Methode mit dem Mauszeiger direkt angezeigt.)

13.3.7 Datenverwaltung

Das Simulationstool Plant Simulation bietet intern vielfältige Möglichkeiten der Parametrisierung auf unterschiedlichen Ebenen sowie Vererbungs- oder Verknüpfungsmechanismen. Die große Flexibilität birgt allerdings die Gefahr der Unübersichtlichkeit. Grundsätzlich ist auf ein transparentes nachvollziehbares Datenhandling zu achten, deshalb werden folgende Grundregeln festgelegt:

- Zur Parametrisierung der Anwendungsbausteine ist ein zentrales Datenmanagement vorzusehen.
- Datenbausteine, die aktiv Daten verwalten, lesen oder schreiben, sind im Hauptnetzwerk auf der Experimentebene (Ebene 5) anzuordnen (Abb. 13.2).
- Benutzerdefinierte Parameter werden grundsätzlich nur in Tabellen oder Variablen verwaltet. Benutzerdefinierte Parameter dürfen nicht versteckt in Methoden codiert werden.
- Klassen werden grundsätzlich nur allgemein vorparametrisiert (Ebene 2).
- Die Parametrisierung modellbezogener, nicht experimentbezogener Daten soll auf den anwendungsspezifischen Ebenen 3 und 4 (benutzerparametrisierte Objekte und Modellierungsebene) vorgenommen werden.
- Die experimentbezogene Parametrisierung mit Szenario-Daten aus der Datenbank erfolgt ausschließlich in den Instanzen auf der Experimentebene (Ebene 5).

Die transparente und einheitliche Verwaltung sämtlicher Daten und Parameter ist die Grundvoraussetzung für effiziente und nachvollziehbare Simulationsanwendungen. Sinnvoll ist es, die Grunddaten in einer Datenbank zu archivieren und vor dem Simulationseinsatz die Daten über entsprechende Analysen zu testen.

13.4 Programmierrichtlinie

Die Programmierung von Simulationsmodellen und Simulationsexperimenten ist entsprechend dieser Programmierrichtlinie[1] durchzuführen. Die Vorgaben dieser Richtlinie sind zwingend einzuhalten und für die Abnahme des Modells verbindlich.

13.4.1 Allgemeines zur Programmierung

Die meisten Simulationsmodelle kommen nicht ohne Programmierung aus. An dieser Stelle sind einige Grundsätze zur Programmierung beschrieben, die generell einzuhalten sind.

- Die Modellierungssprache im Werk <...> ist grundsätzlich die <...>-*Sprache*. Abweichungen müssen im Rahmen des Projektauftrages vereinbart werden.
- Methoden sind kurz, modular und strukturiert zu gestalten (ggf. Ausgliederung von Teilen in neue Methoden).
- Die Parametrisierung von Experimentdaten innerhalb von Methoden ist nicht zulässig.
- Der Programmcode ist durch Einrückungen klar zu strukturieren.
- Codeblöcke sind durch Trennzeichen zu kennzeichnen.
- Codeabsätze sind durch Leerzeilen zu trennen.
- Zwischen Operanden und Variablen sind Leerzeichen (for *i* = 1 to 10) zu setzen.
- Die Standardformatierung ist zu verwenden.
- In komplexen if then-/inspect Anweisungen endet der letzte Zweig immer mit einem debug-Befehl zum Abfangen nicht berücksichtigter Kombinationen.
- Unzulässig ist die Verwendung von „wait-until"-Befehlen und „repeat-wait-until"-Schleifen. Alternativ können Push-Pull-Kombinationen als An- und Abmeldelogik eingesetzt werden.
- Unzulässig ist die Verwendung des execute-Befehls (keine Debug-Möglichkeit).

13.4.2 Methodendokumentation

Die Programmierer sind zu einer verständlichen und nachvollziehbaren Methodenkommentierung verpflichtet.

---

[1] Die Programmier-Richtlinie ist hier exemplarisch für die Software Plant Simulation mit der Sprache SimTalk dargestellt. Für andere Simulatoren gilt entsprechendes.

Methodenkopf

Alle neu angelegten oder veränderten Methoden sind mit folgendem Methodenkopf zu versehen:

```
/* Methodendokumentation

Übersicht          : Erfassung des Streckendurchsatzes
Autor              : Kuehn
Eingangsparameter  : -
Rückgabewert       : -
Ruft auf           : mDurchsatzberechnung

Beschreibung: Der Streckendurchsatz kritischer Förderstreckenbereiche wird
durch Aufruf des jeweiligen Sensors, der an der Förderstrecke installiert ist,
ermittelt und in der Tabelle Streckendurchsaetze dokumentiert.

Änderungsverlauf
01.03.06: Erzeugung
                                                                          */
()
```

Für benutzerdefinierte Methoden ist dieser Kopf in der Methoden-Klasse einzubinden, aus der die Methoden vererbt werden.

In nicht benutzerdefinierten, sondern vom Anwender geänderten Methoden muss der Kopf durch Copy and Paste eingebunden werden.

In Bibliotheken geänderte Methoden sind optisch zu kennzeichnen, damit auf den ersten Blick auffällt, dass in einem Baustein etwas modifiziert wurde.

13.4.3 Variablenbenennung

Die Variablenbenennung bei der Erstellung von Methoden ist klar zu gestalten.

- Lokale Variable beginnen mit kleinen Buchstaben.
- Globale Variable (NW-Data-Elemente) beginnen mit Großbuchstaben.

13.5 Richtlinie Simulationsdurchführung

Um einen einheitlichen Sprachgebrauch zu gewährleisten, werden einige Begriffe der Simulationsdurchführung kurz erläutert.

Begriff	Bedeutung
Simulationsuntersuchung	Simulation eines oder mehrerer Szenarien mit unterschiedlichen Parametersätzen
Simulationsszenario	Konfiguration des Modells mit einem Parametersatz
Simulationsexperiment	Simulation eines Szenarios mit einem Parametersatz, aber unterschiedlichen Zufallswerten (statistische Auswertung)
Simulationslauf	Simulation eines Szenarios mit einem Parametersatz unter Verwendung eines Seed-Wertes für die jeweilige stochastische Verteilung

13.5.1 Experimentplan

Die erforderlichen Simulationsszenarien werden vom Planer im Lastenheft definiert oder gemeinsam von Simulationsdienstleister und Planer zusammengestellt. Der Experimentplan wird vom Simulationsdienstleister erstellt und mit dem Planer abgestimmt. Der Experimentplan enthält mindestens:

- Definition der zu untersuchenden Szenarien
- Experimentübersicht (Art und Anzahl der Experimente, zu variierende Parameter)
- Mindestsimulationsdauer (Länge der Einschwingphase, Auswertungsphase)
- Definition eines längeren Simulationslaufes (mindestens dreifache Mindestsimulationsdauer)
- Parameter für die Sensitivitätsanalyse

13.5.2 Verwendung von stochastischen Verteilungen (Seed-Werten)

Bei Verwendung stochastischer Verteilungen in einem Simulationsmodell sind zusätzlich zu definieren:

- Festlegung der Variation der Seed-Werte zur Absicherung der Ergebnisse
- Anzahl Simulationsläufe pro Simulationsexperiment

Weiter sind bei Verwendung stochastischer Verteilungen in einem Simulationsmodell folgende Grundsätze zu beachten:

- Simulationsläufe und Simulationsexperimente müssen reproduzierbar sein.
- Zufallsprozesse müssen voneinander unabhängig implementiert sein. Für jeden Zufallsprozess ist ein eigener Zufallszahlenstrom zu implementieren.
- Jeder Zufallszahlenstrom hat einen eigenen Seed-Wert.
- Die Simulationsläufe sind statistisch auszuwerten.

13.6 Voraussetzungen

13.6.1 Einzusetzende Softwarewerkzeuge

Die für die unterschiedlichen Simulationsarten freigegebenen Softwarewerkzeuge sind in der folgenden Tabelle aufgelistet.

Simulationsart	Softwarewerkzeug	Anbieter
Layoutplanung		
Discrete-Event-Simulation		
Robotersimulation		
NC-Simulation		

Die jeweils aktuell freigegebenen Versionen sind dem zuständigen Softwarepool zu entnehmen bzw. bei externer Vergabe in den Ausschreibungsunterlagen anzugeben.

Grundsätzlich ist in der Projektdokumentation eines Simulationsprojekts die jeweils verwendete Softwareversion anzugeben.

13.6.2 Organisation, Zuständigkeiten und Ansprechpartner

Die Darstellung der organisatorischen Zuständigkeiten für Simulationsprojekte gibt allen an Simulationsprojekten beteiligten Abteilungen und insbesondere externen Dienstleistern einen klaren Überblick über die Strukturen und Ansprechpartner.

Zuständigkeit	Abteilung	Mitarbeiter

Projektspezifische Ansprechpartner aus der Planung, dem Management und den operativen Fachabteilungen werden für das jeweilige Projekt im Lastenheft benannt.

13.6.3 Gültigkeit dieser Richtlinie

Gültig ist stets die aktuelle Version des Dokuments. Die aktuelle Richtlinie ist potenziellen Anbietern mit der Ausschreibung auszuhändigen und als verbindliche Grundlage im Lastenheft festzuschreiben.

14 Checklisten

Im Weiteren sind Checklisten aufgeführt, die den Anwender anregen sollen, über einige Aspekte der jeweiligen Thematik nachzudenken:

- Checkliste Simulationsstudien
- Checkliste zur Leistungsbeschreibung des Lastenheftes
- Checkliste zur Leistungsbeschreibung des Pflichtenheftes
- Checkliste Eingangsdaten für die Simulation
- Checkliste Simulationsdokumentation
- Checkliste zur Abnahme von Simulationsstudien
- Checkliste Simulatorauswahl

Diese Checklisten erheben keinen Anspruch auf Vollständigkeit. Aufgrund der sehr vielschichtigen Problematik von Simulation in der Digitalen Fabrik können nur einige Anhaltspunkte gegeben werden, und die Listen sind jeweils für den spezifischen Anwendungsfall anzupassen. Hierzu sind diese Listen auf der beigefügten CD verfügbar.

14.1 Checkliste Simulationsstudien

Für den Erfolg von Simulationsstudien ist Transparenz extrem wichtig. Der verantwortliche Planer muss wissen, welcher Leistungsumfang zu erwarten ist, und dem Simulationsdienstleister muss klar sein, auf welcher Basis und unter welchen Voraussetzungen welche Leistung erbracht werden soll.

Zur Vorbereitung von Simulationsstudien sind im Folgenden einige Fragen zusammengestellt, die Planer und Simulationsdienstleister im Vorfeld einer Simulationsstudie abklären sollten. Einige dieser Fragen sind einfach abzuhaken, andere lassen sich nicht einfach mit Ja oder Nein beantworten, sondern sollen eher anregen, über die Problematik nachzudenken, ein Konzept zu formulieren und dieses schriftlich festzuhalten.

Grundsätzliches

- ☐ Ziel der Simulationsstudie
  (Welche Fragen sollen mit der Simulation beantwortet werden?)
- ☐ Kostenrahmen
- ☐ Geplanter Projektstart
- ☐ Endtermin (Abschlusspräsentation)
- ☐ Ansprechpartner/Projektleiter des Auftraggebers
- ☐ Ansprechpartner/Projektleiter des Simulationsdienstleisters
- ☐ ...
- ☐ ...

Lastenheft/Pflichtenheft/Standards

- ☐ Liegt ein schriftliches Lastenheft vor?
  (Wer ist für das Lastenheft verantwortlich, Termin?)
- ☐ Soll eine schriftliche Modellspezifikation/ein Pflichtenheft erstellt werden? (Wer ist verantwortlich, Termin?)
- ☐ Liegt eine verbindliche Richtlinie zur Durchführung von Simulation vor?
- ☐ ...
- ☐ ...

Modellkonzept

- ☐ Definition Systemgrenze.
  Was soll modelliert werden?
- ☐ Welche Bereiche des Systems sind detailliert abzubilden?
- ☐ Ist ein deterministisches Modell ausreichend, oder sind stochastische Einflüsse zu berücksichtigen?
- ☐ ...
- ☐ ...

Implementierung des Modells

- ☐ Mit welchem Softwarewerkzeug soll die Modellierung erfolgen?
- ☐ Sollen vorhandene Bausteinbibliotheken genutzt werden?
- ☐ Sind Dialoge zur Benutzerinteraktion erforderlich?
- ☐ Soll das Modell später weiter genutzt werden?
- ☐ Wer hat die Rechte am Modell?
- ☐ Wie soll das Modell dokumentiert werden?
- ☐ ...
- ☐ ...

Eingangsdaten

- ☐ Welche Daten sind für die Modellierung erforderlich?
- ☐ Welche Daten sind für die Simulationsläufe erforderlich?
- ☐ Wer liefert die Daten?
- ☐ In welchem Format werden die Daten geliefert?
- ☐ Wann stehen die Daten zur Verfügung?
- ☐ Wie wird sichergestellt, dass die Daten korrekt sind?
- ☐ ...
- ☐ ...

Modellvalidierung

- ☐ Welche Ergebnisgenauigkeit wird vom Modell erwartet?
- ☐ Über welche Bereiche soll das Modell validiert werden?
- ☐ Wie soll sichergestellt werden, dass das Modell korrekt ist?
- ☐ ...
- ☐ ...

Simulationsläufe
☐ Welche Szenarien sollen getestet werden?
☐ Welche Modellvarianten sind dafür erforderlich?
☐ Welche Parameter sollen verändert werden?
☐ Welche Steuerstrategien sollen variiert oder optimiert werden?
☐ Welche Zeitspanne soll simuliert werden?
☐ Welche Daten sollen während der Simulationsläufe erfasst und ausgewertet werden?
☐ Wie viel Zeit (Tage) steht für Experimente zur Verfügung?
☐ …
☐ …
☐ …
☐ …

Ergebnisauswertung und Darstellung
☐ Welche Analysen sollen durchgeführt werden?
☐ Wie sollen die Ergebnisse dokumentiert werden?
☐ Wie und wem sollen die Ergebnisse präsentiert werden?
☐ Wie und wann wird das entscheidungstreffende Management einbezogen?
☐ …
☐ …
☐ …
☐ …

Projektmanagement

☐ Sind die Meilensteine festgelegt für:

- Lasten-/Pflichtenheft
- Datenbereitstellung
- Vorstellung Modellkonzept
- Abschluss Modellierung
- Validierung
- Vorstellung der Simulationsergebnisse
- Managementpräsentation
- ...
- ...

☐ Gibt es einen Zeitplan für regelmäßige Meetings bezüglich Modellrevision und Projektcontrolling?

☐ Wie ist die Vereinbarung bezüglich zusätzlicher Simulationsläufe und Erweiterungen? (Kosten pro Tag)

☐ Wo sind Schwachstellen im Projekt zu erwarten?
...
...
...
...
...

☐ ...

Ein sorgfältige Beantwortung dieser Fragen kann helfen, zielgerichtet vorzugehen, Missverständnisse zu vermeiden und damit Kosten zu sparen. Weiter schaffen klare Voraussetzungen ein gutes Klima zwischen Planer, Betriebsabteilungen und Simulationsdienstleister. Für intern durchzuführende Simulationsstudien gilt prinzipiell die gleiche Notwendigkeit einer klaren Definition von Zielen, Verantwortlichkeiten und Terminen.

14.2 Checkliste zur Leistungsbeschreibung des Lastenheftes

Die nachfolgende Checkliste gemäß [VDI 3633 Blatt 2] bezieht sich auf die in der VDI-Richtlinie vorgeschlagene Struktur für ein Lastenheft[1].

Nr.	Gliederungspunkte des Lastenhefts	VDI 3633 Blatt 2	Verantwortliche Personen
1	**Projektgegenstand**		
1.1	Projektbeschreibung	3.1.1	
1.2	Aufgabenstellung	3.1.2	
1.3	Zielsetzung	3.1.3	
1.4	Abnahmebedingungen	3.1.4	
1.5	Terminplan für Studie	3.1.5	
2	**Projektumfeld**		
2.1	Modellierungsebenen und Systemgrenzen	3.2.1	
2.2	Vorhandene Daten und deren Bereitstellung	3.2.2	
2.3	Schnittstellen zu vorhandenen Systemen	3.2.3	
2.4	Vorhandene Planungsergebnisse	3.2.4	
2.5	Simulationswerkzeug und Abstraktionsgrad	3.2.5	
3	**Lieferumfang**		
3.1	Form der gewünschten Ergebnisdarstellung	3.3.1	
3.2	Form der gewünschten Dokumentation	3.3.2	
3.3	Art der Weiterverwendung	3.3.3	
3.4	Anforderungen an zukünftige Wartung und Pflege	3.3.4	

---

[1] In der Richtlinie [VDI 3633 Blatt 2] wird darauf hingewiesen: „Da die Simulationsstudien sehr verschieden in Ablauf und Inhalt sein können, ist es möglich, dass Gliederungspunkte fehlen oder unzutreffend sind." Die in Kap. 12 vorgestellte Vorlage für ein Lastenheft und eine Ausschreibungsunterlage ist zur besseren Übersicht anders strukturiert und um einiges detaillierter.

14.3 Checkliste zur Leistungsbeschreibung des Pflichtenheftes

Die nachfolgende Checkliste gemäß [VDI 3633 Blatt 2] bezieht sich auf die in der VDI-Richtlinie vorgeschlagene Struktur für ein Pflichtenheft[1].

Nr.	Gliederungspunkte des Pflichtenheftes	VDI 3633 Blatt 2	Verantwortlich	Termin	Aufwand (Pers. Tage)
1	**Projektdetaillierung**				
1.1	Simulatorumfeld des Auftragnehmers	4.1.1			
1.2	Projektumfeld	4.1.2			
1.3	Aufgabenstellung und Zielsetzung	4.1.3			
2	**Systemanalyse**				
2.1	Strukturunterlagen	4.2.1			
2.2	Betriebsdatenformate und -inhalt	4.2.2			
2.3	Vollständigkeit und Notwendigkeit der Betriebsdaten	4.2.2			
2.4	Betriebsdaten	4.2.2			
3	**Systemmodellierung**				
3.1	Aufbaustruktur und Animationsmodell	4.3.1			
3.2	Eingabedaten	4.3.2			
3.3	logistische Verfahren und Steuerstrategien	4.3.3			
3.4	Erfassung und Darstellung der Betriebsdaten	4.3.4			

---

[1] In der Richtlinie [VDI 3633 Blatt 2] wird darauf hingewiesen: „Da die Simulationsstudien sehr verschieden in Ablauf und Inhalt sein können, ist es möglich, dass Gliederungspunkte fehlen oder unzutreffend sind."

Nr.	Gliederungspunkte des Pflichtenheftes	VDI 3633 Blatt 2	Verant- wortlich	Termin	Aufwand (Pers. Tage)
4	**Modellqualität**				
4.1	Verifizierung des Modells	4.4.1			
4.2	Validierung des Modells	4.4.2			
5	**Experimente**				
5.1	Festlegung des Experimentplanes	4.5.1			
5.2	Durchführung des Experimentplanes	4.5.2			
5.3	Ergebnisauswertung	4.5.3			
6	**Auslieferung**				
6.1	Arbeitsunterlagen und Präsentationsunterlagen	4.6.1			
6.2	Archivierung von Modellen, Parametersätzen und Ergebnissen	4.6.2			
6.3	Konfiguration und Übergabe einer Simulationsumgebung	4.6.3			
6.4	Schnittstellen zur Weiternutzung des Simulators	4.6.4			
6.5	Bedienungsanleitung und Schulung	4.6.5			
6.6	Zukünftige Wartung und Pflege	4.6.6			
6.7	Abnahme	4.6.7			

14.4 Checkliste Eingangsdaten für die Simulation

Die nachfolgende Checkliste nennt einige Aspekte, die bei der Erfassung von Eingangsdaten für die Simulation zu berücksichtigen sind. Für die unterschiedlichen Bereiche werden jeweils einige Punkte genannt, aus denen für den konkreten Fall die Passenden auszuwählen sind. Je nach zu beantwortender Fragestellung kann es auch sinnvoll sein, die Punkte zu erweitern.

Strukturdaten
☐ Layoutdaten
☐ Produktionsbereiche
☐ Art, Anzahl und Lage der Produktionsmittel
☐ Zuordnung von Anlagen zu Produktionsbereichen
☐ Verkehrswege
☐ Lagerflächen
☐ ...

Produktdaten
☐ Produkte
☐ Typenspektrum
☐ Stücklisten
☐ ...

Prozessdaten
☐ Arbeitspläne mit Arbeitsschritten
☐ Produktionsprozesse
☐ Logistikprozesse
☐ Montagepläne
☐ ...

Ressourcen

☐ Produktionsleistung

☐ Bearbeitungszeit (sofern nicht auftragsabhängig)

☐ Rüstzeiten (sofern nicht auftragsabhängig)

☐ Produktionstechnische Einschränkungen

☐ Werkzeugstandzeiten

☐ Wartungsintervalle

☐ Störungshäufigkeit/Reparaturzeiten

☐ ...

☐ ...

☐ ...

Organisatorische Daten

☐ Ressourcenzuordnung

☐ Schichtpläne/Pausen

☐ ...

☐ ...

☐ ...

Steuerungsdaten

☐ Materialflussstrategien

☐ Routingstrategien

☐ Strategien bezügliche Reihenfolgenplanung

☐ Schichtpläne/Pausen

☐ ...

☐ ...

☐ ...

Auftragsdaten/Systemeinlastung

- ☐ Produktionsaufträge
  - Produkt
  - Produktionsmengen
  - Losgrößen
  - Starttermin/Liefertermine/Prioritäten
  - ...

- ☐ Transportaufträge
  - Fördergut
  - Menge
  - Start/Ziel
  - Starttermin/Endtermine/Prioritäten
  - ...

- ☐ ...

Simulationsszenarien

- ☐ Referenzszenario
- ☐ Best-Estimate-Szenario
- ☐ Best-Case-Szenario
- ☐ Worst-Case-Szenario
- ☐ Weitere Testszenarien
  - ...
  - ...
  - ...
- ☐ ...

Zusammenfassende Bewertung

- ☐ Sind die Daten vollständig?
- ☐ Sind die Daten aktuell?
- ☐ Können die Daten direkt aus einer Datenbank für die Modellierung geladen werden?
- ☐ Ist die Qualität der Daten hinreichend?
- ☐ ...

14.5 Checkliste Simulationsdokumentation

Art und Umfang der geforderten Dokumentation hängen ganz erheblich vom konkreten Projekt ab. In der folgenden Checkliste sind einige Aspekte aufgelistet, die bei der Dokumentation von Simulationsstudien bzw. Simulationsmodellen zu berücksichtigen sind. Diese Punkte können je nach Anforderung gekürzt oder erweitert werden.

Formale Aspekte
☐ Hat das Dokument eine eindeutige Identifikation?
☐ Ist ein Deckblatt vorhanden und ist dieses vollständig ausgefüllt? • Ist der Autor genannt? • Hat das Dokument einen eindeutigen Versionsstand? • Gibt es eine aktuelle Änderungshistorie?
☐ Ist ein Inhaltsverzeichnis vorhanden?
☐ Stimmt das Inhaltsverzeichnis mit der Gliederung des Dokumentes überein?
☐ Sind die jeweiligen Richtlinien zur Unterlagenerstellung eingehalten? • Entspricht das Layout dem Standard? • Sind Seitenzahl und Gesamtseiten auf jeder Seite angegeben? • Sind alle Seiten eindeutig als der Dokumentversion zugehörig zu identifizieren?
☐ Sind Änderungen klar gekennzeichnet?
☐ ...
☐ ...

Orientierung auf die Zielgruppen

☐ Ist das Dokument nach Zielgruppen gegliedert?

☐ Ist das Dokument für die jeweilige Zielgruppe verständlich?

☐ ...

☐ ...

Inhalt/Struktur

☐ Ist das Dokument verständlich gegliedert, übersichtlich aufgebaut und leicht verständlich?

☐ Ist das Dokument vollständig?
- Text
- Tabellen
- Abbildungen

☐ Ist der Inhalt widerspruchsfrei?

☐ Sind die verwendeten Begriffe und Abkürzungen eindeutig definiert und durchgängig verwendet?

☐ ...

☐ ...

Abbildungen/Grafiken/Tabellen

☐ Sind Bilder und grafische Darstellungen eine übersichtliche Ergänzung des Textes?

☐ Sind die Abbildungen eindeutig den entsprechenden Kapiteln oder Textstellen zugeordnet?

☐ Sind die Abbildungen übersichtlich und nicht überladen?

☐ Sind die in den Abbildungen verwendeten Symbole durchgängig und verständlich?

☐ Sind bei Graphen die Achsbeschriftungen korrekt und vollständig?

☐ ...

☐ ...

Aktualität

- ☐ Ist das Dokument aktuell?
- ☐ Ist der Status angegeben und richtig?
- ☐ Ist das Dokument inhaltlich geprüft?
- ☐ Ist das letzte Speicherdatum des Dokumentes angegeben?
- ☐ ...
- ☐ ...
- ☐ ...

Quellen/Vertraulichkeit

- ☐ Sind Querverweise eindeutig?
- ☐ Existiert ein Quellenverzeichnis?
- ☐ Sind alle Referenzdokumente aufgelistet?
- ☐ Sind Vertraulichkeitsstufen und Urheberrechte ausgewiesen?
- ☐ ...
- ☐ ...
- ☐ ...

Modelldokumentation

- ☐ Ist die Modellstruktur dokumentiert?
- ☐ Sind die veränderbaren Eingangsparameter und die erzielbaren Ergebnisdaten beschrieben?
- ☐ Sind die verwendeten Steuerstrategien dokumentiert?
- ☐ Sind die benutzerdefinierten Steuerungen im Quellcode dokumentiert?
- ☐ ...
- ☐ ...
- ☐ ...

14.6 Checkliste zur Abnahme von Simulationsstudien

Folgende Punkte sollten bei der Abnahme von Simulationsstudien überprüft werden. Diese Punkte können nach Bedarf an die jeweiligen Anforderungen angepasst werden. Existiert ein detailliertes Lasten- bzw. Pflichtenheft, so sollte dieses hinzugezogen werden.

Daten
☐ Sind die Strukturdaten vollständig und aktuell?
☐ Sind die Produktdaten vollständig und aktuell?
☐ Sind die Arbeitspläne und Prozesse vollständig und aktuell?
☐ Sind die Materialflussdaten vollständig und aktuell?
☐ Auftragseinlastung vollständig und aktuell?
☐ Stördaten vollständig und aktuell?
☐ Sind die zu verwendenden Steuerstrategien korrekt und klar beschrieben?
☐ …

Modell
☐ Ist der Abstraktionsgrad sinnvoll?
☐ Ist das Modell hierarchisch strukturiert?
☐ Ist der Modellaufbau sinnvoll modularisiert?
☐ Sind entwickelte Bausteine wiederverwendbar?
☐ Ist die Abbildung der Ressourcenzuordnung korrekt?
☐ Ist die Abbildung der Ablauforganisation korrekt?
☐ Ist die Abbildung der Arbeitszeitorganisation korrekt?
☐ Ist die Abbildung des Steuerungsverhaltens korrekt?
☐ Ist das Modellverhalten insgesamt als validiert anzusehen?
☐ …

Simulation/Integration

- ☐ Ist die Simulation einzelner Bausteine separat möglich?
- ☐ Ist die Simulation der verketteten Anlagen im integrierten Umfeld möglich?
- ☐ ...
- ☐ ...

Simulationsläufe/Auswertung

- ☐ Sind die erforderlichen Szenarien untersucht?
- ☐ Wurden Simulationsläufe und Auswertungen komplett durchgeführt?
- ☐ Entsprechen die Ergebnisse qualitativ den Erwartungen?
- ☐ Wurden die Simulationsläufe hinreichend statistisch ausgewertet?
- ☐ Sind Experimente und Versuchsdurchführung dokumentiert?
- ☐ ...
- ☐ ...

Dokumentation/Modellübergabe

- ☐ Ist ein übersichtlicher Managementreport erstellt worden?
- ☐ Sind die Versuche und Ergebnisse in einem ausführlichen Simulationsreport mit Schlussfolgerungen und Optimierungsvorschlägen dokumentiert?
- ☐ Ist die Modellstruktur dokumentiert?
- ☐ Sind die modellinternen Abläufe erläutert?
- ☐ Sind Steuerungen/Methoden ausreichend kommentiert?
- ☐ Ist die Dokumentation komplett?
- ☐ Ist das Modell komplett übergeben (falls gefordert)?
- ☐ ...
- ☐ ...

Simulator	
❏	Ist das Modell auf der geforderten Version des Simulationssystems korrekt lauffähig?
❏	Sind die geforderten Bausteinbibliotheken verwendet worden?
❏	Wurde der Terminplan eingehalten?
❏	...
❏	...

Projektcontrolling	
❏	Wurden die fachlichen Projektziele erreicht?
❏	Wurde der Terminplan eingehalten?
❏	Wurde der Kostenrahmen eingehalten?
❏	...
❏	...

14.7 Checkliste Simulatorauswahl

Die Eignung eines Simulators zur Lösung spezifischer Anforderungen hängt von zahlreichen Faktoren ab, und für potenzielle Simulationsanwender ist die Auswahl eines geeigneten Simulationstools eine schwierige Aufgabe. Weiter zeigt sich bei der Frage nach dem richtigen Softwarewerkzeug ein für den Planer relativ schwer überschaubares Angebot. Der Markt der Simulationssoftware bietet eine Vielzahl von Produkten, die unterschiedliche Konzepte verfolgen. Im Auswahlprozess kommt erschwerend hinzu, dass der Planer in der Phase, wenn er sich für eine Software entscheiden muss, oft noch nicht über hinreichende Simulationserfahrung verfügt.

Die Demo-Beispiele der Softwareanbieter sind in der Regel beeindruckend und funktionieren natürlich hervorragend. Diese Beispiele lassen jedoch selten zuverlässige Schlüsse darauf zu, wie gut das Simulationswerkzeug für die konkreten Anwendungen tatsächlich geeignet ist und wo ein Tool relativ zu anderen zu positionieren ist. Marktübersichten oder anwendungsbezogene Gegenüberstellungen können dem Planer eine erste Übersicht geben. Für eine konkrete Auswahl sind diese jedoch nicht detailliert genug.

Ideal wäre der Vergleich verschiedener Simulationstools anhand einer konkreten Aufgabe des Planers, wobei ein kommerziell arbeitendes Unternehmen sich solch einen Vergleich normalerweise nicht leisten kann. Im Weiteren sind deshalb in einer Checkliste einige Kriterien zusammengetragen, die bei der Auswahl von Simulatoren helfen können. Die Checkliste ist in mehrere Bereiche gegliedert, wie Benutzeroberfläche, Modellierung, Ergebnisdarstellung, Schnittstellenproblematik etc. Neben den technischen Aspekten werden auch einige Fragen der wirtschaftlichen und der After-Sales-Problematik angesprochen. Diese Checkliste ist bewusst wesentlich umfangreicher als die in der [VDI 3633 Blatt 4] dargestellte Liste gehalten, um durch zahlreiche Fragen den Planer bezüglich der Problematiken zu sensibilisieren, auch wenn dieser am Anfang vielleicht noch nicht alles übersehen und beantworten kann.

Wie bei der Auswahl von anderen Softwareprodukten sollte die Auswahl einer Simulationssoftware in mehreren Entscheidungsstufen erfolgen. In der ersten Stufe, der Grobauswahl, ist das Marktangebot zu sichten und die Zahl der in Frage kommenden Systeme auf eine übersichtliche Zahl einzugrenzen. Diese ausgewählten Systeme sollten dann möglichst anhand vergleichbarer Modelle und Simulationsbedingungen näher analysiert werden. In der letzten Entscheidungsstufe der Endauswahl kann eine Testinstallation oder besser noch die Durchführung eines Projektes mit Hilfe eines Consultant sehr sinnvoll sein und das Risiko einer Fehlentscheidung verringern.

Soll der Simulator in eine umfassende Digitale-Fabrik-Lösung integriert werden, so ist die Auswahl erheblich eingeschränkt, da es noch keine universellen Standardschnittstellen gibt. An dieser Stelle muss zwischen Einzelwerkzeugen und Werkzeugen, die in eine Digitale-Fabrik-Lösung integriert sind, unterschieden werden.

Die nachfolgend dargestellte Checkliste kann bei Entscheidungen auf den verschiedenen Stufen einer Auswahl hilfreich sein. Ziel dieser Checkliste ist nicht, alle Fragen komplett zu beantworten (abzuhaken), sondern den Anwender für die unterschiedlichen Aspekte zu sensibilisieren, um in Frage kommende Softwareprodukte kritisch aus verschiedenen Blickwinkeln für die geplante Nutzung zu analysieren.

14.7.1 Simulationsprinzip

Im Bereich der Produktionssimulation können Simulatoren auf sehr unterschiedlichen Simulationsprinzipien beruhen. Es ist zu prüfen, ob diese für den jeweiligen Anwendungsfall geeignet sind.

Status	Welche Simulationstypen werden unterstützt?	Bemerkung
❏	Simulation diskreter Vorgänge (ereignisgesteuert)	
❏	Simulation kontinuierlicher Prozesse (verfahrenstechnische Prozesse)	
❏	Bewegungssimulation/Robotersimulation (Kinematik, Kinetik, Regelungstechnik)	
❏	Simulation der Teilefertigung mittels numerischer Steuerungen	
❏	Simulation von SPS-Steuerungen	
❏	FEM-Simulation	
❏	...	

14.7.2 Größe und Struktur der Modelle

Industrielle Projekte erfordern häufig große Modelle, die sinnvollerweise gut strukturiert sein sollten. Grenzen für die Modellierung können in der Praxis neben klaren Einschränkungen auch die mangelnde Leistungsfähigkeit eines Simulators sein.

Status	Eigenschaften des Simulators	Bemerkung
❏	Sind Modelle hierarchisch strukturierbar?	
❏	Wird Objektorientierung/Vererbung eingesetzt?	
❏	Können Teilmodelle vom Anwender gekapselt und als geschlossene, getestete Module anderen Anwendungen zur Verfügung gestellt werden?	
❏	Sind Modellgröße und Struktur begrenzt (horizontal/vertikal)? Wenn ja, wodurch? ...	
❏	...	

14.7.3 Modellierung

Die Effizienz der Modellierung ist im praktischen Einsatz ein sehr wichtiges Kriterium, da diese bestimmt, wie viel Zeit für die Modellierung einer spezifischen Aufgabe benötigt wird.

Status	Eigenschaften des Simulators	Bemerkung
❏	Werden Modelle als 2D- oder als 3D-Objekte modelliert?	
❏	Können Modelle direkt aus CAD-Daten erstellt werden?	
❏	Können Modelle automatisiert aus einer Datenbank aufgebaut werden?	
❏	Wie komfortabel ist die Modellierung?	
❏	...	

14.7.4 Modellelemente

Bezüglich der Modellelemente ist vom Planer zu überprüfen, ob die angebotenen Modellelemente eine komplette und komfortable Modellierung der geplanten Anwendungen zulassen.

Status	Eigenschaften des Simulators	Bemerkung
❏	Welche Materialflusselemente stehen als Basiselemente zur Verfügung? • Reicht der Umfang? • Wie ist der Spezialisierungsgrad? • Erfüllen die Default-Modellparameter die Erwartungen? • Gibt es Einschränkungen bei bestimmten Elementen? • Werden Materialflussbausteine und Fördergüter mit physischen Größen verarbeitet?	
❏	Welche Informationsflusselemente/Steuerungen stehen als Basiselemente zur Verfügung? • Art, Anzahl, Spezialisierungsgrad? • Modellelemente und Parameter? • Welche Datenformate sind verfügbar?	
❏	Sind freie Parameter definierbar?	
❏	Ist die Anzahl der Parameter begrenzt?	
❏	...	

14.7.5 Bausteinbibliotheken und Applikationsmodule

Anwendungsspezifische Bausteinbibliotheken erleichtern die Modellierung ganz erheblich. Deshalb ist es wichtig, dass diese für die geplanten Anwendungen vorhanden sind oder mit vertretbarem Aufwand erstellt werden können.

Status	Eigenschaften des Simulators	Bemerkung
☐	Sind Bibliotheken mit Standardbausteinen verfügbar für: • Anlagen/Maschinen • Montage • Fördertechnik • Logistik • Steuerungstechnische Komponenten • Werkskalender • Schichtmodelle • Auswertungen • ... • ... (jeweils Umfang, Vollständigkeit, Kosten)	
☐	Können mit Hilfe von Standardbausteinen benutzerdefinierte Bausteinbibliotheken erstellt werden? • nur durch den Hersteller? (Kosten) • durch den Anwender? (Aufwand)	
☐	...	
☐	...	
☐	...	
☐	...	
☐	...	

14.7.6 Steuerungen und Informationsverarbeitung

Die Dynamik der Modelle wird durch die Steuerungstechnik bzw. die Informationsverarbeitung innerhalb der Modelle bestimmt. Die Materialflusskomponenten lassen sich meist relativ zügig zusammenklicken. Die Leistungsfähigkeit eines Simulators zeigt sich oft erst daran, wie komfortabel und transparent das Steuerungsverhalten abgebildet werden kann.

Status	Eigenschaften des Simulators	Bemerkung
❒	Können hierarchische Steuerungsstrukturen mit globalen und lokalen Steuerungen aufgebaut werden?	
❒	Sind Steuerungen an den Materialfluss gebunden?	
❒	Sind umfangreiche Standardsteuerungen vorhanden?	
❒	Sind die Standardsteuerungen komfortabel parametrisierbar?	
❒	Können benutzerdefinierbare Steuerungen aufgebaut werden?	
❒	Welche Methoden (Programmiersprache) werden zum Aufbau benutzerdefinierter Steuerungen genutzt? ...	
❒	Sind benutzerdefinierte Steuerungen in anderen Modellen wiederverwendbar?	
❒	Sind externe Daten für die Steuerungen verwendbar?	
❒	Welche Parameter sind über externe Daten belegbar (Aufträge, Arbeitspläne, Stördaten etc.)	
❒	Welche Einschränkungen gibt es beim Aufbau von Steuerungen?	
❒	Welche Methoden stehen zum Testen/Verifizieren/Validieren der Steuerungen zur Verfügung?	
❒	Steht ein interaktiver Debugger zum Testen der Steuerungen zur Verfügung?	
❒	...	
❒	...	
❒	...	

14.7.7 Modellparameter – stochastische Verteilung

Stochastische Verteilungen sind für die Modellierung von zufälligem Verhalten, wie dies z. B. bei Störungen von Anlagen gegeben ist, erforderlich. Bei der Modellierung ist es hilfreich, wenn der Simulator nicht nur die statistischen Funktionen bereitstellt, sondern den Anwender auch bei der richtigen Parametrisierung unterstützt.

Status	Eigenschaften des Simulators	Bemerkung
☐	Welche stochastischen Verteilungen sind verfügbar? • Gleichverteilung • Normalverteilung • Logarithmische Normalverteilung • Pearson Typ V • ... • ... • ...	
☐	Auf welche Modellparameter sind die Verteilungen anwendbar?	
☐	Sind reproduzierbare, unabhängige Zufallsströme verfügbar?	
☐	Unterstützt der Simulator die Auswahl und korrekte Parametrisierung der Verteilungen?	
☐	Sind Goodness-of-Fit-Tests zur Prüfung der angepassten stochastischen Verteilung verfügbar?	
☐	...	
☐	...	
☐	...	
☐	...	
☐	...	

14.7.8 Funktionalitäten zur Bewegungssimulation

Im Bereich der Bewegungssimulation z. B. von Robotern gibt es spezifische Anforderungen, die zum einen die eigentliche Simulation betreffen sowie Anforderungen, die für die damit verbundene Offline-Programmierung erforderlich sind.

Status	Eigenschaften des Simulators	Bemerkung
☐	Welche Art der Transformation kann der Simulator verarbeiten? • Geometrisches Modell (Kollisionsgeometrie) • kinematisches Modell (Achsen und Gelenke) • kinetisches Modell (Kräfte, Momente) • regelungstechnisches Modell	
☐	Welche Standardtransformationen sind verfügbar?	
☐	Welche Möglichkeiten der Transformationserstellung für Roboter und/oder Peripherie werden unterstützt? • Automatisch • Teilautomatisch • Manuell (Erstellung durch Hersteller/durch Anwender)	
☐	Ist eine automatische Kollisionskontrolle verfügbar?	
☐	Sind die erforderlichen Roboter in der Bibliothek vorhanden?	
☐	Ist RRS II (Realisische Robotersteuerung) integrierbar?	
☐	Ist eine Offline-Programmierung für die geplanten Robotersteuerungen verfügbar?	
	Sind benutzerfreundliche Applikationsmodule für Anwendungen vorhanden? Wie z. B.: • Punktschweißen • Bahnschweißen • Lackieren • Montage • ... • ...	
☐	...	
☐	...	

14.7.9 Einschränkungen bei der Modellierung

Einschränkungen eines Simulators sind oft erst im realen Betrieb zu erkennen.

Status	Eigenschaften des Simulators	Bemerkung
☐	Ist die Modellgröße eingeschränkt? • Anzahl Modellelemente • Hierarchieebenen • Speicherplatz • andere Einschränkungen • ... • ...	
☐	Sind Art und Anzahl der Modellparameter eingeschränkt? Wenn ja, durch welche Einschränkungen? ...	
☐	Fehlen erforderliche Modellelemente? Wenn ja, welche Modellelemente?	
☐	Gibt es Einschränkungen beim Aufbau komplexer Steuerungen und der Informationsverarbeitung?	
☐	Ist die Simulation für große Modelle hinreichend schnell? • ohne Animation • mit 2D-Animation • mit 3D-Animation	
☐	...	
☐	...	
☐	...	
☐	...	
☐	...	

14.7.10 Modelldokumentation

Die Dokumentation ist ein häufig ungeliebtes, aber dennoch sehr wichtiges Thema. In der Praxis ist es sehr hilfreich, wenn die Modelldokumentation von der Software unterstützt wird.

Status	Eigenschaften des Simulators	Bemerkung
☐	Gibt es eine automatisierte Dokumentation der Modellstruktur? Und zwar bezüglich • Modulen • Bausteinen • Schnittstellen zwischen den Bausteinen • Modellsteuerungen • Parametern • Modellvorbelegung: Realdaten, Szenarien, Experimente	
☐	Wird bei Änderungen die Dokumentation automatisch ergänzt?	
☐	...	

14.7.11 Unterstützung bei Verifikation und Validierung

Eine komfortable Unterstützung der Verifikation und Validierung, wie z. B. eine Entwicklungsumgebung mit interaktivem Debugger, kann das Arbeiten mit einem Simulator gerade bei großen Projekten ganz erheblich systematisieren und vereinfachen.

Status	Eigenschaften des Simulators	Bemerkung
☐	Gibt es Möglichkeiten der unabhängigen Verifikation und Validierung von Teilmodellen?	
☐	Können einzelne Steuerstrategien für sich getestet werden?	
☐	Wird die schrittweise Analyse eines Simulationslaufes durch das Loggen von Trace-Files unterstützt?	
☐	Gibt es eine komfortable Syntaxprüfung der Steuerungsprogrammierung?	
☐	Ist ein interaktiver Debugger vorhanden? (Funktionsumfang/Handhabung)	
☐	Sind Plausibilitäts- und Vollständigkeitskontrollen verfügbar?	
☐	Weitere Funktionalitäten? ...	

14.7.12 Organisation von Simulationsexperimenten und Optimierung

Die Organisation von Simulationsexperimenten ist ein nicht zu unterschätzender Aufwand, der mit entsprechenden Softwarefunktionalitäten reduziert werden kann.

Status	Eigenschaften des Simulators	Bemerkung
❏	Welcher Leistungsumfang wird zur Organisation von Simulationsexperimenten geboten?	
❏	Ist die Durchführung von Serienläufen automatisierbar? • Variation von Modellparametern • Änderungen der Steuerstrategien • Änderungen der Modellstruktur	
❏	Sind Tools zur Parameteroptimierung integriert/verfügbar? • Suchstrategien • Genetische Algorithmen • Wissensbasiert (knowledge-based)	
❏	Sind Tools zur Modelloptimierung integriert/verfügbar? • Suchstrategien • Genetische Algorithmen • Wissensbasiert (knowledge-based)	
❏	Weitere Funktionalitäten? …	

14.7.13 Durchführung von Simulationsläufen

Bei der Durchführung von Simulationsläufen spielen die Leistungsfähigkeit sowie die Möglichkeiten der Interaktivität und Automatisierbarkeit von Simulationsläufen eine erhebliche Rolle.

Status	Eigenschaften des Simulators	Bemerkung
❏	Werden Simulationsmodelle Kompiliert? Leistungsfähigkeit, Compiler-Geschwindigkeit?	
❏	Wie ist die Ausführungsgeschwindigkeit der Simulation? • mit Animation • ohne Animation	
❏	Können Modelländerungen während der Simulation/Animation durchgeführt werden? (kompiliertes oder interpretiertes Modell) Wenn ja, werden diese dokumentiert?	
❏	Wie verhalten sich Laufzeitverhalten Realzeit/Simulationszeit, in Abhängigkeit der Modellgröße und der Rechnerleistung?	
❏	Wie gut ist der Simulationsablauf durch den Benutzer steuerbar? • Schrittweises Abarbeiten • Anhalten und Fortsetzen • Zurücksetzen? Wie und unter welchen Voraussetzungen ist die Steuerung möglich?	
❏	Einstellbarkeit von Simulationsgeschwindigkeit (Realzeit, Zeitraffer)	
❏	Wie sind Gesamtlaufzeit und Laufzeitintervalle einstellbar?	
❏	Welche Möglichkeiten zum Rücksetzen und zum definierten Initialisieren von Modellen bzw. Teilmodellen gibt es?	
❏	Ist das Abspeichern/Aufzeichnen ausgewählter Modellparameter jederzeit möglich?	
❏	Ist das Abspeichern von Modellen in ausgewählten Simulationszuständen möglich?	
❏	Können diese abgespeicherten Modelle wieder geladen und an der gleichen Stelle weiter simuliert werden?	
❏	...	

14.7.14 Laufbetrachtung und Visualisierung

Die Animation einer Simulation kann grundsätzlich zur Laufzeit der Simulation oder nach Durchführung der Simulation, quasi als Film ablaufen. Zunehmend werden leistungsfähige Visualisierungen für Präsentationen gefordert.

Status	Eigenschaften des Simulators	Bemerkung
❏	Welche Art der Animation steht zur Verfügung? • 2D-Darstellung • 3D-Darstellungen • VR-Darstellung	
❏	Ist die Animation während der Simulation und/oder anschließend möglich?	
❏	Kann die Animation während der laufenden Simulation ein- bzw. ausgeschaltet werden?	
❏	Ist eine Animation auf verschiedenen Modellebenen möglich?	
❏	Ist eine ereignisabhängige Animationsdarstellung möglich?	
❏	Wie ist die Animationsgeschwindigkeit? Sind Animationsintervalle einstellbar?	
❏	Bildschirmsteuerung während Animation (Zoomen, Scrollen, freies Bewegen innerhalb des Modells)	
❏	Ist ein Echtzeitmonitoring ausgewählter Modellparameter möglich?	
❏	Können Zustands- und Statistikdaten in die Animation integriert werden? • Visualisierung des Systemzustands • Auslastung durch Farbumschlag	
❏	Können Simulationsläufe ganz oder teilweise aufgezeichnet und zur späteren Analyse und Demonstration genutzt werden?	
❏	…	
❏	…	
❏	…	

14.7.15 Ergebnisauswertung und Ergebnisdarstellung

Die Ergebnisauswertung und -darstellung betrifft die Daten, die während eines oder mehrerer Simulationsläufe erfasst und ausgewertet werden.

Status	Eigenschaften des Simulators	Bemerkung
☐	Wie ist der Umfang der Standardstatistiken und Standardergebnisausgabe? • Listen, Tabellen • Standardgrafiken • Datenbank • Datenexport	
☐	Welche Möglichkeiten individueller Statistiken und benutzerdefinierter Ergebnisausgabe sind vorhanden? • Listen, Tabellen • Graphen • Datenexport • Darstellung in Standardgrafiken • Darstellung in benutzerdefinierbaren Grafiken • ...	
☐	Wird die Verfolgung statistischer Daten einzelner Objekte im System unterstützt?	
☐	Können Statistiken stations-, werkstück-, fahrzeug- und auftragsbezogen erstellt werden? Ist dies für frei definierbare Zeiträume möglich?	
☐	Gibt es eine Erfassung/Berechnung betriebswirtschaftlicher Größen?	
☐	Sind benutzerdefinierbare Intervallstatistiken möglich?	
☐	Sind Standardreporttools wie Crystal-Reports integrierbar?	
☐	Ist ein XML-Export der Simulationsergebnisse verfügbar?	
☐	Können die Ergebnisse direkt in eine Datenbank gespeichert werden?	
☐	...	
☐	...	

14.7.16 Systemintegration und Schnittstellen

Die verfügbaren Schnittstellen sind entscheidend für die Integration eines Simulators in verschiedene Bereiche der Digitalen Fabrik, von der Übernahme von CAD-Layouts für die Modellerstellung bis hin zur Integration in Konzepte der Digitalen Fabrik. Art, Funktionalität und Normung der Schnittstellen sind ein wesentliches Kriterium für die komfortable Datenübernahme sowie die Integrierbarkeit von Simulatoren.

Status	Eigenschaften des Simulators	Bemerkung
❏	Ist der Import von CAD-Daten für die Modellierung möglich? (IGES, VDAFS, CATIA Vx, VRML ...) • 3D-Grafik • 2D-Grafik • Pixelgrafik des Layout als Hintergrund	
❏	Kann auf die internen Daten- und Objektstrukturen des Simulators von außen zugegriffen werden?	
❏	Gibt es eine externe Programmierschnittstelle (z. B. Java) zum Erstellen von spezifischem Steuerungsverhalten?	
❏	Gibt es Datenbankschnittstellen? • ODBC • JDBC • Oracle • ...	
❏	XML- Schnittstelle (Modell/Szenarien, jeweils Import/Export)	
❏	Welche Schnittstellen gibt es zur Maschinensteuerungsebene? • SPS • RC • NC • ...	
❏	Gibt es Schnittstellen zur ERP-Ebene? • SAP • ...	
❏	Ist der Simulator ein Einzelwerkzeug, oder ist die Software in eine Digitale-Fabrik-Lösung integriert?	

Status	Eigenschaften des Simulators	Bemerkung
☐	Ist der Simulator in eine CAD-Umgebung integrierbar?	
☐	Kann der Simulator in andere Software integriert werden?	
☐	Ist der Simulator in Konzepte der Digitalen Fabrik integrierbar?	
☐	...	

14.7.17 Benutzerschnittstelle

Die Benutzerschnittstelle ist für den Bediener von entscheidender Bedeutung. Eine komfortable Benutzerschnittstelle kann die tägliche Arbeit ganz erheblich erleichtern.

Status	Eigenschaften des Simulators	Bemerkung
☐	Gibt es eine grafische Oberfläche zur Modellstrukturierung?	
☐	Ist für alle Bereiche eine integrierte Benutzeroberfläche vorhanden?	
☐	Gibt es uneingeschränkte ZOOM- und SCROLL-Funktionen zur Handhabung großer Modelle?	
☐	Ist die Bedienerführung klar, plausibel und durchgängig (geringes Fehlerpotenzial bei der Eingabe)?	
☐	Gibt es eine komfortable Entwicklungsumgebung zum Editieren und Testen von Steuerstrategien?	
☐	Ist eine durchgehende Online-Hilfe verfügbar?	
	Gibt es Makros für wiederkehrende Funktionen?	
☐	Ist eine UNDO-Funktion vorhanden?	
☐	...	

14.7.18 Systemanforderungen

Die Systemanforderungen werden heute von den meisten leistungsfähigen Arbeitsplatzrechnern ohne Probleme erfüllt. Für 3D-Animationen werden allerdings teilweise besondere Anforderungen an die Leistungsfähigkeit der Grafikkarte gestellt.

Status	Eigenschaften des Simulators	Bemerkung
❐	Hardwareanforderungen • Prozessorleistung • Hauptspeicher • Grafikkarte • Festplatte • Sonstiges • …	
❐	Anforderung an das Betriebssystem	
❐	Ist zusätzliche Software erforderlich? Wenn ja, welche? (Kosten) … …	
❐	…	

14.7.19 Schulung und Service

Der Einsatz von Simulationstechnik sowie der Umgang mit den jeweiligen Simulationswerkzeugen ist nicht trivial. Deshalb ist es sinnvoll, beim Einstieg in diese Technologie entsprechend Schulungen sowie eine Begleitung zumindest des ersten Projektes einzuplanen.

Status	Verfügbarkeit und Kosten der folgenden Themen	Bemerkung
❐	Grundschulung (Umfang)	
❐	Aufbauschulung (Themen, Umfang)	
❐	Training vor Ort (zu welchen Themen?)	
❐	Hotlineservice (Zeiten, Kosten)	
❐	Service vor Ort (Verfügbarkeit, Kosten)	
❐	Welche zusätzlichen Dienstleistungen sind verfügbar? (Umfang, Kosten)	
❐	Unterstützung bei Projekten (Kosten)	
❐	Sind Beratung und Projektunterstützung auch von dritter Seite (u. U. vor Ort) verfügbar?	
❐	…	

14.7.20 Kosten

Bei der Abschätzung der Kosten sind die Investitionskosten für den Simulator, je nach Anforderung als Einzelplatz-, Netzwerk- oder Floating-Lizenz, weiter die Kosten für zusätzliche Module und Schnittstellen sowie die Kosten für Schulung und Training zu berücksichtigen. Darüber hinaus sind die nicht unerheblichen jährlichen Kosten für Softwarewartung einzuplanen.

Status	Module des Simulators	Kosten [€]
❏	Simulator (Version)	
❏	Einzelplatzlizenz	
❏	Netzwerklizenz (Anzahl Lizenzen)	
❏	Floating-Lizenz (Anzahl Lizenzen)	
❏	Schnittstellen (ODBC/JDBC/CAD/SAP/XML ...) ………………………… ………………………… …………………………	
❏	erforderliche Zusatzmodule ………………………… ………………………… …………………………	
❏	erforderliche Bausteinbibliotheken ………………………… ………………………… …………………………	
❏	zusätzliche Auswertesoftware ………………………… …………………………	
❏	Kosten für Arbeitsplätze (Hardware und Basissoftware)	
❏	Schulung (Welche Inhalte/Anzahl Teilnehmer) • Grundschulung • Aufbauschulung • ...	

Status	Module des Simulators	Kosten [€]
☐	Weiteres Training	
	...	
☐	Erste Projektbegleitung (Umfang)	
☐	Wartungsvertrag (jährliche Kosten ... %/Jahr)	
☐	Interner Aufwand und Kosten für:	
	• Systemauswahl	
	• Systemeinführung	
	• Schulungen	
	• ...	
☐	...	
☐	...	

14.7.21 Softwareanbieter

In dieser Rubrik sind allgemeine Informationen über den Softwarehersteller zusammengefasst.

Status	Eigenschaften des Simulators	Bemerkung
☐	Firmengröße des Softwareanbieters:	
☐	Konzernzugehörigkeit:	
☐	Firmensitz:	
☐	Nächster Servicestandort:	
☐	Anzahl Beschäftige in:	
	• Entwicklung	
	• Support	
☐	Wie viele Installationen der Software gibt es?	
	• international	
	• national	
	(jeweils in der Industrie bzw. an Instituten)	
☐	Bietet der Lieferant dieses Simulators weitere Werkzeuge oder Lösungen im Rahmen der Digitalen Fabrik an?	
☐	...	

Die oft gestellte Frage nach dem universell besten Simulationstool ist nicht sinnvoll, da die Anforderungen daran je nach Applikation stark variieren können. Eine Lösung, die für eine spezifische Aufgabe und den Erfahrungshintergrund der Beteiligten die beste sein kann, kann in einem anderen Fall völlig ungeeignet sein. In jedem Fall ist zu empfehlen, die ausgewählte Software in einem konkreten Projekt zu testen. Eine gute Möglichkeit ist es, dies mit der Hilfe eines externen Consultants zu tun, der über entsprechende Erfahrung verfügt.

Mit der Auswahl einer geeigneten Software ist allerdings nur eine, wenn auch sehr bedeutende, Voraussetzung für die erfolgreiche Durchführung einer Simulationsstudie erfüllt. Ganz wesentlich für den Erfolg sind weiter die effiziente Organisation des Simulationsprojektes sowie natürlich die kompetente Nutzung der Software in der Modellierung, bei der Validierung und bei den durchzuführenden Simulationsexperimenten.

Im Rahmen von integrierten Lösungen der Digitalen Fabrik schränkt sich die Auswahl für einzelne Werkzeuge heute erheblich ein, da innerhalb einer Digitale-Fabrik-Lösung nur bestimmte Werkzeuge komplett integrierbar sind. Die Kompatibilität und Schnittstellen zwischen den Werkzeugen sind heute noch nicht so gegeben, dass innerhalb einer Lösung ein Werkzeug durch ein anderes unproblematisch ersetzbar wäre.

15 Weiterführende Informationen

15.1 Glossar

Begriff	englisch	Bedeutung
Ablaufbeschreibung	flow chart	Darstellung der Verknüpfung der verschiedenen Tätigkeiten, die zur Erstellung eines Produktes oder Prozesses notwendig sind.
Ablauflogik, interne	internal sequencing logic	Beschreibung des internen Verhaltens eines Modellelements im Sinne einer Übergangsfunktion. Die Ablauflogik eines Modells ergibt sich aus der Ablaufstruktur und den Ablauflogiken der einzelnen Modellelemente.
Ablaufstruktur	sequencing structure	Beschreibung des Modellverhaltens über die logischen Verknüpfungen der Modellelemente.
above/below	above/below	Roboterarmstellung, Armgelenk oben/unten
absolute Positionierungenauigkeit	absolute position accuracy	Genauigkeit der Positionierung eines Roboters absolut im Raum.
Abstraktion	abstraction	Reduzierung der Komplexität bei der Umsetzung eines Systems in ein Modell, durch Idealisierung oder Weglassen unwichtiger Details.
Abstraktionsgrad bzw. Detaillierungsgrad	level of abstraction/ of particularization	Maß für die Abbildungsgenauigkeit bei der Umsetzung eines Systems in ein Modell. (Je höher der Abstraktionsgrad, desto geringer ist der Aufwand für die Modellierung.)
Aktivität	activity	Zeitverbrauchender Vorgang, der von einem Anfangs- und einem Endeereignis begrenzt wird und zu einem Zustandsübergang führt.
Analytische Lösung	analytical solution	Beschreibung des Systemverhaltens mittels mathematisch lösbarer Methoden.
Animation	animation	Dynamische Visualisierung der Bewegungen oder Zustandsänderungen von Modellelementen
Animationsmodell	animation model	Grafische Repräsentation eines geplanten oder realen Systems zum Zwecke der Animation.

Begriff	englisch	Bedeutung
Applikation	application	Anwendungsprogramm zur Unterstützung von Fachaufgaben
Arbeitsgegenstand	object	Objekte, die während eines Arbeitsablaufs unter Verwendung von Betriebsmitteln bearbeitet, verändert, transportiert oder gelagert werden.
Arbeitsvorgang	operation	Abschnitt eines Arbeitsablaufs
Attribut	attribute	Eigenschaft eines Modellelementes Synonym: Parameter
Aufbaustruktur	structure	Beschreibung des Aufbaus eines Modells durch die Untergliederung in seine Elemente und durch die Beziehungen zwischen diesen.
Auftrag	job	Aufträge werden unterschieden in Kundenaufträge (Auftrag im kaufmännischen Sinne), Produktionsaufträge, Logistikaufträge
Augmented Reality	augmented reality	Erweiterte Realität, das in der Realität Gesehene wird durch computergenerierte Informationen angereichert.
Augmented-Reality (AR)	augmented reality	Betrieb der virtuellen Anlage in der realen Fabrikhalle durch Einblenden eines virtuellen Modells direkt in die spätere Produktionsumgebung.
Ausführungsplanung	implementation planning	Fabrikplanungsphase basierend auf der Systemplanung. Von Bereinigung der Planungsunterlagen bis zum Bau und zur Montageüberwachung einschließlich der Abschlussarbeiten und der Inbetriebnahme.
Auslastung	utilization	Verhältnis der Nutzungszeit eines Betriebsmittels zu dessen zeitlicher Kapazität.
Batch-Funktion	batch mode	Programme werden in einem Stapel angeordnet und sequenziell nacheinander abgearbeitet. Synonym: Stapelbetrieb
Baustein	unit, module	Eigenständige Elemente zur Abbildung begrenzter Funktionalität (physische Bausteine, logische Bausteine, anwenderdefinierte Bausteine).
Benutzungsoberfläche	user interface	Schnittstelle zwischen Programm und Anwender zur Modellerstellung, Eingabe von Daten, Experimentdurchführung und zur Ausgabe von Ergebnissen. Synonyme: Bedienoberfläche, Benutzerschnittstelle

Begriff	englisch	Bedeutung
Betriebshilfsmittel	factory supplies	Für den Herstellungsprozess erforderliche Hilfsmaterialien (z. B. Schmierstoffe, Reinigungsmittel oder Öle).
Betriebsmittel	production facilities	Für den Produktionsprozess erforderliche Ressource.
Betriebsstätte	base	Feste Geschäftseinrichtung, die der Tätigkeit eines Unternehmens dient.
Bewegliche Elemente	movable units	Modellelemente, Objekte, die von den Ressourcen erzeugt, gelagert, bearbeitet, transportiert oder vernichtet werden (meist ohne eigene interne Ablauflogik).
Black Box	black box	Systemmodell, dessen Interna nicht bekannt sind. Eine Übergangsfunktion bestimmt die Wirkungen des System-Inputs auf den System-Output.
Blockdiagramm	block diagram	Systemdarstellung bestehen aus miteinander verbundenen Elementen, die in der Regel durch einfache geometrische Figuren (Rechtecke) dargestellt werden.
Bottom-up-Ansatz	bottom up approach	Vorgehensweise einer schrittweisen Systemanalyse, bei der die Systemdaten zusammengefasst, verallgemeinert und idealisiert werden. Gegenteil: Top-down-Ansatz
Compiler	compiler	Übersetzungsprogramm, das ein Programm (Quellcode) vor der Ausführung (Laufzeit) in maschinenausführbaren Code übersetzt.
Computer Aided Design (CAD)	Computer Aided Design	Rechnerunterstützte Konstruktion, bei der die EDV direkt im Rahmen von Entwicklungs- und Konstruktionstätigkeiten eingesetzt wird.
Computer Aided Engineering (CAE)	Computer Aided Engineering	Rechnerunterstütze Ingenieurtätigkeit zur Entwicklung, Konstruktion und Planung von technischen Produkten.
Computer Integrated Manufacuring (CIM)	Computer Integrated Manufacturing	Integrierter Einsatz von Informationstechnik in allen mit der Produktion zusammenhängenden Betriebsbereichen. CIM umfasst das Zusammenwirken zwischen CAD, CAP, CAM, CAQ und PPS.
Concurrent Engineering	Concurrent Engineering	Gleichzeitiges und gemeinschaftliches Entwickeln von Produkt, Fabrikplanung und Prozess unter Nutzung einer gemeinsamen Datenbasis.

Begriff	englisch	Bedeutung
Daten	data	Systemdaten, technische Daten, organisatorische Daten, Experimentdaten, Simulationsergebnisse.
Datenaufbereitung	data processing	Selektieren, Sortieren, Formatieren und Verdichtung von Daten, interpretationsgerechte Darstellung.
Datenbasis	data depository	Menge aller für eine Anwendung erforderlichen und verfügbaren Systemdaten.
Datenkonsistenz	data consistency	Widerspruchsfreiheit von Daten, es dürfen keine undefinierten Zustände auftreten.
Datenmigration	data migration	Datenübernahme in ein anderes System.
Datenverwaltung	data administration, data management	Organisation simulationsrelevanter Daten, wie Eingabe-, Zustands-, Simulationsergebnis- und Experimentdaten, um einen einfachen und effizienten Zugriff zu ermöglichen.
Detaillierung	particularization	Genauigkeit der Modellierung eines Systems.
Detaillierungsgrad	level of detail, level of resolution	Maßstab für die Genauigkeit der Modellierung eines Systems.
Diagnosesystem	diagnostic system	System, das dem Anwender Hilfestellungen bei der Schwachstellensuche und der Entscheidungsfindung liefert.
Digital Mock-Up (DMU)	digital mockup	Digitales Modell für die räumliche und funktionale Gestaltung und Analyse des Aufbaus und der Struktur eines Produkts, der Baugruppen und seiner Bauteile.
Digitale Planungstechnik	digital planning	Verknüpfung von Produktentwicklung, Produktionsplanung, Produktionstechnik und Qualitätstechnik durch digitale Planungsmodelle.
Digitalisierung	digitisation	Umwandlung realer Systeme in Modelle zur Verarbeitung auf Digitalrechnern.
Dimensionierung	dimensioning	Planungsaktivität zur Auslegung der Komponenten eines Produktionssystems.
Echtzeitsimulation	realtime simulation	Simulation, bei der die Simulationszeit exakt (1 : 1) mit der Realzeit voranschreitet.
Einflussgrößen	influencing factor	Größen, deren Werte die Zielgrößen eines Systems beeinflussen.

Begriff	englisch	Bedeutung
Eingabedaten	input data	Zum Modellaufbau und für die Simulation eines Szenarios notwendige Daten. Diese lassen sich aus den Systemdaten ableiten.
Einschwingphase	warmup period, transient phase	Der eingeschwungene Zustand eines Systems ist erreicht, wenn der Mittelwert der Beobachtungen dem Erwartungswert für unendlich viele Beobachtungen entspricht.
Engineering	engineering	Entwickeln von Produkt und Produktionseinrichtung mit den Aufgaben Produktkonstruktion, Prozessplanung und Fabrikplanung.
Enterprise Resource Planning (ERP)	Enterprise Resource Planning	Informationssysteme, die Unternehmensressourcen planen und verwalten, z. B. betriebswirtschaftliche Systeme wie SAP R/3, Baan usw.
Entscheidungsbaum	decision tree	Grafische Darstellung von Entscheidungen, welche Handlungsalternativen unter welchen Bedingungen möglich sind.
Entscheidungstabelle	decision table	Darstellung von Entscheidungsmöglichkeiten in Tabellen mit einem Entscheidungsteil und einem Aktionsteil.
Ergebnisbewertung	valuation	Bewertung von Alternativen bezüglich Zielerreichung, meist durch eine gewichtete Zielfunktion (Gütefunktion).
Ergebnisdarstellung	presentation of results	Darstellung (tabellarisch oder grafisch) der aufbereiteten Ergebnisdaten, diese werden mit den Einflussgrößen in Beziehung gesetzt.
Erwartungswert	expectation	Repräsentiert den zu erwartenden Mittelwert einer Zufallsverteilung.
Experiment	experiment	Gezielte empirische Untersuchung des Systemverhaltens über einen bestimmten Zeithorizont. Aus dem Verhältnis von Input- zu Output-Verhalten lässt sich auf das interne Verhalten des Systems schließen.
Experimentdaten	experiment data	Daten eines Experiments wie Anzahl der Simulationsläufe, Simulationszeitraum, zu verändernde Modellparameter, Kenngrößen der Zufallszahlengeneratoren.
Experimentplan	experiment plan	Systematischer Plan zur Ausführung mehrerer Simulationsläufe mit unterschiedlichen Anfangszuständen und Parametereinstellungen.

Begriff	englisch	Bedeutung
Experiment-planung	design of experiments	Erstellung eines Experimentplans bezüglich Anzahl und Art der Simulationsexperimente.
Experten-system	expert system	Software, die auf der Basis einer großen Menge von Fakten und Regeln eines Fachgebiets Lösungen für konkrete Problemstellungen anbietet.
Fabrikstruktur	factory structure	Gliederung der Fabrik entsprechend technischen, produktionstechnischen und produktionsorganisatorischen Gesichtspunkten.
Facility Management	facility management	Moderne Form der Anlagenwirtschaft mit integrierter Datenhaltung mit einem geschlossenen Regelkreis über Planung, Realisierung, Bewirtschaftung, Controlling.
Falschfarben-darstellung	false colour rendering	Farbliche Darstellung von Zusammenhängen.
Feasibility Study	feasibility study	Durchführbarkeitsstudie zur Ermittlung der technisch und wirtschaftlich vorteilhaftesten Konzeption.
Finite-Elemente-Methode (FEM)	finite element method	Methode zur virtuellen Belastungsanalyse von Bauteilen durch Simulation, wobei die Bauteile durch ein Modellnetzwerk, das aus kleinen Elementen (finite Elemente) besteht, abstrahiert werden, deren Verhalten entweder exakt oder näherungsweise bekannt ist.
Fitness-Funktion	fitness function	Funktion zur Darstellung der Leistungserfüllung (Fittness) eines Systems bezüglich unterschiedlicher Parameter Synonym: Gütefunktion, Zielfunktion
flip/noflip	flip/noflip	Roboterarmstellung, Handgelenk gedreht/nicht gedreht
Gedankliches Modell	conceptual model	Konzeptionelles Modell zur Abbildung der Komponenten und Abläufe des realen Systems (unabhängig vom Simulationssystem).
Genetischer Algorithmus	genetic algorithm	Optimierungsverfahren, das nach Prinzipien der biologischen Evolution aus einer Menge von Lösungen weitere Nachfolgelösungen generiert und bewertet, um ein Optimum zu erreichen.
Geschäfts-bereich	business area	Teil eines Unternehmens, das eine bestimmte Produktgruppe, eine bestimmte Kundengruppe oder ein bestimmtes Marktsegment repräsentiert.

Begriff	englisch	Bedeutung
Gütefunktion	quality function	Funktion zur Darstellung der Leistungserfüllung (Güte) eines Systems bezüglich unterschiedlicher Parameter. Synonym: Fitness-Funktion, Zielfunktion
Hardware-in-the-Loop (HIL)	hardware in the loop	Teile eines Simulationsmodells werden durch eine elektronische oder mechanische Komponente (z. B. ein Steuergerät) in einem geschlossenen Regelkreis ersetzt.
Hierarchische Modellstrukturierung	hierarchical structuring	Modularisierte Modellstruktur, die in über- und untergeordnete Modellelemente gegliedert ist.
Implementierung	implementation	Erstellung eines auf einem Rechner ablauffähigen Programms oder Programmteils. Synonyme: Programmierung, Realisierung
Initialisierung	initialization	Vorbelegung von Modellparametern zu Beginn eines Simulationslaufes.
Interaktion	interaction	Eingriff des Benutzers in das Modellgeschehen während eines Simulationslaufes.
Interpreter	interpreter	Ein Programm (Quellcode) wird zur Laufzeit in maschinenausführbaren Code übersetzt.
Iterative Verbesserungsverfahren	iterative optimization	Lösungsverfahren, die Lösungen in der Nachbarschaft eines aktuellen Ergebnisses durch Probieren suchen, bis eine „optimale" Lösung gefunden oder ein Abbruchkriterium erreicht wurde.
Kapazität	capacity	Leistungsvermögen einer Ressource/Anlage (Produktionsmenge je Zeiteinheit).
Kennlinie	characteristic curve	Darstellung der Abhängigkeiten einer oder mehrerer Zielgrößen von einer oder mehreren Einflussgrößen in einem Koordinatensystem.
Klasse	class	Zusammenfassung eines genau definierten Satzes von Attributen zu einem neuen, einheitlichen Datentyp.
Konfidenzintervall	confidence interval	Bereich um einen Stichprobenmittelwert, in dem sich mit der angegebenen Wahrscheinlichkeit der „wahre" Mittelwert der Grundgesamtheit befindet.
Konsistenz	consistency	Widerspruchsfreiheit von Systemdaten, Modellstruktur oder Modellelementen. Es dürfen keine undefinierten Zustände auftreten.

Begriff	englisch	Bedeutung
Konsistenz-check	consistency check	Überprüfung der Widerspruchsfreiheit von Daten oder Strukturelementen.
Konzeptionelles Modell	conceptual model	Gedankliches Modell, das als Konzeption für eine Implementierung in einem Simulator dienen kann.
Korrelation	correlation	Wechselseitige Beziehungen zwischen mehreren unterschiedlichen Größen.
Lastenheft	(tender) specifications	Zusammenstellung der Anforderungen des Auftraggebers einer Dienstleistung hinsichtlich Lieferung und Leistungsumfang.
Lauf-betrachtung	observation of the run	Dynamische Anzeige des Prozessfortschritts.
Layout	layout	Anordnung, Auslegung, Gestaltung, Aufmachung, Aufstellungs- oder Einrichtungsplan, Anordnung von industriellen Anlagen (Plant Layout).
lefty/righty	lefty/righty	Roboterarmstellung rechts/links
Logistik	logistics	Disziplin, die sich mit den Material- und Informationsflüssen in und zwischen Unternehmen befasst (Beschaffungs-, Produktions-, Absatz-, und Entsorgungslogistik, Business Logistics).
Makroebene	macro level	Betrachtungsebene des gesamten Systems von außen.
Median	median	Zentralwert, Grenze zwischen zwei gleich großen Hälften.
Messpunkt	point of measuring	Ort, an dem eine Messung (Berechnung und/oder Ablesen) der Simulationsergebnisdaten im Modell erfolgt.
Messzeitpunkt	time of measuring	Zeitpunkt, zu dem Daten erfasst werden sollen.
Mikroebene	micro level	Detaillierte Betrachtungsebene innerhalb des Systems.
Mittelwert	mean	Durchschnittswert aus einer Reihe von Beobachtungswerten (arithmetisches Mittel, geometrisches Mittel).
Modell	model	Vereinfachende Nachbildung eines existierenden oder gedachten Systems mit seinen Prozessen in einem begrifflichen oder gegenständlichen System.
Modell-beschreibung	model description	Methode zur Formulierung und Dokumentation eines Modells.

Begriff	englisch	Bedeutung
Modelldaten	model data	Daten eines Modells: Eingabedaten, Experimentdaten, interne Modelldaten und Simulationsergebnisdaten.
Modelldynamik	model dynamics	Dynamisches Verhalten eines Modells resultierend aus Ablaufstruktur des Modells und einzelnen Ablauflogiken der Modellelemente.
Modellelement	model element, component	Komponenten, aus denen ein Modell oder übergeordnete Modellelemente hierarchisch zusammengesetzt sind.
Modellierung	model construction, modeling	Umsetzen eines existierenden oder gedachten Systems in ein experimentierbares Modell.
Modellierungsphilosophie	modeling philosophy	Grundlegender Modellierungsansatz, wie z. B. bausteinorientierte, sprachorientierte oder objektorientierte Sichtweise, um aus einem realen oder geplanten System ein Modell aufzubauen.
Modelltopologie	model topology	Lage und Anordnung der Symbole, welche die Modellelemente bei einer grafischen Modellbeschreibung repräsentieren.
Modellvariante	variant, model version	Modell, das durch die Veränderung einer oder mehrerer Parameter von einem Referenzmodell entsteht.
Modellzustand	model state	Zustand eines Simulationsmodells.
Modularisierung	modularisation	Aufteilung eines Modells in Modellkomponenten, die ihrerseits Modellelemente enthalten.
Modus	modus	Häufigster Wert einer Häufigkeitsverteilung.
Monitoring, Monitor-System	monitoring	Visualisierung von Zustandsgrößen während der Laufzeit.
Multiagentensystem	multi-agent system	Softwaresystem bestehend aus kooperierenden Agenten, die z. B. Planungs- oder Dispositionsaufgaben nach vorgegebenen Optimierungskriterien lösen.
Nutzwert	benefit value	Ersatzgröße zur Bewertung von Simulationsergebnissen, bei denen oft mehrere Bewertungskriterien berücksichtigt werden müssen.
Objekt	object	Modellelement, das einen (zeitlich veränderbaren) Zustand hat und für das festgelegt ist, wie dieses auf bestimmte Nachrichten zu reagieren hat.

Begriff	englisch	Bedeutung
offline	offline	Ohne direkte Verbindung mit einem Rechner (oder einem Programm).
Offline-Programmierung	offline programming	Generierung von Steuerungsprogrammen für eine reale Maschine basierend auf einem Simulationsmodell, ohne die Steuerung der realen Maschine dazu in Anspruch zu nehmen.
online	online	In direkter Verbindung mit einem Rechner (oder einem Programm).
Optimierung	optimization	Ermittlung optimaler Parameter, Reihenfolgen oder Steuerregeln meist komplexer Systeme, so dass eine Gütefunktion minimiert oder maximiert wird.
Parameter	parameter	(justierbarer) Wert eines Attributs.
Personaltyp	personal qualification	Personen gleicher Qualifikation.
Personengruppe	team	Personen, die zur Erfüllung einer Arbeitsaufgabe in einem Arbeitssystem zusammenarbeiten.
Petri-Netz	Petri Net	Gerichteter Graph bestehend aus Stellen und Transitionen zur Beschreibung und Analyse von nebenläufigen Prozessen.
Pflichtenheft	mandatory list, performance specification	Beschreibung, wie und womit die Anforderungen des Lastenhefts realisiert werden sollen.
Piktogramm	pictogram	Bildsymbol mit festgelegter Bedeutung
Plausibilitätskontrolle	plausibility check, validity check	Überprüfung von Daten oder Modellverhalten anhand von Schätzungen, logischen Überlegungen etc.
Präsentationsgrafik	business graphic	Übersichtliche Darstellung von Werten in Diagrammen (Kreisdiagramme, Liniendiagramme, Radardiagramme, Kennlinien, Sankey-Diagramme, Histogramme, Gantt-Diagramme, Durchlaufdiagramme).
Produktdatenmanagement (PDM)	product data management	Prozessmodell und Softwaresystem für die Handhabung von Produktdaten (Konstruktionsdaten, Stücklisten usw.).
Produktionslogistik	production logistics	Teil der logistischen Kette zwischen der Beschaffungs- und der Distributionslogistik als Kernstück der Unternehmenslogistik.

Begriff	englisch	Bedeutung
Produktions-programm	production program	Art und Menge von Erzeugnissen, die von einem Betrieb oder Bereich in einer bestimmten Periode (Planungszeitraum) erzeugt werden sollen.
Programm-ablaufplan	flow chart	Methode zur Darstellung des logischen Ablaufs von Programmteilen. Synonym: Ablaufplan, Ablaufdiagramm, Flussdiagramm
Programmier-sprache	programming language	Sprache zur Formulierung von Rechenvorschriften, die von einem Computer ausgeführt werden können.
Projekt	project	Einmaliges Vorhaben, das durch eine Zielvorgabe sowie durch zeitliche, finanzielle, personelle oder andere Randbedingungen gegenüber anderen Vorhaben abgegrenzt ist.
Prozess	process	Folge von Funktionen oder Aktivitäten, die inhaltlich abgeschlossen sind und in einem logischen und zeitlichen Zusammenhang zueinander stehen.
Prozessketten	process chain	Verkettung mehrerer Prozesse als Abfolge von Prozesskettenelementen in einem prozessorientierten durchgängigen System.
Puffer	buffer	Zwischenspeicher für bewegliche Elemente in einem Materialflusssystem.
Quelle	source	Systemschnittstelle, an der Objekte in ein System oder Teilsystem eingeschleust werden.
Randbedingung	ancillary constraint	Einschränkung durch technologische, wirtschaftliche oder gesetzliche Gegebenheiten. Synonym: Restriktion
Realistische Robotersimulation (RRS)	realistic robot simulation	Schnittstellenspezifikation, die den Einsatz von Originalsoftware aus Robotersteuerungen in Simulationssystemen ermöglicht.
Reduktion	reduction	Verzicht auf unwichtige Einzelheiten Synonym: Abstraktion
Referenzmodell	reference model	Getestete und validierte Modelle, die als allgemeine Referenz für konkrete Problemlösungen dienen und Common-Practice- oder Best-Practice-Prozesse abbilden.
Reihenfolgen-regel	dispatching rule	Vorschrift zur Festlegung der Reihenfolge bei der Abarbeitung von Bedienwünschen.

Begriff	englisch	Bedeutung
Relative Wiederholgenauigkeit	relative repeat accuracy	Genauigkeit eines Roboters bei der Wiederholung einer Positionieraufgabe, relativ zur bisherigen Durchführung (nicht absolut im Raum).
Ressource	resource	Modellelemente, die für einen Simulationsprozess benötigt werden (häufig mit einer eigenen Ablauflogik).
Run-only-Version	run-only version	Version eines Simulationswerkzeugs, das auf das Experimentieren mit einem existierenden Modell eingeschränkt ist und keine Modellierung zulässt.
Sankey-Diagramm	sankey diagram	Darstellung von Strömungsintensitäten durch die Stärke von Pfeilen zwischen Modellelementen.
Seed-Wert	seed value	Startwert für eine Zufallszahlenfolge.
Senke	sink, drain	Systemschnittstelle, über die Objekte aus einem System oder Teilsystem ausgeschleust werden.
Sensitivitätsanalyse	sensitivity analysis, one-by-one-factor method	Untersuchung des Systemverhaltens bei Änderung einer Einflussgröße, um Zusammenhänge zwischen Einflussgröße und Zielgrößen abzuleiten, während die anderen Einflussgrößen konstant gehalten werden.
Simulation	simulation	Verfahren zur Nachbildung eines Systems mit seinen dynamischen Prozessen in einem experimentierbaren Modell, um zu Erkenntnissen zu gelangen, die auf die Wirklichkeit übertragbar sind.
Simulationsanwender	simulation user	Anwender, der über Expertenwissen auf dem Gebiet des zu modellierenden Systems verfügt und sich schwerpunktmäßig mit der Durchführung der Simulationsexperimente beschäftigt.
Simulationsdienstleister	simulation service provider	Dienstleister, die über fundiertes Wissen auf dem Gebiet der Simulationstechnik verfügen und die Erstellung von Simulationsmodellen durchführen.
Simulationsergebnis	simulation results, result data	Daten eines Simulationslaufs, Änderungen der Zustandsgrößen eines Modells im zeitlichen Verlauf.
Simulationsexperiment	simulation experiment	Simulation eines Szenarios mit einem Parametersatz, aber unterschiedlichen Zufallswerten (statistische Auswertung).

15.1 Glossar

Begriff	englisch	Bedeutung
Simulationslauf	simulation run	Simulation eines Szenarios mit einem spezifizierten Modell mit einem Parametersatz unter Verwendung eines Seed-Wertes über einen bestimmten Zeitraum.
Simulationsmethode	simulation method	Art der Durchführung von Zustandsänderungen eines Modells (z. B. diskret/kontinuierlich).
Simulationsmodell	simulation model	Vereinfachende Nachbildung eines existierenden oder gedachten Systems mit seinen Prozessen in einem Modell zur Simulation des Systemverhaltens.
Simulationsprogramm	simulation program	Ausführbares Simulationsmodell.
Simulationssprache	simulation language	Programmiersprache, die an die Problemstellungen von Simulation angepasst ist.
Simulationsstudie	simulation study	Projekt zur simulationsgestützten Untersuchung eines Systems.
Simulationsszenario	simulation scenario	Konfiguration des Simulationsmodells mit einem Parametersatz.
Simulationsuntersuchung	simulation analysis	Simulation eines oder mehrerer Szenarien mit unterschiedlichen Parametersätzen.
Simulationszeit	simulation time	Modellgröße, welche die im realen System voranschreitende Zeit im Modell abbildet.
Simulator	simulator	Programm, mit dem ein Modell zur Nachbildung des dynamischen Verhaltens eines Systems und seiner Prozesse erstellt und das Verhalten simuliert werden kann. Synonym: Simulationssystem, Simulationstool, Simulationswerkzeug, Simulationsinstrument
Simulatorkern	simulation kernel	Zentraler Programmteil, der den Prozessablauf im Simulator steuert.
Simultaneous Engineering	simultaneous engineering	Nahezu gleichzeitige Durchführung von Entwicklung und Planung zur Verkürzung von Planungszeiträumen und zur Berücksichtigung wechselseitiger Einflüsse.
Standardabweichung	RMS error	Maß für die Streuung der Werte einer Zufallsgröße (Quadratwurzel der Varianz).
Statistik	statistics	Verfahren, nach denen empirische Zahlen gewonnen, dargestellt, verarbeitet, analysiert und für Schlussfolgerungen, Prognosen und Entscheidungen aufbereitet werden.

Begriff	englisch	Bedeutung
Statistischer Test	statistical test, hypothesis testing, significance test	Testverfahren zur Überprüfung der Korrektheit einer Hypothese über die Form einer Wahrscheinlichkeitsverteilung.
Statistisches Verfahren	statistical procedure	Methoden zur statistischen Auswertung von Eingabe- oder Ergebnisdaten zur Absicherung von Anforderungen an Menge, Qualität und Aussagekraft.
Step-Funktion	Stepp function	Manuelle, schrittweise Ablaufsteuerung der Simulation.
Stichprobe	sample	Teil einer statistischen Gesamtheit, der nach einem definierten Auswahlverfahren (meist Verfahren strenger Zufälligkeit) zustande gekommen ist.
Stochastik	stochastic	Mathematische Beschreibung zufallsabhängiger (stochastischer) Vorgänge.
Stochastischer Prozess	stochastic process	Folge von Werten einer Zufallsvariablen über die Zeit.
Strömungsintensität	intensity of the current	Maß für die Stärke von Material- oder Informationsströmen zwischen verschiedenen Modellelementen oder Prozessen zur Beurteilung einer Struktur.
Subsystem	subsystem	Teil eines Systems, das für sich selbst wieder ein System darstellt.
Supply Chain	supply chain	Versorgungskette vom Lieferanten über die Produktion bis zum Kunden.
Syntax	syntax	Formaler Aufbau von Wörtern und Sätzen einer (Programmier-)Sprache, die nach bestimmten Regeln (Grammatik) gebildet werden.
System	system	Gegenüber seiner Umwelt durch eine Systemgrenze abgegrenzte Anordnung von Systemelementen, die über eine Aufbaustruktur und eine Ablaufstruktur in Beziehung stehen.
Systemanalyse	system analysis	Untersuchung eines Systems hinsichtlich Systemdaten, Systemelementen und deren Wechselwirkungen.
Systemdaten	system data	Technische und organisatorische Daten zur Beschreibung eines Systems, die durch Messungen und Beobachtungen eines realen Systems gewonnen werden oder alternativ als Sollwerte für geplante Systeme definiert sind.

Begriff	englisch	Bedeutung
Systemelement	system element	Komponente eines realen oder geplanten Systems.
Systemgrenze	system border	Grenze eines Systems gegenüber der Umwelt, über die per Schnittstellen Materie, Energie und Information ausgetauscht werden kann.
Systemlast	system load	Datenprofil, mit dem ein Simulationsmodell in Form von Eingangsdaten belastet wird.
Teach-in-Programmierung	teach-in programming	Roboterprogrammierung an der realen Anlage durch Teachen (Zeigen, Lehren) der Positionen.
Time-to-Customer	time to customer	Durchlaufzeit bis zur Lieferung
Time-to-Market	time to market	Produkteinführungszeit
Time-to-Volume	time to volume	Anlaufzeit der Produktion
Varianz	Variance	Maß für die Abweichung einer Zufallsvariablen von ihrem Erwartungswert.
Verfügbarkeit	availability	Verhältnis der Zeit, in der ein Produktionsmittel tatsächlich eingesetzt werden kann, zu der Zeit, in der dieses eingesetzt werden soll. VERF = MTBF/(MTBF+MTTR).
Virtual Reality (VR)	virtual reality	Mensch-Maschine-Schnittstelle, die mit dem Einsatz innovativer Technologien den Benutzer in eine dreidimensionale rechnerinterne Welt einbezieht.
Virtualisierung	virtualisation	Simulation eines realen oder geplanten Objekts mit Hilfe digitaler Modelle unter Einbeziehung des realen Verhaltens eines Funktionssystems.
Virtuelle Produktion	virtual production	Simulativ durchgeführte Planung und Steuerung von Produktionsprozessen mit Hilfe digitaler Modelle zur Optimierung von Produktionssystemen.
Virtuelles Unternehmen	virtual company	Netzwerk von unabhängigen Gesellschaften, Zulieferern, Produzenten, Kunden verknüpft durch moderne Informationstechnologie, um Fähigkeiten zu ergänzen, Kosten zu reduzieren und Märkte gemeinsam zu erschließen.
Wahrscheinlichkeitsverteilung	Random distribution	Funktion, die Ereignissen Wahrscheinlichkeiten zuordnet. Synonym: Wahrscheinlichkeitsdichte

Begriff	englisch	Bedeutung
Warteschlangenmodell	queuing model	Mathematisches Modell zur Beschreibung von Warte- und Bedienräumen nach vorgegebenen Regeln.
Wissen	knowledge	Explizites Wissen: kann mittels elektronischer Datenverarbeitung verarbeitet, übertragen und gespeichert werden. Implizites Wissen: ist in den Köpfen einzelner Personen gespeichert und schwer übertragbar. Operatives Wissen: konkretes Durchführungswissen.
Zielfunktion	target function	Funktion zur Darstellung der Leistungserfüllung eines Systems bezüglich unterschiedlicher Parameter. Synonym: Gütefunktion, Fitness-Funktion
Zielgröße	target value	Ergebnisgröße, die durch die Variation der Parameter verbessert werden soll und auf die sich die Auswahl der besten Planungsalternative stützt.
Zielsystem	target system	Zusammenfassung mehrerer Teilziele zur Charakterisierung des Systemverhaltens (diese können zueinander in Wechselwirkung stehen).
Zufallszahlen	random numbers	Von einem Zufallszahlengenerator durch geeignete Rechenvorschriften erzeugte Zahlenfolge, die sich wie eine zufällige Zahlenfolge verhält.
Zufallszahlengenerator	random number generator	Programm zur Erzeugung einer reproduzierbaren Folge von Zufallszahlen einer vorgegebenen stochastischen Verteilung. Mit unterschiedlichen Startwerten (= Seed-Werten) ergeben sich verschiedene Zufallszahlenfolgen.
Zustand	state	Zeitpunktbezogene Situation von Modell- oder Systemelementen
Zustandsgröße	state variable	Größen, die einen zeitpunktbezogenen Zustand von Modell- oder Systemelementen beschreiben.
Zustandsübergang	state transition	Änderung mindestens einer Zustandsgröße eines Systems oder Teilsystems. Diese Übergänge können kontinuierliche oder diskrete Zustandsübergänge sein.

15.2 Abkürzungsverzeichnis

Im Weiteren sind Abkürzungen aufgelistet, die im Bereich der Simulation und der Digitalen Fabrik gebräuchlich sind. Einige der Abkürzungen werden je nach Zusammenhang mit unterschiedlichen Bedeutungen benutzt.

Abkürzung	english	Deutsch
2 D	two dimensional	Zweidimensional
3 D	three dimensional	Dreidimensional
API	Application Programmer Interface	Programmierschnittstelle
AR	Augmented Reality	Erweiterte Realität, die wahrgenommene Realität wird durch computergenerierte Informationen erweitert.
AS/RS	Automated Storage and Retrieval System	Automatisiertes Lagersystem
B2MML	Business to Manufacturing Mark up Language	
BDE	Production Data Aquisition	Betriebsdatenerfassung
BEM	Boundary Element Method	
BOM	Bill of Material	Stückliste
BPR	Business Process Reengineering	Geschäftsprozessoptimierung
CAD	Computer Aided Design	Rechnerunterstützte Konstruktion
CAM	Computer Aided Manufacturing	Rechnerunterstützte Fertigung
CAP	Computer Aided Planning	Rechnerunterstützte Planung
CAPE	Computer Aided Product Engineering	Rechnerunterstützte Produktentwicklung
CAQ	Computer Aided Quality	Rechnerunterstützte Qualitätssicherung
CASE	Computer Aided Software Engineering	
CAVE	Computer Aided Virtual Environment	
CDR	Critical Design Reveue	

Abkürzung	english	Deutsch
CIM	Computer Integrated Manufacturing	Rechnerunterstützte Produktion
CMM	Capability Maturity Model	Prozessmodell zur Beurteilung der Qualität des Softwareprozesses
CSG	Constructive Solid Geometry	Vollkörpervolumenmodell (CAD), das aus geometrischen Grundkörpern (Primitiva) wie Quader, Kugel oder Kegel durch Boole'sche Mengenoperationen (Vereinigung, Schnitt) erzeugt wird.
DA	Design Approval	Abnahme des Designs
DBMS	Database management system	Datenbankmanagementsystem
DF	Digital Factory	Digitale Fabrik
DFA	Design for Assembly	
DFM	Design for Manufacturability	Design-for-Manufacturability-Analyse
DFR	Design Freeze	Festlegung konstruktiver Details
DMF	Digital Manufacturing	Digitale Fertigung
DMP	Digital Manufacturing and Production	Digitale Fertigung und Produktion
DMU	Digital Mockup	Digitaler Zusammenbau
EDM	Engineering Data Management	
EOP	End of Production	Produktionsende
EPK	Event Driven Process Chain	Ereignisgesteuerte Prozesskette
ERP	Enterprise Resource Planning	
ES	Evolution Strategies	Evolutionsstrategien
FBD	Function Block Diagram	Funktionsplan (FUP) zur SPS Programmierung
FDR	Final Design Review	Konzeptionelle Ausarbeitung
FEM	Finit Element Method	Finite-Elemente-Methode
GUI	Grafical User Interface	Grafische Benutzerschnittstelle
HIL	Hardware in the Loop	

Abkürzung	english	Deutsch
HLA	High Level Architecture	
HMI	Human Machine Interface	Mensch-Maschine-Schnittstelle
IDR	Initial Design Review	Grobkonzept
IEC	International Electrotechnical Commission	
IGES	Initial Graphics Exchange Specification	Internationale, normierte Grafikschnittstelle
IL	Instruction List	Anweisungsliste (AWL) zur SPS-Programmierung
IPP	Integrated Process Planning	Integrierte Prozessplanung
IPPD	Integrated Product and Process Developement	Integrierte Produkt- und Prozessentwicklung
IR	Industrial Robot	Industrieroboter
IRL	Industrial Robot Language	Programmiersprache für Industrieroboter
IT	Information Technology	Informationstechnologie
JDBC	Java Database Control	
KVP	Continuous Improvement Process	Kontinuierlicher Verbesserungsprozess
LAN	Local Area Network	Lokales Netzwerk
LD	Ladder Diagram	Kontaktplan (KOP) zur SPS-Programmierung
LOD	Level of Detail	Abstraktionsgrad
LOI	Letter of Intent	Absichtserklärungen
MD	Molecular Dynamics	
MES	Manufacturing Execution Systems	Produktionssteuerungssystem
MIS	Management Information System	Managementinformationssystem
MKS	Multi Body Simulation	Mehrkörpersimulation
MOF	Meta-Object-Facility	Metadaten-Architektur
MPM	Manufacturing Process Management	Produktionsmanagement

Abkürzung	english	Deutsch
MRP	Material Requirements Planning	Materialbedarfsplanung
MSE	Manufacturing Systems Engineering	Ganzheitliche integrierte Fabrikplanung
MTBF	Mean Time Between Failures	Erwartungswert der störungsfreien Einsatzzeitdauer
MTM	Methods Time Measurement	Methode vorbestimmter Zeiten
MTTR	Mean Time To Repair	Erwartungswert der Ausfallzeitdauer
NC	Numerical Control	Numerische Steuerung
NDA	Non Disclosure Agreement	Geheimhaltungsvereinbarung
NPI	New Product Introduction	Produkteinführung
ODBC	Open DataBase Connectivity	Offene Datenbank Schnittstelle
OEM	Original Equipment Manufacturer	Hersteller von Produkten
OES	Original Equipment Supplier	Zulieferer
OLP	Offline Programming	Offline-Programmierung
OMB	Open Manufacturing Backbone	Offene Produktionsarchitektur
OSI	Open Systems Interconnection	Kommunikation offener, informationsverarbeitender Systeme
PCB	Printed Circuit Board	Leiterplatte
PDM	Product Data Management	Produktdatenmanagement
PLC	Programmable Locical Control	Speicher programmierbare Steuerung
PLM	Product Lifecycle Management	Produktlebensdauer
PMU	Physical Mockup	Montageprozess
PPR	product process ressource	Produkt, Prozess, Ressource
PPS	Production Planning and Control	Produktionsplanung und -steuerung
PTP	Point-to-Point	Steuerungsstrategie, bei der nur Start- und Zielpunkt der Bewegung definiert sind (der Bewegungsverlauf zwischen den Punkten ist nicht definiert).
RC	Robot Control	Robotersteuerung

Abkürzung	english	Deutsch
REFA	Work Design/Work Structure, Industrial Organization and Corporate Development	Organisation zur beruflichen Weiterbildung für die Bereiche Produktion, Verwaltung und Dienstleistung (Reichsausschuss für Arbeitszeitermittlung).
ROOM	Real-Time Object-Oriented Modeling	Objektorientierte Modellierungsmethode, mit der sich die Struktur und das Verhalten von Systemen ereignisorientiert abbilden lässt.
ROOM	Real-Time Object-Oriented Modeling	Objektorientierte Echzeitmodellierung
RRS	Realistic Robot Simulation	Realistische Robotersimulation
RTI	Runtime Infrastructure	Laufzeitumgebung
SADT	Structured Analysis and Design Technique	Technik zur strukturierten Analyse und zum Design
SCADA	Supervisory Control and Data Acquisition	Visualisierungssoftware
SDL	System Description Language	Grafikbasierte, formale Beschreibungstechnik zur Spezifikation asynchroner Systeme
SE	Systems Engineering	Problemlösungsmethodik zur Systemplanung
SFC	Sequential Function Chart	Ablaufsprache (AS) zur SPS-Programmierung
SISO	Simulation Interoperability Standards Organization	
SOP	Sequence of Operations	Arbeitsreihenfolge
SOP	Start of Production	Produktionsstart
SPS	Programmable Locical Control	Speicherprogrammierbare Steuerung
SQL	Structured Query Language	Strukturierte Datenbanksprache
ST	Structured Text	Strukturierter Text zur SPS-Programmierung, angelehnt an Hochsprachen

Abkürzung	english	Deutsch
STEP	Standart for the Exchange of Product model data	Datenformat zur Übertragung von Produkt- und Modelldaten
TBF	Time Between Failures	Störungsfreie Zeit zwischen zwei Störungen
TCP	Tool Center Point	Wirkpunkt des Werkzeuges
TTR	Time to Repair	Dauer des technischen Ausfalls (organisatorische Stillstände dürfen in dieser Zeit nicht enthalten sein).
UML	Unified Modeling Language	
URL	Universal Resource Locator	
VM	Virtual Manufacturing	Virtuelle Fertigung
VR	Virtual Reality	Virtuelle Realität
VRC	Virtual Robot Controller	Virtuelle Robotersteuerung
VRML	Virtual Reality Modeling Language	
WAN	Wide Area Network	
XML	Extensible Markup Language	

15.3 Schnittstellen und Datenaustauschformate

Format	Bedeutung
DXF	Drawing Interchange Format Ein von der Firma Autodesk spezifiziertes Dateiformat zum CAD-Datenaustausch.
EDI	Electronic Data Interchange Elektronischer Datenaustausch als Sammelbegriff aller elektronischen Verfahren zum asynchronen und vollautomatischen Versand von strukturierten Nachrichten zwischen Anwendungssystemen unterschiedlicher Institutionen.
EDIFACT	EDIFACT Verfahren zum elektronischen Austausch von Handelsdokumenten und Geschäftsnachrichten. EDIFACT wird von Gremien der Vereinten Nationen (UN) definiert und gepflegt und deshalb oft auch als UN/EDIFACT bezeichnet.
ENGDAT	Engineering Data Message Industriestandard zum Austausch von CAD-Dateien zwischen CAD-Arbeitsplätzen.
IGES	Initial Graphics Exchange Specification Neutrales, herstellerunabhängiges Datenformat zum digitalen Austausch von Informationen zwischen CAD-Programmen.
JDBC	Java Database Connectivity API der Java-Plattform, die eine einheitliche Schnittstelle zu Datenbanken verschiedener Hersteller bietet und speziell auf relationale Datenbanken ausgerichtet ist.
JDF	Job Definition Format Auf XML basierendes Datenformat zur Beschreibung aller für einen Print-Job relevanten Daten. JMF wird vom CIP 4 Konsortium gepflegt und weiterentwickelt.
JMF	Job Messaging Format Auf XML basierendes herstellerunabhängiges Job Messaging Format, das in Erweiterung zu JDF eine dynamische Kommunikation auch während der Prozesse zulässt. JMF wird vom CIP 4-Konsortium gepflegt und weiterentwickelt.

Format	Bedeutung
JT	Jupiter Tesselation
	Technologie der JT Open-Initiative zur Erzeugung von Visualisierungsmodellen, bei dem ein Datenformat für die kompakte aber inhaltsreiche Speicherung von 3D-Datenent entsteht. JT wird über einen Translationsprozess aus allen gängigen CAD-Systemen erzeugt. Das Datenmodell unterstützt dabei unterschiedliche Repräsentationen der CAD-Geometrie.
ODBC	Open DataBase Connectivity
	Standardisierte Datenbankschnittstelle, die SQL als Datenbanksprache verwendet. ODBC bietet eine Programmierschnittstelle (API), die es erlaubt, Anwendungen relativ unabhängig vom verwendeten Datenbankmanagementsystem (DBMS) zu entwickeln.
OLE	Object Linking and Embedding
	Standard von Microsoft zum einfachen Datenaustausch zwischen verschiedenen OLE-fähigen Objekten, bei dem eine Referenz auf das eingebundene Objekt erstellt wird.
PSLX	Planning and Scheduling Language on XML
	Die Spezifikation hat zum Ziel, einen APS(Advanced Planning and Scheduling)-Standard für kollaborative Produktion festzulegen (Unterstützung weltweit agierender produzierender Unternehmen).
ROBFACE	Neutrales Tecnomatix-Datenaustauschformat, das die Implementierung der bekannten CAD-Schnittstellen ermöglicht.
SDXF	Structured Data eXchange Format
	Hierarchisch strukturiertes allgemeines Datenaustauschformat, das als Dateiformat und als Networking-Message-Format geeignet ist.
SGML	Standard Generalized Markup Language (ISO 8879)
	Vorgänger von XML zur Verteilung von strukturierten Texten und Informationen über das Internet.
SOAP	Simple Object Access Protocol (W3C)
	XML-basiertes Kommunikationsprotokoll, das unabhängig von Plattformen sowie Programmiersprachen den Informationsaustausch zwischen Anwendungen durch http oder den Zugriff auf Services über das Web mit Hilfe von XML ermöglicht.

Format	Bedeutung
STEP	Standard for the Exchange of Product Model Data
	Standard zur digitalen Beschreibung von Produktdaten, der neben den physischen auch funktionale Aspekte eines Produktes umfasst. STEP ist formal in dem ISO-Standard 10303 definiert und eignet sich für den Datenaustausch zwischen verschiedenen Systemen.
STL	Standard Transformation Language
	Das STL-Format dient der Bereitstellung geometrischer Informationen aus dreidimensionalen Datenmodellen und beinhaltet die geschlossene Beschreibung der Oberfläche von 3D-Körpern mit Hilfe von Dreiecksfacetten (drei Eckpunkte und die zugehörige Flächennormale).
UML	Unified Modeling Language (OMG)
	Spezifizierung zur Beschreibung und Modellierung eines großen Spektrums von Anwendungsstrukturen, Verhalten, Architektur, Geschäftsprozessen und Datenstrukturen. Auf einem höheren Abstraktionsniveau unterstützt UML das Modellieren jedes Anwendungstyps, der in jeder Kombination von Hardware, Betriebssystemen, Programmiersprachen und Netzwerken läuft.
VDA-FS	VDA-Flächenschnittstelle
	Deutscher Standard veröffentlicht als DIN 66 301 vom Verband der Automobilindustrie e. V. (VDA) für den Austausch von Oberflächendaten zwischen unterschiedlichen CAD-/CAM-Systemen. VDA-FS erlaubt nur die Übertragung von Oberflächen, eine Übertragung von Grafiken ist nicht möglich.
VRML	Virtual Reality Modeling Language
	Plattformunabhängige Beschreibungssprache für 3D-Szenen, deren Geometrien, Ausleuchtungen, Animationen und Interaktionsmöglichkeiten. VRML wurde ursprünglich als 3D-Standard für das Internet entwickelt.
WSDL	Web Services Definition Language (W3C)
	Basiert auf XML und ist die Standardsprache von W3C, um Web-Services-Schnittstellen zu beschreiben. WSDL definiert Web-Services als eine Sammlung von Kommunikationsendpunkten, die fähig sind, Nachrichten auszutauschen.
X3D	Extensible 3D
	3D-Modellierungssprache, die in der Syntax auf XML (XML-Encoding) oder auf VRML (Classic-Encoding) aufbauen kann. X3D bildet den offiziellen Nachfolger des VRML-Standards und ist als ISO-Standard spezifiziert.

Format	Bedeutung
XMI	XML Metadata Interchange
	Auf XML basierendes Format der Object Management Group (OMG) zum Datenaustausch von Objekten auf Basis von Meta-Metamodellen nach der Meta Object Facility (MOF) zwischen Software-Entwicklungswerkzeugen. Neben UML-Modellen können beliebige Metadaten ausgetauscht werden, solange sich diese mit Hilfe der MOF ausdrücken lassen.
XML	Extensible Markup Language (W3C)
	Flexibles Textformat, das ursprünglich zur Verteilung von strukturierten Texten und Informationen über das Internet als Nachfolger von SGML entwickelt wurde. XML wird zunehmend zum Austausch von strukturierten Daten in vernetzten Systemen eingesetzt.

15.4 Anbieter von Simulationssoftware

Tools	Anbieter
AutoMod AutoSched AutoSched AP	Brooks Software 15 Elizabeth Drive Chelmsford, MA 01824 Tel. (978) 262-2400 Fax (978) 262-2500 http://www.brookssoftware.com SAT Simulations- und Automations-Technologie AG Badenweilerstraße 4 79115 Freiburg Tel. +49 (0761) 47 99 79-0 Fax +49 (0761) 47 99 79-99 E-Mail: info@sat-ag.com http://www.satgmbh.de
Flexsim	Flexsim Software Products, Inc. Canyon Park Technology Center 1577 North Technology Way Building A, Suite 2300 Orem, Utah 84097 Tel. (801) 224-6914 Fax (801) 224-6984 E-Mail sales@flexsim.com http://flexsim.com Ingenieurbüro für Simulationsdienstleistung Ralf Gruber Schützenstr. 32c D-24568 Kaltenkirchen Tel. +49 (04191) 95 83 54 Fax +49 (04191) 95 83 51 E-Mail: ralf.gruber@flexsim.de http://www.simulation-beratung.de

Tools	Anbieter
Enterprise Dynamics	Incontrol Simulation Software B. V. The Netherlands Planetenbaan 21 3606 AK Maarssen Tel. +(31) 346-552500 Fax +(31) 346-552451 E-Mail: SimInfo@EnterpriseDynamics.com http://www.incontrol.nl/ Germany/Wiesbaden Gustav-Stresemann-Ring 1 65189 Wiesbaden Germany Tel. +49 (0611) 977 74 345 Fax +49 (0611) 977 74 171 E-Mail: SimInfo@EnterpriseDynamics.com e: http://www.incontrol.nl/
ProModel	ProModel Corporation 556 East Technology Ave. Orem, UT 84097 Tel. (801) 223-4600 Fax (801) 226-6046 http://www.promodel.com SimPlan Modelling GmbH Wasserburger Landstraße 264 D-81827 München Tel. +49 (089) 41 07 36-25 Fax +49 (089) 41 07 36-20 E-Mail: info@promodel.de http://www.promodel.de/

Tools	Anbieter
WITNESS	Lanner Group Limited The Oaks Clews Road Redditch, Worcestershire B98 7ST UK GROSSBRITANNIEN Tel. +44 (015 27) 40 34 00 Fax +44 (015 27) 40 445 www.lanner.co.uk info@lanner.co.uk Lanner Group GmbH Hansaallee 201 D-40549 Düsseldorf Tel. +49 (0211) 53 06 30-00 Fax +49 (0211) 53 06 30-22 E-Mail: info@lannergroup.de http://www.lanner.com/de
Arena	ROCKWELL SOFTWARE The Park Building 504 Beaver Street Sewickley, PA 15143 USA Tel. (412) 741-3727 Fax (412) 741-5635 E-Mail: arena-info@ra.rockwell.com http://www.arenasimulation.com/ SAT Simulations- und Automations-Technologie AG Badenweilerstraße 4 79115 Freiburg Tel. +49 (0761) 47 99 79-0 Fax +49 (0761) 47 99 79-99 E-Mail: info@sat-ag.com http://www.satgmbh.de
DOSIMIS-3 SIMPRO Java Edition	SDZ GmbH Hauert 20 D-44227 Dortmund Tel. +49 (0231) 975050-0 Fax +49 (0231) 975050-50 E-Mail: info@sdz.de http://www.sdz.de

Tools	Anbieter
JaFaSim	SIPOC GmbH Am Deich 61/62 28199 Bremen Tel. +49 (0421) 39 86 01-0 Fax +49 (0421)- 39 86 01-88 E-Mail: info@sipoc.de http://www.sipoc.de
Delmia Lösungen	DELMIA GmbH Raiffeisenplatz 4 70736 Fellbach Tel. +49 (0711) 273 00-0 Fax +49 (0711) 273 00-599 E-Mail: info@delmia.de http://www.delmia.de/
UGS Lösungen	Unigraphics Solutions GmbH Hohenstaufenring 48-54 50674 Köln Tel. +49 (0221) 20 80 2-0 Fax +49 (0221) 24 89 28 http://www.ugsplm.de

15.5 Organisationen

Die wesentlichen Organisationen im Bereich Simulation sind:

	Organisation
ASIM	Arbeitsgemeinschaft Simulation
	Die Arbeitsgemeinschaft Simulation ist eine Arbeitsgemeinschaft im deutschsprachigen Raum zur Förderung und Weiterentwicklung von Modellbildung und Simulation in Grundlagen und Anwendung sowie zur Verbesserung der Kommunikation zwischen Theorie und Praxis. ASIM ist in Fachgruppen und Arbeitskreisen strukturiert, die sich mit spezifischen Gebieten von Modellbildung und Simulation beschäftigen. http://www.asim-gi.org/
ECMS	European Council for Modelling and Simulation
	The European Council for Modelling and Simulation (formerly known as SCS European Council) is an independent forum of European academics and practitioners dedicated to research, development, and applications of modelling and simulation. http://www.scs-europe.net/
EUROSIM	Federation of European Simulation Societies
	EUROSIM – the Federation of European Simulation Societies, provides a European forum for regional and national simulation societies to promote the advancement of modelling and simulation in industry, research and development. Under EUROSIM umbrella, EUROSIM Member Societies and co-operating societies and groups organise conferences, produce publications on modelling and simulation, work in standardising or technical committees, etc. http://www.eurosim.info/
SCS	Society for Computer Simulation International
	The Society for Computer Simulation International is the principal technical society devoted to the advancement of simulation and allied computer arts in all fields. http://www.scs.org/
SISO	Simulation Interoperability Standards Organization's
	Dedicated to facilitating simulation interoperability across a wide spectrum, SISO provides forums, educates the M&S community on implementation, and supports standards development. http://www.sisostds.org/

Weitere Organisationen:

	Organisation
ISO	International Standardisation Organisation http://www.iso.org/
IEEE	Institute of Electrical and Electronic Engineers Non-profit organization, professional association for the advancement of technology. http://www.ieee.org/
IEC	International Electrotechnical Commission Global organization that prepares and publishes international standards for all electrical, electronic and related technologies. http://www.iec.ch/
DIN	Deutsches Institut für Normung Herausgeber DIN-Normen http://www.din.de/
VDI	Verein Deutscher Ingenieure Herausgeber der VDI-Richtlinien http://www.vdi.de/

15.6 Regelmäßige Konferenzen

Regelmäßige Konferenzen im Bereich der Simulation sind:

Konferenz	Organisation
ASIM – Jahrestagung/Symposium Simulationstechnik	ASIM
Jährliches Treffen der ASIM, bei dem sich Forschung und Industrie treffen und bei dem sich u. a. auch junge Simulationsexperten präsentieren.	
European Conference on Modelling and Simulation (ECMS)	SCS
The ECMS is the international conference concerned with state of the art technology in modelling and simulation. ECMS aims at providing a forum for sharing modelling and simulation techniques and for exchanging experiences. The tracks span a broad spectrum of topics in Modelling and Simulation and allow for synergy effects between disciplines.	
Spring Simulation Interoperability Workshop (SIW)	SISO
The SIW is a semiannual event encompassing a broad range of model and simulation issues, applications, and communities, with the overall goal of identifying and supporting the development of products to facilitate simulation interoperability standards and reuse. The SIW includes a several working sessions addressing interoperability and reuse requirements and issues; tutorials on state-of-the-art methodologies, tools, and techniques; and exhibits presenting the latest technological advances.	
Spring Simulation Multiconference (SMC)	SCS
The Spring Simulation Multiconference is an annual conference sponsored by The Society for Modeling and Simulation International which covers state-of-the-art developments in computer simulation technologies, as well as scientific, industrial, and business applications.	
Winter Simulation Conference (WSC)	SCS
The Winter Simulation Conference (WSC) is the premier international forum for disseminating recent advances in the field of system simulation. In addition to a technical program of unsurpassed scope and quality, WSC provides the central meeting place for simulation practitioners, researchers, and vendors working in all disciplines and in the industrial, governmental, military, and academic sectors.	

15.7 Technische Regeln, Literatur und Links

15.7.1 Technische Regeln

Regel	Inhalt
ANSI/US PRO/ IPO 100	Initial Graphics Exchange Specification IGES 5.3
DIN 19 226-1 bis 6	Regelungstechnik und Steuerungstechnik
DIN 66 301	Industrielle Automation; rechnerunterstütztes Konstruieren; Format zum Austausch geometrischer Information (Industrial automation; Computer aided design; Format for the exchange of geometrical informations).
DIN 66 312	Industrieroboter; Programmiersprache; Industrial Robot Language (IRL); Manipulating industrial robots; Programming langugage; Industrial Robot Languages (IRL))
DIN 69 901	Projektwirtschaft; Projektmanagement; Begriffe
DIN EN 61 131 IEC 61 131-3	Standard zur Programmierung speicherprogrammierbarer Steuerungen, SPS
ISA-95-Standards	Standard zur Modellierung der Fabrikstruktur
ISO 10 303-1	Industrial automation systems and integration; Product data representation and exchange; Part 1: Overwiev and fundamental principles (Industrielle Automatisierungssysteme und Integration; Produktdatendarstellung und -austausch; Teil 1: Überblick und grundlegende Prinzipien)
ISO 14 649-1	Industrial automation systems and integration; Physical device control; Data model for computerized numerical controllers; Part 1: Overview and fundamental principles (Industrielle Automatisierungssysteme und Integration; Steuerung von Maschinen; Datenmodell für rechnerintegrierte Steuerungen; Teil 1: Überblick und Grundlagen)
VDI 2221	Methodik zum Entwickeln und Konstruieren technischer Systeme und Produkte, Verein Deutscher Ingenieure
VDI 2815	Begriffe der Produktionsplanung und -steuerung, Blatt 1: Einführung; Grundlagen.
VDI 3633	Simulation von Logistik-, Materialfluss- und Produktionssystemen – Begriffsdefinitionen
VDI 3633 Blatt 1	Simulation von Logistik-, Materialfluss- und Produktionssystemen – Grundlagen

Regel	Inhalt
VDI 3633 Blatt 2	Lastenheft/Pflichtenheft und Leistungsbeschreibung für die Simulationsstudie
VDI 3633 Blatt 3	Simulation von Logistik-, Materialfluss- und Produktionssystemen – Experimentplanung und -auswertung
VDI 3633 Blatt 4	Auswahl von Simulationswerkzeugen – Leistungsumfang und Unterscheidungskriterien
VDI 3633 Blatt 5	Simulation von Logistik-, Materialfluss- und Produktionssystemen – Integration der Simulation in die betrieblichen Abläufe
VDI 3633 Blatt 6	Simulation von Logistik-, Materialfluss- und Produktionssystemen – Abbildung des Personals in Simulationsmodellen
VDI 3633 Blatt 7	Simulation von Logistik-, Materialfluss- und Produktionssystemen – Kostensimulation
VDI 3633 Blatt 8	Simulation von Logistik-, Materialfluss- und Produktionssystemen – Maschinennahe Simulation
VDI 3633 Blatt 11	Simulation von Logistik-, Materialfluss- und Produktionssystemen – Simulation und Visualisierung
VDI 4004 Blatt 4	Zuverlässigkeitskenngrößen; Verfügbarkeitskenngrößen
VDI 4400 Blatt 1	Logistikkennzahlen für die Beschaffung
VDI 4400 Blatt 2	Logistikkennzahlen für die Produktion
VDI 4400 Blatt 3	Logistikkennzahlen für die Distribution
VDI 4403 Blatt 1	Modernisierung und Erweiterung fördertechnischer Anlagen und logistischer Systeme bei laufendem Betrieb
VDI 4499 Blatt 1	Digitale Fabrik Grundlagen

beziehbar über Beuth Verlag GmbH, 10772 Berlin, http://www.beuth.de/

15.8 Literatur

Adams, M.: Fortführung der Digitalen Fabrik in den operativen Produktionsbetrieb. 2004

Albersmann, F.: Simulationsgestützte Prozessoptimierung für die HSC-Fräsbearbeitung. Dortmund: Universität Dortmund, 1999

Aldinger, L.; Rönnecke, T.; Hummel, V.; Westkämper, E.: Advanced Industrial Engineering. Planung und Optimierung für Fabriken im Jahr 2020. Industrie Management 22 (2006) H. 1, S. 59-62

Alt, T.: Augmented Reality in der Produktion. Dissertation, Otto-von-Guerike-Universität Magdeburg, Fakultät für Maschinenbau, 2002

anonym: Fabrikplanung per Laser-Scan. Computer und Automation (2006) H. 1, S. 26-27, 29

anonym: Bessere Chancen bei Neuplanung und Restrukturierung kompletter Werke. Die Unternehmen der Schaeffler Gruppe erarbeiten sich „ihre" Digitale Fabrik mit DELMIA Prozess Engineer. ZWF Zeitschrift für wirtschaftlichen Fabrikbetrieb 100 (2005) H. Sonderausgabe Product Lifecycle Management und Digitale Fabrik, S. 43-47

anonym: Simulieren, nieten, fliegen. DELMIA-Werkzeuge im Einsatz bei der Brötje Automation GmbH: Software für die Digitale Fabrik ist für den Mittelstand hochattraktiv. ZWF Zeitschrift für wirtschaftlichen Fabrikbetrieb 100 (2005) H. Sonderausgabe Product Lifecycle Management und Digitale Fabrik, S. 40-42

Arndt, H.: Supply Chain Management. Wiesbaden: Gabler Verlag, 2005

Arnold, D.: Furmans, K.: Materialfluss in Logistiksystemen. Berlin: Springer, 2005

Auer, F.: Methode zur Simulation des Laserstrahlschweißens unter Berücksichtigung der Ergebnisse vorangegangener Umformsimulationen. IWB-Forschungsberichte, Band 192 (2005) S. 1-161

Avgoustinov, N.; Bley, H.: Distributed virtual enterprises (DVE) in modelling, simulation and planning. Schriftenreihe Produktionstechnik, Univ. d. Saarlandes, Band 29 (2003) S. 123-129

Avgoustinov, N.; Bley, H.: Web-based process modelling for the digital factory. Webbasierte Prozessmodelbildung für die digitale Fabrik. CIRP Internat. Seminar on Manufacturing Systems, 35 (2002) S. 87-90

Bamberg, G.; Baur, F.: StatistikOldenbourg, 2002

Banks, J.; Carson, B. L.; Nelson, J.; Barry, L.: Discreate-Event System Simulation. New York: Prentice Hall, 2005

Banks, J. (Hrsg.: Banks, J.): Handbook of Simulation, Principles, Methodology, Advances, Applications, and Practice. New York: Wiley, 1998

Bär, T.; Haasis, S.: Steps towards the digital factory. Schritte zur digitalen Fabrik. Schriftenreihe Produktionstechnik, Univ. d. Saarlandes, Band 29 (2003) S. 171-175

Baudisch, T.; Denkena, B.; Gose, H.; Landwehr K.; Liu, Z. (Hrsg.: Volkwein, G.): Simulation mechatronischer Systeme. In: Krause, F.-L. u. a. Leitprojekt integrierte Virtuelle Produktentstehung, Fortschrittsbericht April 2001. München, Hanser 2001, 5. 1350140

Baumann, A.; Kirchner, A.; Maier, M.; Rohde, G.; Robens, G.: Produktionsorganisation. Mit Qualitätsmanagement und Produktpolitik. Europa-Lehrmittel, 2003

Bayer, J.; Collisi, T.; Wenzel, S. (Hrsg.: Wenzel, S.): Simulation in der Automobilproduktion. Berlin: Springer, 2002

Becker, J.; Luczak, H.: Workflowmanagement in der Produktionsplanung und -steuerung, Qualität und Effizienz der Auftragsabwicklung steigern. Berlin: Springer, 2003

Beesten, H.; Heuschmann, Ch.: Virtual Reality in der Automatisierungstechnik, Einsatz von PC-Softwaretools mit Virtual-Relaity-Technologie im Kontext der digitalen Fabrik und innerhalb des Life-cycle von Maschinen und Anlagen. VDE-Verlag, 2005

Bergbauer, J.: Entwicklung eines Systems zur interaktiven Simulation von Produktionssystemen in einer Virtuellen Umgebung. Institutsbuchreihe „Innovationen der Fabrikplanung und -organisation". Band 8. Aachen, Shaker Verlag

Berger, P.; Carnevale, M.; Müller, S.; Schack, R.: Digitale Fabrik – von der Idee zur Einführung. In: Zäh, M. F. Reinhart, G. (Hrsg.) Virtuelle Produktionssystemplanung – Virtuelle Inbetriebnahme und Digitale Fabrik. iwb Seminarberichte Band 74. München Herbert Utz Verlag, 2004, S. 7-1-7-32

Berger, P.; Müller, S.; Schack, R. (Hrsg.: Reinhart, G.): Digitale Fabrik: von der Idee zur Einführung. Garching: Herbert Utz Verlag, 2004

Bergholz, M.; Eversheim, W.; Zohm, F.: Die Fabrik im 21. Jahrhundert. Werkzeuge für die Planung und Gestaltung der Fabriken von morgen. Aachen: Dissertation, RWTH Aachen, 2002

Bernhard, J.; Jessen, U.; Wenzel, S.: Management domänenspezifischer Modelle in der Digitalen Fabrik. ASIM, ASIM-Fachtagung „Simulation in Produktion und Logistik", 11 * (2004) S. 289-298

Bernhardt, R.; Schreck, G.; Willnow, C.: Virtual Robot Controller (VRC) Interface. VDI-Berichte Nr. 1552, 2000, VDI-Verlag, Düsseldorf

Berning, R.: Prozessmanagement und Logistik, Gestaltung der Wertschöpfung. Cornelsen, 2002

Berning, R.: Grundlagen der Produktion, Cornelsen, 2001

Bickendorf, J.: Integration der Offline-Programmierung in die Prozesskette. VDI-Berichte Nr. 1679, 2002, VDI-Verlag, Düsseldorf

Bickendorf, J.: Wirtschaftliche Automatisierung von ‚Losgröße 1' – Featurebasierte CAD/CAM-Kopplung für das Profilschneiden mit Robotern. VDI-Z Integrierte Produktion, 5/2000, Springer VDI-Verlag, Düsseldorf

Bickendorf, J.: Neue Anwendungsgebiete für Industrieroboter durch CAD-basierte Offline-Programmierung. VDI-Berichte Nr. 1552, 2000, VDI-Verlag, Düsseldorf

Bierschenk, S.; Kuhlmann, T.; Ritter, A.: Stand der Digitalen Fabrik bei kleinen und mittelständischen Unternehmen. IPA-Studie. Stuttgart, Fraunhofer IRB Verlag

Bierschenk, S.; Kuhlmann, T.; Ritter, A. (Hrsg.: IPA Stuttgart): Stand der Digitalen Fabrik bei kleinen und mittelständischen Unternehmen, Auswertung einer Breitenbefragung. Stuttgart: IRB Verlag, 2005

Bierschenk, S.; Ritter, A.: Kooperative Planung und Aufgabengestaltung in der Digitalen Fabrik. Industrie Management 20 (2004) H. 3, S. 71-73

Bierschenk, S.; Bischoff, J.: Der steinige Weg zur digitalen Fabrik. Im Spannungsfeld von CAx und ERP. Computerwoche 30 (2003) H. 8, S. 36-37

Bierschenk, S.: Virtuell Entwickeln und Planen – Real Produzieren. wt Werkstattstechnik online 92 (2002) H. 4, S. 167-168

Bierwirth, T.; Spieckermann, S.: Schnelle Analyse und Optimierung von Fertigungslinien. VDI-Z Integrierte Produktion 145 (2003) H. 3, S. 22-24

Biethahn, J.; Lackner, A.; Range, M.: Optimierung und Simulation. Oldenbourg, 2004

Biethahn, J.; Hummeltenberg, W.; Schmidt, B.: Simulation als betriebliche Entscheidungshilfe, State of the Art und neuere Entwicklungen. Heidelberg: Physica Verlag, 1999

Bley, H.; Fritz, J.; Zenner, C.: Die zwei Seiten der Digitalen Fabrik, Software-Werkzeug und Methode. ZWF Zeitschrift für wirtschaftlichen Fabrikbetrieb 101 (2006) H. 1/2, S. 19-23

Bley, H.; Zenner, C.: Handling of process and resource variants in the digital factory. CIRP Journal of Manufacturing Systems, Band 34 (2005) H. 2, S. 187-194

Bley, H.; Franke, C.; Zenner, C.: Variant management in production planning. CIRP Journal of Manufacturing Systems, Ban 34 (2005) H. 1, S. 1-8

Bley, H.; Franke, C.; Zenner, C.: Integration of product design and assembly planning by the use of assembly features. Integration von Produktdesign und Montageplanung mit Hilfe von Montagemerkmalen. ICME, CIRP Internat. Seminar on Intelligent Computation in Manufacturing Engineering, 4 (2004) S. 319-324

Bley, H.; Franke, C.: Integration von Produkt- und Produktionsmodell mit Hilfe der Digitalen Fabrik. wt Werkstattstechnik online 91 (2001) H. 4, S. 214-220.

Bleymüller, J.; Gehlert, G.; Gülicher, H.: Statistik für Wirtschaftswissenschaftler. Vahlen, 2004

Blumenau, J. C.; Wuttke, C. C.: Application of the digital factory in the ramp up of production systems by using online-data. CIRP Journal of Manufacturing Systems, Band 34 (2005) H. 3, S. 241-245

Blumenau, J.-C.; Fritz, J.: Modellierung und Auswertung in Sekundenschnelle. wt Werkstattstechnik online 96 (2006) H. 1/2, S. 30-35

Bock, H. G.; Kostina, E.; Phu, H. X.; Rannacher, R.: Modelling, Simulation and Optimization of Complex Processes. Berlin: Springer, 2004

Bolstorff, P.; Rosenbaum, R.: Supply Chain ExcellenceAmerican Management Association, 2003

Bornhäuser, M.; Kirchner, S.; Reinerth, H.: Methodik für eine vorausschauende Logistikplanung. Planung einer situationsgerechten Wandlungsfähigkeit mit Hilfe einer zukunftsbezogenen Szenarienbetrachtung. wt Werkstattstechnik online 93 (2003) H. 3, S.172-177

Bossel, H.: Systeme, Dynamik, Simulation, Modellbildung, Analyse und Simulation komplexer Systeme. Norderstedt: BoD GmbH, 2004

Bowman, D.: Principles for the Design of Performance-oriented Interaction Techniques. In: Stanney, K. M. (Edit.) Handbook of Virtual Environments. Design, Implementation and Applications. 2002. New Jersey, USA Lawrence Erlbaum Associates Inc. Publishers 2002, S. 162-168

Bracht, U.; Kurz, O.: Virtuelle Prozessabsicherung und -optimierung der Elektrotauchlackierung. Einsatz von Finite-Elemente-Methoden im Rahmen der Digitalen Fabrik. wt Werkstattstechnik online 95 (2005) H. 1/2, S. 38-43

Bracht, U.; Schlange, C.; Eckert, C.; Masurat, T.: Datenmanagement für die Digitale Fabrik. Forschungsorientierter Modellansatz für ein effektives Datenmanagement im heterogenen Planungsumfeld. wt Werkstattstechnik online 95 (2005) H. 4, S. 197-204

Bracht, U.; Masurat, T.: Integration von Virtual Reality und Materialflusssimulation zum Digitalen Prozessmuster. wt Werkstattstechnik online 93 (2003) H. 4, S. 249-253

Bracht, U.: Ansätze und Methoden der Digitalen Fabrik. Tagungsband Simulation und Visualisierung. Magdeburg, 2002, S. 1-11

Bracht, U.; Fahlbusch, M.: Fabrikplanung mit Virtual Reality. ZWF Zeitschrift für wirtschaftlichen Fabrikbetrieb 96 (2001) H. 1-2, S. 20-26

Bracht, U.; Ostermann, A.: Neue Potenziale der Simulation. Ein spezifischer Ansatz zur gesamtheitlichen Werksimulation. Industrie und Management (2000) H. 4

Breitenbach, F.; Schwab, J. (Hrsg.: Reinhart, G.): Virtuelle Methoden und Prozesse für das Anlaufmanagement. Garching: Herbert Utz Verlag, 2004

Brocke, J.: Referenzmodellierung: Gestaltung und Verteilung von Konstruktionsprozessen. Berlin: Logos, 2003

Brödner, P.; Hamburg, I.; Schmidtke, T.: Strategische Wissensnetze: wie Unternehmen die Ressource Wissen nutzen, Dokumentation eines Workshops am Institut Arbeit und Technik im Rahmen des Verbundprojektes „Europäische Netze" des Wissenschaftszentrums Nordrhein-Westfalen. 1999

Brumby, L.; Schick, E.; Spiess, M.: Die Instandhaltung im Wandel. Ergebnisse einer Expertenstudie des Forschungsinstituts für Rationalisierung (FIR). In: VDI-Berichte 1598 Instandhaltung – Ressourcenmanagement. 22. VDI/VDEh-Forum Instandhaltung 2001, Tagung Bamberg

Brychta, P.; Müller, K.: Technische Simulation. Vogel Verlag, 2004

Bues, M.; Blach, R.; Stegmaier, S.; Häfner, H.; Hoffmann, H.: Towards a Scalable High Performance Application Platform for Immersive Virtual Environments. In: Fröhlich, Deisinger, Bullinger (Hrsg.) Immersive Projection Technology and Virtual Environments. Wien Springer-Verlag, 2001, S. 165–174

Bullinger, H.-J.; Stender, S.; Modrich, K. U.: Innovationen für eine Produktion 2020 in Deutschland. Industrie Management 22 (2006) H. 1, S. 39–43

Bullinger, H.-J.; Breining, R.; Braun, M.: Virtual reality for industrial engineering. Applications for immersive virtual environments. Handbook of industrial engineering Technology and operations management. New York Wiley, 2001

Bullinger, H.-J.: Einführung in das Technologiemanagement. Zürich: Teubner-Verlag, 1994

Burr, W.: Service Engineering bei technischen Dienstleistungen, Eine ökonomische Analyse der Modularisierung, Leistungstiefengestaltung und Systembündelung. Wiesbaden: Deutscher Universitätsverlag, 2002

Busch, A.; Dangelmaier, W.: Integriertes Supply Chain Management. Wiesbaden: Gabler Verlag, 2004

Cai, J.; Weyrich, M.; Berger, U.: STEP-referenced ontological machining process data modelling for powertrain production in extended enterprise. MechRob, Mechatronics and Robotics, (2004) S. 235–240

Cai, J.; Weyrich, M.; Berger, U.: Digital factory triggered virtual machining process planning for powertrain production in extended enterprise. MechRob, Mechatronics and Robotics, (2004) S. 1072–1077

Cai, J.; Weyrich, M.; Berger, U.: Supplier integrated powertrain machining process planning in digital factory. ICMA, Internat. Conf. on Manufacturing Automation, 4 (2004) S. 565–572

Chacko, J.: Aus der „Digitalen Fabrik" in die „Reale Fabrik" – und zurück. In: Internationaler Fachkongress „Digitale Fabrik in der Automobilindustrie", Ludwigsburg, 29.06.–30.06.2004

Christoph, E.; Collisi, T.; Kohlbauer, R.; Völkl, R.; Effert, C.; Öertli, T. (Hrsg.: Siggenauer, T.): Durchgängiger Einsatz der Simulationstechnik. In: VDI-Z 144 (2002), 3/2002, S. 30–33

Churchill, E. F.; Snowdon, D. N.; Munro, A. J.: Collaborative Virtual Environments. Digital Places and Spaces for Interaction. London, Springer-Verlag Ltd.

Constantinescu, C.; Hummel, V.; Westkämper, E.: Fabrik Life Cycle Management. wt Werkstattstechnik online 96 (2006) H. 4, S. 178-182

Constantinescu, C.; Hummel, V.; Westkämper, E.: New paradigms in Manufacturing Engineering. Factory Life Cycle. Annals of the Academic Society for Production Engineering. Research and Development, XIII/1, Volume XIII, Issue 1, March

Corsten, D.; Gabriel, C.: Supply-Chain-Management erfolgreich umsetzen, Grundlagen, Realisierung und Fallstudien. Berlin: Springer, 2004

Daenzer, W. F. (Hrsg.: Huber, F.): Systems Engineering. Zürich: Verlag Industrielle Organisation, 1999

Dangelmaier, M.: Einführung von Virtueller Realität im Unternehmen. wt Werkstattstechnik online 95 (2005) H. 1/2, S. 53-55

Dangelmaier, M.; Stefani, O.: Menschmodelle in virtuellen Umgebungen einsetzen. wt Werkstattstechnik online 94 (2004) H. 1/2, S. 20-22

Dangelmaier, M.; Hess, F.: Ergonomische Checklisten für die Bewertung von virtuellen und realen Fahrerplätzen. Zeitschrift für Arbeitswissenschaft (2003) H. Mai, Sonderausgabe Arbeitsgestaltung und Ergonomie – Good Practice

Dangelmaier, M.: Systems Engineering, Methodik und Praxis. Zürich: Verlag Industrielle Organisation, 1994

Daniel, C.; Graupner, T.-D.; Ritter, A.: Virtuelle Anlagenkonfiguration. Modulare Produktionssysteme mit Werkzeugen der Digitalen Fabrik kundenindividuell projektieren. wt Werkstattstechnik online 95 (2005) H. 1/2, S. 44-48

Decker, R.; Bödeker, M.; Franke, K.: Potentiale und Grenzen von Virtual Reality-Technologien auf industriellen Anwendermärkten. Possibilities of virtual reality technologies. University Bielefeld. IM Information Management & Consulting (2002) Band 17

Deering, M.: High Resolution Virtual Reality. International Conference on Computer Graphics and Interactive Techniques. Proceedings of the 19th Annual Conference on Computer Graphics and Interactive Techniques 26 (1992) No. 2, S. 195-202

Deger, Y.: Die Methode der Finiten Elemente. Renningen, Expert-Verlag, 2001

Delfmann, W. (Hrsg.: Reihlen, M.): Controlling von Logistikprozessen, Analyse und Bewertung logistischer Kosten und Leistungen. Stuttgart: Schäffer-Poeschel, 2003

Denkena, B.; Woelk, P. O.; Herzog, O.; Scholz, T.: Integration of process planning and scheduling using intelligent software agents. CIRP Journal of Manufacturing Systems, Band 34 (2005) H. 1, S. 19-28

Deuse, J.; Petzelt, D.; Sackermann, R.: Modellbildung im Industrial Engineering. ZWF Zeitschrift für wirtschaftlichen Fabrikbetrieb 101 (2006) H. 1/2, S. 66-69

Dittich, M.: Lagerlogistik. München: Hanser, 2002

Dohms, R.: Methodik zur Bewertung und Gestaltung wandlungsfähiger, dezentraler Produktionsstrukturen. Aachen: Shaker Verlag, 2001

Doil, F.; Schreiber, W.; Alt, T.; Patron, C.: Augmented Reality for manufacturing planning. In: Kunz, A. Deisinger, J. European Association for Computer Graphics EUROGRAPHICS Fraunhofer-Institut für Arbeitswirtschaft und Organisation Association for Computing Machinery ACM, Special Interest Group on Graphics SIGGRAPH

Dombrowski, U.; Tiedemann, H.; Quack, S.: Einführung der Digitalen Fabrik bei KMU. ZWF Zeitschrift für wirtschaftlichen Fabrikbetrieb 100 (2005) H. 1/2, S. 10-13

Dombrowski, U.; Tiedemann, H.: Wissensmanagement in der Fabrikplanung. wt Werkstattstechnik online 94 (2004) H. 4, S. 137-140

Dombrowski, U.; Tiedemann, H.: Digitale Vernetzung von Produktentwicklung und Fabrikplanung. Wiss. Schriftenreihe d. Inst. f. Betriebswiss. u. Fabriksysteme, Band 7 (2003) S. 32-46

Dombrowski, U.; Tiedemann, H.: Modellfabriken - Klassifizierung und Nutzung im Rahmen von Fabrikplanungen. wt Werkstattstechnik online 92 (2002) H. 4, S. 128-132.

Dombrowski, U.: Stand und Entwicklungstendenzen der Digitalen Fabrik. Vortragsband 4. Deutsche Fachkonferenz Fabrikplanung, Stuttgart, 06.11.-07.11.2002

Dombrowski, U.; Horatzek, S.: Entwicklung eines Werkzeugs für dezentrales Wissensmanagement. ZWF Zeitschrift für wirtschaftlichen Fabrikbetrieb 97 (2002) H. 3, S. 121-125

Dombrowski, U.; Tiedemann, H.; Bothe, T.: Visionen für die Digitale Fabrik. ZWF Zeitschrift für wirtschaftlichen Fabrikbetrieb 96 (2001) H. 3, S. 96-100

Dörner, D.: Die Logik des Mißlingens, Strategisches Denken in komplexen Situationen. Reinbek: Rowohlt, 2003

Dote, Y.: Systems Modeling and Simulation, Theory and Applications. Heidelberg: Springer, 2005

Dowidat, A.: Delmia und Opel verwirklichen die Digitale Fabrik. wt Werkstattstechnik online 92 (2002) H. 4, S. 171-172

Duffy, V. G.; Salvendy, G.: Concurrent engineering and virtual reality for human resource planning. Computers in Industry 42 (2000) No. 2-3, S. 109-125

Eberst, C.; Bauer, H.; Minichberger, J.; Nöhmayer, H.; Pichler, A.: Self-programming robotized cells for flexible paint-jobs. MechRob, Mechatronics and Robotics, (2004) S. 1089-1093

Eigner, M.; Stelzer, R.: Produktdatenmanagement-Systeme, Ein Leitfaden zu Product Development und Live Cycle Management. Berlin: Springer, 2005

Elscher, A.; Fischer, A.; Heger, C. L.; Vogel, M.: Synergetische Fabrikplanung für optimalen Werkzuschnitt. Branchenreport 2003, Automobilzulieferer „Faszination Auto" (2003) S. 98-99

Erdmann, M.-K.: Supply chain performance measurement, operative und strategische Management- und Controllingansätze. Eul, 2003

Eversheim, W.; Schmidt, K.; Weber, P.: Virtualität in der Wertschöpfungskette. Durchgängig von der Produktentwicklung bis zur Produktionsplanung. wt Werkstattstechnik online 92 (2002) H. 4, S. 149-153.

Eversheim, W.; Lange-Stalinski, T.; Redelstab, P.: Wandlungsfähigkeit durch mobile Fabriken. wt Werkstattstechnik online 92 (2002) H. 4, S. 169-170.

Eversheim, W.; Schuh, G.: Gestaltung von Produktionssystemen/Produktion und Management. Berlin: Springer, 1999

Eversheim, W.; Bochtler, W.; Laufenberg, L.: Simultaneous Engineering. Springer Verlag, 1995

Fahlbusch, M.: Einführung und erste Ansätze von Virtual-Reality-Systemen in der Fabrikplanung. Institutsbuchreihe „Innovationen der Fabrikplanung und -organisation". Band 4. Aachen, Shaker Verlag

Fahlbusch, M.: Einsatz von Simulation und Virtual Reality als Lehrunterstützung in der Fabrikplanung. In: Schulze, T.; Lorenz, P.; Hinz, V. (Hrsg.) Simulation und Visualisierung 2000, Tagungsband „Simulation und Visualisierung"

Fahrmeir, L.; Künstler, R.; Pigeot, Iris: Statistik, Der Weg zur Datenanalyse. Berlin: Springer, 2004

Fedrowitz, Ch.: Virtuelle Inbetriebnahme – heute und morgen. 2004

Feldmann, K.; Reinhart, G. (Hrsg.: Reinhart, G.): Simulationsbasierte Planungssysteme für Organisation und Produktion. Berlin: Springer, 2000

Felix, H.: Unternehmensplanung und Fabrikplanung, Planungsprozesse, Leistungen und Beziehungen. München: Hanser, 1998

Fishman, G. S.: Discrete-Event Simulation, Modeling, Programming, and Analysis. Berlin: Springer, 2001

Fishwick, P. A.: Simulation Model Design and Execution, Building Digital Worlds. New York: Prentice Hall, 1995

Fishwick, P. A.: Knowledge based simulation, methodology and application. New York: Springer, 1991

Fjeld, M.; Morf, M.; Krueger, H.: Activity theory and the practice of design evaluation of a collaborative tangible user interface. International Journal of Human Resources Development and Management 4 (2004) No. 1, S. 94-116 (Switzerland)

Fleischer, J.; Aurich, J. C.; Herm, M.; Stepping, A.; K. Köklü: Verteilte kooperative Fabrikplanung. wt Werkstattstechnik online 94 (2004) H. 4, S. 107-110

Franke, B. Y.; Staudacher, S.; Spieler, S.; Gebser, D.: Factory and process simulation in aero-engine component manufacturing. Fabrik- und Prozesssimulation in der Fertigung von Flugtriebwerkskomponenten. ASME TURBO EXPO, Proceedings of the ASME Turbo Expo, (2005) S. 77-84

Franke, C.: Feature-basierte Prozesskettenplanung in der Montage als Basis für die Integration von Simulationswerkzeugen in der Digitalen Fabrik. Universität d. Saarlandes Produktionstechnik, 2003

Freiburghaus, M.: Methodik und Werkzeuge in der Simulation betriebswirtschaftlicher Systeme 1993

Friedrich, D.: Simulation in der Fertigungssteuerung. Deutscher Universitätsverlag, 1998

Gauldie, D.; Wright, M.; Shillito, A. M.: 3D Modelling is not for WIMPs Part II Stylus/Mouse Clicks. In: Proceedings of EuroHaptics 2004, München

Gausemeier, J.; Stollt, G.: Eine Systematik zur Gestaltung der Produktion von morgen. ZWF Zeitschrift für wirtschaftlichen Fabrikbetrieb 101 (2006) H. 1/2, S. 28-34

Gausemeier, J.; Eckes, R.; Schoo, M.: Virtualisierung der Produkt- und Produktionsprozessentwicklung. Erfolgspotenziale, Technologien und Beispiele. ZWF 97 (2002) H. 7/8, S. 380-384

Gausemeier, J.; Freund, J.; Matysczok, C.: AR-Planning Tool - Designing Flexible Manufacturing Systems with Augmented Reality. In: Proceedings of Eight Eurographics Workshop on Virtual Environments (2002)

Gausemeier, J.; Grafe, M.; Ebbesmeyer, P.: Nutzenpotenziale von Virtual Reality in der Fabrik- und Anlagenplanung. wt Werkstattstechnik online 90 (2000) H. 7/8, S. 282-286

Göpfert, J.: Modulare Produktentwicklung, Zur gemeinsamen Gestaltung von Technik und Organisation. Wiesbaden: Gabler Verlag, 1998

Gora, H.-J.: Die virtuelle Fabrik von Opel. ATZ Automobiltechnische Zeitschrift 102 (2000) H. 7/8, S. 592-599

Grafe, M. (Hrsg.: Gausemeier, J.): Augmented & Virtual Reality in der Produktentstehung, Grundlagen, Methoden und Werkzeuge. Virtual Prototyping/Digital Mockup, Digitale Fabrik. Integration von AR/VR in der Produkt- und Produktionsentwicklung. 2004

Grant, M. R.: Contemporary strategy analysis - concepts, techniques, applications. 4th edition, Blackwell publishing

Graupner, T.; Bierschenk, S.: Erfolgsfaktoren bei der Einführung der Digitalen Fabrik. Industrie Management 21 (2005) H. 2, S. 59-62

Griesbach, B.; Herzog, F.; Ehrenstraßer, M. (Hrsg.: Reinhart, G.): Virtuelle Betriebsmittelerstellung im digitalen Werkzeugbau. Garching: Herbert Utz Verlag, 2004

Günther, H. O.; Mattfeld, D. C.; Suhl, L.: Supply Chain Management und Logistik, Optimierung, Simulation, Decision Support. Heidelberg: Physica Verlag, 2005

Gutenschwager, K.: Online-Dispositionsprobleme in der Lagerlogistik, Modellierung - Lösungsansätze - praktische Umsetzung. Heidelberg: Physica Verlag, 2002

Haken, H.: Die Selbstorganisation komplexer Systeme, Ergebnisse aus der Werkstatt der Chaostheorie. Wien: Picus Verlag, 1998

Hanßen, D.; Riegler, T.: Digitale Fabrik – Zentrales Innovationsthema in der Automobilindustrie. Pressegespräch zur Studie der Roland Berger Strategy Consultant GmbH und T-Systems, Leinfelden Echterdingen, 02.07.2002

Harms, T.; Lopitzsch, J.; Nickel, R.: Integrierte Fabrikstrukturierung und Logistikkonzeption. wt Werkstattstechnik online 93 (2003) H. 4, S. 227–232

Hartung, J.; Elpelt, B.: Statistik, Lehr- und Handbuch der angewandten Statistik. Oldenbourg, 2005

Häuslein, A.: Systemanalyse. VDE-Verlag, 2003

Heitsch, J.-U.: Multidimensionale Bewertung alternativer Produktionstechniken. Ein Beitrag zur technischen Investitionsplanung. Aachen: Shaker Verlag, 2000

Hellmann, A.; Jessen, U.; Wenzel, S.: e-services – a part of the digital factory. e-Dienstleistungen – ein Teil der „Digitalen Fabrik". Schriftenreihe Produktionstechnik, Univ. d. Saarlandes, Band 29 (2003) S. 199–203

Henn, G.: Industrie in the move – Architekturen des Wandels. Karlsruher Arbeitsgespräche 2002, Forschung für die Produktion von morgen. Karlsruhe Forschungszentrum Karlsruhe GmbH 2002

Hernández, R.: Systematik der Wandlungsfähigkeit in der Fabrikplanung. Dissertation, Universität Hannover. Veröffentlicht in Fortschritt-Berichte VDI, Reihe 16, Nr. 149. Düsseldorf VDI-Verlag

Hesselbach, J.; Junge, M.: Reduzierung von Energiespitzen durch Fabriksimulation. Industrie Management 21 (2005) H. 2, S. 3–537

Heuskel, D.: Wettbewerb jenseits von Industriegrenzen, Aufbruch zu neuen Wachstumsstrategien. Frankfurt: Campus Verlag, 1999

Hildebrand, T.; Günther, U.; Mäding, K.; Müller, E.: Die Fabrik als Produkt: Neue Leitbilder für die Fabrikplanung. wt Werkstattstechnik online 94 (2004) H. 7/8, S. 355–362

Hippelein, T.: Wirtschaftlichkeit von Portalprojekten. Diplomarbeit, Lehrstuhl für Betriebswirtschaftslehre, Universität Erlangen-Nürnberg,

Holland, J. H.: Artificial Genetic Adaptation in Computer Control Systems. Ann Arbor: The University of Michigan Press, 1975

Horn, V.: Qualitätssicherung technischer Logistiksysteme: Produktionsanlagen der Automobilindustrie. LOGiSCH, Magdeburger Logistik-Tagung, 10 (2004) S. 29–40

Horn, V.: Bestandaufnahme zur Implementierung der Digitalen Fabrik. 2004

Hübner, S.: Die Digitale Fabrik wird Chefsache im Automobilbau. VDI-Nachrichten, Juli 2002, S. 10–11

IGD: Prozess- und Anlagenkonfiguration zur kooperativen Betriebsleitung. Fraunhofer IGD, Darmstadt, 2002

Imboden, D. M.; Koch, S.: Systemanalyse. Berlin: Springer, 2003

Jarre, F.; Stoer, J.: Optimierung. Berlin: Springer, 2003

Joosten, H.; Mersinger, M.; Runde, C.; Stallkamp, J.: Integrieren mit Virtueller Realität – Virtuelle Realität als Integrationsplattform für Planung, Inbetriebnahme und Betrieb. wt Werkstattstechnik online 91 (2001) H. 6, S. 315–319.

Kahlert, J.: Simulation technischer Systeme. Eine beispielorientierte Einführung. Braunschweig: Vieweg, 2004

Kaluza, B. (Hrsg.: Kersten, W.): Wertschöpfungsmanagement als Kernkompetenz. Wiesbaden: Gabler Verlag, 2002

Kapp, R.; Löffler, B.; Wiendahl, H.-P.; Westkämper, E.: The logistics bench: Scalable logistics simulation from the supply chain to the production process. CIRP Journal of Manufacturing Systems, Band 34 (2005) H. 1, S. 45–54

Kapp, R.; Blond, J.; Westkämper, E.: Fabrikstruktur und Logistik integriert planen. Erweiterung eines kommerziellen Werkzeugs der Digitalen Fabrik für den Mittelstand. wt Werkstattstechnik online 95 (2005) H. 4, S. 191–196

Keil, H.-S.; Arbogast, P.; Selke, C.; Beitinger, G.: Ansätze zur Digitalen Fabrik bei Siemens, Chancen und Herausforderungen. ZWF Zeitschrift für wirtschaftlichen Fabrikbetrieb 101 (2006) H. 1/2, S. 24–27

Keller, G.; Weihrauch, K.: Produktionsplanung und -steuerung mit SAP. Galileo Press, 2005

Kelton, W.; Law, A.: Simulation Modelling and Analysis. 1991

Kerner, A.: Modellbasierte Beurteilung der Logistikleistung von Prozessketten. Hannover: Dissertation, Universität Hannover, 2002

Kinkel, S.; Jung-Erceg, P.; Buhmann, M.: Erfolgskritische Standortfaktoren für unterschiedliche Internationalisierungsstrategien – Erfahrungen von zehn Unternehmen mit Auslandsengagement. FB/IE. Zeitschrift für Unternehmensentwicklung und Industrial Engineering 51 (2002) H.1, S. 4

Kinkel, S.; Wengel, J.: Produktion zwischen Globalisierung und regionaler Vernetzung – Mit der richtigen Strategie zu Umsatz- und Beschäftigungswachstum. Mitteilungen aus der Innovationserhebung, Nr.10, Fraunhofer-Institut für Systemtechnik und Innovationsforschung ISI, Karlsruhe, 1998

Kirchner, S.; Winkler, R.; Westkämper, E.: Turbulenz und Wandlungsfähigkeit in produzierenden Unternehmen. Unternehmensbefragung unter 200 Unternehmen. Studie des IFF, Universität Stuttgart und des Fraunhofer IPA. Stuttgart im Rahmen des Sonderforschungsbereichs 467

Kirchner, S.; Winkler, R.; Westkämper, E.: Unternehmensstudie zur Wandlungsfähigkeit von Unternehmen. wt Werkstattstechnik online 93 (2003) H. 4, S. 254–260

Kirstner, K.-P.; Steven, M.: Produktionsplanung. Heidelberg: Physica Verlag, 2001

Kladiev, S. N.; Pishchulin, V. P.; Dementiev, Y. N.: The automatic control system of fluorite decomposition. KORUS, Korea-Russia Internat. Symp. on Science and Technology, 8 (2004) S. 244–248

Klobes, F.: Produktionsstrategien und Organisationsmodi, internationale Arbeitsteilung am Beispiel von zwei Standorten der Volkswagen AG. Hamburg: VSA-Verlag, 2005

Klocke, F.: Vorsprung durch Virtual Reality – Eine Studie über den industriellen Einsatz von VR. Fraunhofer IPT, Aachen, 2003

Klocke, F.; Straube, A. M.; Hoppe, S.: 3D-FEM-Zerspansimulationen mit Virtual Reality. Neue Methoden zur Auswertung. VDI-Z Integrierte Produktion 145 (2003), Nr. III, Special Werkzeug- und Formenbau, S. 63–66, Springer-VDI-Verlag

Klumpp, B.; Flaig, T.; Grefen, K.: Communication Platform Digital Factory. CAD/CAM Robotics & Factories of the future – Vol. 1 (1999), MT2-5 – MT2-12

Knapp, K.-H.: Trends, Zukunftsbilder, Szenarien. Teil 4: Neue Fertigungskonzepte verändern die Arbeitsstrukturen. Elektronik, Poing, Band 54 (2005) H. 21, S. 34, 37–41

Knobel, M.; Krumm, H.; Kaufhold, T.: Praktische Gestaltung von 3D-Produkt- und Prozessvisualisierung im industriellen Umfeld. HNI-Verlagsschriftenreihe, Band 149 (2004) S. 215–228

Knothe, K.; Wessels, H.: Finite Elemente – Eine Einführung für Ingenieure. Berlin: Springer Verlag, 1992

Knott, S.; Griesbach, B.: Planung und Betriebsmittelbau in der Digitalen Fabrik. 3D-Erfahrungsforum Werkzeug- und Formenbau, 7 (2004) S. 35–41

Korne, T.: Fertigungsorientierte Analyse und Optimierung von Gruppenarbeit in der Automobil-Endmontage unter besonderer Berücksichtigung von Informationstechnologie und Digitaler Fabrik. Schriftenreihe Produktionstechnik, Univ. d. Saarlandes, Band 30 (2004) S. 1–159

Krallmann, H.; Frank, H. F.; Gronau, N.: Systemanalyse im Unternehmen. Oldenbourg, 2002

Kramer, U.; Neculau, M.: Simulationstechnik. München: Hanser, 1998

Krause, L. (Hrsg.: Scholz-Reiter): Methode zur Implementierung von integriertem Produktdatenmanagement (PDM) GITO, 2002

Krueger, W.; Seidl, A.; Speyer, H.: Mathematische Nachbildung des Menschen, RAMSIS 3D Softdummy. FAT-Schriftenreihe 135, Frankfurt am Main FAT

Kuhn, A.: Supply Chain Management, optimierte Zusammenarbeit in der Wertschöpfungskette. Berlin: Springer, 2002

Kuhn, A.; Rabe, M.: Simulation in Produktion und Logistik, Fallbeispielsammlung. Berlin: Springer, 2002

Kuhn, A.; Reinhardt, A.; Wiendahl, H.-P.: Handbuch Simulationsanwendungen in Produktion und Logistik. Braunschweig: Vieweg, 1993

Kurniawan, S. H.; Sporka, A. J.; Nemec, V.; Slavik, P.: Design and evaluation of computer-simulated spatial sound. In: Proceedings of the second Cambridge Workshop on Universal Access and Assistive Technology, Cambridge, UK, 22.03.-24.03.2004. Cambridge Cambridge University Press 2004, S. 137-146

Laguna, M.; Marklund, J.: Business Process Modeling, Simulation, and Design. New York: Prentice Hall, 2004

Lange-Stalinski, T.: Methodik zur Gestaltung und Bewertung mobiler Produktionssysteme. Aachen: Shaker Verlag, 2003

Lankhorst, M.: Enterprise Architecture at Work. Berlin: Springer, 2005

Law, A. M.; Kelton, W. D.: Simulation Modeling and Analysis, McGraw-Hill Series in Industrial Engineering and Management Science. New York: McGraw-Hill Book Company, 1999

Lehmann, J.; Müller, E.: Mit Methode zum Erfolg. wt Werkstattstechnik online 96 (2006) H. 4, S. 150-155

Lepratti, R.; Berger, U.: Evaluierung von Ergonomie-Tools für die Fertigung in der Automobilindustrie. Industrie Management 20 (2004) H. 4, S. 69-72

Leston, J.; Ring, K.; Kyra, E.: Virtual reality. Business applications, markets and opportunities. London: Ovum Ltd., 1996

Liehr, M.: Komponentenbasierte Systemmodellierung und Systemanalyse. Deutscher Universitätsverlag, 2004

Litke, H.-D.: Projektmanagement. München: Hanser, 2004

Lotter, B.; Wiendahl, H.-P.: Montage in der industriellen Produktion, Ein Handbuch für die Praxis. Berlin: Springer, 2005

Luczak, H.; Wiendahl, H.-P.; Weber, J.: Logistik-Benchmarking. Berlin: Springer, 2003

Luczak, H. (Hrsg.): Servicemanagement mit System, Erfolgreiche Methoden für die Investitionsgüterindustrie. Springer Verlag, 1999

Lüdemann, B.; Voss, W.; Sauer, O.: Die wandlungsfähige Fabrik in Polen. In: Tagungsunterlagen zur 3. Deutschen Fachkonferenz Fabrikplanung am 03.04.-04.04.2001. Landsberg verlag moderne industrie

Luhmann, N.; Baecker, D.: Einführung in die Systemtheorie. Carl-Auer-Systeme, 2004

Lutz, S.; Windt, K.; Wiendahl, H.-P. (Hrsg.: Wiendahl, Hans-Peter): Produktionsmanagement in Unternehmensnetzwerken, Wandelbare Produktionsnetze Band 2. Dortmund: Verlag Praxiswissen, 2000

Malik, F.; Malik, F.: Systemisches Management, Evolution, Selbstorganisation, Grundprobleme, Funktionsmechanismen und Lösungsansätze für komplexe Systeme. Paul Haupt Verlag, 2004

Manger, R.; Hammermeister, T.: Virtuelle Inbetriebnahme im Automobilbau. SPS Magazin, Band 18 (2005) H. automotive 2005, S. 20-22

Marczinski, G.: Digitale Fabrik - mit dem 4-Stufenmodell zum Erfolg. PPS Management * Band 10 (2005) H. 2, S. 38-41

Marklund, J.: Business Process Modeling, Simulation and Design/Simulation Software Package. New York: Prentice Hall, 2004

Marti, K.; Gröger, D.: Einführung in die lineare und nichtlineare Optimierung. Heidelberg: Physica-Verlag, 2000

Martin, H.: Praxiswissen Materialflußplanung. Braunschweig: Vieweg, 1999

Matt, D.: Planung autonomer, wandlungsfähiger Produktionsmodule. ZWF Zeitschrift für wirtschaftlichen Fabrikbetrieb 97 (2002) H. 4, S.173-177

Matys, E.: Praxishandbuch Produktmanagement, Grundlagen und Instrumente. Campus Verlag, 2005

McCaughan, N.; Palmer, B.: Leiten und Leiden, Systemisches Denken für genervte Führungskräfte. Dortmund: Borgmann, 2001

Meier, H.; Hanenkamp, N.: Organizational framework for digital factory management systems. Schriftenreihe Produktionstechnik, Univ. d. Saarlandes, Band 29 (2003) S. 143-148

Meier, H.; Hanenkamp, N.: Monitoringsysteme zur adaptiven Fabrikplanung. wt Werkstattstechnik online 93 (2003) H. 4, S. 271-274

Meier, K. J.: Wandlungsfähigkeit von Unternehmen. Stand der Diskussion. ZWF Zeitschrift für wirtschaftlichen Fabrikbetrieb 98 (2003) H. 4, S. 153-159

Melzer-Ridinger, R.: Supply Chain Management. Fortis, 2003

Menges, R.; Schmitt, P.: Die Digitale Fabrik - der zentrale Bestandteil einer PLM-Strategie. ZWF Zeitschrift für wirtschaftlichen Fabrikbetrieb 100 (2005) H. Sonderausgabe Product Lifecycle Management und Digitale Fabrik, S. 10-19

Menges, R.: Frühzeitige Produktbeeinflussung und Prozessabsicherung. Die Digitale Fabrik ist der Schlüssel zum Erfolg. ZWF Zeitschrift für wirtschaftlichen Fabrikbetrieb 100 (2005) H. 1/2, S. 25-31

Menges, R.; Schwarzwälder, R.: Die Digitale Fabrik für kleine und mittelständische Unternehmen. ZWF Zeitschrift für wirtschaftlichen Fabrikbetrieb 100 (2005) H. Sonderausgabe Product Lifecycle Management und Digitale Fabrik, S. 21-32

Mersinger, M.; Hähnke, A.; Weimer, A.; Klumpp, B.; Westkämper, E.: Virtual-Reality-basierte Bedienerkonzepte zur Steuerung und Überwachung von Maschinen und Anlagen in der Produktion - Neue Einsatzfelder von Virtual Reality zur Konfiguration von Produktionsanlagen. wt Werkstattstechnik online 91 (2001) H. 2, S. 72-75.

Middelberg, G.: Softwarewerkzeuge für die Fabriksimulation. Industrie Management 20 (2004) H. 1, S. 73-78

Möller, J.: Kennliniengestützte Auslegung von Fabrikstrukturen. Hannover: Dissertation, Universität Hannover, 1996

Motus, D.: Referenzmodell für die Montageplanung. Methodische Unterstützung der Digitalen Fabrik am Beispiel der Automobilmontage. Magdeburger Maschinenbau-Tage, 7 (2005) S. 177-182

Mueck, B. (Hrsg.: Dangelmaier, W.): Eine Methode zur benutzerstimulierten detaillierungsvarianten Berechnung von diskreten Simulationen von diskreten Simulationen von Materialflüssen. Paderborn: Universität Paderborn Heinz Nixdorf Inst., 2005

Müller, E.; Gäse, T.; Riegel, J.: Layoutplanung partizipativ und vernetzt. wt Werkstattstechnik online 93 (2003) H. 4, S. 266-270

Nagel, K.: Nutzen der Informationsverarbeitung, Methoden zur Bewertung von strategischen Wettbewerbsvorteilen, Produktivitätsverbesserungen und Kosteneinsparungen. München: Oldenbourg, 1988

Nahmias, S.: Production and operations analysis. Boston: McGraw-Hill, 2004

Neugebauer, R.; Schlegel, A.: Advanced process chains for tool and die manufacturing. Fortgeschrittene Prozeßketten für den Werkzeug- und Gesenkbau. ICME, CIRP Internat. Seminar on Intelligent Computation in Manufacturing Engineering, 4 * (2004) S. 153-158

Neuhausen, J.: Methodik zur Gestaltung modularer Produktionssysteme für Unternehmen der Serienproduktion. Aachen: Dissertation, RWTH Aachen, 2001

Noche, B.: Simulation in Produktion und Materialfluß, entscheidungsorientierte Simulationsumgebung. TÜV Rheinland, 1990

Nofen, D.; Klußmann, J.: Wandlungsfähigkeit durch modulare Fabrikstrukturen. Industrie Management 18 (2003) H. 3, S. 49-52

Nofen, D.; Klußmann, J. H.; Löllmann, F.; Wiendahl, H.-P.: Regelkreisbasierte Wandlungsprozesse. wt Werkstattstechnik online 93 (2003) H. 4, S. 238-242

Nofen, D.; Klußmann, J.: Wandlungsfähigkeit durch modulare Fabrikstrukturen - Verbundprojekt WdmF. Industrie Management 18 (2002) H. 3, S. 49-52

Nonaka, I.; Takeuchi, H.: Die Organisation des Wissens. Wie japanische Unternehmen eine brachliegende Ressource nutzbar machen. Frankfurt: Campus Verlag, 1997

Nyhuis, P.; Müller-Seegers, M.: Gestaltung kommunikationsfördernder Fabriken. wt Werkstattstechnik online 95 (2005) H. 5, S. 378-382

Nyhuis, P.; Elscher, A.; Kolakowski, M.: Prozessmodell der Synergetischen Fabrikplanung. wt Werkstattstechnik online 94 (2004) H. 4, S. 95-99

Nyhuis, P.; Wiendahl, H.-P.: Logistische Kennlinien. Berlin/Heidelberg: Springer, 2002

Nyhuis, P.: Durchlauforientierte Losgrößenbestimmung. Fortschritt-Berichte VDI, Reihe 2 Fertigungstechnik, Nr. 225. Düsseldorf

Olfert, K.: Einführung in die Betriebswirtschaftslehre. Friedrich Kiehl Verlag, 6. Auflage. Ludwigshafen

Onosato, M.; Asao, Y.; Ye, H.; Teramoto, K.: Development of active knowledge archives based on virtual manufacturing systems. CIRP Internat. Seminar on Manufacturing Systems, 35 (2002) S. 188-194

Ossimitz, G.: Entwicklung systemischen Denkens, Theoretische Konzepte und empirische Untersuchungen. München: Profil Verlag, 2000

Ostermann, A. D.: Neue Ansätze zur gesamtheitlichen Fabriksimulation, Modellkonzept und wissensbasierte Abstraktion. Aachen: Shaker Verlag, 2001

Pensky, D. H.: Parallele und verteilte Simulation industrieller Produktionsprozesse. Fortschritt-Berichte VDI, Reihe 20: Rechnerunterstützte Verfahren, Band 376 (2004) S. 1-210

Pfeiffer, W.; Metze, G.; Schneider, W.; Amler, R.: Technologie-Portfolio zum Management strategischer Zukunftsgeschäftsfelder. Göttingen: Vandenhoeck und Ruprecht

Pfohl, H.-C.; Häusler, P.: Logistische Schnittstellen in Produktionsnetzen, Konzepte zur Verbesserung der unternehmensübergreifenden Logistik. Dortmund: Verlag Praxiswissen, 2000

Pidd, M.: Computer Simulation in Management Science 1998

Pietsch, T.: Bewertung von Informations- und Kommunikationssystemen. Berlin: Erich Schmidt Verlag, 2003

Porter, M. E.: Towards a Dynamic Theory of Strategy. Strategic Management Journal 12 (1991) S. 95-112 (Hoboken, NJ/USA)

Probst, G.; Raub, S.; Romhardt, K.: Wissen managen. Wie Unternehmen ihre wertvollste Ressource optimal nutzen. Wiesbaden: Gabler Verlag, 1999

Rabe, M. (Hrsg.): Simulation in Produktion und Logistik, Fallbeispielsammlungen. Springer-Verlag, 1998

Reichardt, J.; Gottswinter, C.: Synergetische Fabrikplanung - Am Fallbeispiel der Neuplanung eines Automobilzulieferers. wt Werkstattstechnik online 93 (2003) H. 4, S. 275-281

Reichardt, J.: Synergetische Fabrikplanung - Frühzeitig Teilprojekte zusammenführen. Produktion, Management. Fabrikplanung (2003) H. 8/9, S. 27

Reinfelder, A.; Kotz, T.: 40 Prozent weniger Planungszeit. Automobil Produktion (2002) H. Oktober, S. 34-36

Reinhardt, A.; Hesselbach, J.; Verzano, N.; Junge, M.: Fabriksimulation und Ganzheitliche Bilanzierung. Frontiers in Simulation, Band 13 (2003) S. 361-366

Reinhardt, A. (Hrsg.: Wiendahl, H. P.): Simulationsanwendungen in der Produktion und Logistik. Reihe Fortschritte in der Simulationstechnik.

Reinhart, G.; Zäh, M. F.; Patron, C.; Doil, F.; Alt, T.: Augmented Reality in der Produktionsplanung. wt Werkstattstechnik online 93 (2003) H. 9, S. 653-655

Reinhart, G.: Mit der Digitalen Fabrik zur Virtuellen Produktion. Präsentiert bei „Grenzen überwinden - Wachstum der neuen Art". Münchener Kolloquium,

Reinhart, G.; Patron, C.; Weber, V.: Augmented Reality in der Produktion. wt Werkstattstechnik online 91 (2001) H. 6, S. 325-327

Reinhart, G.; Grunwald, S.; Rick, F.: Virtuelle Produktion – Virtuelle Produkte im Rechner produzieren. VDI-Z Integrierte Produktion 141 (1999) H. 11/12, S. 26-29

Reinhart, G.; Weißenberger, M.: Simulation der Bewegungsdynamik von Werkzeugmaschinen unter Berücksichtigung der Wechselwirkungen von Antrieben und Maschinenstruktur. In: Schwingungen in Antrieben 1998, Frankenthal. Düsseldorf VDI-Verlag 1998, 5. 91–104 (VDI-Berichte 1416)

Reinhart, G. u. a.; Virtuelle Fabrik: Wandlungsfähigkeit durch dynamische Unternehmenskooperationen. In: Wildemann, H. (Hrsg.) Virtuelle Fabrik. TCW-report Nr. 21. München Transfer-Centrum GmbH

Reiter, R. (BMW Group): AUTOMOBIL-PRODUKTION. Fachkonferenz „Digitale Fabrik in der Automobilindustrie", Ludwigsburg, 2004

Reiter, R.: (BMW Group) Automobil-Produktion. Fachkonferenz „Digitale Fabrik in der Automobilindustrie", Ludwigsburg,

Rigot, M. P.: 3-D digital factory and design methods: A case in the automotive industry. Virtual Concept (2005) S. 1-6

Ritter, A.; Illenberger, L.; Schraft, R.-D.: Kopplung Digitale und reale Fabrik. SPS/IPC/Drives, Elektrische Automatisierung, Systeme und Komponenten, Fachmesse & Kongress, 2005 (2005) S. 353-361

Robinson, S.: Simulation, The Practice of Model Development and Use. West Sussex: Wiley, 2004

Robinson, S.: Simulation, The Practice of Model Development and Use. West Sussex: Wiley, 2004

Robinson, S.: Successful Simulation, a practical approach to simulation projects. London: McGraw-Hill, 1994

Roland, B.: Studie „Digitale Fabrik". Umfrage von Roland Berger im Auftrag von T-Systems bei deutschen Automobilherstellern und zwölf Zulieferern. Roland Berger Strategy Consultants, Hamburg

Ross, S. M.; Ross, S. M.: Simulation. San Diego, CA: Academic Press, 2002

Rößler, A.; Lippmann, R.; Bauer, W.: Ergonomiestudien mit virtuellen Menschen. Spektrum der Wissenschaft (September 1997)

Runde, C.; Shligerskiy, M.: Kooperation in der Digitalen Fabrik mit VR. wt Werkstattstechnik online 95 (2005) H. 1/2, S. 49-52

Rupp, C.; SOPHIST GROUP: Systemanalyse kompakt. Spektrum Akademischer Verlag, 2004

Sackerer, M.; Schlögl, W.: Von der digitalen Fabrik zur realen Produktion. SPS/IPC/Drives, Elektrische Automatisierung, Systeme und Komponenten, Fachmesse & Kongress, 2005 (2005) S. 310-319

Sarjoughian, H. S.; Cellier, F. E.: Discrete Event Modeling and Simulation Technologies, A Tapestry of Systems and AI-Based Theories and Methodologies. Berlin: Springer, 2001

Sauer, O.: Trends bei Manufacturing Execution Systemen (MES) am Beispiel der Automobilindustrie. PPS Management Band 10 (2005) H. 3, S. 21–24

Sauer, O.: Agent technology used for monitoring of automotive production. Durchgängige Technologie für die Überwachung der fahrzeugtechnischen Produktion. IMS, Internat. IMS Forum, 2004 (2004) S. 308–316

Sauer, O.: Einfluss der Digitalen Fabrik auf die Fabrikplanung. wt Werkstattstechnik online 94 (2004) H. 1/2, S. 31–34

Sauer, O.: Die Fabrik im Netzwerkverbund – vom Konzept zur verlässlichen Struktur. In: Tagungsunterlagen zur Konferenz „Neuordnung von Produktionsstandorten" am 25.09.–26.09.2003. Landsberg Verlag moderne industrie

Sauer, O.: Prozesskette DMU – parametrische Produktbeschreibung. VDI Gesellschaft Produktionstechnik (VDI-ADB) Menschen und Prozesse. VDI-Berichte 1536, Düsseldorf: VDI-Verlag 2000

Scali, S.; Wright, M.; Shillito, A. M.: 3D-Modelling is not for WIMPs. In: Volume 2 of the Proceedings of HCI International 2003 10th International Conference on Human-Computer Interaction, Kreta, Griechenland

Schabacker, M.: Bewertung der Nutzen neuer Technologien in der Produktentwicklung. In: Vajna, S. (Hrsg.): Buchreihe „Integrierte Produktentwicklung". Reihe für die Dissertationen des Lehrstuhls für Maschinenbauinformatik, Otto-von-Guericke-Universität Magdeburg, Band 1, Magdeburg

Schäfer-Kunz, J.: Kostenrechnung in der virtuellen Fabrik. In: Mertins, K.Rabe, M. (Hrsg.) Erfahrungen aus der Zukunft. Tagungsband zur 8. ASIM-Fachtagung Simulation in Produktion und Logistik. Berlin IPK Berlin 1998, S. 289–296

Schanz, R.; Frede, A.: Konfigurierbare modulare Montagesysteme. In. Stuttgarter Impulse. Tagungsband zum Fertigungstechnischen Kolloquium Stuttgart 2003, Stuttgart, Gesellschaft für Fertigungstechnik

Scheer, A.-W.: Wirtschaftsinformatik – Referenzmodelle für industrielle Geschäftsprozesse. Springer Verlag 7. Auflage. Berlin 1997, S. 93

Scheer, A.-W.: CIM, Der computergesteuerte Industriebetrieb. Berlin: Springer, 1989

Schenk, M.; Wirth, S.: Fabrikplanung und Fabrikbetrieb, Methoden für die wandlungsfähige und vernetzte Fabrik. Berlin: Springer, 2004

Schenk, M.; Straßburger, S.: Realitätsnah. Möglichkeiten des Virtual Engineering bei der Entwicklung von Automobilkomponenten. MM – Maschinenmarkt. Das IndustrieMagazin * (2005) H. 42, S. 46–48

Scherf, H. E.: Modellbildung und Simulation dynamischer Systeme. Eine Sammlung von Simulink-Beispielen. Oldenbourg, 2004

Schiefer, J. u. a.: ProFounD – Eine praxiserprobte Methode zur ganzheitlichen Bewertung und Steuerung von Investitionsvorhaben. Star Publishing GmbH, Stuttgart

Schiller, E.-F.; Seuffert, W.-P.: Digitale Fabrik/Strategie – Bis 2005 realisiert. Automobil-Produktion (2002) April, S. 21–31

Schloegl, W.: Bringing the digital factory into reality – virtual manufacturing with real automation data. CARV, International Conference on Changeable, Agile, Reconfigurable and Virtual Production, 2005 * (2005) S. 187–192

Schlögl, W.: Integriertes Simulationsdatenmanagement für Maschinenentwicklung und Anlagenplanung, Dissertation Universität Erlangen. Bamberg: Meisenbach, 2000

Schmidtmann, U.; Kreutz, G.; Grimm, N. P.; Koers, R.; Robbe, J.: Inkrementelle Entwicklung von Produktionsanlagen über gekapselte Mechatronik-Objekte. Informatik aktuell (2005) S. 101–111

Schmigalla, H.: Fabrikplanung – Begriff und Zusammenhänge. München: Carl Hanser Verlag, 1995

Schneider, H. M.; Buzacott, J. A.; Rücker, T.: Operative Produktionsplanung und -steuerung. Oldenbourg, 2005

Schneider, S.: Rechnergestützte, kooperativ arbeitende Optimierungsverfahren am Beispiel der Fabriksimulation. Kassel: Kassel University Press, 2001

Schönheit, M.: Fabrik und Mensch. wt Werkstattstechnik online 94 (2004) H. 4, S. 166–168

Schöttner, J.: Produktdatenmanagement in der Fertigungsindustrie, Prinzip, Konzepte, Strategien. Fachbuchverlag Leipzig, 1999

Schraft, R. D.; Bierschenk, S.; Kuhlmann, T.: Prozesskette der integrierten digitalen Planung. ZWF Zeitschrift für wirtschaftlichen Fabrikbetrieb 98 (2003) H. 6, S. 316–320

Schraft, R. D.; Ritter, A.; Malthan, D.; Mayer, J.; Stallkamp, J.: KoKoBel – Kooperation bei der Planung von Produktionen. wt Werkstattstechnik online 92 (2002) H. 10, S. 519–521

Schraft, R.-D.; Kuhlmann, T.: Systematische Einführung der Digitalen Fabrik. Schrittweise, bedarfsgerecht kontrolliert und effizient. ZWF Zeitschrift für wirtschaftlichen Fabrikbetrieb 101 (2006) H. 1/2, S. 15–18

Schraft, R.-D.; Ritter, A.; Kuhlmann, T.: DigiPlan-Check. wt Werkstattstechnik online 96 (2006) H. 1/2, S. 70–74

Schraft, R.-D.; Bierschenk, S.: Digitale Fabrik und ihre Vernetzung mit der realen Fabrik. ZWF Zeitschrift für wirtschaftlichen Fabrikbetrieb 100 (2005) H. 1/2, S. 14–18

Schröder, K.; Müller,-Rogait, J.: Objektorientierte Fertigungstechnik, differenzierte Automatisierung und virtuelle Fabrik – Ein Beitrag zur Kursbestimmung. ZWF Zeitschrift für wirtschaftlichen Fabrikbetrieb 97 (2002) 4, S. 187–193

Schuh, G.; Merchiers, A.; Kampker, A.: Geschäftskonzepte für global verteilte Produktion. wt Werkstattstechnik online 94 (2004) H. 3, S. 52-57

Schuh, G.; Gulden, A.; Wemhöner, N.; Kampker, A.: Bewertung der Flexibilität von Produktionssystemen. wt Werkstattstechnik online 94 (2004) H. 6, S. 299-304

Schuh, G.; Harre, J.; Gottschalk, S.; Kampker, A.: Design for Changeability (DFC) - Das richtige Maß an Wandlungsfähigkeit finden. wt Werkstattstechnik online 94 (2004) H. 4, S. 100-106

Schuh, G.; Bergholz, M.; Gottschalk, S.: Fabrikkonzepte für die Kollaborative Produktion. wt Werkstattstechnik online 93 (2003) H. 4, S. 300-304.

Schuh, G.; Van Brussel, H.; Boer, C.; Valckenaers, P.; Sacco, M.: A Model-Based Approach to Design Modular Plant Architectures. Proceedings of the 36th CIRP International Seminar on Manufacturing Systems, Saarbrücken, 03.06.-05.06.2003

Schuh, G.; Klocke, F.; Straube, A. M.; Ripp, S.; Hollreiser, J.: Integration als Grundlage der digitalen Fabrikplanung. VDI-Z Integrierte Produktion 144 (2002) H. 11/12, S. 48-51

Schuh, G.; Millarg, K.; Göransson, A.: Virtuelle Fabrik, neue Marktchancen durch dynamische Netzwerke. München: Carl Hanser Verlag, 1998

Schuldt, C.: Systemtheorie. Europäische Verlagsanstalt, 2003

Schuth, M.; Meeth, Jan: Bewegungssimulation mit CATIA V5, Grundlagen und praktische Anwendung der kinematischen Simulation. München: Hanser Fachbuchverlag, 2005

Schütte, R.: Grundsätze ordnungsmäßiger Referenzmodellierung. Dr. Th. Gabler Verlag, 2001

Schwefel, H. P.: Numerische Optimierung von Computermodellen mittels der Evolutionsstrategie, mit einer vergleichenden Einführung in die Hill-Climbing- und Zufallsstrategie. Stuttgart: Birkhäuser, 1977

Schwender, C.; Dittmar, J.; Prengel, H.: Abbild Modell Simulation. Frankfurt: Peter Lang, 2005

Schwertassek, R.; Walirapp, O.: Dynamik flexibler Mehrkörpersysteme. Vieweg, 1999

Seibert, S.: Technisches Management, Innovationsmanagement, Projektmanagement, Qualitätsmanagement. Zürich: Teubner-Verlag, 1998

Seila, A. F.; Tadikamalla, P. R.; Ceric, V.: Applied Simulation ModelingBrooks Cole, 2003

Selke, C.: Entwicklung von Methoden zur automatischen Simulationsmodellgenerierung. München: Herbert Utz Verlag, 2005

Selke, C.; von Essen, C. (Hrsg.: Reinhart, G.): Methodische Konfiguration von Konzepten zur Digitalen Fabrik. Garching: Herbert Utz Verlag, 2004

Sendler, U.; Wawer, V.: CAD und PDM, Prozessoptimierung durch Integration. München: Hanser, 2005

Senge, P. M.: Die fünfte Disziplin. Stuttgart: Klett-Cotta, 2003

Sesterhenn, M.: Bewertungssystematik zur Gestaltung struktur- und betriebvariabler Produktionssysteme. Aachen: Dissertation, RWTH Aachen, 2003

Severance, F. L.: System Modeling and Simulation, An Introduction. Wiley, 2001

Siegel, P. J.: Computergestützte Simulation als Instrument zur Ermittlung von Auftragsreihenfolgen unter dem Aspekt der Termintreue, Ein Ansatz auf Basis der Kybernetischen Systemtheorie. eurotrans-Verlag, 2005

Sihn, W.; Graupner, T. D.; Bierschenk, S.: The digital process chain from reality to virtual reality using 3-D laser scanning. ICME, CIRP Internat. Seminar on Intelligent Computation in Manufacturing Engineering, 4 * (2004) S. 133-137

Sihn, W.; Graupner, T. D.: Simulation-based configuration, animation and simulation of manufacturing systems. Schriftenreihe Produktionstechnik, Univ. d. Saarlandes, Band 29 (2003) S. 215-218

Sihn, W.; Winkler, R.; Richter, H.: Generische Simulation und interaktive Fabrikplanung. wt Werkstattstechnik online 90 (2000) H. 10, S. 458-462.

Sihn, W.; Bischoff, J.; Briel, R. von; Josten, M.: A Framework and Tool for a Continuous Factory Planning. In: Gopalakrishnan, B. Society of Photo-Optical Instrumentation Engineers SPIE. Conference „Intelligent Systems in Design and Manufacturing III", Proceedings, 06.11.-08.11.2000, Boston, USA. Bellingham/Washington SPIE 2000, S. 206-211

Singer, U.: Die Beurteilung der Wirtschaftlichkeit von Investitionen in Neue Produktionstechnologien. Dissertation, Bamberg, 1990

Sommer, L.; Haug, M.: Systemoptimierung mit Kostensimulation - Instrument für den Mittelstand? wt Werkstattstechnik online 94 (2004) H. 7/8, S. 379-382

Sommer, L.; Hinschläger, M.; Haug, M.; Plankenhorn, A.: Produktionsanläufe bei mittelständischen Unternehmen. ZWF Zeitschrift für wirtschaftlichen Fabrikbetrieb 99 (2004) H. 1/2, S. 2-4

Spath, D.; Baumeister, M.; Rasch, D.: Wandlungsfähigkeit und Planung von Fabriken - Ein Ansatz durch Fabriktypologisierung und unterstützenden Strukturbaukasten. ZWF Zeitschrift für wirtschaftlichen Fabrikbetrieb 97 (2002) H. 1/2, S. 28-32

Specht, D.; Behrens, S.: Strategische Planung mit Roadmaps. In: Möhrle, M. G.; Isenmann, R. (Hrsg.) Technologie-Roadmapping - Zukunftsstrategien für Technologieunternehmen. Berlin Springer-Verlag

Spieckermann, S.: Neue Lösungsansätze für ausgewählte Planungsprobleme in Automobilrohbau und -lackiererei. Aachen: Shaker Verlag, 2002

Spur, G.: Produktionstechnische Forschung in Deutschland. München: Carl Hanser Verlag, 2003

Spur, G. (Hrsg.: Spur, G.): Fabrikbetrieb, Das System. Planung, Steuerung, Organisation. Information, Qualität. Die Menschen. München: Hanser, 1994

Spur, G.: Technologie und Management. München: Carl Hanser Verlag, 1983

Stachowiak, H.: Allgemeine Modelltheorie. Wien: Springer, 1973

Stadler, A.,; Wiedenmaier, S.: Augmented Reality Applications for Effective Manufacturing and Service. Proceedings WWDU 2002 - Work with Display Units - World Wide Work. Berchtesgaden, S. 292-295

Stadtler, H.; Kilger, C.: Supply Chain Management and Advanced Planning. Berlin: Springer, 2004

Stamm, P.: Hybridnetze im Mobilfunk - technische Konzepte, Pilotprojekte und regulatorische Fragestellungen. WIK-Diskussionsbeiträge, Band 256 (2004) S. 1-56

Staudt, E.; Kriegesmann, B.; Thomzik, M.: Facility-Management. Der Kampf um Marktanteile beginnt. Frankfurt am Main: Frankfurter Allgemeine Buch, 1999

Stefanovic, N.; Arsovski, S.; Stefanovic, D.: Supply chain management in digital factory. Versorgungskettenmanagement in der digitalen Fabrik. Schriftenreihe Produktionstechnik, Univ. d. Saarlandes, Band 29 (2003) S. 183-190

Suhl, L.; Mellouli, T.: Optimierungssysteme. Berlin: Springer, 2005

Takakuwa, S.: The Use of Simulation in Activity-based Costing for Flexible Manufacturing Systems. In: Andradóttir, S.; Healy, K. J.; Withers, D. H.; Nelson, B. L. (Edit.) Proceedings of the

Tempelmeier, H.: Material-Logistik. Berlin: Springer, 2005

Tempelmeier, H.: Practical considerations in the optimization of flow production systems. International Journal of Production Research 41 (2003) No. 1, S. 149-170

Thonemann, U.; Behrenbeck, K.; Diederichs, R.: Supply Chain Champions. Wiesbaden: Gabler Verlag, 2003

Tschauner, J.: Schneller und sicherer. MM - Maschinenmarkt. Das IndustrieMagazin (2005) H. 26, S. S88-S91

Ulrich, H.: Systemorientiertes Management. Haupt, 2001

Ulrich, H.; Probst, G.: Anleitung zum ganzheitlichen Denken und Handeln. Bern: Paul Haupt Verlag, 1988

VDI: VDI-Richtlinie 2385Leitfaden für die materialflussgerechte Gestaltung von Industrieanlagen. VDI-Gesellschaft Fördertechnik Materialfluss Logistik. Düsseldorf VDI-Verlag

Vester, F.: Die Kunst, vernetzt zu denken, Ideen und Werkzeuge für einen neuen Umgang mit Komplexität. Stuttgart: DVA, 2002

Vester, F.: Neuland des Denkens. Vom technokratischen zum kybernetischen Zeitalter. München: Deutscher Taschenbuch Verlag, 1997

Vester, F.: Leitmotiv vernetztes Denken. Für einen besseren Umgang mit der Welt. München: Heyne Verlag, 1988

Viharos, Z. J.; Monostori, L.; Csongradi, Z.: Realizing the digital factory: Monitoring of complex production systems. IMS, Intelligent Manufacturing Systems, 7 (2003) S. 29–34

Vogel, H.: Die virtuelle Fabrik. Teil 4: Der Produktlebenszyklus – Simulationsmethoden zwischen Konstruktion und Fertigung. c't (2006) H. 9, S. 98–101

Völker, S.; Bacher, M.; Schmidt, P. M.; Gross, G.: Automatische Generierung logistischer Simulationsmodelle auf Basis von Planungswerkzeugen der Digitalen Fabrik. Frontiers in Simulation, Band 15 (2005) S. 518–523

Voß, Stefan; Woodruff, D. L.: Introduction to computational optimization models for production planning in a supply chain. Berlin: Springer, 2006

Wagner, T.; Blumenau, J. C.: The digital factory, more than a planning environment. Schriftenreihe Produktionstechnik, Univ. d. Saarlandes, Band 29 (2003) S. 7–12

Walter, T.: Einsatz von Methoden der Digitalen Fabrik bei der Planung von Produktionssystemen für die Automobilindustrie. Aachen: Shaker Verlag, 2002

Wang, Y.; MacKenzie, C. L.: The Structure of Object Transportation and Orientation in Human-Computer Interaction. In: CHI '98 Proceedings. New York; ACM Press 1998, S. 312–319

Wannenwetsch, H.: Vernetztes Supply Chain Management, SCM-Integration über die gesamte Wertschöpfungskette. Berlin: Springer, 2005

Warnecke, H.-J.: Die Fraktale Fabrik – Revolution der Unternehmenskultur. Berlin: Springer Verlag, 1992

Weber, J.: Logistik- and Supply Chain Controlling. Stuttgart: Schäffer-Poeschel, 2002

Weber, R.: Zeitgemäße Materialwirtschaft mit Lagerhaltung. Expert-Verlag, 2003

Weck, M.; Ullrich, G.; Neuhaus, J.: Modulare Transfermaschinen – hochproduktiv und (re)konfigurierbar – Hohe Flexibilität durch simultane Konfigurierung von Mechanik und Steuerung. wt Werkstattstechnik online 90 (2000) H. 3, S. 102–104

Weißberger, G.: Die Integration der Zulieferer in die „virtuelle Fabrik". Tagungsband Digitale Fabrik Automotive, Berlin, 09.12.–10.12.2002

Wenzel, S.: Die Digitale Fabrik – Ein Konzept für interoperable Modellnutzung. Industrie Management 20 (2004) H. 3, S. 54–58

Wenzel, S.: Referenzmodelle für die Simulation in Produktion und Logistik. Friedrich-Alexander-Universität Erlangen-Nürnberg, 2000

Werner, H.: Supply-Chain-Management, Grundlagen, Strategien, Instrumente und Controlling. Wiesbaden: Gabler Verlag, 2002

Westkämper, E.; Neunteufel, H.; Runde, C.; Kunst, S.: Ein Modell zur Wirtschaftlichkeitsbewertung des Einsatzes von Virtual Reality für Aufgaben in der Digitalen Fabrik. wt Werkstattstechnik online 96 (2006) H. 3, S. 104–109

Westkämper, E.; Runde, C.: Anwendungen von Virtual Reality in der Digitalen Fabrik. wt Werkstattstechnik online 96 (2006) H. 3, S. 99–103

Westkämper, E. (Hrsg.: Reinhart, G.): Fabrikplanung und -konfiguration mit Werkzeugen der Digitalen Fabrik. Garching: Herbert Utz Verlag, 2004

Westkämper, E. (Hrsg.: Bullinger, H.-J.): Die Digitale Fabrik. Berlin: Springer, 2003

Westkämper, E.; Bierschenk, S.; Kuhlmann, T.: Digitale Fabrik – nur was für die Großen? wt Werkstattstechnik online 93 (2003) H. 1/2, S. 22-26

Westkämper, E.; Jovanoski, D.; Rist, T.: New framework for digital factory planning. Ein neuer Planungsrahmen für die digitale Fabrik. Schriftenreihe Produktionstechnik, Univ. d. Saarlandes, Band 29 (2003) S. 191-198

Westkämper, E.; Winkler, R.: Praxisbeispiel und Nutzung der objektorientierten Konzeption für die Fabriksimulation. Flexibilität und Wandlungsfähigkeit als Anforderungen an Fabrikstrukturen und Produktionssysteme. wt Werkstattstechnik online 92 (2002) H. 3, S. 52-56

Westkämper, E.; Briel, R.; Dürr, M.: Methoden und Werkzeuge für eine zukünftige Planung von Fabriken und Produktionssystemen. HNI-Verlagsschriftenreihe, Band 107 (2002) S. 281-297

Westkämper, E.: Wirtschaftlichkeit wandlungsfähiger Fabriken. 4. Deutsche Fachkonferenz Fabrikplanung, Tagungsband, Stuttgart, November

Westkämper, E.: Die Zukunft der Fabrik ist digital und virtuell. technologie & management 50 (2001) S. 11-12

Westkämper, E.; Bischoff, J.; von Briel, R.; Dürr, M.: Fabrikdigitalisierung. wt Werkstattstechnik online 91 (2001) H. 6, S. 304-307

Westkämper, E.; Mersinger, M.; Stallkamp, J.; Klumpp, B.: Einsatz von Virtual Reality für industrienahe Applikationen. wt Werkstattstechnik online 91 (2001) H. 4, S. 211-213.

Westkämper, E.; Zahn, E.; Balve, P.; Tilebein, M.: Ansätze zur Wandlungsfähigkeit von Produktionsunternehmen. wt Werkstattstechnik online 90 (2000) H. 1/2, S. 23-26.

Westkämper, E.: Kontinuierliche und partizipative Fabrikplanung. Tagungsband Integrative Fabrikplanung, Stuttgart, 2000, S. 7-33

Westkämper, E.; Wiendahl, H. P.; Pritschow, G.; Rempp, B.; Schanz, M.: Turbulenz in der PPS – eine Analogie. wt Werkstattstechnik online 90 (2000) H. 5, S. 203-207

Westkämper, E.: Die Wandlungsfähigkeit von Unternehmen. wt Werkstattstechnik online 89 (1999) H. 4, S. 131-140

Wiendahl, H.-P.; Harms, T.; Lopitzsch, J.: Erfolgreich Planen – Fabrikstrukturierung und Logistikkonzeption im Einklang. In: Albach, H.

Wiendahl, H.-P.; Nofen, D.; Klußmann, J. H.: Planung modularer Fabriken, Vorgehen und Beispiele aus der Praxis. München: Hanser, 2005

Wiendahl, H.-P.: Betriebsorganisation für Ingenieure. München: Hanser, 2004

Wiendahl, H.-P.; Gerst, D. (Hrsg.: Keunecke, L.): Variantenbeherrschung in der Montage, Konzept und Praxis der flexiblen Produktionsendstufe. Berlin: Springer, 2004

Wiendahl, H.-P.; Fiebig, C.: Kooperation von Fabrik- und Technologieplanung. wt Werkstattstechnik online 93 (2003) H. 4, S. 233-237

Wiendahl, H.-P.; Fiebig, C.; Köhrmann, C.; Grienitz, V.: Die Zukunft prognostizieren mit Szenarien - Methodik und Anwendung am Beispiel der Feinblechverarbeitung. New Management 71 (2002) H. 5

Wiendahl, H.-P.: Wandlungsfähigkeit - Schlüsselbegriff der zukunftsfähigen Fabrik. wt Werkstattstechnik online 92 (2002) H. 4

Wiendahl, H.-P.: Wandlungsfähigkeit. wt Werkstattstechnik online 92 (2002) H. 4, S. 122-127

Wiendahl, H.-P.; Heger, C.; Harms, T.: Kontextsensitiver Einsatz von Virtual Reality im Rahmen der Digitalen Fabrik. HNI-Verlagsschriftenreihe, Band 107 (2002) S. 39-51

Wiendahl, H.-P.; Fiebig, C.; Heger, C. L.; Worbs, J.: Freiflug durch die Fabrik. wt Werkstattstechnik online 92 (2002) H. 4, S. 139-143.

Wiendahl, H.-P.; Hegenscheidt, M.; Winkler, H.: Anlaufrobuste Produktionssysteme. wt Werkstattstechnik online 92 (2002) H. 11/12, S. 650-655

Wiendahl, H.-P.; Hernández, R.: Fabrikplanung im Blickpunkt - Herausforderung Wandlungsfähigkeit. wt Werkstattstechnik online 92 (2002) H. 4, S. 133-138.

Wiendahl, H.-P.; Fiebig, C.; Harms, T.: Die Digitale Fabrik - Mehrwert in der Fabrikplanung durch den Einsatz von VR. Tagungsband „Die Digitale Fabrik - Mit Virtual Reality und Simulationstechnik zur erfolgreichen Produktion von morgen", Workshop der Unity AG, Büren,

Wiendahl, H.-P.; Hernández, R.; Grienitz, V.: Planung wandlungsfähiger Fabriken - Erschließung von Potentialen mit Hilfe des Szenario-Managements. ZWF Zeitschrift für wirtschaftlichen Fabrikbetrieb 97 (2002) H. 1/2, S. 12-17

Wiendahl, H.-P.; Hernández, R.; Lopitzsch, J.; Hamacher, O.: „Grüne-Wiese-Planung" - Alles ist möglich! - Best in Class durch Wandlungsfähigkeit und Logistikperformance. wt Werkstattstechnik online 91 (2001) H. 4, S. 192-196

Wiendahl, H.-P.: Wandlungsfähige Fabriken - Eckpfeiler für den Standort Deutschland. wt Werkstattstechnik online 91 (2001) H. 11, S. 723-724

Wiendahl, H.-P.; Reichardt, J.; Hernández, R.: Kooperative Fabrikplanung - Wandlungsfähigkeit durch zielorientierte Integration von Prozess- und Bauplanung. wt Werkstattstechnik online 91 (2001) H. 4, S. 139-143

Wiendahl, H.-P.; Begemann, C.; Harms, T.; Fiebig, C.: Vom Massenfertiger zum High-Tech-Unternehmen - Deutscher Automobilzulieferer erweitert ein Werk in Osteuropa. wt Werkstattstechnik online 91 (2001) H. 4, S. 197-201

Wiendahl, H.-P.; Harms, T.: Maßgeschneiderte Fabriken im Dienste des Kunden. In: Tagungsband 3. Deutsche Fachkonferenz Fabrikplanung, Fabrik 2005. Stuttgart, 03.04.-04.04.2001. Stuttgart, Verlag moderne industrie

Wiendahl, H.-P.; Rempp, B.; Schanz, M.: Turbulenzen erschweren die Planungssicherheit. Analogien aus der Physik erklären das Entstehen und Beherrschen von Turbulenzen. io management 69 (2000) H. 5, S. 38–43

Wiendahl, H.-P.; Hernández, R.: Wandlungsfähigkeit – neues Zielfeld der Fabrikplanung. Industrie Management 16 (2000) H. 5, S. 37–41

Wiendahl, H.-P.: Fertigungsregelung. Logistische Beherrschung von Fertigungsabläufen auf Basis des Trichtermodells. München/Wien: Carl Hanser Verlag, 1997

Wiendahl, H.-P.: Belastungsorientierte Fertigungssteuerung. München/Wien: Carl Hanser Verlag, 1987

Wildemann, H.: Fertigungsstrategien – Reorganisationskonzepte für eine schlanke Produktion und Zulieferung. Transfer-Centrum-Verlag GmbH 3. Auflage. München

Wildemann, H.: Die Modulare Fabrik – kundennahe Produktion durch Fertigungssegmentierung. München. Ges. für Management und Technologie 5. Auflage. München, TCW Verlag

Wildemann, H.; Goldbrunner, R.: Simulationsbasiertes Entstörmanagement in der Produktionsplanung und -steuerung. In: Feldmann, K.; Reinhart, G. (Hrsg.): Simulationsbasierte Planungssysteme für Organisation und Produktion. Berlin, Springer-Verlag 2000, S.

Windt, K.; Bendul, J.: Zukunftsweisende Produktionssteuerungsverfahren. Industrie Management 22 (2006) H. 1, S. 31–34

Wirth, S.; Bullinger, H.-J.: Vernetzt planen und produzieren, neue Entwicklungen in der Gestaltung von Forschungs-, Produktions- und Dienstleistungsnetzen. Stuttgart: Schäffer-Poeschel, 2002

Wirth, S.; Gäse, T.; Günther, U.: Partizipative simulationsgestützte Layoutplanung. wt Werkstattstechnik online 91 (2001) H. 6, S. 328–332

Wirth, S.; Enderlein, H.; Hildebrand, T.: Flexible, temporäre Fabrik – Arbeitsschritte auf dem Weg zu wandlungsfähigen Fabrikstrukturen. Ergebnisbericht der VA16, FZKA-PFT 203, Forschungszentrum Karlsruhe, Mai

Wirth, S.; Mann, H.; Otto, R.: Layoutplanung betrieblicher Funktionseinheiten. Technische Universität Chemnitz, Institut für Betriebswissenschaften und Fabriksysteme, Wissenschaftliche Schriftenreihe Heft 25,

Witte, K.-W.; Vielhaber, W.; Ammon, C.: Planung und Gestaltung wandlungsfähiger und wirtschaftlicher Fabriken. wt Werkstattstechnik online 95 (2005) H. 4, S. 227–231

Wortmann, D.: Dynamische Simulationsmodelle verbinden Produktions- und Logistikprozesse. ZWF Zeitschrift für wirtschaftlichen Fabrikbetrieb 101 (2006) H. 1/2, S. 77–80

Wunderlich, J.: Kostensimulation, simulationsbasierte Wirtschaftlichkeitsregelung komplexer Produktionssysteme. Bamberg: Meisenbach, 2002

Wuttke, C. C.: Mehrfachnutzung von Simulationsmodellen in der Produktionslogistik. Dissertation am Lehrstuhl für Fertigungstechnik/CAM der Universität des Saarlandes. Saarbrücken Schriftenreihe Produktionstechnik Band 20

Ye, N.; Banerjee, P.; Banerjee, A.; Dech, F.: A comparative Study of Assembly Planning in Traditional and Virtual Environments. In: IEEE Transactions on Systems, Man, and Cybernetics - Part C Applications and Reviews, 1999, Vol. 29, No. 4, S. 546-555

Zäh, M.; Reinhart, G.: Virtuelle Produktionssystem-Planung, Virtuelle Inbetriebnahme und Digitale Fabrik. München: Herbert Utz Verlag, 2004

Zäh, M. (Hrsg.: Reinhart, G.): Virtuelle Inbetriebnahme im Regelkreis des Fabriklebenszyklus. Garching: Herbert Utz Verlag, 2004

Zäh, M. (Hrsg.: Reinhart, G.): Fabrikplanung. München: Herbert Utz Verlag, 2002

Zäh, M. F.; Schack, R.: Methodik zur Skalierung der Digitalen Fabrik. ZWF Zeitschrift für wirtschaftlichen Fabrikbetrieb 101 (2006) H. 1/2, S. 11-14

Zäh, M. F.; Schack, R.; Carnevale, M.; Müller, S.: Ansatz zur Projektierung der Digitalen Fabrik. ZWF Zeitschrift für wirtschaftlichen Fabrikbetrieb 100 (2005) H. 5, S. 286-290

Zäh, M. F.; Carnevale, M.; Schack, R.; Müller, S.: Methode zur Umsetzung der Digitalen Fabrik in der Luftfahrtindustrie. Industrie Management 21 (2005) H. 2, S. 15-18

Zäh, M. F.; Müller, N.; Aull, F.; Sudhoff, W.: Digitale Planungswerkzeuge. Methodik zur Bewertung von Potentialen und Risiken. wt Werkstattstechnik online 95 (2005) H. 4, S. 175-180

Zäh, M. F.; Fusch, T.; Patron, C.: Die Digitale Fabrik - Definition und Handlungsfelder. ZWF Zeitschrift für wirtschaftlichen Fabrikbetrieb 98 (2003) H. 3

Zäh, M. F.; Fusch, T.: Methodology for online assembly planning with virtual manufacturing. Schriftenreihe Produktionstechnik, Univ. d. Saarlandes, Band 29 (2003) S. 81-84

Zäpfel, G.; Braune, R.: Moderne Heuristiken der Produktionsplanung, am Beispiel der Maschinenbelegung. München: Vahlen, 2005

Zarei, B.: A Simulation-based Costing in Service Industry. Conference Paper, MESM 2002

Zeigler, B. P.; Zeigler, B. P.; Praehofer, H.; Kim, T. G.: Theory of Modeling and Simulation, Integrating Discrete Event and Continuous Complex Dynamic Systems. Academic Press, 2000

Zirn, O.; Weikert, S.: Modellbildung und Simulation hochdynamischer Fertigungssysteme. Berlin: Springer, 2005

Stichwortverzeichnis

A

Abnahmekriterien 139
Abnahme von Simulationsstudien 383
Absolute Positioniergenauigkeit 67
Abstraktion 28, 45
Abstraktionsniveau 121
Analyse der Ergebnisse 308
3D-Animation 118
Animation 109, 117
Anlagenstörung 148
arbeitsphysiologische Aspekte 81
Arbeitspläne 150
Archivierung 138
Arena 208, 275
Aufträge 151
Augmented-Reality-Technologie 19
Ausfälle 148
auslastungsbedingte Effekte 81
Ausschreibung 315
Austaktung 93
Auswahloptimierung 174
Automation Designer 88
automatisierte Modellgenerierung 95
Automatisierungstechnik 85
AutoMod 208, 276
AutoSched 208, 277

B

Balkendiagramm 167
Baukastenstückliste 150
Bausteinbibliothek 206
Bausteinkonzept 205
Bausteinsimulator 204
Bauteilmodell 71
Best-Case-Szenario 114
Best-Estimate-Szenario 114

Best Practice 98
Betriebsdaten 133
Betriebsmittelbau und -logistik 83
Betriebsmittelbereitstellung 85
Betriebsmitteldaten 147
Betriebsmittelflüsse 84
Bottom-up-Ansatz 39

C

CAD-Layout 146
Checkliste 313, 369
– Abnahme 383
– Eingangsdaten 377
– Lastenheft 374
– Pflichtenheft 375
– Simulationsdokumentation 380
– Simulationsstudie 369
– Simulatorauswahl 385
Chi-Square-Test 304
Common Practice 98

D

Daten
– Ablauforganisation 146
– Kostendaten 152
– Organisationsdaten 151
– Produktbezogene Daten 150
– Produktions- und Logistiksysteme 145
– Produktionsplanung und -steuerung 146, 149
Datenaufbereitung 152, 159, 160
Datenerhebung 143
Datenhaltung 54
Datenkonsistenz 54
Datenmanagement 141, 142
Datenmodell 55

Debugger 105
Degenerationstest 110
DELMIA 209
– DPM V5 Machining 226
– Human Activity Analysis 224
– Human Builder 221
– Human Measurements Editor 222
– Human Posture Analysis 223
– Human Task Simulation 223
– Layout Planner 216
– PLM V5 Robotics Simulation 226
– PPR Hub 236
– Process Engineer 213
– QUEST 217
– V5 Automation 231
– V5 DPM Assembly 232
– V5 DPM Shop 234
– Virtual NC 225
Denken in Modellen 199
Digitale Fabrik 1
– Datenmodell 55
– Modelle 13
– Nutzenpotenzial 6
– Produktentwicklung 11
– Prozesse 10
– Simulation 19
– Simulationsanwendungen 53
– Systemarchitektur 17
– Time-to-Market 7
– Visualisierung 17
– Wirtschaftlichkeit 6
– Ziele 5
digitale Modelle 15
Digitale Montageprozessplanung 64
Digital Factory Solution 209, 237
Discrete-Event-Simulation 46, 206, 207
Diskrete Zufallsvariable 282
Dokumentation 138, 331, 351, 380
DOSIMIS 208

Dreiecksverteilung 300
Dynamisches Denken 200

E
Einfluss-Projektmanagement 194
Einführungsphasen 185
Eingangsdaten 108, 121, 143, 336, 377
eingeschwungener Zustand 306
Einsatzfeldanalyse 191
Einsatzfelder 191
Einschwingphase 115
Enterprise Dynamics 208, 277
ereignisorientierte Systemsteuerung 46
Ereignisvalidierung 109
Ergebnisauswertung 116
Ergebnisdarstellung 137
Ergebnisdaten 143, 154
Ergonomie-Simulation 82, 83
Erwartungswert 284
evolutionäre Algorithmen 180
Evolutionsstrategie 179, 180
Experimentplan 157
Experimentplanung 112, 327
Exponentialverteilung 295
Extrembedingungstest 110

F
3D-Fabriklayout 58
Fabriklayout 57
Fabrikplanung 12
Fabriksimulationswerkzeuge 274
Fabriksimulator 207
Fabrikstrukturdaten 146
FACTOR 208
Factory Backbone 55
FACTORYFLOW 208
faktorielle Methode 157
Fehler 120, 148
Feinplanung 92

FEM 50
Finite-Elemente-Methode 50
Flächendiagramm 166
Flexsim 208, 278
Flussgröße 36
Formparameter 287

G

Gantt-Diagramm 167
GASP 207
Gauß-Verteilung 290
genetische Algorithmen 179
Geometriedaten 106
Geometriemodell 67
Gleichförmigkeitsannahme 39
Gleichgewichtsannahme 39
Gleichverteilung 287, 289
Goodness-of-Fit-Test 303
GPSS 207
Gradientenverfahren 177
Gruppenarbeit 82
gruppensoziologische Aspekte 82
Gütefunktion 175

H

Hierarchisches Modellierungskonzept 55
Hill-Climbing-Verfahren 177
Historische Daten 110

I

Idealisierung 45
Implementierung 103
Inbetriebnahmezeit 86
Informationsbeschaffung 141
Informationsfluss 142
integriertes Werkzeug 185
Istanalyse 192
iterative Verbesserung 176

K

Kalibrierungsverfahren 68
Kennzahlen 283
3D-Kinematik-Simulation 47
Kinematikmodell 67
Kollisionskontrolle 74
Kolmogorov-Smirnov-Test 304
Kombinatorische Optimierung 175
Kontinuierliche Zufallsvariable 282
Konzeptbewertung 197
Konzepterstellung 193
konzeptionelles Modell 102
Kostendaten 152
Kreisdiagramm 168

L

Lageparameter 287
Lastenheft 125, 126, 315, 374
Laufbetrachtung 116
Laufzeitdaten 143
2D-Layoutanimation 117
Layoutbewertung 57
Layoutoptimierung 183
Layoutplanung 57
Leistungsbeschreibung 134, 374
Leistungserstellung 336
Lieferkette 92
Lieferumfang 137, 329
Line-Balancing 76, 93
Linearitätsannahme 38
Liniendiagramm 165
Logarithmische Normalverteilung 292
Logistik- und Produktionsflüsse 59

M

Masterplanerstellung 91
Mean Time between Failures 149
Mean Time to Repair 149

Mehrkörpersimulation 48
Mengenübersichtsstückliste 150
Menschmodelle 82
Messen 143
Messvorschrift 143
Methodendokumentation 363
Mittelwert 283
Modalwert 285
Modell 13, 27
Modellannahmen 37, 108
Modellbildung 27
Modelldokumentation 332
Modellentwurf 102
Modellierung 32
– arbeitsphysiologische Aspekte 81
– auslastungsbedingte Effekte 81
– Grenzen 31
– gruppensoziologische Aspekte 82
– ordnungsgemäße Modellierung 32
– qualitative 32
– quantitative 35
Modellierungsrichtlinie 356
Modellintegration 334
Modellkonzepte 35
Modellsicht 31
Modelltheorie 27
Modellvalidierung 108
Modellverifikation 104
Modellzweck 28
Montageplanung 63
Montageprozesse 63
Montagevisualisierung 64
Multi-Level-Simulator 205

N
NC-Simulation 75
NC-Steuerung 74
Normalverteilung 290
Nullhypothesen 303

O
Offline-Animationen 118
Offline-Programmierung 68, 72
Online-Animation 118
Operative Produktionsplanung 234
operativer Betrieb 94
operative Simulation 96
Optimierung 119, 171
– Auswahloptimierung 174
– Fabriklayout 60
– Kombinatorische Optimierung 175
– Parameteroptimierung 172
– Reihenfolgenoptimierung 174, 175
– Strukturoptimierung 172
Optimierungsverfahren 176, 181
Organisationsdaten 151
Organisationsform 194

P
Parameterabschätzung 302
Parameteroptimierung 174, 183
Parametrisierung 323
Pearson Type V 298
PERFACT 208
personalintegrierte Simulation 78
Personallogistik 77
personalorientierte Simulation 80
Personalqualifikation 196
Personalsimulation 76
Pflichtenheft 125, 130, 375
Pilotanwendung 196
Planungsaspekte 187
Plausibilitätstest 109
Positionierungsgenauigkeit 68
Prädiktive Modellierung 110
Produktbezogene Daten 150
Produktdesign 11
Produktentwicklung 11
Produktionsanlauf 86

Produktionsaufträge 151
Produktionsplanung 91
Produktionssteuerung 92
Programmierrichtlinie 363
Projektablauf 352
Projektcontrolling 139
Projektmanagement 193
Projektorganisation 193
Projektplanung 131
Projekttterminplan 139, 335
ProModel 208, 278
Prozesse der Digitalen Fabrik 10
Prozesssimulation 49
Punktdiagramm 165

Q

Q-GERT 208
Qualität 190
qualitative Modellierung 32
quantitative Modellierung 35
QUEST 208

R

Radardiagramm 169
Rastersuche 177
Realistische Robotersimulation 69
Rechte 138
Reduktion 45
Referenzmodelle 97
Referenzszenario 113
Reihenfolgenoptimierung 174, 175
Reproduzierbarkeitsannahme 38
Restrukturierungsmaßnahmen 198
Roboterarbeitszelle 65
Robotermodellierung 66
– Geometriemodell 66
– Kinematikmodell 66
– Steuerungsmodell 66
Robotersimulation 65

Roboterzellen 70
Robotik 65
Routing 92
Rückführung 34
Rückkoppelung 34

S

Sankey-Diagramm 168
Säulendiagramm 166
Scheduling 92
Sensitivitätsanalyse 110, 157
Sequenzing 92
Shainin-Methode 157
SIMFACTORY 208
SIMPLE++ 208
SIMPLEX-II 208
SIMSCRIPT 208
SIMULA 208
Simulation 20
– 3D-Kinematik-Simulation 47
– Aufwand 23, 24
– Automatisierungstechnik 85
– ereignisorientiert 46
– Mehrkörpersimulation 48
– Nutzen 23
– operativer Betrieb 89
– Personal 76
– personalintegrierte 78
– Personallogistik 77
– personalorientierte 80
– Prozesssimulation 49
– Teilefertigung 74
Simulationsanwendungen 53
Simulationsdatenbasis 143
Simulationsdokumentation 380
Simulationsdurchführung 155, 365
Simulationsergebnis 120, 154, 155, 159, 163
Simulationsexperiment 111, 113, 136, 155

simulationsgestützte Planung 91
Simulationskreislauf 20
Simulationslauf 114, 155, 158
Simulationsprinzip 387
Simulationsprojekt 351
Simulationsstudie 99, 132, 353, 369
Simulationsstudien
– Ablauf 99
– Datenbeschaffung 105
– Eingangsdaten 144
– Lastenheft 101
– Produktionsdaten 145
– Stammdaten 145
– Systemdefinition 101
– Zielfestlegung 101
Simulationsszenario 113, 136, 155
Simulationstechnik 27
Simulationstool 203
Simulationsuntersuchung 155, 156, 329
Simulationsversuchsplanung 111, 112
Simulationszeitraum 115
Simulator 203
– AUTOMOD 208
– AUTOSCHED 208
– DOSIMIS 208
– emPlant 208
– ENTERPRISE DYNAMICS 208
– FACTOR 208
– FACTORYFLOW 208
– FLEXSIM 208
– GASP 207
– GPSS 207
– PERFACT 208
– Plant Simulation 208
– PROMODEL 208
– Q-GERT 208
– QUEST 208
– SIMFACTORY 208
– SIMPLE++ 208
– SIMPLEX-II 208
– SIMSCRIPT 208
– SIMULA 208
– SLAM 208
– TAYLOR II 208
– WITNESS 208
Simulatorauswahl 385
Skalierungsparameter 287
SLAM 208
Softwaretechnologie 206
Softwarewerkzeuge 203
speicherprogrammierbare Steuerungen 85
Spezifikation 351
Sprachkonzept 203
Stabilitätsannahme 38
Standardabweichung 285
Starrkörpermodell 48
Statistik 281
Statistische Absicherung 306
Statistische Auswertung 160
statistische Datenanalyse 302
Statistische Experimentplanung 156
Steuerungsdaten 106
Steuerungsmodell 67
Steuerungsoptimierung 183
Steuerungsverhalten 122
stochastische Daten 153
stochastische Verfahren 177
stochastische Verteilung 153, 286
– Dreiecksverteilung 300
– Exponentialverteilung 295
– Gleichverteilung 287
– logarithmische Normalverteilung 292
– Normalverteilung 290
– Pearson Type V-Verteilung 298
– Weibull-Verteilung 296
Störung 148
Strukturoptimierung 172

Strukturstückliste   150
Stücklisten   150
Supply-Chain   90
syntaktische Überprüfung   104
System
– Makroebene   42
– Mikroebene   42
Systemabgrenzung   39, 41
Systemanalyse   39
– Ablaufstruktur   43
– Bottom-up-Ansatz   39
– Systemeigenschaft   41
– Systemelemente   43
– Systemstruktur   42
– Systemzweck   41
– Top-down-Ansatz   39
Systemarchitektur   195
Systembewertung   175
Systemgerechtes Handeln   201
Systemgrenze   41, 134
Systemisches Denken   198
Systemkonfigurationen   308
Systemlast   151
Systemmodellierung   32
Systemvariation   119
Systemverfügbarkeit   62
Szenario-Definition   112

T

t-Verteilung   310
Taguchi-Methode   157
TAYLOR II   208
technischen Verfügbarkeit   62
Teilefertigung   74
teilfaktorielle Methode   157
Time-to-Customer   4
Time-to-Market   3, 7
Time-to-Volume   3
Top-down-Ansatz   39

Trace-Läufe   109
Transportaufträge   151
Transportmatrix   321
Turing-Test   110

U

UGS   237
– Assembly Process Planner   262
– Die Verification   256
– eMPower Box Build Planning   264
– eMPower for Logistics   247
– FactoryCAD   241
– FactoryFLOW   242
– FactoryLink   268
– FactoryMockup   244
– Jack Human Simulation   251
– Machining Line Planner   252
– Plant Simulation   245
– Process Designer   248
– Process Simulate   262
– Process Simulate Commissioning   260
– RealNC   254
– Robcad   257
– Sequencer   265
– Teamcenter   271
– Work Instructions   266
– Xfactory   269

V

Validierung   107
– Eingangsdaten   108
– Modellannahmen   108
– Modellergebnisse   108
Varianten   162
Varianz   285
VDI 3633   20
VDI 4499   2
Veränderungsgröße   36

Verantwortlichkeiten   140
Verifikation   104
Vernetztes Denken   198
Versuchsplanung   155
Virtual Robot Controller   69
virtuelle Fabrik   2
virtuelle Inbetriebnahme   88
virtuelle Realität   18
Visualisierung   17
Vorbereitungsphase   191
Vorgehensmodell   352

W

Wahrscheinlichkeit   281
Wahrscheinlichkeitstheorie   281
Wahrscheinlichkeitsverteilung   283, 286
wandlungsfähige Fabrik   93
Weibull-Verteilung   296
Werkzeugversorgung   84
Wirkungsanalyse   43
Wirkungsbeziehung   32, 33
WITNESS   208, 279
Work in Process   94
Worst-Case-Szenario   114

Z

Ziele der Digitalen Fabrik   5
Zufallsvariable   282
Zustandsgröße   36

HANSER

Integrieren, was zusammen gehört!

Gillert/Hansen
RFID für die Optimierung von Geschäftsprozessen
ca. 280 Seiten.
ISBN 3-446-40507-0

RFID ist auf dem Vormarsch, keine Frage: in Handels- und Logistikunternehmen, aber auch in Branchen wie Pass- und Gesundheitswesen, Automotive/Aviation oder dem öffentlichen Nahverkehr. Mit den Daten, die per RFID erfasst und ausgetauscht werden, lassen sich Abläufe der realen Geschäftsprozesse in IT-Systemen abbilden. Wie sich die Geschäftsprozesse mit RFID in IT-Systeme integrieren lassen und wie gewonnene Daten effektiv genutzt werden, zeigt Ihnen dieses Buch.

Kernthemen sind u.a.: Heutige Möglichkeiten und Grenzen von RFID · Auswirkungen auf Geschäftsprozesse · Integration in Geschäftsprozesse · RFID-Anwendungen und IT-Systeme verbinden · Die RFID-Komponenten und ihr Einsatz · Sicherheit · Fallbeispiele

Mehr Informationen zu diesem Buch und zu unserem Programm unter **www.hanser.de/computer**